普通高等学校创新教材

高等数学 _{（第 2 版）}

上册

刘保仓　赵　中　**主　编**

庞留勇　张振坤　高风昕　师建国　**副主编**

电子工业出版社·

Publishing House of Electronics Industry

北京·BEIJING

内 容 简 介

《高等数学（第2版）》是编者团队根据多年教育教学的实践积累，按照新时代教材改革的要求，针对目前高校非数学类理工科及管理类相关专业学生的需要，结合多年的教学经验和体会，对高等数学的相关内容进行合理的取舍和编排，并融入相关的教学研究与实践成果编写而成的.

本书分上下两册. 上册共有七章，内容包括：函数、极限、连续，导数与微分，微分中值定理及应用，不定积分，定积分，定积分的应用，常微分方程. 下册共有六章，内容包括：空间解析几何与向量代数、多元函数微分学、重积分、曲线积分与曲面积分、无穷级数、MATLAB 的微积分基本运算. 上下两册的各章均配有习题，并在书末配有参考答案. 本书可作为高校非数学类理工科学生及管理类相关专业学生的课堂教材，也可以作为非数学专业的工科学生或数学爱好者的参考书.

图书在版编目（CIP）数据

高等数学. 上册 / 刘保仓，赵中主编. -- 2 版.

北京 : 电子工业出版社，2025. 4. -- ISBN 978-7-121

-50203-3

Ⅰ. O13

中国国家版本馆 CIP 数据核字第 2025MN2563 号

责任编辑：祁玉芹

印　　刷：中国电影出版社印刷厂

装　　订：中国电影出版社印刷厂

出版发行：电子工业出版社

　　　　　北京市海淀区万寿路 173 信箱　　　　　邮编：100036

开　　本：787×1092　1/16　　　印张：17.25　　　字数：420 千字

版　　次：2022 年 5 月第 1 版
　　　　　2025 年 4 月第 2 版

印　　次：2025 年 4 月第 1 次印刷

定　　价：45.00 元

前　言

为了满足应用型本科高校人才培养的需要,更好地适应高等数学教育教学改革的大环境,编者团队认真研究了教学目标、学生状况和上级部门及学院的相关要求,规划和设计了本书的大纲、架构及具体内容,之后认真编写和创作了本书.在编写过程中,编者团队努力做好以下几点:一是在内容编排上尽量符合学生思维的特点与发展规律,力求逻辑清晰,重点突出,衔接自然,语言精准.二是在概念处理上,以实例导入,努力呈现数学思想和方法的发展脉络,反映人们学习和应用数学的成长过程与发展规律.三是通过大量的实例将数学方法与处理实际问题紧密关联起来,提高学生分析问题和解决问题的综合能力;注意将信息技术工具与数学知识有效地融合,加深学生对数学世界的理解,使学生真实而有效地体会现代数学工具与应用的紧密融合.四是适当增加了函数、极限概念及数学家简介等数学史料的介绍,以便激发学生的学习兴趣,提升学生的数学素养和文化素养,培养学生的创新思维和科学精神,增强学生的社会责任感.五是针对不同专业、不同学生的不同需求,本书在内容的编排和学习要求上有所区分,在内容安排和学习进程把握上不追求"多、深、快、广",而是遵循"由浅入深""扎实推进""够用实用"的原则,帮助学生做到听得懂、学得会、用得上,有效提升课程教学的综合效果.

书中各章由浅入深地设置了习题练习,既可帮助学生复习和回顾课堂学习内容,也可以具象化地检验学生的学习效果.本书可作为高校非数学类理工科学生及管理类相关专业学生的课堂教材,也可以作为非数学专业的工科学生或数学爱好者的参考书.

本书由刘保仓、赵中担任主编,庞留勇、张振坤、高凤昕、师建国担任副主编.具体的分工情况如下:第一章由师建国编写,第二章由李秋英编写,第三章由赵中编写,第四章由庞留勇编写,第五章、第六章由张振坤编写,第七章由高凤昕编写,第八章及上册参考答案由周红玲编写,第九章由罗成广编写,第十章及数学家简介由刘保仓编写,第十一章及下册参考答案由王慧敏编写,第十二章由关英子编写,第十三章由陶会强编写.刘保仓、赵中、庞留勇、张振坤、高凤昕、师建国负责全书的统稿.最后由刘保仓对全书进行了审阅,并对相关的内容进行了加工.

本书在编写过程中借鉴了一些专家和学者的教学与研究成果,本书的出版得到了黄淮学院和电子工业出版社的大力支持与帮助,在此对相关人员和单位一同表示感谢!

由于编者水平所限,若有疏漏与不当之处,敬请读者批评指正.

本书编者

2025 年春

目　　录

目　录

第一章　函数、极限、连续

第一节　函　数

一、集合

1.集合的概念

集合是具有某种特定性质的事物所组成的全体.常用大写字母 A、B、C 等来表示,组成集合的各个事物称为该集合的元素.若事物 a 是集合 M 的一个元素,就记作 $a \in M$（读作 a 属于 M）;若事物 a 不是集合 M 的一个元素,就记作 $a \notin M$（读作 a 不属于 M）.

若一个集合只有有限个元素,就称其为有限集,否则称为无限集.

表示集合的方法,常见的有枚举法和描述法两种.(1)枚举法:按任意顺序列出集合的所有元素,如方程 $x^2 + 2x - 3 = 0$ 根的集合 A,可表示为 $A = \{-3, 1\}$.(2)描述法:设 $P(a)$ 为某个与 a 有关的条件或法则,把满足 $P(a)$ 的所有元素 a 构成的集合 A 表示为:

$$A = \{a \mid P(a)\},$$

这种方法称为描述法.如由不等式 $x - 3 > 2$ 的解构成的集合 A 可表示为:

$$A = \{x \mid x > 5\}.$$

全体自然数集合记为 $\mathbf{N}$,全体整数的集合记为 $\mathbf{Z}$,全体有理数的集合记为 $\mathbf{Q}$,全体实数的集合记为 $\mathbf{R}$.

集合间的基本关系:若集合 A 的元素都是集合 B 的元素,即若有 $x \in A$,必有 $x \in B$,就称 A 为 B 的子集,记为 $A \subset B$,或 $B \supset A$（读作 B 包含 A）.

显然:$\mathbf{N} \subset \mathbf{Z} \subset \mathbf{Q} \subset \mathbf{R}$.若 $A \subset B$,同时 $B \subset A$,就称 A、B 相等,记为 $A = B$.

不含任何元素的集合称为空集,记为 $\varnothing$,如:$\{x \mid x^2 + 1 = 0, x \in \mathbf{R}\} = \varnothing$,空集是任何集合的子集,即 $\varnothing \subset A$.

2.区间与邻域

设 a 和 b 都是实数,且 $a < b$,数集 $\{x \mid a < x < b, x \in \mathbf{R}\}$ 称为开区间,记作 (a, b),即

$$(a, b) = \{x \mid a < x < b, x \in \mathbf{R}\}.$$

a 和 b 分别称为开区间 (a, b) 的左端点和右端点,这里 $a \notin (a, b)$,$b \notin (a, b)$;数集 $\{x \mid a \leqslant x \leqslant b, x \in \mathbf{R}\}$ 称为闭区间,记作 $[a, b]$,即

$$[a, b] = \{x \mid a \leqslant x \leqslant b, x \in \mathbf{R}\}.$$

a 和 b 分别称为闭区间 $[a,b]$ 的左端点和右端点,这里 $a \in [a,b], b \in [a,b]$;类似地可以定义:

$$[a,b) = \{x \mid a \leqslant x < b, x \in \mathbf{R}\}, \quad (a,b] = \{x \mid a < x \leqslant b, x \in \mathbf{R}\},$$

$[a,b)$ 和 $(a,b]$ 分别称为左闭右开的区间和左开右闭的区间,$[a,b)$ 和 $(a,b]$ 统称为半开半闭区间.

以上这些区间统称为有限区间.数 $b - a$ 称为这些区间的长度.从数轴上看,这些有限区间是长度为有限的线段.此外还有无限区间,引进记号 $+\infty$(读作正无穷大)及 $-\infty$(读作负无穷大),则可类似地表示下面的无限区间:

$$[a, +\infty) = \{x \mid a \leqslant x, x \in \mathbf{R}\}, \quad (-\infty, b) = \{x \mid x < b, x \in \mathbf{R}\},$$

全体实数的集合也可记作 $(-\infty, +\infty)$,它是典型的无限区间.

设 δ 是任一正数,a 为某一实数,把数集 $\{x \mid |x - a| < \delta, x \in \mathbf{R}\}$ 称为点 a 的 δ 邻域,记作 $U(a,\delta)$,即

$$U(a,\delta) = \{x \mid |x - a| < \delta, x \in \mathbf{R}\},$$

点 a 称为该邻域的中心,δ 称为该邻域的半径.

由于 $a - \delta < x < a + \delta$ 相当于 $|x - a| < \delta$,因此

$$U(a,\delta) = \{x \mid a - \delta < x < a + \delta, x \in \mathbf{R}\}.$$

因为 $|x - a|$ 表示点 x 与点 a 间的距离,所以 $U(a,\delta)$ 表示:与点 a 距离小于 δ 的一切点 x 的全体.如:$U(2,1)$ 即为以点 $a = 2$ 为中心,以 1 为半径的邻域,也就是开区间 $(1,3)$.

有时用到的邻域需要把邻域中心去掉.点 a 的 δ 邻域去掉中心 a 后,称为点 a 的去心 δ 邻域,记作 $\mathring{U}(a,\delta)$,即

$$\mathring{U}(a,\delta) = \{x \mid a - \delta < x < a \cup a < x < a + \delta, x \in \mathbf{R}\}.$$

有时也用到左、右邻域.我们把数集 $\{x \mid a - \delta < x \leqslant a, x \in \mathbf{R}\}$ 称为点 a 的 δ 左邻域,记作 $U_-(a,\delta)$,即

$$U_-(a,\delta) = \{x \mid a - \delta < x \leqslant a, x \in \mathbf{R}\},$$

把数集 $\{x \mid a \leqslant x < a + \delta, x \in \mathbf{R}\}$ 称为点 a 的 δ 右邻域,记作 $U_+(a,\delta)$,即

$$U_+(a,\delta) = \{x \mid a \leqslant x < a + \delta, x \in \mathbf{R}\}.$$

我们把数集 $\{x \mid a - \delta < x < a, x \in \mathbf{R}\}$ 称为点 a 的 δ 去心左邻域,记作 $\mathring{U}_-(a,\delta)$,即

$$\mathring{U}_-(a,\delta) = \{x \mid a - \delta < x < a, x \in \mathbf{R}\},$$

把数集 $\{x \mid a < x < a + \delta, x \in \mathbf{R}\}$ 称为点 a 的 δ 去心右邻域,记作 $\mathring{U}_+(a,\delta)$,即

$$\mathring{U}_+(a,\delta) = \{x \mid a < x < a + \delta, x \in \mathbf{R}\}.$$

二、函数

1.函数的概念

在研究自然现象、客观规律、经济现象和经济规律的过程中,往往会遇到各种不同的量,其中有的量在过程中始终不变,这种量称为常量;而有些量是不断变化的,在过程中取各种不同

的数值,这种量称为变量.变量是没有孤立存在的,变量与变量之间往往都相互作用、相互依赖、相互影响.

例1 设某工厂每天生产仪器的能力为300台,固定成本100万元,每生产1台,成本增加0.5万元,则该工厂每天的总成本 y 与产量 x 有如下关系:

$$y = 0.5x + 100 \text{(万元)}.$$

当 x 在生产能力许可的范围 $[0,300]$ 内取定某一数值时,总成本 y 按照下面的法则对应地取一确定的数值:

$$y(\quad) = 0.5 \times (\quad) + 100.$$

如当 $x = 100$ 时,总成本 y 按照 $y(100) = 0.5 \times (100) + 100$ 的法则对应地取一确定的数值 150(万元).

例2 某市的出租汽车收费标准为:乘车不超过 3km 时,收费 10 元,若超过 3km,每超出 1km 加收 2 元,则乘车费用 y 与乘车里程 x 的对应关系是:

$$y = \begin{cases} 10, & 0 < x \leq 3, \\ 2(x-3) + 10, & x > 3. \end{cases}$$

像上述这种变量之间相互依存、相互影响的对应关系,在数学上我们称它为函数.

定义 设 x 和 y 为两个变量,D 为一个给定的非空数集,如果对每一个 $x \in D$,按照一定的法则 f,变量 y 总有唯一确定的数值与之对应,就称 y 为 x 的函数,记为 $y = f(x)$.数集 D 称为该函数的定义域,x 叫作自变量,y 叫作因变量.

当 x 取数值 $x_0 \in D$ 时,依法则 f 的对应值称为函数 $y = f(x)$ 在 $x = x_0$ 时的函数值.所有函数值组成的集合 $R_f = f(D) = \{y \mid y = f(x), x \in D\}$ 称为函数 $y = f(x)$ 的值域.

函数的表示法有三种:解析法、图像法、列表法.其中解析法较普遍,它借助于数学式子来表示对应法则,上例均为解析法,注意,例2的法则是:当自变量 x 在 $(0,3]$ 上取值时,其函数值为10;当 x 在 $(3, +\infty)$ 上取值时,其函数按照法则 $2[(\quad) - 3] + 10$ 对应地取一确定的数值.这种函数称为分段函数,尽管有几个不同的算式,但它们组合起来可以表示一个函数.

关于函数定义的几点说明:

(1)若对每一个 $x \in D$,只有唯一的一个 y 与之对应,就称函数 $y = f(x)$ 为单值函数;若有不止一个 y 与之对应,就称为多值函数.如:$x^2 + y^2 = 1$,$x^2 - y^2 = 1$ 等.我们这里所讲的函数是指单值函数,也就是说,对于每一个 x 值只能对应变量 y 的一个值.

(2)确定函数的两个要素——定义域和对应法则

函数概念反映着自变量和因变量之间的依赖关系.它涉及定义域、对应法则和值域.很明显,只要定义域和对应法则确定了,值域也就随之确定.因此,定义域和对应法则是确定函数的两个要素,只要两个函数的定义域和对应法则都相同,那么,这两个函数就相同;如果定义域或对应法则有一个不相同,那么这两个函数就不相同.

例如,函数 $f(x) = \dfrac{x}{x}$ 与 $g(x) = 1$,因 $f(x)$ 的定义域为 $(-\infty, 0) \cup (0, +\infty)$,而 $g(x)$ 的定

义域为 $(-\infty, +\infty)$,所以 $f(x)$ 与 $g(x)$ 是不同的函数.

(3) 函数定义域的求法

对于由实际问题得到的函数,其定义域应该由问题具体条件来确定.如例 1 的函数 $y = 0.5x + 100$ 中,自变量 x 是生产能力,故此函数的定义域就是 $[0,300]$. 在例 2 中,自变量 x 表示乘车里程,故此函数的定义域是 $[0, +\infty)$.

若函数由数学式子给出时,且不考虑函数的实际意义,这时函数的定义域就是使式子有意义的自变量的一切实数值.

例 3 求函数 $f(x) = \dfrac{\sqrt{x-2}}{(x-1)\ln(x+3)}$ 的定义域.

解 应使

$$\begin{cases} x - 2 \geqslant 0, \\ x - 1 \neq 0, \\ \ln(x+3) \neq 0, \\ x + 3 > 0, \end{cases} \quad 即 \quad \begin{cases} x \geqslant 2, \\ x \neq 1, \\ x \neq -2, \\ x > -3, \end{cases}$$

所以此函数的定义域为 $[2, +\infty)$.

例 4 求函数 $f(x) = \arcsin \dfrac{x-1}{5} + \dfrac{1}{\sqrt{25 - x^2}}$ 的定义域.

解 应使

$$\begin{cases} \dfrac{|x-1|}{5} \leqslant 1, \\ 25 - x^2 > 0, \end{cases} \quad 即 \quad \begin{cases} -4 \leqslant x \leqslant 6, \\ -5 < x < 5, \end{cases} \quad 也就是 -4 \leqslant x < 5,$$

所以此函数的定义域为 $[-4,5)$.

例 5 函数

$$y = \operatorname{sgn} x = \begin{cases} -1, & x < 0, \\ 0, & x = 0, \\ 1, & x > 0, \end{cases}$$

称为符号函数,它的定义域为 $(-\infty, +\infty)$,值域 $R_f = f(D) = \{-1, 0, 1\}$,其图像如图 1-1 所示.

例 6 函数

$$y = [x]$$

其中对任意实数 x , $[x]$ 表示不超过 x 的最大整数.该函数的定义域为 $(-\infty, +\infty)$,值域 $R_f = \mathbf{Z}$,其图像如图 1-2 所示.

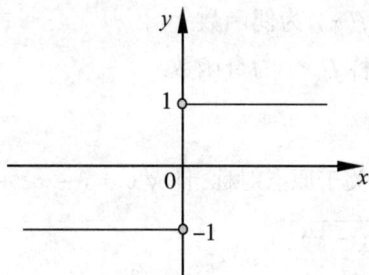

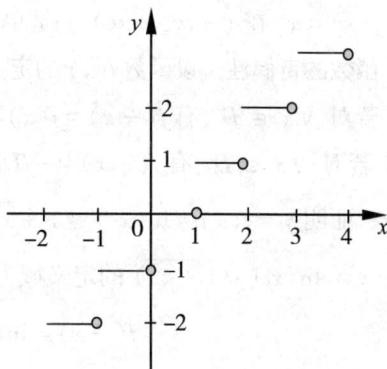

图 1-1　　　　　　　　　　　　　　　图 1-2

2.函数的几种特性

(1) 函数的有界性 若对 $\forall x \in D$，存在常数 M_1，使得 $f(x) \leqslant M_1$，就称 $f(x)$ 在 D 上有上界;若对 $\forall x \in D$，存在常数 M_2，使得 $f(x) \geqslant M_2$，就称 $f(x)$ 在 D 上有下界;若对 $\forall x \in D$，存在常数 $M > 0$，使得 $|f(x)| \leqslant M$，就称 $f(x)$ 在 D 上有界，否则称为在 D 上无界.

注 (i) $f(x)$ 在 D 上有界的充分必要条件是 $f(x)$ 在 D 上同时有上界和下界.

(ii) $f(x)$ 在 D 上无界的充分必要条件是，对 $\forall M > 0$，总 $\exists x_0 \in D$，使得 $|f(x_0)| > M$.

(2) 函数的单调性 设函数 $f(x)$ 在区间 I 上有定义，若对 $\forall x_1、x_2 \in I$，当 $x_1 < x_2$ 时总有: $f(x_1) < f(x_2)$，就称 $f(x)$ 在 I 上单调递增;若对 $\forall x_1、x_2 \in I$，当 $x_1 < x_2$ 时总有: $f(x_1) > f(x_2)$，就称 $f(x)$ 在 I 上单调递减.单调递增和单调递减的函数统称为单调函数.

例 7 证明 $y = f(x) = \dfrac{1}{x}$ 在 $(0, +\infty)$ 上是单调递减的函数.

证 因为 $\forall x_1, x_2 \in (0, +\infty)$ 且 $x_1 < x_2$，有

$$f(x_1) - f(x_2) = \frac{1}{x_1} - \frac{1}{x_2} = \frac{x_2 - x_1}{x_1 x_2} > 0,$$

即

$$f(x_1) > f(x_2),$$

所以 $y = f(x) = \dfrac{1}{x}$ 在 $(0, +\infty)$ 上是单调递减的函数.

例 8 证明 $y = f(x) = x^3$ 在 $(-\infty, +\infty)$ 上是单调递增的函数.

证 因为 $\forall x_1, x_2 \in (-\infty, +\infty)$ 且 $x_1 < x_2$，有

$$f(x_1) - f(x_2) = x_1^3 - x_2^3 = (x_1 - x_2)\left[\left(x_1 + \frac{x_2}{2}\right)^2 + \frac{3x_2^2}{4}\right] < 0,$$

即

$$f(x_1) < f(x_2),$$

所以 $y = f(x) = x^3$ 在 $(-\infty, +\infty)$ 上是单调递增的函数.

(3) 函数的奇偶性 设函数 $f(x)$ 的定义域 D 为对称于原点的数集,即若有 $x \in D$,则 $-x \in D$.

(i) 若对 $\forall x \in D$,有 $f(-x) = f(x)$ 恒成立,则称 $f(x)$ 为偶函数.

(ii) 若对 $\forall x \in D$,有 $f(-x) = -f(x)$ 恒成立,则称 $f(x)$ 为奇函数.

例 9 证明 $y = f(x) = \ln(x + \sqrt{1 + x^2})$ 是奇函数.

证 $y = \ln(x + \sqrt{1 + x^2})$ 的定义域为 $(-\infty, +\infty)$ 关于原点对称,且 $\forall x \in (-\infty, +\infty)$,有

$$f(-x) = \ln(-x + \sqrt{1 + (-x)^2})$$
$$= \ln(-x + \sqrt{1 + x^2}) = -\ln(x + \sqrt{1 + x^2}) = -f(x).$$

所以 $y = f(x) = \ln(x + \sqrt{1 + x^2})$ 是奇函数.

注 (i) 偶函数的图形关于 y 轴对称;奇函数的图形关于原点对称.

(ii) 若 $f(x)$ 是奇函数,且 $0 \in D$,则必有 $f(0) = 0$.

(iii) 两偶函数的和为偶函数;两奇函数的和为奇函数;两偶函数的积为偶函数;两奇函数的积也为偶函数;一奇一偶函数的积为奇函数.

(4) 函数的周期性 设函数 $f(x)$ 的定义域为 D,如果 $\exists l \neq 0$,使得对 $\forall x \in D$,有 $x \pm l \in D$,且 $f(x \pm l) = f(x)$ 恒成立,就称 $f(x)$ 为周期函数,l 称为 $f(x)$ 的周期.

例如 $y = \sin x, y = \cos x, y = \tan x$ 分别是周期为 $2\pi, 2\pi, \pi$ 的周期函数.

注 (i) 若 l 为 $f(x)$ 的周期,由定义知 $2l, 3l, 4l \cdots\cdots$ 也都是 $f(x)$ 的周期,故周期函数有无穷多个周期,通常函数周期是指最小正周期(基本周期),然而最小正周期未必都存在,例如,$y = \sin^2 x + \cos^2 x = 1$,没有最小正周期.

(ii) 周期函数在每个周期 $(a + kl, a + (k+1)l)$ (a 为任意实数,k 为任意常数)上有相同的形状.

3. 反函数与复合函数

(1) 反函数

我们可以把圆的面积 s 表示为半径 r 的函数 $s = \pi r^2 (r \geq 0)$,也可以由圆的面积 s 的函数 $s = \pi r^2$ 解出 $r = \sqrt{\dfrac{s}{\pi}} (s \geq 0)$,即把半径 r 表示为圆的面积 s 的函数,对于像这样由原来函数关系 $s = \pi r^2 (r \geq 0)$ 得到的相关联的新函数关系 $r = \sqrt{\dfrac{s}{\pi}} (s \geq 0)$,新的函数关系 $r = \sqrt{\dfrac{s}{\pi}} (s \geq 0)$ 就是原来的函数关系 $s = \pi r^2 (r \geq 0)$ 的反函数.

定义 设 $f(x)$ 的定义域为 D,值域为 R_f,若对任意的 $y \in R_f$,必存在唯一的 $x \in D$,使得 $f(x) = y$,则按此对应法则得到一个定义在 R_f 上的函数,称这个函数为 f 的反函数,记作

$$x = f^{-1}(y), y \in R_f.$$

注 (i) 反函数 $x = f^{-1}(y)$ 的定义域为 R_f,值域为 D.

(ii) 由反函数的定义可以看出,函数 $y = f(x), x \in D$ 要有对应的反函数 $x = f^{-1}(y)$,

$y \in R_f$，那么 $y = f(x)$ 必须是 D 到 R_f 的一对一的关系，进而有

$$f^{-1}(f(x)) = x, x \in D,$$
$$f(f^{-1}(y)) = y, y \in R_f.$$

（iii）在习惯上往往用 x 表示自变量，y 表示因变量，因此将 $x = f^{-1}(y)$，$y \in R_f$ 中的 x 与 y 对换一下，$y = f(x)$ 的反函数就变成 $y = f^{-1}(x)$，$x \in R_f$．

（iv）相对于反函数 $y = f^{-1}(x)$，$x \in R_f$ 来说，原来的函数 $y = f(x)$ 称为直接函数．

（v）反函数 $y = f^{-1}(x)$ 的图形与它的直接函数 $y = f(x)$ 的图形是关于直线 $y = x$ 对称的．

（vi）设 $f(x)$ 为定义域 D 上的单调递增函数，下面证明对任意 $y_0 \in R_f$，存在唯一的 $x_0 \in D$，使得 $y_0 = f(x_0)$．首先对任意 $y_0 \in R_f$，存在 $x_0 \in D$，使得 $y_0 = f(x_0)$．而对任意 $x \in D$ 且 $x_0 \neq x$，有 $f(x) \neq y_0$．事实上，若 $x_0 < x$，则 $y_0 < f(x)$，若 $x_0 > x$，则 $y_0 > f(x)$，综上所述，有对任意 $y_0 \in R_f$，存在唯一的 $x_0 \in D$，使得 $y_0 = f(x_0)$．即定义域 D 上的单调递增函数 $f(x)$ 有反函数 $x = f^{-1}(y)$，$y \in R_f$．

还可证定义域 D 上的单调递增函数 $f(x)$ 的反函数 $x = f^{-1}(y)$，$y \in R_f$ 也是单调递增函数．事实上，对任意 $y_1, y_2 \in R_f$ 且 $y_1 < y_2$，设 $x_1 = f^{-1}(y_1)$，$x_2 = f^{-1}(y_2)$，则 $y_1 = f(x_1) < y_2 = f(x_2)$，由 $f(x)$ 为定义域 D 上的单调递增函数知，$x_1 < x_2$，即 $f^{-1}(y_1) < f^{-1}(y_2)$，所以定义域 D 上的单调递增函数 $f(x)$ 的反函数 $x = f^{-1}(y)$ 也是单调递增函数．

同理可证，定义域 D 上的单调递减函数 $f(x)$ 有反函数 $x = f^{-1}(y)$，$y \in R_f$ 且反函数 $x = f^{-1}(y)$ 也是单调递减函数．

例 10 函数 $y = ax + b$，$y = x^3$ 的反函数分别为 $x = \dfrac{y - b}{a}$，$x = \sqrt[3]{y}$；或者分别为 $y = \dfrac{x - b}{a}$，$y = \sqrt[3]{x}$．

例 11 函数 $y = x^2$ 在 $(-\infty, 0)$ 上是单调递减的，有反函数（按习惯记法）$y = -\sqrt{x}$，$x \in (0, +\infty)$；$y = x^2$ 在 $[0, +\infty)$ 上是单调递增的，有反函数 $y = \sqrt{x}$，$x \in [0, +\infty)$．但 $y = x^2$ 在整个定义域 R 上不是单调的，也不存在反函数．

(2) 复合函数

在实际问题中，经常出现这样的情形：在某变化过程中，第一个变量依赖于第二个变量，而第二个变量又依赖于另一个变量．例如，某产品的销售成本 C 依赖于销售量 Q，$C = 100 + 3Q$，而销售量 Q 又依赖于产品的销售价格 P，$Q = 5\mathrm{e}^{-\frac{P}{5}}$，则通过销售量 Q 计算所得的产品的销售成本 C 最终要依赖于产品的销售价格 P，其具体依赖关系只要将销售量 $Q = 5\mathrm{e}^{-\frac{P}{5}}$ 代入到成本函数 $C = 100 + 3Q$，有

$$C = 100 + 15\mathrm{e}^{-\frac{P}{5}},$$

像这样在一定条件下，将一个函数代入到另一个函数中的运算称为函数的复合运算，而得到的函数称为复合函数．

定义 设有两函数

$$y = f(u), u \in D,$$
$$u = g(x), x \in E,$$

记 $E^* = \{x \mid g(x) \in D\} \cap E$.若 $E^* \neq \varnothing$，则对每一个 $x \in E^*$，可通过函数 g 对应 D 内唯一的一个值 u，而 u 又通过函数 f 对应唯一的一个值 y.这时 y 就确定了一个定义在 E^* 上的函数，它以 x 为自变量，y 为因变量，记作

$$y = f(g(x)), x \in E^* \text{ 或 } y = (f \circ g)(x), x \in E^*,$$

称为函数 f 和 g 的复合函数.并称 f 为外函数，g 为内函数，式中的 u 为中间变量.函数 f 和 g 的复合运算也可简单地写作 $f \circ g$.

例 12 函数 $y = f(u) = \sqrt{u}, u \in D = [0, +\infty)$ 与函数 $u = g(x) = 1 - x^2, x \in E = \mathbf{R}$ 的复合函数为

$$y = f(g(x)) = \sqrt{1 - x^2} \text{ 或 } (f \circ g)(x) = \sqrt{1 - x^2},$$

其定义域 $E^* = [-1, 1] \subset E$.

复合函数也可由多个函数相继复合而成.例如，由三个函数 $y = \sin u, u = \sqrt{v}$ 与 $v = 1 - x^2$（它们的定义域取为各自的存在域）相继复合而得的复合函数为

$$y = \sin\sqrt{1 - x^2}, x \in [-1, 1].$$

注 当且仅当 $E^* \neq \varnothing$（即 $D \cap g(E) \neq \varnothing$）时，函数 f 与 g 才能进行复合.

例如，以 $y = f(u) = \arcsin u, u \in D = [-1, 1]$ 为外函数，$u = g(x) = 2 + x^2, x \in E = \mathbf{R}$ 为内函数，就不能进行复合.这是因为外函数的定义域 $D = [-1, 1]$ 与内函数的值域 $g(E) = [2, +\infty)$ 不相交.

4.初等函数

（1）基本初等函数

我们把幂函数、指数函数、对数函数、三角函数和反三角函数统称为基本初等函数.

幂函数

形如 $y = x^\mu$（μ 为常数）的函数叫作幂函数.其定义域较为复杂，下面做一些简单的讨论：

（i）当 μ 为正整数时，定义域为 $(-\infty, +\infty)$.

（ii）当 μ 为零或负整数时，定义域为 $(-\infty, 0) \cup (0, +\infty)$.

（iii）当 μ 为有理数 $\dfrac{q}{p}$ 时，若 $\dfrac{q}{p} > 0$，p 为偶数，则定义域为 $[0, +\infty)$；p 为奇数，则定义域为 $(-\infty, +\infty)$；若 $\dfrac{q}{p} < 0$，p 为偶数，则定义域为 $(0, +\infty)$；p 为奇数，则定义域为 $(-\infty, 0) \cup (0, +\infty)$.

（iv）当 μ 为无理数时，若 $\mu < 0$，则其定义域为 $(0, +\infty)$；若 $\mu > 0$，则定义域为 $[0, +\infty)$.

幂函数图形也很复杂，但不论 μ 取何值，图形总过 $(1, 1)$ 点，当 $\mu > 0$ 时，还过 $(0, 0)$ 点.

例 13 $y = x^{\frac{1}{3}}$ 的定义域为 $(-\infty, +\infty)$；$y = x^{\frac{1}{2}}$，$y = x^{\frac{3}{4}}$ 的定义域为 $[0, +\infty)$；$y = x^{-\frac{1}{2}}$ 的定义域为 $(0, +\infty)$.

指数函数与对数函数

指数函数：形如 $y = a^x (a > 0, a \neq 1)$ 的函数称为指数函数，其定义域为 $(-\infty, +\infty)$，值域为 $(0, +\infty)$，其图形总在 x 轴上方，且过 $(0,1)$ 点.

(i) 当 $a > 1$ 时，$y = a^x$ 是单调增加的.

(ii) 当 $0 < a < 1$ 时，$y = a^x$ 是单调减少的.

对数函数：指数函数 $y = a^x$ 的反函数，记为 $y = \log_a x (a$ 为常数，$a > 0, a \neq 1)$，称为对数函数，其定义域为 $(0, +\infty)$，由前面反函数的概念知：$y = a^x$ 的图形和 $y = \log_a x$ 的图形是关于 $y = x$ 对称的，$y = \log_a x$ 的图形总在 y 轴右方，且过 $(1,0)$ 点.

(i) 当 $a > 1$ 时，$y = \log_a x$ 单调递增，且在 $(0,1)$ 上为负，在 $(1, +\infty)$ 上为正.

(ii) 当 $0 < a < 1$ 时，$y = \log_a x$ 单调递减，且在 $(0,1)$ 上为正，在 $(1, +\infty)$ 上为负；特别当 a 取 e 时，函数记为 $y = \ln x$，称为自然对数函数.

三角函数与反三角函数

正弦函数：$y = \sin x$ 的定义域为 $(-\infty, +\infty)$ 周期为 2π 的奇函数，值域为 $[-1,1]$，在 $\left[-\frac{\pi}{2} + 2k\pi, \frac{\pi}{2} + 2k\pi\right], k \in \mathbf{Z}$ 上单调递增.

余弦函数：$y = \cos x$ 的定义域为 $(-\infty, +\infty)$，周期为 2π 的偶函数，值域为 $[-1,1]$，在 $[2k\pi, \pi + 2k\pi], k \in \mathbf{Z}$ 上单调递减.

正切函数：$y = \tan x$ 的定义域为除去 $x = n\pi + \frac{\pi}{2} (n = 0, \pm 1, \pm 2, \cdots\cdots)$ 的全体实数，周期为 π 的奇函数，值域为 $(-\infty, +\infty)$，在 $\left(-\frac{\pi}{2} + k\pi, \frac{\pi}{2} + k\pi\right), k \in \mathbf{Z}$ 上单调递增.

余切函数：$y = \cot x$ 的定义域为除去 $x = n\pi (n = 0, \pm 1, \pm 2, \cdots\cdots)$ 的全体实数，周期为 π 的奇函数，值域为 $(-\infty, +\infty)$，在 $(k\pi, \pi + k\pi), k \in \mathbf{Z}$ 上单调递减.

正割三角函数：$y = \sec x = \frac{1}{\cos x}$ 和余割三角函数：$y = \csc x = \frac{1}{\sin x}$.

反正弦函数：$y = \arcsin x$ 是正弦函数 $y = \sin x$ 在 $\left[-\frac{\pi}{2}, \frac{\pi}{2}\right]$ 上的反函数，其定义域为 $[-1, 1]$，值域为 $\left[-\frac{\pi}{2}, \frac{\pi}{2}\right]$，并且是在其定义域 $[-1,1]$ 上单调递增的奇函数.

反余弦函数：$y = \arccos x$ 是余弦函数 $y = \cos x$ 在 $[0, \pi]$ 上的反函数，其定义域为 $[-1, 1]$，值域为 $[0, \pi]$，并且是在其定义域 $[-1, 1]$ 上单调递减的函数.

反正切函数：$y = \arctan x$ 是正切函数 $y = \tan x$ 在 $\left(-\frac{\pi}{2}, \frac{\pi}{2}\right)$ 上的反函数，其定义域为 $(-\infty, +\infty)$，值域为 $\left(-\frac{\pi}{2}, \frac{\pi}{2}\right)$，并且是在其定义域 $(-\infty, +\infty)$ 上单调递增的奇函数.

反余切函数：$y = \text{arccot}x$ 是余切函数 $y = \cot x$ 在 $(0, \pi)$ 上的反函数,其定义域为 $(-\infty, +\infty)$,值域为 $(0, \pi)$,并且是在其定义域 $(-\infty, +\infty)$ 上单调递减的函数.

(2) 初等函数

由常数和基本初等函数经过有限次四则运算或有限次复合后所得到的能用一个解析式子表示的函数,称为初等函数.

例 14　$y = \sqrt{1 + x}$, $y = \sqrt{1 - 2^x}$, $y = \sin^2 x$, $y = \tan(\ln x)^2$, $y = \arctan\sqrt{\dfrac{1 + \sin x}{1 - \sin x}}$ 等都是初等函数.

习题 1-1

1.求下列函数的定义域：

(1) $y = \sqrt{x^2 + 1}$ ；

(2) $y = \log_2(x - 1)$ ；

(3) $y = \dfrac{x}{x - 1} + \ln(4 - x^2)$ ；

(4) $y = \ln(3x + 1) + \sqrt{5 - 2x} + \arcsin x$ ；

(5) $y = \sin\sqrt{x}$.

2.写出如图 1-3 和图 1-4 所示函数的解析表达式：

(1)

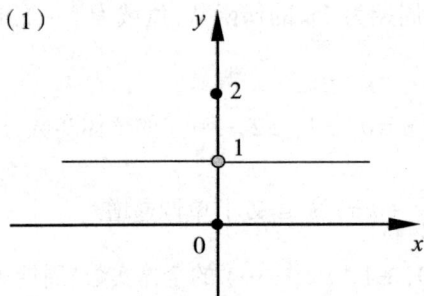

图 1-3

(2)

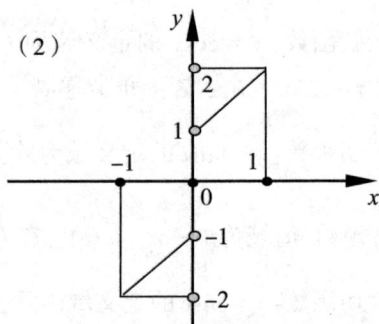

图 1-4

3.指出 $f(x)$ 与 $g(x)$ 相等的函数组：

(1) $f(x) = x^2, g(x) = \sqrt{x^4}$ ；

(2) $f(x) = x, g(x) = (\sqrt{x})^2$ ；

(3) $f(x) = \dfrac{\sqrt{x - 1}}{\sqrt{x + 1}}, g(x) = \sqrt{\dfrac{x - 1}{x + 1}}$ ；

(4) $f(x) = \dfrac{x^2 - 1}{x - 1}, g(x) = x + 1$ ；

(5) $f(x) = 1, g(x) = (1 - x)^0$ ；

(6) $f(x) = x, g(x) = \dfrac{x^2}{x}$ ；

(7) $f(x) = \sqrt{x^2}, g(x) = x$ ；

(8) $f(x) = \sqrt[3]{x^3}, g(x) = x$.

4.指出以下函数哪些与 $f(x) = 2x$ 的图像完全相同.

(1) $y = \ln e^{2x}$ ；

(2) $y = \sin(\arcsin 2x)$ ；

(3) $y = e^{\ln 2x}$;　　　　　　　　　　　　(4) $y = \arcsin(\sin 2x)$.

5.设 $f(x) = \begin{cases} 2^x, & -1 \leq x < 0, \\ 2, & 0 \leq x < 1, \\ x - 1, & 1 \leq x \leq 3, \end{cases}$ 求 $f(x)$ 的定义域, $f(0)$, $f(1)$.

6.设 $f\left(\dfrac{1}{x}\right) = x + \sqrt{1 + x^2}$,求 $f(x)$.

7.试证函数在指定区间上的单调性:

(1) 函数 $y = \ln(x^2 + 1)$ 在区间 $(-\infty, 0]$ 上为单调递减的函数;

(2) 已知 $f(x)$ 在区间 $(-\infty, +\infty)$ 上单调递减,则 $f(x^2 + 4)$ 在区间 $[0, +\infty)$ 上为单调递减的函数.

8.下列函数中哪些是偶函数,哪些是奇函数,哪些是既非奇函数又非偶函数?

(1) $y = x^2(1 - x^2)$;　　　　　　　　　　(2) $y = 3x^2 - x^3$;

(3) $y = \dfrac{1 - x^2}{1 + x^2}$;　　　　　　　　　　(4) $y = x(x - 1)(x + 1)$;

(5) $y = \sin x + \cos x + 1$;　　　　　　　(6) $y = \dfrac{a^x + a^{-x}}{2}$.

9.下列函数哪些是周期函数,对于是周期函数的,指出其周期:

(1) $y = 5\sin(\pi x)$;　　　　　　　　　　(2) $y = \sin^2 x$;

(3) $y = x\cos x$;　　　　　　　　　　　　(4) $y = 1 + \tan(\pi x)$;

(5) $y = |\sin x|$;　　　　　　　　　　　　(6) $y = 2\sin \dfrac{x}{3} + \cos \dfrac{x}{2}$.

10.求下列函数的反函数:

(1) $y = 10^{x-1} - 2$;　　　　　　　　　　(2) $y = e^{x+1}$;

(3) $y = \dfrac{2^x}{2^x + 1}$;　　　　　　　　　　(4) $y = 1 + 2\sin \dfrac{x - 1}{x + 1}$.

11.若 $f(x) = \dfrac{1}{1 - x}$,求 $f[f(x)]$, $f\{f[f(x)]\}$.

12.若 $f(t) = 2t^2 + \dfrac{2}{t^2} + \dfrac{5}{t} + 5t$,证明 $f(t) = f\left(\dfrac{1}{t}\right)$.

13.设函数 $g(x) = 1 - 2x$, $f[g(x)] = \dfrac{1 - x^2}{x^2}$,求 $f\left(\dfrac{1}{2}\right)$.

14.若 $f\left(x + \dfrac{1}{x}\right) = x^2 + \dfrac{1}{x^2} + 3$,求 $f(x)$.

15.设 $f(x) = \begin{cases} 2x, & x < 0, \\ x, & x \geq 0, \end{cases}$ $g(x) = \begin{cases} 5x, & x < 0, \\ -3x, & x \geq 0, \end{cases}$ 求 $f[g(x)]$.

16.设 $f(x) = \begin{cases} 1, & |x| < 1, \\ 0, & |x| = 1, \\ -1, & |x| > 1, \end{cases}$ $g(x) = e^x$,求 $f[g(x)]$ 和 $g[f(x)]$.

17.下列函数可以由哪些函数复合而成?

(1) $y = \arcsin\sqrt{\sin x}$;

(2) $y = \log_2^3 \cos x$;

(3) $y = \sin[\tan(x^2 + 1)]$;

(4) $y = 2^{\sin^3 \frac{1}{x}}$.

第二节　数列的极限

一、数列极限的定义

例 1　古代哲学家庄周所著的《庄子·杂篇·天下》中有言:"一尺之棰,日取其半,万世不竭."意即长一尺的棒子,每天截去一半,无限制地进行下去,虽然越截越短,剩下的部分接近于零,但永远截不完.从数学上来看,那么剩下部分的长度构成一数列: $\frac{1}{2}, \frac{1}{2^2}, \frac{1}{2^3}, \cdots \frac{1}{2^n}, \cdots$; ,通项为 $\frac{1}{2^n}(n \in \mathbf{N}_+)$,显然 $\left\{\frac{1}{2^n}\right\}$ 趋近于零.

例 2　(i) $1, \frac{1}{2}, \frac{1}{3}, \cdots \frac{1}{n}, \cdots$;

(ii) $1, -1, \cdots (-1)^{n-1}, \cdots$;

(iii) $2, 4, 6, \cdots 2n, \cdots$;

(iv) $2, \frac{3}{2}, \frac{4}{3}, \cdots \frac{n+1}{n}, \cdots$,

都是数列,其通项分别为 $\frac{1}{n}, (-1)^{n-1}, 2n, \frac{n+1}{n}$.

在数轴上,数列的每项都有对应点.如果将数列的每项 $x_i(i = 1, 2, \cdots n \cdots)$ 依次在数轴上描出点的位置,我们能否发现点的位置的变化趋势呢? 显然, $\left\{\frac{1}{2^n}\right\}, \left\{\frac{1}{n}\right\}$ 是无限接近于 0 的; $\{2n\}$ 是无限增大的; $\{(-1)^{n-1}\}$ 的项是在 1 与 -1 两点跳动的,不接近于某一常数; $\left\{\frac{n+1}{n}\right\}$ 无限接近常数 1.

对于数列来说,最重要的是,研究其在变化过程中无限接近某一常数的那种渐趋稳定的状态,这就是常说的数列极限问题.

具体地说,对给定数列 $\{x_n\}$, $n \in \mathbf{N}_+$,如果当 n 无限增大时,数列的项 x_n 无限接近于某个确定的数 a ,则称 a 为数列 $\{x_n\}$ 当 n 趋于无限大时的极限.这是对数列极限的一个描述性的定义,为了方便数学上的分析,我们给出数列极限的精确的数学定义.为此我们先来观察具体数列 $\left\{\frac{n+1}{n}\right\}$ 的情况.不难发现 $\frac{n+1}{n}(n = 1, 2, \cdots)$ 随着 n 的无限增大,无限地接近 1,亦即 n 充分大时, $\frac{n+1}{n}$ 与 1 可以任意地接近,即 $\left|\frac{n+1}{n} - 1\right|$ 可以任意地小,换言之,当 n 充分大时,

$\left| \dfrac{n+1}{n} - 1 \right|$ 可小于预先给定无论多么小的正数 ε. 例如, 取 $\varepsilon = \dfrac{1}{100}$, 由 $\left| \dfrac{n+1}{n} - 1 \right| = \dfrac{1}{n} <$

$\dfrac{1}{100} \Rightarrow n > 100$, 即 $\left\{ \dfrac{n+1}{n} \right\}$ 从第 101 项开始, 以后的项 $x_{101} = \dfrac{102}{101}$, $x_{102} = \dfrac{103}{102} \cdots$ 都满足不等式

$|x_n - 1| < \dfrac{1}{100}$, 或者说, 当 $n > 100$ 时, 有 $\left| \dfrac{n+1}{n} - 1 \right| < \dfrac{1}{100}$. 若取 $\varepsilon = \dfrac{1}{10000}$, 由

$\left| \dfrac{n+1}{n} - 1 \right| = \dfrac{1}{n} < \dfrac{1}{10000} \Rightarrow n > 10000$, 即 $\left\{ \dfrac{n+1}{n} \right\}$ 从第 10001 项开始, 以后的项 $x_{10001} =$

$\dfrac{10002}{10001}$, $x_{10002} = \dfrac{10003}{10002} \cdots$ 都满足 $|x_n - 1| < \dfrac{1}{10000}$, 或者说, 当 $n > 10000$ 时, 有 $\left| \dfrac{n+1}{n} - 1 \right| <$

$\dfrac{1}{10000}$. 一般地, 不论给定的正数 ε 多么小, 总存在一个正整数 N, 当 $n > N$ 时, 有

$\left| \dfrac{n+1}{n} - 1 \right| < \varepsilon$. 这就充分体现了当 n 越来越大时, $\dfrac{n+1}{n}$ 无限接近 1 这一事实. 这个数 "1" 称

为当 $n \to \infty$ 时, $\left\{ \dfrac{n+1}{n} \right\}$ 的极限.

综合上面的分析, 一般地, 我们如下定义数列的极限.

定义 若对任意 $\varepsilon > 0$ (不论 ε 多么小), 总存在正整数 N, 使得当 $n > N$ 时, 都有 $|x_n - a| < \varepsilon$ 成立, 则称常数 a 是数列 $\{x_n\}$ 的极限, 或称数列 $\{x_n\}$ 收敛于 a, 记为 $\lim\limits_{n \to \infty} x_n = a$, 或 $x_n \to a$ ($n \to \infty$). 如果数列没有极限, 就说数列是发散的.

例 3 证明数列 $2, \dfrac{3}{2}, \dfrac{4}{3}, \cdots, \dfrac{n+1}{n}, \cdots$ 收敛于 1.

证 对 $\forall \varepsilon > 0$, 要使得 $\left| \dfrac{n+1}{n} - 1 \right| = \dfrac{1}{n} < \varepsilon$, 只需 $n > \dfrac{1}{\varepsilon}$, 所以取 $N = \left[\dfrac{1}{\varepsilon} \right]$, 当 $n > N$

时, 有 $\left| \dfrac{n+1}{n} - 1 \right| = \dfrac{1}{n} < \varepsilon$, 所以 $\lim\limits_{n \to \infty} \dfrac{n+1}{n} = 1$.

注 (i) ε 是衡量 x_n 与 a 接近程度的, 除要求为正数以外, 无其他限制. 然而, 尽管 ε 具有任意性, 但一经给出, 就应视为不变的. 另外, ε 具有任意性, 那么 $\dfrac{\varepsilon}{2}, 2\varepsilon, \varepsilon^2$ 等也具有任意性, 它们也可代替 ε.

(ii) N 是随 ε 的变小而变大的, 即 N 是依赖于 ε 的. 在解题中, N 等于多少关系不大, 重要的是它的存在性, 只要存在一个 N, 使得当 $n > N$ 时, 有 $|x_n - a| < \varepsilon$ 就行了, 而不必求最小的 N.

例 4 证明 $\lim\limits_{n \to \infty} \dfrac{\sqrt{n^2 + a^2}}{n} = 1$.

证 对 $\forall \varepsilon > 0$, 因为 $\left| \dfrac{\sqrt{n^2 + a^2}}{n} - 1 \right| = \dfrac{a^2}{n(\sqrt{n^2 + a^2} + n)} < \dfrac{a^2}{n}$ (此处不妨设 $a \neq 0$, 若 $a =$

0，显然有 $\lim\limits_{n\to\infty}\dfrac{\sqrt{n^2+a^2}}{n}=1$），所以要使得 $\left|\dfrac{\sqrt{n^2+a^2}}{n}-1\right|<\varepsilon$，只需 $\dfrac{a^2}{n}<\varepsilon$ 就行了．即有 $n>\dfrac{a^2}{\varepsilon}$．

所以取 $N=\left[\dfrac{a^2}{\varepsilon}\right]$，当 $n>N$ 时，因为有 $\dfrac{a^2}{n}<\varepsilon$，即 $\left|\dfrac{\sqrt{n^2+a^2}}{n}-1\right|<\varepsilon$，所以 $\lim\limits_{n\to\infty}\dfrac{\sqrt{n^2+a^2}}{n}=1$．

注意，有时直接找 N 比较困难，这时我们可把 $|x_n-a|$ 适当地变形、放大（千万不可缩小），若放大后小于 ε，那么必有 $|x_n-a|<\varepsilon$．

例 5 设 $|q|<1$，证明 $1,q,q^2,\cdots,q^{n-1},\cdots$ 的极限为 0，即 $\lim\limits_{n\to\infty}q^{n-1}=0$．

证 若 $q=0$，结论是显然的，现设 $0<|q|<1$，对 $\forall\varepsilon>0$（因为 ε 越小越好，不妨设 $\varepsilon<1$），要使得 $|q^{n-1}-0|<\varepsilon$，即 $|q|^{n-1}<\varepsilon$，只需两边取对数后，$(n-1)\ln|q|<\ln\varepsilon$ 成立就行了．因为 $0<|q|<1$，所以 $\ln|q|<0$，所以 $n-1>\dfrac{\ln\varepsilon}{\ln|q|}\Rightarrow n>1+\dfrac{\ln\varepsilon}{\ln|q|}$．取 $N=\left[1+\dfrac{\ln\varepsilon}{\ln|q|}\right]$，所以当 $n>N$ 时，有 $|q^{n-1}-0|<\varepsilon$ 成立，即有 $\lim\limits_{n\to\infty}q^{n-1}=0$．

二、收敛数列的有关性质

1.极限的性质

定理 1（唯一性） 数列 $\{x_n\}$ 不能收敛于两个不同的极限．

证 设 a 和 b 为 x_n 的任意两个极限，下证 $a=b$．

由极限的定义，$\forall\varepsilon>0$，必分别存在 N_1,N_2，当 $n>N_1$ 时，$|x_n-a|<\varepsilon$，当 $n>N_2$ 时，有 $|x_n-b|<\varepsilon$，令 $N=\max\{N_1,N_2\}$，当 $n>N$ 时，$|x_n-a|<\varepsilon$，$|x_n-b|<\varepsilon$ 同时成立．现考虑：
$$|a-b|=|(x_n-b)-(x_n-a)|\leqslant|x_n-b|+|x_n-a|<\varepsilon+\varepsilon=2\varepsilon,$$
由于 a,b 均为常数 $\Rightarrow a=b$，所以 $\{x_n\}$ 的极限只能有一个．

定理 2（有界性） 若数列 $\{x_n\}$ 收敛，那么它一定有界，即对于收敛数列 $\{x_n\}$，存在正数 M，对一切 n，有 $|x_n|\leqslant M$．

证 设 $\lim\limits_{n\to\infty}x_n=a$，由定义对 $\varepsilon=1$，存在 N，当 $n>N$ 时，
$$|x_n-a|<\varepsilon=1,\ |x_n|\leqslant|x_n-a|+|a|<1+|a|,$$
令 $M=\max\{|x_1|,|x_2|,\cdots,|x_N|,1+|a|\}$，显然对一切 n，$|x_n|\leqslant M$．

注 本定理的逆定理不成立，即有界未必收敛．例如数列 $x_n=(-1)^{n+1}$ 是有界的（$|x_n|\leqslant1$），但数列不收敛．

定理 3（保号性） 若 $\lim\limits_{n\to\infty}x_n=a>0$（或 $a<0$），则存在正整数 N，使得当 $n>N$ 时，有 $x_n>0$（或 $x_n<0$）．

证 设 $a>0$．取 $\varepsilon=\dfrac{a}{2}>0$，则存在正整数 N，使得当 $n>N$ 时有
$$x_n>a-\varepsilon=\dfrac{a}{2}>0,$$
这就证得结果．对于 $a<0$ 的情形，也可类似地证明．

推论 1 若数列 $\{x_n\}$ 从某一项起有 $x_n\geqslant0$（或 $x_n\leqslant0$）且 $\lim\limits_{n\to\infty}x_n=a$，则 $a\geqslant0$（或 $a\leqslant0$）．

推论 2（保不等式性）　设 $\{x_n\}$ 与 $\{y_n\}$ 均为收敛数列.若存在正整数 N_0,使得当 $n > N_0$ 时,有 $x_n \leqslant y_n$,则 $\lim\limits_{n\to\infty} x_n \leqslant \lim\limits_{n\to\infty} y_n$.

证　设 $\lim\limits_{n\to\infty} x_n = a$,$\lim\limits_{n\to\infty} y_n = b$,$\forall \varepsilon > 0$,分别存在正整数 N_1 和 N_2,使得当 $n > N_1$ 时,有

$$a - \varepsilon < x_n,$$

当 $n > N_2$ 时,有

$$y_n < b + \varepsilon.$$

取 $N = \max\{N_0, N_1, N_2\}$,则当 $n > N$ 时,按假设及上两式有

$$a - \varepsilon < x_n \leqslant y_n < b + \varepsilon,$$

由此得到 $a < b + 2\varepsilon$,由 ε 的任意性推得 $a \leqslant b$,即 $\lim\limits_{n\to\infty} x_n \leqslant \lim\limits_{n\to\infty} y_n$,

请思考:如果把推论 2 中的条件 $x_n \leqslant y_n$ 换成严格不等式 $x_n < y_n$,那么能否把结论换成 $\lim\limits_{n\to\infty} x_n < \lim\limits_{n\to\infty} y_n$ 并给出理由.

例 6　设 $x_n \geqslant 0 (n = 1, 2, \cdots)$.证明:若 $\lim\limits_{n\to\infty} x_n = a$,则 $\lim\limits_{n\to\infty} \sqrt{x_n} = \sqrt{a}$.

证　由推论 1 可得 $a \geqslant 0$.

若 $a = 0$,则由 $\lim\limits_{n\to\infty} x_n = 0$,$\forall \varepsilon > 0$,存在正整数 N,使得当 $n > N$ 时有 $x_n < \varepsilon^2$,从而 $\sqrt{x_n} < \varepsilon$,即 $\left| \sqrt{x_n} - 0 \right| < \varepsilon$,故有 $\lim\limits_{n\to\infty} \sqrt{x_n} = 0$.

若 $a > 0$,则有

$$\left| \sqrt{x_n} - \sqrt{a} \right| = \frac{|x_n - a|}{\sqrt{x_n} + \sqrt{a}} \leqslant \frac{|x_n - a|}{\sqrt{a}},$$

$\forall \varepsilon > 0$,由 $\lim\limits_{n\to\infty} x_n = a$,存在正整数 N,使得当 $n > N$ 时,有 $|x_n - a| < \sqrt{a}\varepsilon$,从而 $\left| \sqrt{x_n} - \sqrt{a} \right| < \varepsilon$.所以 $\lim\limits_{n\to\infty} \sqrt{x_n} = \sqrt{a}$.

最后,我们给出数列的子列概念和关于子列的一个重要定理.

在数列 $\{x_n\}$ 中任意抽取无穷多项并保持这些项在原数列 $\{x_n\}$ 中的先后次序,这样得到的一个数列称为原数列 $\{x_n\}$ 的子数列,简称子列.

设在数列 $\{x_n\}$ 中,第一次抽取 x_{n_1},第二次在 x_{n_1} 的后面抽取 x_{n_2},第三次在 x_{n_2} 的后面抽取 x_{n_3},$\cdots$,这样无休止地抽下去,得到一个数列

$$x_{n_1}, x_{n_2}, x_{n_3}, \cdots, x_{n_k}, \cdots,$$

这个数列 $\{x_{n_k}\}$ 构成数列 $\{x_n\}$ 的一个子数列.

注意,$\{x_n\}$ 的子列 $\{x_{n_k}\}$ 的各项都选自 $\{x_n\}$,且保持这些项在 $\{x_n\}$ 中的先后次序. $\{x_{n_k}\}$ 中的第 k 项是 $\{x_n\}$ 中的第 n_k 项,故总有 $n_k \geqslant k$.

例如,子列 $\{x_{2k}\}$ 由数列 $\{x_n\}$ 的所有偶数项所组成,而子列 $\{x_{2k-1}\}$ 则由 $\{x_n\}$ 的所有奇数项所组成.又 $\{x_n\}$ 本身也是 $\{x_n\}$ 的一个子列,此时 $n_k = k$,$k = 1, 2, \cdots n$.

定理 4　若数列 $\{x_n\}$ 收敛于 a,那么数列 $\{x_n\}$ 的任一个子数列收敛于 a.

证　设 $\lim\limits_{n\to\infty} x_n = a$,$\{x_{n_k}\}$ 是 $\{x_n\}$ 的任一子列.$\forall \varepsilon > 0$,存在正整数 N,使得当 $k > N$ 时,有

$|x_k - a| < \varepsilon$.由于 $n_k \geqslant k$,故当 $k > N$ 时更有 $n_k > N$,从而也有 $|x_{n_k} - a| < \varepsilon$,这就证明了 $\{x_{n_k}\}$ 收敛且与 $\{x_n\}$ 有相同的极限.

由定理 4 可见,若数列 $\{x_n\}$ 有一个子列发散,或有两个子列收敛而极限不相等,则数列 $\{x_n\}$ 一定发散.例如,数列 $\{(-1)^n\}$,其偶数项组成的子列 $\{(-1)^{2k}\}$ 收敛于 1,而奇数项组成的子列 $\{(-1)^{2k-1}\}$ 收敛于-1,从而 $\{(-1)^n\}$ 发散.再如,数列 $\left\{\sin\dfrac{n\pi}{2}\right\}$,它的奇数项组成的子列 $\left\{\sin\dfrac{2k-1}{2}\pi\right\}$,即为 $\{(-1)^{k-1}\}$,由于这个子列发散,故数列 $\left\{\sin\dfrac{n\pi}{2}\right\}$ 发散.由此可见,定理 4 是判断数列发散的有力工具.

习题 1-2

1.选择题:

(1) 数列 $0,\dfrac{1}{3},\dfrac{2}{4},\dfrac{3}{5},\dfrac{4}{6},\cdots$ 是( ).

A.以 0 为极限

B.以 1 为极限

C.以 $\dfrac{n-2}{n}$ 为极限

D.不存在极限

(2) 若数列 $\{x_n\}$ 有极限 a ,则在 a 的 ε 邻域之外,数列中的点( ).

A.必不存在

B.至多存在有限多个

C.必定有无穷多个

D.可以有有限个,也可以有无限多个

2.观察下列数列的变化趋势,指出哪个是收敛数列,哪个是发散数列,若数列收敛,则给出极限:

(1) $\left\{(-1)^{n-1}\dfrac{1}{n}\right\}$;　　　　(2) $\left\{1-\dfrac{1}{2n}\right\}$;　　　　(3) $\left\{\dfrac{1}{2^n}\right\}$;

(4) $\{2n\}$;　　　　(5) $\{(-1)^{n-1}\}$;　　　　(6) $\left\{2+\dfrac{1}{n^2}\right\}$.

3.下列关于数列 $\{x_n\}$ 的极限是 a 的定义,哪个是对的? 哪些是错的?

(1) $\forall \varepsilon > 0, \exists N \in \mathbf{N}_+$,当 $n > N$ 时,有 $x_n - a < \varepsilon$;

(2) $\forall \varepsilon > 0, \exists N \in \mathbf{N}_+$,当 $n > N$ 时,对无穷多项 x_n ,有 $|x_n - a| < \varepsilon$;

(3) $\forall N > 0, \exists \varepsilon > 0$,当 $n > N$ 时,有 $|x_n - a| < \varepsilon$;

(4) $\forall \varepsilon > 0, \exists N \in \mathbf{N}_+$,当 $n > N$ 时,有 $|x_n - a| < c\varepsilon$,其中 c 为某个正常数;

(5) $\forall \varepsilon \in (0,1), \exists N \in \mathbf{N}_+$,当 $n > N$ 时,有 $|x_n - a| < \varepsilon$.

4.根据数列极限的定义证明下列极限:

(1) $\lim\limits_{n\to\infty}\dfrac{3n+1}{2n-1}=\dfrac{3}{2}$;　　　　(2) $\lim\limits_{n\to\infty}(\sqrt{n+1}-\sqrt{n})=0$;

(3) $\lim\limits_{n\to\infty}\underbrace{0.99\cdots9}_{n\uparrow}=1$；

(4) $\lim\limits_{n\to\infty}\dfrac{\sqrt{n^2+n}}{n}=1$.

5.回答下列问题：

(1) 数列的有界性是数列收敛的什么条件？

(2) 无界数列是否一定发散？

(3) 有界数列是否一定收敛？

6.若 $\lim\limits_{n\to\infty}x_n=a$ ，证明 $\lim\limits_{n\to\infty}|x_n|=|a|$ ，反之是否正确，如不正确，举例说明.

7.若 $\lim\limits_{n\to\infty}x_n=a$ ，证明 $\forall k\in\mathbf{N}_+,\lim\limits_{n\to\infty}x_{n+k}=\lim\limits_{n\to\infty}x_n$.

8.证明数列 $\{x_n\}$ ，若 $x_{2k-1}\to a(k\to\infty)$ ，$x_{2k}\to a(k\to\infty)$ ，则 $x_n\to a(n\to\infty)$.

第三节 函数的极限

一、函数极限的定义

由上节知，数列是自变量取自然数时的函数，即 $x_n=f(n)$ ，$n\in\mathbf{N}_+$ ，因此，数列是函数的一种特殊情况.数列 $\{x_n\}$ 的极限为 a ，从函数角度来看，就是当自变量 n 取正整数而无限增大时，相应的函数值 $f(n)$ 无限接近于确定的数 a .自变量 n 取正整数而无限增大，它只是函数自变量的一种变化方式，除此之外，函数自变量的变化方式还有下面的情况：

(i) 函数的自变量 x 可以从 x_0 的两边任意接近于有限值 x_0 ，记为 $x\to x_0$ ；还可以从 x_0 的左边接近于有限值 x_0 ，记为 $x\to x_0^-$ ；又可以从 x_0 的右边接近于有限值 x_0 ，记为 $x\to x_0^+$ ；

(ii) 函数自变量 x 的绝对值 $|x|$ 无限增大，记为 $x\to\infty$ ；函数自变量 x 无限增大，记为 $x\to+\infty$ ；函数自变量 x 无限变小，记为 $x\to-\infty$.

下面针对函数自变量的每种变化形式，具体地给出函数极限的数学定义.

1.自变量趋向无穷大时函数的极限

定义1 设 $f(x)$ 当 $|x|>a(a>0)$ 时是有定义的，若 $\forall\varepsilon>0$ ，$\exists X>a$ ，当 $|x|>X$ 时，有 $|f(x)-A|<\varepsilon$ ，就称 A 为 $f(x)$ 当 $x\to\infty$ 时的极限，记为 $\lim\limits_{x\to\infty}f(x)=A$ 或 $f(x)\to A$（当 $x\to\infty$ 时）.

注 (i) 设 $f(x)$ 在 $[a,+\infty)$ ，$(-\infty,a]$ 上有定义，若对 $\forall\varepsilon>0$ ，$\exists X>a$ ，当 $x>X(x<-X)$ 时，有 $|f(x)-A|<\varepsilon$ ，就称 A 为 $f(x)$ 当 $x\to+\infty(x\to-\infty)$ 时的极限，记为 $\lim\limits_{x\to+\infty}f(x)=A$ 或 $f(x)\to A$（当 $x\to+\infty$ 时）（$\lim\limits_{x\to-\infty}f(x)=A$ 或 $f(x)\to A$（当 $x\to-\infty$ 时））.

(ii) $\lim\limits_{x\to\infty}f(x)=A\Leftrightarrow\lim\limits_{x\to+\infty}f(x)=\lim\limits_{x\to-\infty}f(x)=A$.

(iii) 若 $\lim\limits_{x\to\infty}f(x)=A$ ，就称 $y=A$ 为曲线 $y=f(x)$ 的水平渐近线，若 $\lim\limits_{x\to+\infty}f(x)=A$ 或 $\lim\limits_{x\to-\infty}f(x)=A$ ，同样称 $y=A$ 为曲线 $y=f(x)$ 的水平渐近线.

例 1   证明 $\forall m \in \mathbf{N}_+, \lim\limits_{x \to \infty} \dfrac{1}{x^m} = 0.$

证 $\forall \varepsilon > 0$，因为 $\left| \dfrac{1}{x^m} - 0 \right| = \dfrac{1}{|x|^m}$，所以要使得 $\left| \dfrac{1}{x^m} - 0 \right| = \dfrac{1}{|x|^m} < \varepsilon$，只需 $|x| > \dfrac{1}{\varepsilon^{\frac{1}{m}}}$，故

取 $X = \dfrac{1}{\varepsilon^{\frac{1}{m}}}$，当 $|x| > X$ 时，有 $\left| \dfrac{1}{x^m} - 0 \right| = \dfrac{1}{|x|^m} < \varepsilon$，因此 $\forall m \in \mathbf{N}_+$ ，$\lim\limits_{x \to \infty} \dfrac{1}{x^m} = 0.$

2.自变量趋向有限值 x_0 时函数的极限

与数列极限的意义相仿，在自变量趋于有限值 x_0 时的函数极限可理解为：当 $x \to x_0$ 时，$f(x)$ 与 A 无限地接近，或说 $|f(x) - A|$ 可任意小，亦即对于预先任意给定的正数 ε（不论多么小），当 x 与 x_0 充分接近时，可使得 $|f(x) - A|$ 小于 ε．用数学的语言说，即为如下定义 2.

定义 2   如果 $\forall \varepsilon > 0$(不论它多么小)，$\exists \delta > 0$，使得对于适合不等式 $0 < |x - x_0| < \delta$ 的一切 x 所对应的函数值 $f(x)$ 满足：$|f(x) - A| < \varepsilon$，就称常数 A 为函数 $f(x)$ 当 $x \to x_0$ 时的极限，记为

$$\lim_{x \to x_0} f(x) = A \ \text{或} \ f(x) \to A \ (\text{当} \ x \to x_0 \ \text{时}).$$

注   (i) "x 与 x_0 充分接近" 在定义中表现为：$\exists \delta > 0$，有 $0 < |x - x_0| < \delta$，即 $x \in \mathring{U}(x_0, \delta)$．显然 δ 越小，x 与 x_0 就越接近，此 δ 与数列极限中的 N 所起的作用是一样的，它也依赖于 ε．一般地，ε 越小，δ 相应地越小．

(ii) 定义中 $0 < |x - x_0|$ 表示 $x \neq x_0$，这说明当 $x \to x_0$ 时，$f(x)$ 有无极限与 $f(x)$ 在 x_0 点是否有定义无关．

(iii) 几何解释：$\forall \varepsilon > 0$，作平行直线 $y = A + \varepsilon, y = A - \varepsilon$．由定义，对此 ε，存在 $\delta > 0$，当 $x_0 - \delta < x < x_0 + \delta$，且 $x \neq x_0$ 时，有 $A - \varepsilon < f(x) < A + \varepsilon$．即函数 $y = f(x)$ 的图形落在直线 $y = A + \varepsilon, y = A - \varepsilon$ 所围区域内($f(x_0)$ 点可能除外)．换言之，当 $x \in \mathring{U}(x_0, \delta)$ 时，$f(x) \in U(A, \varepsilon)$．如图 1-5 所示．

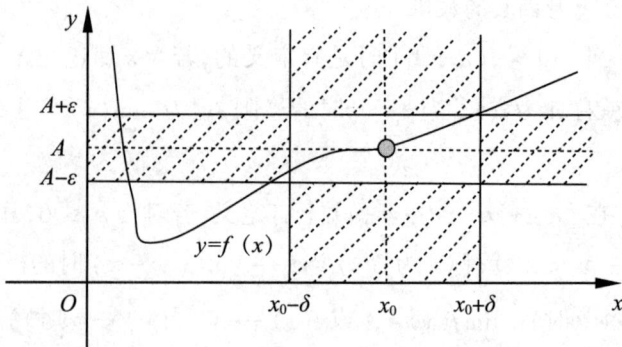

图 1-5

例2 证明 $\forall x_0 \in \mathbf{R}$,有 $\lim\limits_{x \to x_0}\sin x = \sin x_0$.

证 因为 $|\sin x| \leqslant |x|$,所以对 $\forall \varepsilon > 0$,要使得

$$|\sin x - \sin x_0| = \left|2\cos\frac{x + x_0}{2}\sin\frac{x - x_0}{2}\right| \leqslant |x - x_0| < \varepsilon,$$

只须 $|x - x_0| < \varepsilon$,取 $\delta = \varepsilon > 0$,显然当 $0 < |x - x_0| < \delta$ 时,有 $|\sin x - \sin x_0| < \varepsilon$,这就证明了 $\lim\limits_{x \to x_0}\sin x = \sin x_0$.

容易由极限的定义证明 $\forall x_0 \in \mathbf{R}$,有 $\lim\limits_{x \to x_0}\cos x = \cos x_0$.

例3 证明当 $x_0 > 0$ 时,$\lim\limits_{x \to x_0}\sqrt{x} = \sqrt{x_0}$.

证 令 $f(x) = \sqrt{x}$,$A = \sqrt{x_0}$,$\forall \varepsilon > 0$,因为

$$|f(x) - A| = |\sqrt{x} - \sqrt{x_0}| = \left|\frac{x - x_0}{\sqrt{x} + \sqrt{x_0}}\right| \leqslant \frac{|x - x_0|}{\sqrt{x_0}},$$

所以要使 $|f(x) - A| < \varepsilon$,只要 $|x - x_0| < \sqrt{x_0}\varepsilon$ 且 $x \geqslant 0$,而 $x \geqslant 0$ 可由 $|x - x_0| < x_0$ 保证,因此取 $\delta = \min\{\sqrt{x_0}\varepsilon, x_0\}$,则 $0 < |x - x_0| < \delta$ 时,$|f(x) - A| = |\sqrt{x} - \sqrt{x_0}| < \varepsilon$,所以,$\lim\limits_{x \to x_0}\sqrt{x} = \sqrt{x_0}$.

在上面函数极限的定义中,x 是既可从 x_0 的左边(即从小于 x_0 的方向)趋于 x_0,也可从 x_0 的右边(即从大于 x_0 的方向)趋于 x_0,但有时 x 只能或需要从 x_0 的某一侧趋于 x_0.如分段函数及在区间的端点处等等.这样,就有必要引进单侧极限的定义:

定义3 $\forall \varepsilon > 0$,$\exists \delta > 0$,当 $x_0 - \delta < x < x_0$ 时(当 $x_0 < x < x_0 + \delta$ 时),有 $|f(x) - A| < \varepsilon$.这时就称 A 为 $f(x)$ 当 $x \to x_0$ 时的左(右)极限,记为 $\lim\limits_{x \to x_0^-}f(x) = A$ 或 $f(x_0^-) = A$($\lim\limits_{x \to x_0^+}f(x) = A$ 或 $f(x_0^+) = A$).

定理1 $\lim\limits_{x \to x_0}f(x) = A \Leftrightarrow \lim\limits_{x \to x_0^-}f(x) = \lim\limits_{x \to x_0^+}f(x) = A$.

例4 $\lim\limits_{x \to 0^-}\mathrm{sgn}x = -1$,$\lim\limits_{x \to 0^+}\mathrm{sgn}x = 1$,因为 $-1 \neq 1$,所以 $\lim\limits_{x \to 0}\mathrm{sgn}x$ 不存在.

例5 设 $f(x) = \begin{cases} 1, & x \geqslant 0, \\ 2x + 1, & x < 0, \end{cases}$ 求 $\lim\limits_{x \to 0}f(x)$.

解 显然 $\lim\limits_{x \to 0^+}f(x) = \lim\limits_{x \to 0^+}1 = 1$,$\lim\limits_{x \to 0^-}f(x) = \lim\limits_{x \to 0^-}(2x + 1) = 1$.
因为 $\lim\limits_{x \to 0^-}f(x) = \lim\limits_{x \to 0^+}f(x) = 1$,所以 $\lim\limits_{x \to 0}f(x) = 1$.

二、函数极限的性质

前面我们引入了下述六种类型的函数极限:

(i) $\lim\limits_{x \to +\infty}f(x)$;   (ii) $\lim\limits_{x \to -\infty}f(x)$;   (iii) $\lim\limits_{x \to \infty}f(x)$;

(iv) $\lim\limits_{x \to x_0}f(x)$;   (v) $\lim\limits_{x \to x_0^-}f(x)$;   (vi) $\lim\limits_{x \to x_0^+}f(x)$.

它们具有与数列极限相类似的一些性质,下面以第(iv)种类型的极限为代表来叙述并证明这些性质.至于其他类型极限的性质及其证明,只要相应地做出修改即可.

定理 2(唯一性) 若极限 $\lim\limits_{x \to x_0} f(x)$ 存在,则此极限是唯一的.

证 设 A, B 都是 $f(x)$ 当 $x \to x_0$ 时的极限,则对 $\forall \varepsilon > 0$,分别存在正数 δ_1 与 δ_2,使得当 $0 < |x - x_0| < \delta_1$ 时,有 $|f(x) - A| < \varepsilon$,当 $0 < |x - x_0| < \delta_2$ 时,有 $|f(x) - B| < \varepsilon$,取 $\delta = \min(\delta_1, \delta_2)$,则当 $0 < |x - x_0| < \delta$ 时,有

$$|A - B| = |(f(x) - A) - (f(x) - B)| \leqslant |f(x) - A| + |f(x) - B| < 2\varepsilon,$$

由 ε 的任意性得 $A = B$,这就证明了极限是唯一的.

定理 3(局部有界性) 若 $\lim\limits_{x \to x_0} f(x)$ 存在,则 $f(x)$ 在 x_0 的某空心邻域 $\mathring{U}(x_0)$ 内有界,即存在常数 $M > 0, \delta > 0$,使得当 $0 < |x - x_0| < \delta$ 时,有 $|f(x)| \leqslant M$.

证 设 $\lim\limits_{x \to x_0} f(x) = A$.取 $\varepsilon = 1$,则存在 $\delta > 0$,使对一切 $x \in \mathring{U}(x_0, \delta)$,有

$$|f(x) - A| < 1 \Rightarrow |f(x)| \leqslant |f(x) - A| + |A| < |A| + 1,$$

这就证明了 $f(x)$ 在 $\mathring{U}(x_0, \delta)$ 内有界.

定理 4(局部保号性) 若 $\lim\limits_{x \to x_0} f(x) = A > 0$(或 $A < 0$),则存在常数 $\delta > 0$,使得当 $0 < |x - x_0| < \delta$ 时,有 $f(x) > 0$(或 $f(x) < 0$).

证 设 $A > 0$,因 $\lim\limits_{x \to x_0} f(x) = A > 0$,故取 $\varepsilon = \dfrac{A}{2} > 0$,则存在常数 $\delta > 0$,使得当 $0 < |x - x_0| < \delta$ 时,有 $|f(x) - A| < \dfrac{A}{2} \Rightarrow f(x) > A - \dfrac{A}{2} = \dfrac{A}{2} > 0$.

这就证明了结论.对于 $A < 0$ 的情形可类似地证明.

从定理 4 的证明中可知,可有下面更强的结论:

定理 4′ 若 $\lim\limits_{x \to x_0} f(x) = A, A \neq 0$,则存在 x_0 的某空心邻域 $\mathring{U}(x_0)$,当 $x \in \mathring{U}(x_0)$ 时,有 $|f(x)| > \dfrac{|A|}{2}$.

由定理 4 易得下面的推论:

推论 1 若在 x_0 的某空心邻域内 $f(x) \geqslant 0$(或 $f(x) \leqslant 0$)且 $\lim\limits_{x \to x_0} f(x) = A$,则

$$A \geqslant 0 (\text{或 } A \leqslant 0).$$

推论 2(保不等式性) 设 $\lim\limits_{x \to x_0} f(x)$ 与 $\lim\limits_{x \to x_0} g(x)$ 都存在,且在某邻域 $\mathring{U}(x_0, \delta')$ 内有 $f(x) \leqslant g(x)$,则

$$\lim\limits_{x \to x_0} f(x) \leqslant \lim\limits_{x \to x_0} g(x).$$

证 设 $\lim\limits_{x \to x_0} f(x) = A$, $\lim\limits_{x \to x_0} g(x) = B$,则对 $\forall \varepsilon > 0$,分别存在正数 δ_1 与 δ_2,使得当 $0 < |x - x_0| < \delta_1$ 时,有 $A - \varepsilon < f(x)$,当 $0 < |x - x_0| < \delta_2$ 时,有 $g(x) < B + \varepsilon$,令 $\delta = \min(\delta', \delta_1, \delta_2)$,则当 $0 < |x - x_0| < \delta$ 时,于是有

$$A - \varepsilon < f(x) \leqslant g(x) < B + \varepsilon,$$

从而 $A < B + 2\varepsilon$.由 ε 的任意性推出 $A \leqslant B$,即 $\lim\limits_{x \to x_0} f(x) \leqslant \lim\limits_{x \to x_0} g(x)$.

定理 5(四则运算法则)　若极限 $\lim\limits_{x \to x_0} f(x)$ 与 $\lim\limits_{x \to x_0} g(x)$ 都存在,则函数 $f(x) \pm g(x)$, $f(x) \cdot g(x)$ 当 $x \to x_0$ 时极限也存在,且

(i) $\lim\limits_{x \to x_0} [f(x) \pm g(x)] = \lim\limits_{x \to x_0} f(x) \pm \lim\limits_{x \to x_0} g(x)$.

(ii) $\lim\limits_{x \to x_0} [f(x) g(x)] = \lim\limits_{x \to x_0} f(x) \cdot \lim\limits_{x \to x_0} g(x)$.

又若 $\lim\limits_{x \to x_0} g(x) \neq 0$,则 $f(x)/g(x)$ 当 $x \to x_0$ 时极限存在,并且

(iii) $\lim\limits_{x \to x_0} \dfrac{f(x)}{g(x)} = \lim\limits_{x \to x_0} f(x) / \lim\limits_{x \to x_0} g(x)$.

证　由于 $f(x) - g(x) = f(x) + (-1)g(x)$ 及 $\dfrac{f(x)}{g(x)} = f(x) \cdot \dfrac{1}{g(x)}$,因此我们只须证明关于和、积与倒数运算的结论即可.

设 $\lim\limits_{x \to x_0} f(x) = a$, $\lim\limits_{x \to x_0} g(x) = b$,则对 $\forall \varepsilon > 0$,分别存在正数 δ_1 与 δ_2,使得

$$\text{当} |x - x_0| < \delta_1 \text{ 时}, |f(x) - a| < \varepsilon,$$
$$\text{当} |x - x_0| < \delta_2 \text{ 时}, |g(x) - b| < \varepsilon,$$

取 $\delta = \min(\delta_1, \delta_2)$,则当 $0 < |x - x_0| < \delta$ 时,上述两不等式同时成立,从而有

(i) $|(f(x) + g(x)) - (a + b)| \leqslant |f(x) - a| + |g(x) - b| < 2\varepsilon$,

所以 $\lim\limits_{x \to x_0} (f(x) + g(x)) = a + b$.

(ii) 因为 $\lim\limits_{x \to x_0} g(x)$ 存在,所以由函数极限的局部有界性定理,存在常数 $M > 0, \delta_3 > 0$,使得当 $0 < |x - x_0| < \delta_3$ 时,有 $|g(x)| \leqslant M$,取 $\delta' = \min(\delta, \delta_3)$ 则当 $0 < |x - x_0| < \delta'$ 时,

$$|f(x)g(x) - ab| \leqslant |f(x)g(x) - ag(x)| + |ag(x) - ab|$$
$$\leqslant |g(x)| |f(x) - a| + |a| |g(x) - b| \leqslant (M + |a|)\varepsilon,$$

所以 $\lim\limits_{x \to x_0} f(x)g(x)$ 极限存在且 $\lim\limits_{x \to x_0} f(x)g(x) = \lim\limits_{x \to x_0} f(x) \lim\limits_{x \to x_0} g(x)$.

(iii) 因为 $\lim\limits_{x \to x_0} g(x) = b \neq 0$,所以由函数极限的局部保号性可知,存在正数 $\delta_4 > 0$,则当 $0 < |x - x_0| < \delta_4$ 时,有 $|g(x)| \geqslant \dfrac{|b|}{2}$.取 $\delta'' = \min(\delta_2, \delta_4)$,则当 $0 < |x - x_0| < \delta''$ 时,有

$$\left| \frac{1}{g(x)} - \frac{1}{b} \right| = \left| \frac{g(x) - b}{g(x)b} \right| \leqslant \frac{2}{b^2} \varepsilon,$$

这就证得 $\lim\limits_{x \to x_0} \dfrac{1}{g(x)} = \dfrac{1}{b}$.

关于数列也有类似的极限四则运算法则,这就是下面的定理:

定理 5′　若 $\{x_n\}$ 与 $\{y_n\}$ 为收敛数列,则 $\{x_n + y_n\}$、$\{x_n \cdot y_n\}$ 也都是收敛数列,且有

$$\lim\limits_{n \to \infty} (x_n + y_n) = \lim\limits_{n \to \infty} x_n + \lim\limits_{n \to \infty} y_n,$$
$$\lim\limits_{n \to \infty} (x_n \cdot y_n) = \lim\limits_{n \to \infty} x_n \cdot \lim\limits_{n \to \infty} y_n.$$

若 $\{x_n\}$ 与 $\{y_n\}$ 为收敛数列, $y_n \neq 0 (n = 1, 2, \cdots)$ 及 $\lim\limits_{n \to \infty} y_n \neq 0$,则 $\left\{ \dfrac{x_n}{y_n} \right\}$ 是收敛数列,且有

$$\lim_{n \to \infty} \frac{x_n}{y_n} = \lim_{n \to \infty} x_n \Big/ \lim_{n \to \infty} y_n .$$

例 6 证明 $\forall x_0 \in \mathbf{R}$, 有

$$\lim_{x \to x_0} (a_0 x^n + a_1 x^{n-1} + \cdots + a_n) = a_0 x_0{}^n + a_1 x_0{}^{n-1} + \cdots + a_n .$$

证 $\forall x_0 \in \mathbf{R}$, 有

$$\lim_{x \to x_0} (a_0 x^n + a_1 x^{n-1} + \cdots + a_n) = a_0 \left(\lim_{x \to x_0} x \right)^n + a_1 \left(\lim_{x \to x_0} x \right)^{n-1} + \cdots + a_n$$

$$= a_0 x_0{}^n + a_1 x_0{}^{n-1} + \cdots + a_n .$$

若记 $P(x) = a_0 x^n + a_1 x^{n-1} + \cdots + a_n$, 则本题结论即为 $\lim\limits_{x \to x_0} P(x) = P(x_0)$.

例 7 $\lim\limits_{x \to 0} \dfrac{x^3 + 7x - 9}{x^5 - x + 3} = \dfrac{0^3 + 7 \times 0 - 9}{0^5 - 0 + 3} = -3$ (因为 $0^5 - 0 + 3 \neq 0$).

例 8 求 $\lim\limits_{x \to 1} \dfrac{x^2 + x - 2}{2x^2 + x - 3}$.

解 当 $x \to 1$ 时, 分子、分母均趋于 0, 因为 $x \neq 1$, 约去公因子 $(x - 1)$, 所以

$$\lim_{x \to 1} \frac{x^2 + x - 2}{2x^2 + x - 3} = \lim_{x \to 1} \frac{x + 2}{2x + 3} = \frac{3}{5} .$$

例 9 设 $a_0 \neq 0, b_0 \neq 0, m, n$ 为自然数, 则

$$\lim_{x \to \infty} \frac{a_0 x^n + a_1 x^{n-1} + \ldots + a_n}{b_0 x^m + b_1 x^{m-1} + \ldots + b_m} = \begin{cases} \dfrac{a_0}{b_0}, & n = m, \\[2mm] 0, & n < m. \end{cases}$$

证 当 $x \to \infty$ 时, 分子、分母极限均不存在, 故不能用定理 5, 变形后利用例 1, 有

$$\lim_{x \to \infty} \frac{a_0 x^n + a_1 x^{n-1} + \cdots + a_n}{b_0 x^m + b_1 x^{m-1} + \cdots + b_m} = \lim_{x \to \infty} \frac{\dfrac{a_0}{x^{m-n}} + \dfrac{a_1}{x^{m-n+1}} + \cdots + \dfrac{a_n}{x^m}}{b_0 + \dfrac{b_1}{x} + \cdots + \dfrac{b_m}{x^m}} = \begin{cases} \dfrac{a_0}{b_0}, & n = m, \\[2mm] 0, & n < m. \end{cases}$$

例 10 求 $\lim\limits_{n \to \infty} \dfrac{a^n}{a^n + 1}$, 其中 $a \neq -1$.

解 若 $a = 1$ 则显然有

$$\lim_{n \to \infty} \frac{a^n}{a^n + 1} = \frac{1}{2} ;$$

若 $|a| < 1$, 则由 $\lim\limits_{n \to \infty} a^n = 0$ 得

$$\lim_{n \to \infty} \frac{a^n}{a^n + 1} = \lim_{n \to \infty} a^n \Big/ \lim_{n \to \infty} (a^n + 1) = 0 ;$$

若 $|a| > 1$, 则

$$\lim_{n \to \infty} \frac{a^n}{a^n + 1} = \lim_{n \to \infty} \frac{1}{1 + \dfrac{1}{a^n}} = \frac{1}{1 + 0} = 1 .$$

例 11 求 $\lim\limits_{n\to\infty}\sqrt{n}\left(\sqrt{n+1}-\sqrt{n}\right)$.

解 $\sqrt{n}\left(\sqrt{n+1}-\sqrt{n}\right)=\dfrac{\sqrt{n}}{\sqrt{n+1}+\sqrt{n}}=\dfrac{1}{\sqrt{1+\dfrac{1}{n}}+1}$,

由 $1+\dfrac{1}{n}\to 1(n\to\infty)$ 及第二节例 6 得

$$\lim_{n\to\infty}\sqrt{n}\left(\sqrt{n+1}-\sqrt{n}\right)=\lim_{n\to\infty}\frac{1}{\sqrt{1+\dfrac{1}{n}}+1}=\frac{1}{2}.$$

定理 6 设函数 $y=f[g(x)]$ 是由函数 $y=f(u)$ 与 $u=g(x)$ 复合而成，$f[g(x)]$ 在点 x_0 的某去心邻域内有定义，若 $\lim\limits_{x\to x_0}g(x)=u_0$，$\lim\limits_{u\to u_0}f(u)=A$，且存在 $\delta_0>0$，当 $x\in\mathring{U}(x_0,\delta_0)$ 时，有 $g(x)\neq u_0$，则

$$\lim_{x\to x_0}f\left[g(x)\right]=\lim_{u\to u_0}f(u)=A.$$

证 因为 $\lim\limits_{u\to u_0}f(u)=A$，则对 $\forall\varepsilon>0$，存在正数 $\eta>0$，使得当 $0<|u-u_0|<\eta$ 时，有 $|f(u)-A|<\varepsilon$，又 $\lim\limits_{x\to x_0}g(x)=u_0$，则对上述 $\eta>0$，存在 $\delta>0$，使得当 $0<|x-x_0|<\delta$ 时，有 $|g(x)-u_0|<\eta$，于是有

$\left|f\left[g(x)\right]-A\right|<\varepsilon$，所以 $\lim\limits_{x\to x_0}f\left[g(x)\right]=\lim\limits_{u\to u_0}f(u)=A.$

在定理 6 中，把 $\lim\limits_{x\to x_0}g(x)=u_0$ 换成 $\lim\limits_{x\to x_0}g(x)=\infty$，而把 $\lim\limits_{u\to u_0}f(u)=A$ 换成 $\lim\limits_{u\to\infty}f(u)=A$，可得类似的定理.

定理 6 表示，如果函数 $g(x)$ 和 $f(u)$ 满足该定理的条件，那么作代换 $u=g(x)$ 就可把求 $\lim\limits_{x\to x_0}f\left[g(x)\right]$ 转化为求 $\lim\limits_{u\to u_0}f(u)$，这里 $u_0=\lim\limits_{x\to x_0}g(x)$.

定理 7（函数极限与数列极限的关系） 设 $f(x)$ 在 $\mathring{U}(x_0,\delta')$ 内有定义，$\lim\limits_{x\to x_0}f(x)$ 存在，则对任何含于 $\mathring{U}(x_0,\delta')$ 内且以 x_0 为极限的数列 $\{x_n\}(x_n\neq x_0,\forall n\in N_+)$，函数值数列 $\{f(x_n)\}$ 都收敛且 $\lim\limits_{n\to\infty}f(x_n)=\lim\limits_{x\to x_0}f(x)$.

证 因为 $\lim\limits_{x\to x_0}f(x)=A$，所以对 $\forall\varepsilon>0$，存在正数 $\delta(\delta\leqslant\delta')$，使得当 $0<|x-x_0|<\delta$ 时，有 $|f(x)-A|<\varepsilon$.

另一方面，设数列 $\{x_n\}\subset\mathring{U}(x_0,\delta')$ 且 $\lim\limits_{n\to\infty}x_n=x_0$，则对上述的 $\delta>0$，$\exists N>0$，使得当 $n>N$ 时，有 $0<|x_n-x_0|<\delta$，从而有 $|f(x_n)-A|<\varepsilon$. 这就证明了 $\lim\limits_{n\to\infty}f(x_n)=A$.

注 定理 7 也可简述为：

$$\lim_{x\to x_0}f(x)=A\Rightarrow \text{对任何 } x_n\to x_0(n\to\infty)\text{ 有}\lim_{n\to\infty}f(x_n)=A.$$

由定理 7 易得下面的推论：

推论 3 若可找到一个以 x_0 为极限的 $\{x_n\}$，使 $\lim\limits_{n\to\infty}f(x_n)$ 不存在，则 $\lim\limits_{x\to x_0}f(x)$ 不存在.

推论 4 若可找到两个都以 x_0 为极限的数列 $\{x'_n\}$ 与 $\{x''_n\}$,使 $\lim\limits_{n\to\infty}f(x'_n)$ 与 $\lim\limits_{n\to\infty}f(x''_n)$ 都存在而不相等,则 $\lim\limits_{x\to x_0}f(x)$ 不存在.

例 12 证明极限 $\lim\limits_{x\to 0}\sin\dfrac{1}{x}$ 不存在.

证 设 $x'_n=\dfrac{1}{2n\pi}$,$x''_n=\dfrac{1}{2n\pi+\dfrac{\pi}{2}}(n=1,2,\cdots)$,则显然有 $x'_n\to 0,x''_n\to 0(n\to\infty)$,$\sin\dfrac{1}{x'_n}=$

$0\to 0$,$\sin\dfrac{1}{x''_n}=1\to 1(n\to\infty)$,由推论 4 即得结论.

函数 $y=\sin\dfrac{1}{x}$ 的图像如图 1-6 所示,由图像可见,当 $x\to 0$ 时,其函数值无限次地在 -1 与 1 的范围内振荡,而不趋于任何确定的数.

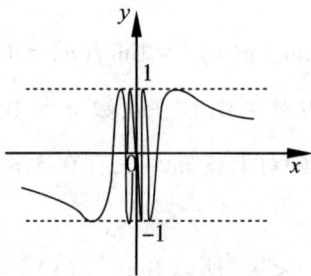

图 1-6

习题 1-3

1.选择题:

(1) 若函数 $f(x)$ 在某点 x_0 极限存在,则(   ).

A. $f(x)$ 在 x_0 的函数值必存在且等于极限值

B. $f(x)$ 在 x_0 的函数值必存在,但不一定等于极限值

C. $f(x)$ 在 x_0 的函数值可以不存在

D.如果 $f(x_0)$ 存在,必等于极限值

(2) 如果 $\lim\limits_{x\to x_0^-}f(x)$ 与 $\lim\limits_{x\to x_0^+}f(x)$ 存在,则(   ).

A. $\lim\limits_{x\to x_0}f(x)$ 存在且 $\lim\limits_{x\to x_0}f(x)=f(x_0)$

B. $\lim\limits_{x\to x_0}f(x)$ 存在,但不一定有 $\lim\limits_{x\to x_0}f(x)=f(x_0)$

C. $\lim\limits_{x\to x_0}f(x)$ 不一定存在

D. $\lim\limits_{x\to x_0}f(x)$ 一定不存在

(3) 设 $\lim\limits_{x\to x_0}f(x)$ 及 $\lim\limits_{x\to x_0}g(x)$ 都不存在,则(   ).

A. $\lim\limits_{x \to x_0}[f(x) + g(x)]$ 及 $\lim\limits_{x \to x_0}[f(x) - g(x)]$ 一定不存在

B. $\lim\limits_{x \to x_0}[f(x) + g(x)]$ 及 $\lim\limits_{x \to x_0}[f(x) - g(x)]$ 一定都存在

C. $\lim\limits_{x \to x_0}[f(x) + g(x)]$ 及 $\lim\limits_{x \to x_0}[f(x) - g(x)]$ 中恰有一个存在,另一个不存在

D. $\lim\limits_{x \to x_0}[f(x) + g(x)]$ 及 $\lim\limits_{x \to x_0}[f(x) - g(x)]$ 有可能存在

2.设 $f(x) = \begin{cases} (x + 2)^2, & x < -2, \\ -x - 2, & -2 < x < -1, \\ -1, & -1 < x < 0, \\ 0, & x = 0, \\ 1, & x > 1. \end{cases}$ 作出函数图像,并确定下列极限是否存在,如存在,

求其极限,如不存在,说明理由.

(1) $\lim\limits_{x \to -2} f(x)$;　　　　(2) $\lim\limits_{x \to -1} f(x)$;　　　　(3) $\lim\limits_{x \to 0} f(x)$.

3.设 $f(x) = \begin{cases} x, & -\infty < x < 0, \\ 1, & x = 0, \\ -x, & 0 < x < 1, \\ 1, & 1 \leqslant x < 2. \end{cases}$ 作出函数图像,并确定下列极限是否存在,如存在,求其极

限,如不存在,说明理由.

(1) $\lim\limits_{x \to 0} f(x)$;　　　　(2) $\lim\limits_{x \to 1} f(x)$;　　　　(3) $\lim\limits_{x \to 2^-} f(x)$.

4.求 $f(x) = \dfrac{x}{x}$, $g(x) = \dfrac{|x|}{x}$ 当 $x \to 0$ 时的左、右极限,并说明它们当 $x \to 0$ 时的极限是否

存在.

5.设 $f(x) = \begin{cases} 3x, & -1 < x < 1, \\ 1, & x = 1, \\ 3x^2, & 1 < x < 2, \end{cases}$ 求 $\lim\limits_{x \to 0} f(x)$ 及 $\lim\limits_{x \to 1} f(x)$.

6.设 $f(x) = \begin{cases} x, & 0 < x < 1, \\ \dfrac{1}{2}, & x = 1, \\ 1, & 1 < x < 2, \end{cases}$ 问: $\lim\limits_{x \to 1} f(x)$ 存在吗?

7.根据函数极限的定义证明:

(1) $\lim\limits_{x \to 0} x \sin \dfrac{1}{x} = 0$;　　　　　　(2) $\lim\limits_{x \to \infty} \dfrac{1 + 2x^2}{3x^2} = \dfrac{2}{3}$;

(3) $\lim\limits_{x \to \infty} \dfrac{\arctan x}{x} = 0$;　　　　　(4) $\lim\limits_{x \to 2^+} \sqrt{x - 2} = 0$.

8.求下列极限:

(1) $\lim\limits_{x \to 1} \dfrac{x^2 + 2x - 3}{x^2 - 1}$;　　　　　(2) $\lim\limits_{x \to \infty} \left(2 - \dfrac{1}{x} + \dfrac{1}{x^2}\right)$;

(3) $\lim\limits_{x \to 0} \dfrac{4x^3 - 2x^2 + x}{3x^2 + 2x}$;

(4) $\lim\limits_{x \to \infty} \left(1 + \dfrac{1}{x}\right)\left(2 - \dfrac{1}{x^2}\right)$;

(5) $\lim\limits_{x \to 3} \dfrac{x^2 - 9}{x - 3}$;

(6) $\lim\limits_{x \to \frac{\pi}{4}} \dfrac{\sin 2x}{2\cos(\pi - x)}$;

(7) $\lim\limits_{x \to 1} \dfrac{\sqrt{5x - 4} - \sqrt{x}}{x - 1}$;

(8) $\lim\limits_{x \to +\infty} (\sqrt{x^2 + x} - \sqrt{x^2 - x})$;

(9) $\lim\limits_{n \to \infty} \dfrac{1 + \dfrac{1}{2} + \dfrac{1}{4} + \cdots + \dfrac{1}{2^n}}{1 + \dfrac{1}{3} + \dfrac{1}{9} + \cdots + \dfrac{1}{3^n}}$;

(10) $\lim\limits_{x \to \infty} \dfrac{(2x - 3)^{20}(3x + 2)^{30}}{(5x + 1)^{50}}$;

(11) $\lim\limits_{n \to \infty} (\sqrt{n + 3} - \sqrt{n})\sqrt{n - 1}$;

(12) $\lim\limits_{n \to \infty} \left(\dfrac{1}{n^2} + \dfrac{2}{n^2} + \cdots + \dfrac{n}{n^2}\right)$;

(13) $\lim\limits_{x \to \frac{\pi}{4}} \dfrac{\sin 2x}{2\cos^2 x}$;

(14) $\lim\limits_{x \to 0} \dfrac{x^2 - 1}{3x^2 - x - 2}$;

(15) $\lim\limits_{x \to 1} \dfrac{x^n - 1}{x^m - 1}(m, n \in \mathbf{N}_+)$;

(16) $\lim\limits_{x \to 1} \left(\dfrac{1}{1 - x} - \dfrac{3}{1 - x^3}\right)$.

9.试给出 $x \to x_0^+$ 时函数极限的局部保号性的定理,并加以证明.

10.证明 $f(x) = \sin\dfrac{2\pi}{x}$ 当 $x \to 0$ 时左、右极限不存在.

第四节　极限存在准则与两个重要极限

极限问题包括两个方面,一个是极限的存在性问题,另一个是极限的计算问题.本节我们介绍判别极限存在的两个准则,并作为两个准则的运用,研究两个重要极限.

定理1(两边夹)　设 $\lim\limits_{x \to x_0} f(x) = \lim\limits_{x \to x_0} g(x) = A$,且在 $\mathring{U}(x_0, \delta')$ 内有 $f(x) \leqslant h(x) \leqslant g(x)$,则 $\lim\limits_{x \to x_0} h(x)$ 存在,且 $\lim\limits_{x \to x_0} h(x) = A$.

证　按假设,对 $\forall \varepsilon > 0$,存在正数 δ_1 与 δ_2 ,使得当 $0 < |x - x_0| < \delta_1$ 时,有, $A - \varepsilon < f(x)$,当 $0 < |x - x_0| < \delta_2$ 时,有 $g(x) < A + \varepsilon$.

令 $\delta = \min\{\delta', \delta_1, \delta_2\}$,则当 $0 < |x - x_0| < \delta$ 时,有

$$A - \varepsilon < f(x) \leqslant h(x) \leqslant g(x) < A + \varepsilon,$$

由此得 $|h(x) - A| < \varepsilon$,所以 $\lim\limits_{x \to x_0} h(x) = A$.

对自变量的其他趋近方式的函数极限问题也有类似于定理1的结论.

如设 $\lim\limits_{x \to +\infty} f(x) = \lim\limits_{x \to +\infty} g(x) = A$,在 $(a, +\infty)$ 内有: $f(x) \leqslant h(x) \leqslant g(x)$,则 $\lim\limits_{x \to +\infty} h(x) = A$.

例1　证明 $\lim\limits_{x \to 0} \sqrt[n]{1 + x} = 1$.

证　设当 $x > 0$ 时,令 $\sqrt[n]{1 + x} - 1 = \alpha(x)$,则 $\alpha(x) > 0$,且 $1 + x = (1 + \alpha(x))^n$,而由二项式

展开定理易知，$(1 + \alpha(x))^n \geqslant 1 + n\alpha(x)$，所以

$$0 < \alpha(x) \leqslant \frac{x}{n}, 1 < \sqrt[n]{1+x} \leqslant 1 + \frac{x}{n}.$$

由定理 1，有 $\lim\limits_{x \to 0^+} \sqrt[n]{1+x} = 1$，易证 $\lim\limits_{x \to 0^-} \sqrt[n]{1+x} = 1$，所以 $\lim\limits_{x \to 0} \sqrt[n]{1+x} = 1$.

数列的极限作为函数极限的特殊情况，当然有类似于定理 1 的结论.

定理 1′(两边夹)　设收敛数列 $\{x_n\}$，$\{y_n\}$ 都以 a 为极限，数列 $\{z_n\}$ 满足：存在正整数 N_0，当 $n > N_0$ 时，有 $x_n \leqslant z_n \leqslant y_n$，则数列 $\{z_n\}$ 收敛，且 $\lim\limits_{n \to \infty} z_n = a$.

我们下面应用定理 1 证明两个重要极限中的第一个重要极限：

$$\lim\limits_{x \to 0} \frac{\sin x}{x} = 1.$$

证　作单位圆，如图 1-7 所示.

设 x 为圆心角 $\angle AOB$，并设 $0 < x < \dfrac{\pi}{2}$，由图不难发现：

$$S_{\triangle AOB} < S_{\text{扇形} AOB} < S_{\triangle AOD}，$$

即

$$\frac{1}{2}\sin x < \frac{1}{2}x < \frac{1}{2}\tan x \Rightarrow \sin x < x < \tan x，$$

所以

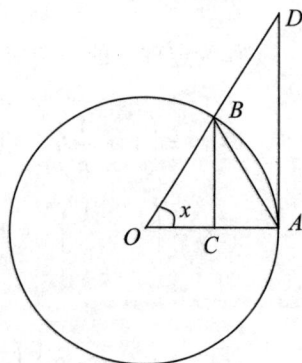

图 1-7

$$1 < \frac{x}{\sin x} < \frac{1}{\cos x} \Rightarrow \cos x < \frac{\sin x}{x} < 1.$$

当 x 改变符号时，$\cos x$，$\dfrac{x}{\sin x}$ 及 1 的值均不变，故对满足 $0 < |x| < \dfrac{\pi}{2}$ 的一切 x，有

$$\cos x < \frac{\sin x}{x} < 1.$$

由第三节例 2 注，有 $\lim\limits_{x \to 0} \cos x = 1$，故 $\lim\limits_{x \to 0} \dfrac{\sin x}{x} = 1$，证毕.

例 2　求极限 $\lim\limits_{x \to 0} \dfrac{\arcsin x}{x}$.

解　令 $t = \arcsin x$，有 $\lim\limits_{x \to 0} \dfrac{\arcsin x}{x} = \lim\limits_{t \to 0} \dfrac{t}{\sin t} = \lim\limits_{t \to 0} \dfrac{1}{\dfrac{\sin t}{t}} = 1.$

例 3　求极限 $\lim\limits_{x \to 0} \dfrac{\tan x}{x}$.

解　$\lim\limits_{x \to 0} \dfrac{\tan x}{x} = \lim\limits_{x \to 0} \dfrac{\sin x}{x} \cdot \dfrac{1}{\cos x} = 1.$

例 4　求极限 $\lim\limits_{x \to 0} \dfrac{1 - \cos x}{x^2}$.

解 $\lim\limits_{x \to 0} \dfrac{1 - \cos x}{x^2} = \lim\limits_{x \to 0} \dfrac{2 \sin^2\left(\dfrac{x}{2}\right)}{x^2} = \dfrac{1}{2} \lim\limits_{x \to 0} \left(\dfrac{\sin \dfrac{x}{2}}{\dfrac{x}{2}}\right)^2 = \dfrac{1}{2}.$

在介绍判别极限存在的第二个准则之前，我们先来定义单调数列.

若数列 $\{x_n\}$ 满足：$x_1 \leqslant x_2 \leqslant \cdots \leqslant x_n \leqslant \cdots$，就称之为单调增加数列；若满足：$x_1 \geqslant x_2 \geqslant \cdots \geqslant x_n \geqslant \cdots$，就称之为单调减少数列；单调增加数列和单调减少数列统称为单调数列.

定理 2 单调增加且有上界的数列必有极限；单调减少且有下界的数列必有极限.

作为定理 2 的一个应用，下面来证明极限 $\lim\limits_{n \to \infty} \left(1 + \dfrac{1}{n}\right)^n$ 是存在的.

设 $x_n = \left(1 + \dfrac{1}{n}\right)^n$，我们来证数列 $\{x_n\}$ 单调增加且有上界.

$$x_n = \left(1 + \frac{1}{n}\right)^n = 1 + \frac{n}{1!} \frac{1}{n} + \frac{n(n-1)}{2!} \frac{1}{n^2} + \cdots + \frac{n(n-1)\cdots(n-n+1)}{n!} \frac{1}{n^n}$$

$$= 1 + 1 + \frac{1}{2!}\left(1 - \frac{1}{n}\right) + \cdots + \frac{1}{n!}\left(1 - \frac{1}{n}\right)\left(1 - \frac{2}{n}\right)\cdots\left(1 - \frac{n-1}{n}\right),$$

类似地，

$$x_{n+1} = 1 + 1 + \frac{1}{2!}\left(1 - \frac{1}{n+1}\right) + \cdots + \frac{1}{n!}\left(1 - \frac{1}{n+1}\right)\left(1 - \frac{2}{n+1}\right)\cdots\left(1 - \frac{n-1}{n+1}\right) +$$

$$\frac{1}{(n+1)!}\left(1 - \frac{1}{n+1}\right)\left(1 - \frac{2}{n+1}\right)\cdots\left(1 - \frac{n}{n+1}\right).$$

比较上面 x_n, x_{n+1} 的展开式，可以看出 $x_n < x_{n+1}$，即数列 $\{x_n\}$ 是单调增加数列.

我们从 x_n 的展开式还注意到，

$$x_n \leqslant 1 + 1 + \frac{1}{2!} + \cdots + \frac{1}{n!} \leqslant 1 + 1 + \frac{1}{2} + \frac{1}{2^2} + \cdots + \frac{1}{2^{n-1}}$$

$$= 1 + \frac{1 - \dfrac{1}{2^n}}{1 - \dfrac{1}{2}} = 3 - \frac{1}{2^{n-1}} < 3,$$

这说明数列 $\{x_n\}$ 是有上界的.

根据定理 2 知，数列 $\{x_n\}$ 的极限存在，其值用拉丁字母 e 来表示，即

$$\lim\limits_{n \to \infty} \left(1 + \frac{1}{n}\right)^n = \mathrm{e}.$$

还可以证明

$$\lim\limits_{x \to -\infty} \left(1 + \frac{1}{x}\right)^x = \lim\limits_{x \to +\infty} \left(1 + \frac{1}{x}\right)^x = \mathrm{e},$$

因此 $\lim\limits_{x \to \infty} \left(1 + \dfrac{1}{x}\right)^x = \mathrm{e}$，这里 e 是一个无理数（称为自然常数），e = 2.718 281 828 459 045….

例5 求极限 $\lim\limits_{x \to \infty} \left(1 + \dfrac{2}{x}\right)^x$.

解 $\lim\limits_{x \to \infty} \left(1 + \dfrac{2}{x}\right)^x = \lim\limits_{x \to \infty} \left[\left(1 + \dfrac{1}{\frac{x}{2}}\right)^{\frac{x}{2}}\right]^2 = \left[\lim\limits_{x \to \infty} \left(1 + \dfrac{1}{\frac{x}{2}}\right)^{\frac{x}{2}}\right]^2 = \mathrm{e}^2$.

例6 求极限 $\lim\limits_{x \to 0} (1 + x)^{\frac{1}{x}}$.

解 $\lim\limits_{x \to 0} (1 + x)^{\frac{1}{x}} = \lim\limits_{z \to \infty} \left(1 + \dfrac{1}{z}\right)^z = \mathrm{e}$.

例7 求极限 $\lim\limits_{x \to \infty} \left(1 - \dfrac{1}{x}\right)^{x+1}$.

解 $\lim\limits_{x \to \infty} \left(1 - \dfrac{1}{x}\right)^{x+1} = \lim\limits_{x \to \infty} \left[\left(1 + \dfrac{1}{-x}\right)^{-x}\right]^{-1} \left(1 - \dfrac{1}{x}\right)$

$\qquad = \left[\lim\limits_{x \to \infty} \left(1 + \dfrac{1}{-x}\right)^{-x}\right]^{-1} \cdot \lim\limits_{x \to \infty}\left(1 - \dfrac{1}{x}\right) = \mathrm{e}^{-1} \cdot 1 = \dfrac{1}{\mathrm{e}}$.

例8 求极限 $\lim\limits_{x \to \infty} \left(\dfrac{2n - 1}{2n + 1}\right)^n$.

解 $\lim\limits_{x \to \infty} \left(\dfrac{2n - 1}{2n + 1}\right)^n = \lim\limits_{x \to \infty} \left(1 - \dfrac{2}{2n + 1}\right)^n$

$\qquad = \lim\limits_{x \to \infty} \left(1 - \dfrac{1}{n + \frac{1}{2}}\right)^{n + \frac{1}{2}} \left(1 - \dfrac{1}{n + \frac{1}{2}}\right)^{-\frac{1}{2}} = \dfrac{1}{\mathrm{e}} \cdot 1^{-\frac{1}{2}} = \dfrac{1}{\mathrm{e}}$.

例9 复利问题.

所谓复利计算，就是将上期的利息与本金之和（称本利和）作为当期的本金，然后反复计息.

设一笔本金 A_0 存入银行，年利率为 r，则一年末的本利和为

$$A_1 = A_0 + A_0 r = A_0(1 + r)\,;$$

把 A_1 作为本金存入，第二年年末的本利和为

$$A_2 = A_1 + A_1 r = A_1(1 + r) = A_0 (1 + r)^2\,;$$

再把 A_2 作为本金存入，计算本利和，如此反复，第 t 年末的本利和为

$$A_t = A_0 (1 + r)^t\,.$$

这就是以年为期的复利公式.

若把一年均分为 n 期计息，年利率为 r，则每期利率为 $\dfrac{r}{n}$，于是推得 t 年末的本利和的离散复利计算公式

$$A_t(n) = A_0 \left(1 + \dfrac{r}{n}\right)^{nt}.$$

若计息期无限缩短,而期数无限增大,即 $n \to \infty$,于是得到连续复利为

$$A(t) = \lim_{n \to \infty} A_t(n) = \lim_{n \to \infty} A_0 \left(1 + \frac{r}{n}\right)^{nt} = A_0 e^{rt}.$$

相应于定理 2,函数极限也有类似的结论.对于函数自变量 x 的不同变化过程($x \to -\infty$, $x \to +\infty$, $x \to x_0^-$, $x \to x_0^+$),结论的形式不同.下面我们就以 $x \to x_0^-$ 为例,给出相应的结论描述.

定理 2′ 设函数 $f(x)$ 在点 x_0 的某个左邻域内单调并有界,则 $f(x)$ 在点 x_0 的左极限 $f(x_0^-)$ 必定存在.

习题 1-4

1.试给出 $x \to x_0^+$ 时函数极限的存在性定理,并加以证明.

2.利用两边夹定理证明下列极限存在并求其极限:

(1) $\lim\limits_{x \to \infty} \dfrac{x - \cos x}{x}$;

(2) $\lim\limits_{x \to \infty} \dfrac{x \sin x}{x^2 - 4}$;

(3) $\lim\limits_{x \to 0} x \left[\dfrac{1}{x}\right]$;

(4) $\lim\limits_{n \to \infty} \dfrac{1}{n^2}(\sqrt{n^2 + 1} + \sqrt{n^2 + 2} + \cdots + \sqrt{n^2 + n})$;

(5) $\lim\limits_{n \to \infty} \sqrt{1 + \dfrac{1}{n}}$;

(6) $\lim\limits_{n \to \infty} n \left(\dfrac{1}{n^2 + \pi} + \dfrac{1}{n^2 + 2\pi} + \cdots + \dfrac{1}{n^2 + n\pi}\right)$.

3.利用重要极限求下列极限:

(1) $\lim\limits_{x \to \infty} x \sin \dfrac{1}{x}$;

(2) $\lim\limits_{n \to \infty} 3^n \sin \dfrac{x}{3^n}$;

(3) $\lim\limits_{x \to 1} \dfrac{\sin^2(1 - x)}{(x - 1)^2 (x + 2)}$;

(4) $\lim\limits_{x \to 0} \dfrac{1 - \cos x}{x^2 \cos x}$;

(5) $\lim\limits_{x \to 0} \dfrac{1 - \cos 2x}{x^2}$;

(6) $\lim\limits_{x \to 0} \dfrac{1 - \cos 2x}{x \sin x}$;

(7) $\lim\limits_{x \to \frac{\pi}{2}} \dfrac{\cos x}{x - \dfrac{\pi}{2}}$;

(8) $\lim\limits_{x \to 0} \dfrac{\arctan x}{x}$;

(9) $\lim\limits_{x \to a} \dfrac{\sin^2 x - \sin^2 a}{x - a}$;

(10) $\lim\limits_{x \to 0} \dfrac{2\sin x - \sin 2x}{x^3}$.

4.设 $f(x) = \begin{cases} \dfrac{\sin x}{x}, & x < 0, \\ (1 - x)^2, & x \geqslant 0, \end{cases}$ 求 $\lim\limits_{x \to 0} f(x)$.

5.利用单调有界定理,证明下列数列的极限存在,并求其极限:

(1) $x_1 = \sqrt{2}$, $x_{n+1} = \sqrt{2x_n}$, $n = 1, 2, \cdots$;

(2) $x_1 = \sqrt{2}$, $x_{n+1} = \sqrt{2 + x_n}$, $n = 1, 2, \cdots$;

(3) $x_1 = 1, x_{n+1} = 1 + \dfrac{x_n}{1 + x_n}, n = 1, 2, \cdots$.

6.利用重要极限求下列极限:

(1) $\lim\limits_{n \to \infty} \left(1 - \dfrac{1}{n}\right)^n$;

(2) $\lim\limits_{n \to \infty} \left(1 + \dfrac{1}{n}\right)^{n+1}$;

(3) $\lim\limits_{n \to \infty} \left(1 + \dfrac{1}{n+1}\right)^n$;

(4) $\lim\limits_{x \to \infty} \left(\dfrac{2x + 3}{2x + 1}\right)^{x+1}$;

(5) $\lim\limits_{x \to 0} \dfrac{x}{\ln(1 + x)}$;

(6) $\lim\limits_{x \to 0} (1 + 2x)^{\frac{1}{x}}$;

(7) $\lim\limits_{x \to 0} \left(\dfrac{1 + x}{1 - x}\right)^{\frac{1}{x}}$;

(8) $\lim\limits_{x \to \infty} \left(1 - \dfrac{1}{x}\right)^{kx}$($k$ 为正整数);

(9) $\lim\limits_{x \to \infty} \left(1 - \dfrac{1}{x}\right)^{2x}$.

第五节　无穷小量与无穷大量

一、无穷小

定义1　若当 $x \to x_0$(或 $x \to \infty$)时 $f(x)$ 的极限为零,就称 $f(x)$ 为当 $x \to x_0$(或 $x \to \infty$)时的无穷小.

注　(i) 除上述两种自变量变化过程之外,还有 $x \to -\infty$, $x \to +\infty$, $x \to x_0^-$, $x \to x_0^+$ 的情形的无穷小.特别地,以零为极限的数列 $\{x_n\}$ 称为 $n \to \infty$ 时的无穷小.

(ii) 无穷小不是一个数,而是一个特殊的函数或数列(极限为 0),不要将其与非常小的数混淆,因为任一常数不可能任意地小,除非是 0 函数,即 0 是唯一可作为无穷小的常数.

(iii) 综合数列和函数的情形,无穷小的概念可以一般地表述成:极限为零的变量.

下面的定理说明无穷小与函数极限的关系.

定理1　在自变量的同一变化过程 $x \to x_0$(或 $x \to \infty$)中,函数 $f(x)$ 具有极限 A 的充分必要条件是 $f(x) = A + \alpha$,其中 α 是无穷小.

为了方便利用无穷小分析函数,我们考虑无穷小的性质.

定理2　两个无穷小的和仍为无穷小,即设

$$\lim \alpha = \lim \beta = 0, \text{则} \lim(\alpha + \beta) = 0.$$

证　设 $\lim\limits_{x \to x_0} \alpha(x) = \lim\limits_{x \to x_0} \beta(x) = 0$,则 $\forall \varepsilon > 0$,分别存在正数 δ_1 与 δ_2,当 $0 < |x - x_0| < \delta_1$ 时, $|\alpha(x)| < \dfrac{\varepsilon}{2}$,当 $0 < |x - x_0| < \delta_2$ 时, $|\beta(x)| < \dfrac{\varepsilon}{2}$,令 $\delta = \min\{\delta_1, \delta_2\}$,则当 $0 < |x - x_0| < \delta$ 时,有 $|\alpha(x) + \beta(x)| < \varepsilon$,这就证明了 $\alpha + \beta$ 为 $x \to x_0$ 时的无穷小.

由数学归纳法容易证明:有限个无穷小的和仍为无穷小.

定理3　有界函数与无穷小的乘积仍为无穷小.即设 u 为有界函数, $\lim \alpha(x)$ 为无穷小,有

$$\lim u \alpha(x) = 0.$$

证 $x \to x_0$ 时,设函数 u 在 x_0 的某邻域 $\mathring{U}(x_0, \delta_1)$ 内有界,即 $\exists M > 0$,当 $x \in \mathring{U}(x_0, \delta_1)$ 时, 有 $|u| \leqslant M$,又设 α 为当 $x \to x_0$ 时的无穷小,即 $\lim\limits_{x \to x_0} \alpha(x) = 0$,故 $\forall \varepsilon > 0$,存在正数 $\delta(\delta < \delta_1)$,当 $x \in \mathring{U}(x_0, \delta)$ 时,有 $|\alpha| < \dfrac{\varepsilon}{M}$,$|u\alpha| < M\dfrac{\varepsilon}{M} = \varepsilon$,所以 $\lim\limits_{x \to x_0} u\alpha(x) = 0$,即 $u\alpha$ 为无穷小.

注 "lim"下方没标自变量的变化过程,这说明定理对自变量的全部变化过程均成立,但须在同一过程.

推论 1 常数与无穷小的乘积仍为无穷小,即若 k 为常数,$\lim \alpha = 0$,则 $\lim k\alpha = 0$.

推论 2 有限个无穷小的乘积仍为无穷小,即若 $\lim \alpha_1 = \lim \alpha_2 = \cdots = \lim \alpha_n = 0$,则 $\lim(\alpha_1 \alpha_2 \cdots \alpha_n) = 0$.

二、无穷小阶的比较

无穷小量是以 0 为极限的函数,而不同的无穷小量收敛于 0 的速度有快有慢.为此,我们考察两个无穷小量的比,以便对它们的收敛速度作出判断.

定义 2 设 α 与 β 为 x 在同一变化过程中的两个无穷小,

(i) 若 $\lim \dfrac{\beta}{\alpha} = 0$,就说 β 是比 α 高阶的无穷小,记为 $\beta = o(\alpha)$.

(ii) 若 $\lim \dfrac{\beta}{\alpha} = \infty$,就说 β 是比 α 低阶的无穷小.

(iii) 若 $\lim \dfrac{\beta}{\alpha} = C \neq 0$,就说 β 是与 α 同阶的无穷小.

(iv) 若 $\lim \dfrac{\beta}{\alpha^k} = C \neq 0, k > 0$,就说 β 是关于 α 的 k 阶无穷小.

(v) 若 $\lim \dfrac{\beta}{\alpha} = 1$,就说 β 与 α 是等价无穷小,记为 $\alpha \sim \beta$.

例如,当 $x \to 0$ 时,$x, x^2, \cdots, x^n$(n 为正整数)等都是无穷小量,而且它们中后一个为前一个的高阶无穷小量,即有 $x^{k+1} = o(x^k)(x \to 0)$.

又如,由于

$$\lim_{x \to 0} \frac{1 - \cos x}{\sin x} = \lim_{x \to 0} \tan \frac{x}{2} = 0,$$

故有 $1 - \cos x = o(\sin x)(x \to 0)$.

由第四节例 4 知,$1 - \cos x$ 与 x^2 为当 $x \to 0$ 时的同阶无穷小量,且

$$1 - \cos x \sim \frac{x^2}{2}(x \to 0).$$

由第一个重要极限及第四节例 23、习题 1-4 第 3 题,有 $\sin x \sim x(x \to 0)$,$\arcsin x \sim x$ $(x \to 0)$,$\tan x \sim x(x \to 0)$,$\arctan x \sim x(x \to 0)$.

例 1 证明:当 $x \to 0$ 时,$\sqrt[n]{1 + x} - 1 \sim \dfrac{1}{n}x$.

证 因为

$$\lim_{x \to 0} \frac{\sqrt[n]{1+x} - 1}{\frac{1}{n}x} = \lim_{x \to 0} \frac{(\sqrt[n]{1+x})^n - 1}{\frac{1}{n}x(\sqrt[n]{(1+x)^{n-1}} + \sqrt[n]{(1+x)^{n-2}} + \cdots + 1)}$$

$$= \lim_{x \to 0} \frac{n}{\sqrt[n]{(1+x)^{n-1}} + \sqrt[n]{(1+x)^{n-2}} + \cdots + 1} = 1,$$

所以当 $x \to 0$ 时,$\sqrt[n]{1+x} - 1 \sim \frac{1}{n}x$.

由等价无穷小的定义,易得下面关于等价无穷小的两个定理.

定理4 β 与 α 是等价无穷小的充分必要条件是 $\beta = \alpha + o(\alpha)$.

定理5 若 $\alpha, \beta, \alpha', \beta'$ 均为 x 的同一变化过程中的无穷小,且 $\alpha \sim \alpha', \beta \sim \beta'$,及 $\lim \frac{\beta'}{\alpha'}$ 存在,那么 $\lim \frac{\beta}{\alpha} = \lim \frac{\beta'}{\alpha'}$.

例2 求 $\lim_{x \to 0} \frac{1 - \cos x}{\sin^2 x}$.

解 因为当 $x \to 0$ 时,$\sin^2 x \sim x^2$,$1 - \cos x \sim \frac{x^2}{2}$,所以

$$\lim_{x \to 0} \frac{1 - \cos x}{\sin^2 x} = \lim_{x \to 0} \frac{\frac{x^2}{2}}{x^2} = \frac{1}{2}.$$

例3 求 $\lim_{x \to 0} \frac{\arcsin 2x}{x^2 + 2x}$.

解 因为当 $x \to 0$ 时,$\arcsin 2x \sim 2x$,所以,原式 $= \lim_{x \to 0} \frac{2x}{x^2 + 2x} = \lim_{x \to 0} \frac{2}{x + 2} = \frac{2}{2} = 1.$

由例 2、3 可以看出,等价无穷小在极限运算中,具有特殊的作用.

三、无穷大

若当 $x \to x_0$ 或 $x \to \infty$ 时,对应的函数值的绝对值 $|f(x)|$ 可以大于预先指定的任何很大的正数 M,就称 $f(x)$ 为当 $x \to x_0$ 或 $x \to \infty$ 时的无穷大,精确地说,就是如下定义:

定义3 设函数 $f(x)$ 在 x_0 的某一去心邻域内有定义(或 $|x|$ 大于某一正数时有定义),若对任意给定的正数 M,总存在正数 δ(或正数 X),使得当 $0 < |x - x_0| < \delta$(或 $|x| > X$)时,有 $|f(x)| > M$,就称 $f(x)$ 是当 $x \to x_0$(或 $x \to \infty$)时的无穷大.

$f(x)$ 为当 $x \to x_0$ 或 $x \to \infty$ 时的无穷大,按通常意义讲,$f(x)$ 的极限不存在,但是为了便于叙述函数的这一性态,我们也说"当 $x \to x_0$(或 $x \to \infty$)时 $f(x)$ 有非正常极限 ∞,记作

$$\lim_{x \to x_0} f(x) = \infty \text{(或} \lim_{x \to \infty} f(x) = \infty\text{)}.$$

如果把无穷大定义中的 $|f(x)| > M$ 换成 $f(x) > M$,也称 $f(x)$ 是当 $x \to x_0$(或 $x \to \infty$)时的

正无穷大,或具体地称为当 $x \to x_0$(或 $x \to \infty$)时 $f(x)$ 有非正常极限 $+\infty$,就记作

$$\lim_{x \to x_0} f(x) = +\infty (\text{或} \lim_{x \to \infty} f(x) = +\infty).$$

如果把无穷大定义中的 $|f(x)| > M$ 换成 $f(x) < -M$,类似地称 $f(x)$ 是当 $x \to x_0$(或 $x \to \infty$)时的负无穷大,或具体地称为当 $x \to x_0$(或 $x \to \infty$)时 $f(x)$ 有非正常极限 $-\infty$,就记作

$$\lim_{x \to x_0} f(x) = -\infty (\text{或} \lim_{x \to \infty} f(x) = -\infty).$$

关于函数 $f(x)$ 在自变量 x 的其他不同变化过程的无穷大(或非正常极限)的定义,以及数列 $\{x_n\}$ 当 $n \to \infty$ 时的无穷大,都可以类似地给出.

例如,若对任意给定的正数 M,总存在正整数 N,使得当 $n > N$,有 $x_n > M$,就称 $\{x_n\}$ 是当 $n \to \infty$ 时的无穷大(或具体地称为当 $n \to \infty$ 时 $\{x_n\}$ 有非正常极限 $+\infty$,记作 $\lim\limits_{n \to \infty} x_n = +\infty$).

例 4 证明 $\lim\limits_{x \to 0} \dfrac{1}{x^2} = +\infty$.

证 $\forall M > 0$,要使 $\dfrac{1}{x^2} > M$,只要 $|x| < \dfrac{1}{\sqrt{M}}$,令 $\delta = \dfrac{1}{\sqrt{M}}$,则对一切 $x \in \overset{\circ}{U}(0, \delta)$,有 $\dfrac{1}{x^2} > M$,这就证明了 $\lim\limits_{x \to 0} \dfrac{1}{x^2} = +\infty$.

例 5 证明:当 $a > 1$ 时,$\lim\limits_{x \to +\infty} a^x = +\infty$.

证 $\forall M > 0$(不妨设 $M > 1$),要使 $a^x > M$,由对数函数的单调递增性,只要 $x > \log_a M$,因此令 $X = \log_a M$,则对一切 $x > X$,有 $a^x > M$.这就证明了 $\lim\limits_{x \to +\infty} a^x = +\infty$.

顺便指出,容易证明:当 $a > 1$ 时,$\lim\limits_{x \to -\infty} a^x = 0$;当 $0 < a < 1$ 时,有 $\lim\limits_{x \to +\infty} a^x = 0$,$\lim\limits_{x \to -\infty} a^x = +\infty$.

注 (i) 无穷大量不是很大的数,而是具有非正常极限的函数.如由例 4 知 $\dfrac{1}{x^2}$ 是当 $x \to 0$ 时的无穷大量,由例 5 知 $a^x (a > 1)$ 是当 $x \to +\infty$ 时的无穷大量.

(ii) 若 $f(x)$ 为 $x \to x_0$ 时的无穷大量,则易见 $f(x)$ 为 $\overset{\circ}{U}(x_0)$ 上的无界函数.但无界函数却不一定是无穷大量.如 $f(x) = x\sin x$ 在 $U(+\infty)$ 上无界,因对 $\forall G > 0$,取 $x_n = 2n\pi + \dfrac{\pi}{2}$,这里正整数 $n > \dfrac{G}{2\pi}$,则有

$$f(x_n) = \left(2n\pi + \frac{\pi}{2}\right) \sin\left(2n\pi + \frac{\pi}{2}\right) = 2n\pi + \frac{\pi}{2} > G,$$

但 $\lim\limits_{x \to +\infty} f(x) \neq \infty$,因若取数列 $x'_n = 2n\pi (n = 1, 2, \cdots)$,则 $x'_n \to +\infty (n \to \infty)$,而

$$\lim_{n \to +\infty} f(x'_n) = 0.$$

由无穷大和无穷小的定义,可推得它们之间有如下关系,即

定理 6 当自变量在同一变化过程中时,

(i) 若 $f(x)$ 为无穷大,则 $\dfrac{1}{f(x)}$ 为无穷小.

（ii）若 $f(x)$ 为无穷小，且 $f(x) \neq 0$，则 $\dfrac{1}{f(x)}$ 为无穷大．

四、曲线的渐近线

作为函数极限的应用，我们考虑曲线的渐近线问题．我们知道双曲线 $\dfrac{x^2}{a^2} - \dfrac{y^2}{b^2} = 1$ 有两条渐近线 $\dfrac{x}{a} \pm \dfrac{y}{b} = 0$，一般地，曲线的渐近线定义如下：

定义 4 若曲线 C 上的动点 P 沿着曲线无限地远离原点时，点 P 与某条定直线 L 的距离趋于零，则称直线 L 为曲线 C 的渐近线．

对于曲线 C 的渐近线，我们不加证明地给出下面的结论：

曲线 $C: y = f(x)$ 有斜渐近线 $y = kx + b$ 的充要条件为

$$k = \lim_{\substack{x \to \infty \\ (x \to +\infty \\ x \to -\infty)}} \frac{f(x)}{x}, \quad b = \lim_{\substack{x \to \infty \\ (x \to +\infty \\ x \to -\infty)}} [f(x) - kx],$$

其中 $k = 0$ 时的斜渐近线 $y = b$ 也叫作曲线 C 的水平渐近线．

若函数 $y = f(x)$ 满足：

$$\lim_{x \to x_0} f(x) = \infty (-\infty \text{ 或 } +\infty),$$

或

$$\lim_{x \to x_0^-} f(x) = \infty (-\infty \text{ 或 } +\infty),$$

或

$$\lim_{x \to x_0^+} f(x) = \infty (-\infty \text{ 或 } +\infty),$$

则按照渐近线的定义可知，曲线 $C: y = f(x)$ 有垂直于 x 轴的渐近线 $x = x_0$，它被称为垂直渐近线．

例 6 求曲线 $f(x) = \dfrac{x^3}{x^2 + 2x - 3}$ 的渐近线．

解 因为 $\dfrac{f(x)}{x} = \dfrac{x^2}{x^2 + 2x - 3} \to 1 \ (x \to \infty)$，所以取 $k = 1$，而 $f(x) - kx = \dfrac{x^3}{x^2 + 2x - 3} - x = \dfrac{-2x^2 + 3x}{x^2 + 2x - 3} \to -2 \ (x \to \infty)$，所以取 $b = -2$，从而求得此曲线的斜渐近线 $y = x - 2$．

又由于 $f(x) = \dfrac{x^3}{(x-1)(x+3)}$，易见

$$\lim_{x \to -3} f(x) = \infty, \quad \lim_{x \to 1} f(x) = \infty,$$

所以，此曲线有垂直渐近线 $x = -3$ 和 $x = 1$．

习题 1-5

1.选择题：

（1）使函数 $y = \dfrac{(x-1)(x+1)^2}{x^3 - 1}$ 为无穷小量的 x 的变化趋势是（ ）．

A. $x \rightarrow 0$ B. $x \rightarrow 1$ C. $x \rightarrow -1$ D. $x \rightarrow +\infty$

(2) 无穷小量是( ).

A.比零稍大一点的一个数   B.一个很小很小的数

C.以零为极限的一个变量   D.零

(3) 按给定的 x 的变化趋势,下列函数为无穷小量的是( ).

A. $\dfrac{x^2}{\sqrt{x^4 - x + 1}}(x \rightarrow +\infty)$ B. $\left(1 + \dfrac{1}{x}\right)^x - 1 (x \rightarrow \infty)$

C. $1 - 2^{-x}(x \rightarrow 0)$ D. $\dfrac{x}{\sin x}(x \rightarrow 0)$

(4) 无穷多个无穷小量之和,则( ).

A.必是无穷小量   B.必是无穷大量

C.必是有界量   D.是无穷小,或是无穷大,或有可能是有界量

(5) 两个无穷小量 α 与 β 之积 $\alpha\beta$ 仍是无穷小量,且与 α 或 β 相比( ).

A.是高阶无穷小   B.是同阶无穷小

C.可能是高阶,也可能是同阶无穷小   D.与阶数较高的同阶

(6) 试决定当 $x \rightarrow 0$ 时,下列哪一个无穷小是对于 x 的三阶无穷小( ).

A. $\sqrt[3]{x^2} - \sqrt{x}$ B. $\sqrt{a + x^3} - \sqrt{a}$ ($a > 0$ 是常数)

C. $x^3 + 0.0001x^2$ D. $\sqrt[3]{\tan x}$

(7) 当 $x \rightarrow 0$ 时,下列与 x 同阶(不等价)的无穷小量是( ).

A. $\sin x - x$ B. $\ln(1 - x)$ C. $x^2 \sin x$ D. $e^x - 1$

(8) 任意给定 $M > 0$,总存在 $X > 0$,当 $x < -X$ 时,$f(x) < -M$,则( ).

A. $\lim\limits_{x \rightarrow -\infty} f(x) = -\infty$ B. $\lim\limits_{x \rightarrow \infty} f(x) = -\infty$

C. $\lim\limits_{x \rightarrow -\infty} f(x) = \infty$ D. $\lim\limits_{x \rightarrow +\infty} f(x) = \infty$

(9) 指出下列哪个函数当 $x \rightarrow 0^+$ 时为无穷大( ).

A. $2^{-x} - 1$ B. $\dfrac{\sin x}{1 + \sec x}$ C. e^{-x} D. $e^{\frac{1}{x}}$

(10) 设函数 $f(x) = \begin{cases} a^x, & x \in \mathbf{Q} \\ 0, & x \in \mathbf{R} \backslash \mathbf{Q}, \end{cases}$ $0 < a < 1$,其中 $\mathbf{Q}, \mathbf{R} \backslash \mathbf{Q}$ 分别为有理数集和无理数集,

则( ).

A.当 $x \rightarrow +\infty$ 时,$f(x)$ 是无穷大   B.当 $x \rightarrow +\infty$ 时,$f(x)$ 是无穷小

C.当 $x \rightarrow -\infty$ 时,$f(x)$ 是无穷大   D.当 $x \rightarrow -\infty$ 时,$f(x)$ 是无穷小

2.计算下列极限:

(1) $\lim\limits_{x \rightarrow 0} x^2 \mathrm{arccot} \dfrac{1}{x}$;   (2) $\lim\limits_{x \rightarrow 0} x \mathrm{sgn} x$;

$(3)\ \lim\limits_{x\to\infty}\dfrac{\arctan(2x+1)}{x^3}$;

$(4)\ \lim\limits_{x\to 0}\dfrac{x^2\sin\dfrac{1}{x}}{\sin x}$.

3.如果 $x\to 0$ 时，$(1-\cos x)$ 与 $a\sin^2\dfrac{x}{2}$ 等价，求 a .

4.利用无穷小的性质，求下面的极限：

$(1)\ \lim\limits_{x\to 0^+}\dfrac{1-\cos\sqrt{x}}{x}$;

$(2)\ \lim\limits_{x\to 0}\dfrac{\sin 4x}{\tan 3x}$;

$(3)\ \lim\limits_{x\to 0^+}\dfrac{\sin x}{\sqrt{x}}$;

$(4)\ \lim\limits_{x\to 0}\dfrac{\arcsin x}{\sin 2x}$;

$(5)\ \lim\limits_{x\to 0}\dfrac{x\tan x}{\sqrt{1-x^2}-1}$;

$(6)\ \lim\limits_{x\to 0}(\cos x)^{\frac{1}{\ln(1-x^2)}}$;

$(7)\ \lim\limits_{x\to 0}\dfrac{\tan x-\sin x}{\sin^3 x}$;

$(8)\ \lim\limits_{x\to 0^+}\dfrac{1-\sqrt{\cos x}}{1-\cos\sqrt{x}}$.

5.指出下列变量哪些是无穷大量：

$(1)\ 100x^2(x\to\infty)$;

$(2)\ \dfrac{2}{\sqrt{x}}(x\to 0^+)$;

$(3)\ \dfrac{1+(-1)^n}{\sqrt{n}}(n\to\infty)$;

$(4)\ \dfrac{2x+1}{x}(x\to 0)$;

$(5)\ \dfrac{x-3}{x^2-9}(x\to 3)$;

$(6)\ (-1)^n\dfrac{n^2}{n+1}(n\to\infty)$.

6.试确定下列极限：

$(1)\ \lim\limits_{x\to 0}\dfrac{\sin x}{x^3}$;

$(2)\ \lim\limits_{x\to 1}\dfrac{x+2}{x^2+2x-3}$;

$(3)\ \lim\limits_{x\to\infty}\dfrac{x^2}{2x+1}$;

$(4)\ \lim\limits_{n\to\infty}\dfrac{n^4+2n}{n^2+n-3}$.

7.若 $\lim\limits_{x\to\infty}\left(\dfrac{x^2}{x+1}-ax+b\right)=0$ ，a ，b 均为常数，求 a ，b .

8.求下列函数所表示曲线的渐近线：

$(1)\ y=\dfrac{1}{x}$; $(2)\ y=\arctan x$; $(3)\ y=\dfrac{3x^3+4}{x^2-2x}$.

第六节 函数的连续性与间断点

自然界中有很多现象，如气温的变化、天体在轨道上运行、导弹飞行的轨迹等，这些现象从数量看，局部变化都不大，或者说它们是连续变化着的.在自然界中也有些事物的变化有时会出现突变,例如植物被意外折断、火箭外壳的自行脱落使质量突然减少等,破坏连续变化的情形.下面我们就以极限为工具,讨论这两种自然现象,介绍函数的连续性与间断点.

一、函数的连续性

为了对连续现象给出精确的数学刻画,我们观察一种比较常见的连续变化现象:植物在生长过程中高度的变化.我们都有这样的生活经验,在相隔较长的一段时间内观察植物,能够感觉到植物的生长、高度的变化,而对植物瞬间的观察感觉不到植物的生长或高度的变化.事实上,对植物瞬间的观察感觉不到植物的生长,并不是植物没生长或高度没变化,而是在较短的时间(自变量的改变量很小)内植物的高度变化(因变量的改变量)很小,我们从感觉上把它"忽略"了,这就是连续现象的本质所在.鉴于此,我们给出如下连续的定义.

定义1 设 $y = f(x)$ 在 x_0 点的某邻域内有定义,若对 $\forall \varepsilon > 0$,$\exists \delta > 0$,当 $|x - x_0| < \delta$ 时,有 $|f(x) - f(x_0)| < \varepsilon$,就称 $f(x)$ 在 x_0 点连续.

下面再给出连续性定义的另一种形式:

我们称 $x - x_0$ 为自变量 x 在 x_0 点的增量,记为 Δx,即 $\Delta x = x - x_0$ 或 $x = x_0 + \Delta x$;$x \to x_0 \Leftrightarrow \Delta x \to 0$;相应函数值的差 $f(x) - f(x_0)$ 称为函数 $f(x)$ 在 x_0 点的增量,记为 Δy,即 $\Delta y = f(x) - f(x_0) = y - y_0$,由此得

$$f(x) \to f(x_0)(x \to x_0) \Leftrightarrow \Delta y \to 0 (\Delta x \to 0).$$

由上面的分析再结合函数极限的定义,很容易将定义1变化成定义1′、定义1″.

定义1′ 设 $y = f(x)$ 在 x_0 点的某邻域内有定义,若当 $\Delta x \to 0$ 时,有 $\Delta y \to 0$,即 $\lim\limits_{\Delta x \to 0} \Delta y = 0$ 或 $\lim\limits_{\Delta x \to 0} [f(x_0 + \Delta x) - f(x_0)] = 0$,就称 $f(x)$ 在 x_0 点连续.

定义1″ 设 $y = f(x)$ 在 x_0 点的某邻域内有定义,若 $\lim\limits_{x \to x_0} f(x) = f(x_0)$,就称函数 $y = f(x)$ 在 x_0 点处连续.

注 (i) $f(x)$ 在 x_0 点连续,不仅要求 $f(x)$ 在 x_0 点有意义,$\lim\limits_{x \to x_0} f(x)$ 存在,而且要求 $\lim\limits_{x \to x_0} f(x) = f(x_0)$,即极限值等于函数值.

(ii) 若 $\lim\limits_{x \to x_0^-} f(x) = f(x_0^-) = f(x_0)$(或 $\lim\limits_{x \to x_0^+} f(x) = f(x_0^+) = f(x_0)$),就称 $f(x)$ 在 x_0 点左连续(或称 $f(x)$ 在 x_0 点右连续).

定理1 $f(x)$ 在 x_0 点连续的充分必要条件为 $f(x)$ 在 x_0 点既左连续又右连续.

如果 $f(x)$ 在区间 I 上的每一点处都连续,就称 $f(x)$ 在 I 上连续;并称 $f(x)$ 为 I 上的连续函数;若 I 包含端点,那么 $f(x)$ 在左端点连续是指右连续,在右端点连续是指左连续.

连续函数的图形是一条连续而不间断的曲线.

由第三节例2知 $y = \sin x$,$y = \cos x$ 在 $(-\infty, +\infty)$ 上是连续的;由第三节例3知 $\sqrt{x}$ 在 $(0, +\infty)$ 上是连续的,由第三节例6知多项式函数

$$P(x) = a_0 x^n + a_1 x^{n-1} + \cdots + a_n$$

在 $(-\infty, +\infty)$ 上是连续的;对于有理分式函数 $F(x) = \dfrac{P(x)}{Q(x)}$（$P(x)$,$Q(x)$ 均为多项式函数）,

只要 $Q(x_0) \neq 0$，由极限的四则运算法则就有 $\lim\limits_{x \to x_0} F(x) = F(x_0)$，因此有理分式函数 $F(x) = \dfrac{P(x)}{Q(x)}$ 在其定义域内是连续的.

不难证明，指数函数 $y = a^x$ 在 $(-\infty, +\infty)$ 上是连续的.

例 1　证明 $f(x) = |x|$ 在 $x = 0$ 点连续.

证　$\lim\limits_{x \to 0^-} |x| = \lim\limits_{x \to 0^-} (-x) = 0, \lim\limits_{x \to 0^+} |x| = \lim\limits_{x \to 0^+} x = 0$，又 $f(0) = 0$，
所以由定理 1 可得 $f(x) = |x|$ 在 $x = 0$ 点连续.

例 2　讨论函数 $y = \begin{cases} x + 2, & x \geqslant 0, \\ x - 2, & x < 0 \end{cases}$ 在 $x = 0$ 的连续性.

解　$\lim\limits_{x \to 0^-} y = \lim\limits_{x \to 0^-} (x - 2) = 0 - 2 = -2 \neq 2, \lim\limits_{x \to 0^+} y = \lim\limits_{x \to 0^+} (x + 2) = 0 + 2 = 2$，所以该函数在 $x = 0$ 不左连续，但右连续，由定理 1 可得该函数在 $x = 0$ 不连续.

二、函数的间断点

简单地说，若 $f(x)$ 在 x_0 点不连续，称 x_0 点为 $f(x)$ 的间断点，或不连续点.具体地说，若函数 $f(x)$ 在 x_0 点的某去心邻域内有定义，且有下列三种情形之一：

（i）$f(x)$ 在 $x = x_0$ 点没有定义.

（ii）在 x_0 点有定义，但 $\lim\limits_{x \to x_0} f(x)$ 不存在.

（iii）虽然在 x_0 点有定义，且 $\lim\limits_{x \to x_0} f(x)$ 存在，但 $\lim\limits_{x \to x_0} f(x) \neq f(x_0)$.

那么我们就称 $f(x)$ 在 x_0 不连续，x_0 点称为 $f(x)$ 的不连续点或间断点.

为了方便今后对函数间断点的讨论，我们对函数的间断点做如下分类：

定义 2　若 $\lim\limits_{x \to x_0} f(x) = A$，而 $f(x)$ 在 x_0 点无定义，或有定义但 $f(x_0) \neq A$，则称 x_0 点为 $f(x)$ 的可去间断点.若函数 $f(x)$ 在点 x_0 的左、右极限都存在，但 $\lim\limits_{x \to x_0^+} f(x) \neq \lim\limits_{x \to x_0^-} f(x)$，则称 x_0 点为函数 $f(x)$ 的跳跃间断点.可去间断点和跳跃间断点统称为第一类间断点.第一类间断点的特点是函数在该点处的左、右极限都存在.使得函数至少有一侧极限不存在的那些点，称为第二类间断点.

例 3　对于函数 $f(x) = |\mathrm{sgn}x|$，因 $f(0) = 0$，而 $\lim\limits_{x \to 0} f(x) = 1 \neq f(0)$，故 $x = 0$ 为 $f(x) = |\mathrm{sgn}x|$ 的可去间断点.

例 4　函数 $g(x) = \dfrac{\sin x}{x}$，由于 $\lim\limits_{x \to 0} g(x) = 1$，而 $g(x)$ 在 $x = 0$ 点无定义，所以 $x = 0$ 点是函数 $g(x)$ 的可去间断点.

设 x_0 为函数 $f(x)$ 的可去间断点，且 $\lim\limits_{x \to x_0} f(x) = A$，我们按如下方法定义一个函数 $\tilde{f}(x)$：当 $x \neq x_0$ 时，$\tilde{f}(x) = f(x)$；当 $x = x_0$ 时，$\tilde{f}(x_0) = A$；易见，对于函数 $\tilde{f}(x)$，x_0 是它的连续点.

例如,对上述的 $g(x) = \dfrac{\sin x}{x}$,定义:$g(x) = \begin{cases} \dfrac{\sin x}{x}, & x \neq 0, \\ 1, & x = 0, \end{cases}$ 则 $g(x)$ 在 $x = 0$ 连续.

例 5 对函数 $f(x) = [x]$,当 $x = n$(n 为整数)时有

$$\lim_{x \to n^-} [x] = n - 1, \lim_{x \to n^+} [x] = n,$$

所以在整数点上函数 $f(x)$ 的左、右极限存在但不相等,从而整数点都是函数 $f(x) = [x]$ 的跳跃间断点.

例 6 符号函数 $\mathrm{sgn} x$ 在点 $x = 0$ 处的左、右极限分别为 -1 和 1,故 $x = 0$ 是 $\mathrm{sgn} x$ 的跳跃间断点.

例 7 函数 $y = \dfrac{1}{x}$,当 $x \to 0$ 时,不存在有限的极限,故 $x = 0$ 是 $y = \dfrac{1}{x}$ 的第二类间断点.函数 $\sin \dfrac{1}{x}$ 在点 $x = 0$ 处左、右极限都不存在,故 $x = 0$ 是 $\sin \dfrac{1}{x}$ 的第二类间断点.又如,对于狄利克雷函数 $D(x)$,其定义域 $\mathbf{R}$ 上每一点 x 都是第二类间断点.

习题 1-6

1.选择题:

(1) 设 $f(x)$ 在 $\mathbf{R}$ 上有定义,函数 $f(x)$ 在 x_0 点左、右极限都存在且相等是函数 $f(x)$ 在 x_0 点连续的(   ).

A.充分条件   B.充分且必要条件

C.必要条件   D.非充分也非必要条件

(2) 设 $f(x) = \begin{cases} \mathrm{e}^x, & x < 0, \\ a + x, & x \geq 0, \end{cases}$ 要使 $f(x)$ 在 $x = 0$ 处连续,则 $a = ($ $)$.

A.2   B.1   C.0   D.-1

(3) 设 $f(x) = \begin{cases} ax + b, & x \geq 0, \\ (a + b)x^2 + x, & x < 0, \end{cases}$ $(a + b) \neq 0$,$f(x)$ 处处连续的充要条件是(   ).

A.$a = b = 0$ B.$b = 0$ C.$a = 0$ D.$a \neq 0, b \neq 0$

(4) 在函数 $f(x)$ 的可去间断点 x_0 处,下面结论正确的是(   ).

A.函数 $f(x)$ 在 x_0 点左、右极限至少有一个不存在

B.函数 $f(x)$ 在 x_0 点左、右极限存在,但不相等

C.函数 $f(x)$ 在 x_0 点左、右极限存在且相等

D.函数 $f(x)$ 在 x_0 点左、右极限都不存在

(5) 设函数 $f(x) = \begin{cases} x^{\frac{1}{3}} \sin x, & x \neq 0, \\ 0, & x = 0, \end{cases}$ 则点 0 是函数 $f(x)$ 的(   ).

A.第一类间断点   B.第二类间断点

C.可去间断点   D.连续点

(6) 设函数 $f(x) = \begin{cases} 3x - 1, & x < 1, \\ 1, & x = 1, \\ 3 - x, & x > 1, \end{cases}$ 则 $x = 1$ 是 $f(x)$ 的(   ).

A.连续点   B.跳跃间断点

C.可去间断点   D.第二类间断点

2.设 $f(x) = \begin{cases} x^2 - 1, & 0 \leq x \leq 1, \\ x + 3, & x > 1, \end{cases}$

(1) 求出 $f(x)$ 的定义域并作出图形;

(2) 当 $x = \dfrac{1}{2}$, 1, 2 时, $f(x)$ 是否连续;

(3) 写出 $f(x)$ 的连续区间.

3.指出函数 $f(x) = \dfrac{1}{x^2 - 1}$ 的连续区间.

4.求下列函数的间断点,并判别间断点的类型:

(1) $y = \dfrac{x}{(1 + x)^2}$;   (2) $y = \dfrac{1 + x}{2 - x^2}$;

(3) $y = \dfrac{|x|}{x}$;   (4) $y = [x]$.

5.讨论函数 $f(x) = \lim\limits_{n \to \infty} \dfrac{x^n}{1 + x^n + (2x)^{2n}}$ $(x \geq 0)$ 的连续性,若有间断点,则指出其类型.

第七节　连续函数的性质

一、连续函数的局部性质

由函数 $f(x)$ 在 x_0 点连续的定义和极限的四则运算法则,即可得下面的结论:

定理1(四则运算)　若函数 $f(x)$ 和 $g(x)$ 在 x_0 点连续,则 $f(x) \pm g(x)$, $f(x) \cdot g(x)$, $f(x)/g(x)$(这里 $g(x_0) \neq 0$)也都在 x_0 点连续.

对常量函数 $y = c$ 和函数 $y = x$ 反复应用定理1,可推出多项式函数

$$P(x) = a_0 x^n + a_1 x^{n-1} + \cdots + a_{n-1}x + a_n$$

和有理函数

$$F(x) = \frac{P(x)}{Q(x)} \quad (P, Q \text{ 均为多项式})$$

在其定义域内的每一点都是连续的.

同样,由 $\sin x$ 和 $\cos x$ 在 **R** 上的连续性,可推出 $\tan x$ 与 $\cot x$ 在其定义域的每一点都连续.

由第三节定理6,易得下面的定理:

定理2 $y = f[g(x)]$ 由 $u = g(x)$ 和 $y = f(u)$ 复合而成，$\mathring{U}(x_0) \subset D_{f \cdot g}$（$D_{f \cdot g}$ 为 $y = f[g(x)]$ 的定义域），若 $\lim\limits_{x \to x_0} g(x) = u_0$，而 $y = f(u)$ 在点 u_0 连续，则

$$\lim\limits_{x \to x_0} f[g(x)] = \lim\limits_{u \to u_0} f(u) = f(u_0).$$

注 （i）根据连续性的定义，上述定理的结论可表示为

$$\lim\limits_{x \to x_0} f[g(x)] = f[\lim\limits_{x \to x_0} g(x)].$$

（ii）还可证明：$\lim\limits_{x \to x_0} f[g(x)] = f[\lim\limits_{x \to x_0} g(x)]$，不仅对于 $x \to x_0$ 这种类型的极限成立，而且对于 $x \to +\infty$，$x \to -\infty$ 或 $x \to x_0^{\pm}$ 等类型极限也是成立的.

例1 求极限：(1) $\lim\limits_{x \to 0} \sqrt{2 - \dfrac{\sin x}{x}}$；(2) $\lim\limits_{x \to \infty} \sqrt{2 - \dfrac{\sin x}{x}}$.

解 （1）$\lim\limits_{x \to 0} \sqrt{2 - \dfrac{\sin x}{x}} = \sqrt{2 - \lim\limits_{x \to 0} \dfrac{\sin x}{x}} = \sqrt{2 - 1} = 1$；

（2）$\lim\limits_{x \to \infty} \sqrt{2 - \dfrac{\sin x}{x}} = \sqrt{2 - \lim\limits_{x \to \infty} \dfrac{\sin x}{x}} = \sqrt{2 - 0} = \sqrt{2}$.

定理2'（复合函数的连续性定理） 函数 $y = f[g(x)]$ 由函数 $u = g(x)$ 和 $y = f(u)$ 复合而成，若函数 $y = f(u)$ 在 u_0 点连续，$u = g(x)$ 在 x_0 点连续，$u_0 = g(x_0)$，则复合函数 $y = f[g(x)]$ 在点 x_0 连续.

例2 求 $\lim\limits_{x \to 1} \sin(1 - x^2)$.

解 $\sin(1 - x^2)$ 可看作函数 $f(u) = \sin u$ 与 $g(x) = 1 - x^2$（$g(x) = u$）的复合函数.由复合函数的连续性定理有

$$\lim\limits_{x \to 1} \sin(1 - x^2) = \sin[\lim\limits_{x \to 1}(1 - x^2)] = \sin 0 = 0.$$

定理3（反函数的连续性） 若函数 $y = f(x)$ 在区间 I_x 上单调递增（或单调递减）并连续，则反函数 $x = f^{-1}(y)$ 在其定义域 $I_y = \{y \mid y = f(x), x \in I_x\}$ 上单调递增（或单调递减）并连续.

证明从略.

例3 由于 $y = \sin x$ 在区间 $\left[-\dfrac{\pi}{2}, \dfrac{\pi}{2}\right]$ 上单调递增且连续，故其反函数 $y = \arcsin x$ 在区间 $[-1, 1]$ 上单调递增且连续.

同理，可得其他反三角函数也在相应的定义区间上连续.如 $y = \arccos x$ 在 $[-1, 1]$ 上单调递减且连续，$y = \arctan x$ 在 $(-\infty, +\infty)$ 上单调递增且连续等.

由指数函数 $y = a^x$ 在定义域上连续，同样由定理3可得出，对数函数在定义域上也连续.

例4 由于 $y = x^n$（n 为正整数）在 $[0, +\infty)$ 上单调递增且连续，故 $y = x^{\frac{1}{n}}$ 在 $[0, +\infty)$ 上单调递增且连续. 又，若把 $y = x^{-\frac{1}{n}}$（n 为正整数）看作由 $y = u^{\frac{1}{n}}$ 与 $u = \dfrac{1}{x}$ 复合而成的函数，则由复合函数的连续性，有 $y = x^{-\frac{1}{n}}$ 在 $(0, +\infty)$ 上连续.

同理，若 q 为非零整数，则 $y = x^{\frac{1}{q}}$ 是其定义区间上的连续函数.

例5 证明:有理幂函数 $y = x^\alpha$ 在其定义区间上连续.

证 设有理数 $\alpha = \dfrac{p}{q}$,这里 $p, q(q \neq 0)$ 为整数.因为 $y = u^{\frac{1}{q}}$ 与 $u = x^p$ 均在其定义区间上连续,所以复合函数

$$y = (x^p)^{\frac{1}{q}} = x^\alpha$$

也是其定义区间上的连续函数.

从函数极限的局部性质直接推得:

定理4(局部保号性) 若函数 $f(x)$ 在点 x_0 连续,且 $f(x_0) > 0$(或 $f(x_0) < 0$),则存在 $U(x_0)$,使得 $\forall x \in U(x_0)$ 有 $f(x) > 0$(或 $f(x) < 0$).

定理5(局部有界性) 若函数 $f(x)$ 在点 x_0 连续,则存在 $U(x_0)$,使得 $f(x)$ 在 $U(x_0)$ 内有界.

二、初等函数的连续性

由于幂函数 x^α(α 为实数)可表为 $x^\alpha = e^{\alpha \ln x}$ 的形式,它是函数 e^u 与 $u = \alpha \ln x$ 的复合函数,故由指数函数与对数函数的连续性以及复合函数的连续性定理,推得幂函数 $y = x^\alpha$ 在其定义域 $(0, +\infty)$ 上连续.

前面已经指出,常量函数、三角函数、反三角函数都是其定义域上的连续函数,因此我们有下述结论:所有基本初等函数都是其定义域上的连续函数.

由于任何初等函数都可由基本初等函数经过有限次四则运算与复合运算所得到,所以有:任何初等函数都是在其定义区间上的连续函数.所谓定义区间就是指包含在定义域内的区间.

例6 求 $\lim\limits_{x \to 0} \dfrac{\ln(1 + x)}{x} = 1$.

解 由对数函数的连续性有

$$\lim_{x \to 0} \frac{\ln(1 + x)}{x} = \lim_{x \to 0} \ln(1 + x)^{\frac{1}{x}} = \ln e = 1 .$$

例7 求 $\lim\limits_{x \to 0} \dfrac{\ln(1 + x^2)}{\cos x}$.

解 由于 $f(x) = \dfrac{\ln(1 + x^2)}{\cos x}$ 为初等函数,而初等函数 $f(x) = \dfrac{\ln(1 + x^2)}{\cos x}$ 在定义域之内连续,$x = 0$ 为 $f(x) = \dfrac{\ln(1 + x^2)}{\cos x}$ 的定义域之内的点,故由 $f(x)$ 的连续性定义得

$$\lim_{x \to 0} \frac{\ln(1 + x^2)}{\cos x} = f(0) = 0 .$$

例8 求 $\lim\limits_{x \to 0} (1 + 2x)^{\frac{3}{\sin x}}$.

解 因为,$(1 + 2x)^{\frac{3}{\sin x}} = (1 + 2x)^{\frac{1}{2x} \cdot \frac{6x}{\sin x}} = e^{\frac{6x}{\sin x} \ln(1 + 2x)^{\frac{1}{2x}}}$,所以,利用定理2及极限的四则运算法则,有

$$\lim_{x \to 0} (1 + 2x)^{\frac{3}{\sin x}} = e^{\lim_{x \to 0} \frac{x}{\sin x} \cdot 6 \ln(1+2x)^{\frac{1}{2x}}} = e^6 .$$

一般地,对于形如 $u(x)^{v(x)}$($u(x) > 0, u(x) \neq 1$)的函数(通常称为幂指函数),如果

$$\lim u(x) = a > 0, \lim v(x) = b ,$$

那么

$$\lim u(x)^{v(x)} = a^b .$$

三、闭区间连续函数的整体性质

在闭区间 $[a,b]$ 上的连续函数具有许多在理论和应用上有用的整体性质,这些性质的证明超出了本书的范围,我们这里就不加证明地给出这些整体性质.

定义1 设 $f(x)$ 为定义在数集 D 上的函数.若存在 $x_0 \in D$,使得对一切 $x \in D$,有

$$f(x_0) \geq f(x)(f(x_0) \leq f(x)) ,$$

则称 $f(x)$ 在 D 上有最大(小)值,并称 $f(x_0)$ 为 $f(x)$ 在 D 上的最大(小)值.

例如,$\sin x$ 在 $[0,\pi]$ 上有最大值1,及最小值0.但一般而言,函数 $f(x)$ 在其定义域 D 上不一定有最大值或最小值(即使 $f(x)$ 在 D 上有界).如 $f(x) = x$ 在 $(0,1)$ 上既无最大值也无最小值.又如

$$g(x) = \begin{cases} \dfrac{1}{x}, & x \in (0,1) , \\ 2, & x = 0 \text{ 与 } 1 , \end{cases}$$

它在闭区间 $[0,1]$ 上也无最大、最小值.

下述定理给出了函数能取得最大、最小值的充分条件.

定理6(最大、最小值定理) 若函数 $f(x)$ 在闭区间 $[a,b]$ 上连续,则 $f(x)$ 在 $[a,b]$ 上有最大值与最小值.

由定理6易知有下面的定理:

定理7(有界性定理) 若函数 $f(x)$ 在闭区间 $[a,b]$ 上连续,则 $f(x)$ 在 $[a,b]$ 上有界.

定理8(介值性定理) 设 $f(x)$ 在闭区间 $[a,b]$ 上连续,且 $f(a) \neq f(b)$.若 μ 为介于 $f(a)$ 与 $f(b)$ 之间的任何实数($f(a) < \mu < f(b)$ 或 $f(a) > \mu > f(b)$)[即满足],则至少存在一点 $x_0 \in (a,b)$,使得 $f(x_0) = \mu$.

这个定理表明,若 $f(x)$ 在 $[a,b]$ 上连续,又不妨设 $f(a) < f(b)$,则 $f(x)$ 在 $[a,b]$ 上必能取得 $[f(a),f(b)]$ 中的一切值,即有 $[f(a),f(b)] \subset f([a,b])$,其几何意义如图1-8所示.

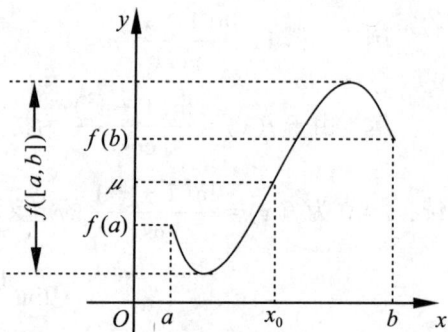

图 1-8

应用介值性定理,我们还容易推得连续函数的下述性质:若 $f(x)$ 在区间 I 上连续且不是常量函数,则值域 $f(I)$ 也是一个区间;特别地,若 I 为闭区间 $[a,b]$,$f(x)$ 在 $[a,b]$ 上的最大值为 M,最小值为 m,则 $f([a,b]) = [m,M]$;又若 $f(x)$

为 $[a,b]$ 上单调递增（减）的连续函数，则

$$f([a,b]) = [f(a), f(b)]([f(b), f(a)]).$$

推论 1 设函数 $f(x)$ 在闭区间 $[a,b]$ 上连续，$f(x)$ 在 $[a,b]$ 上的最大值为 M，最小值为 m，则 $f(x)$ 的值域为闭区间 $[m,M]$。

推论 2 设函数 $f(x)$ 在闭区间 $[a,b]$ 上连续，$f(x)$ 在 $[a,b]$ 上的最大值为 M，最小值为 m，则对任意的 $\mu: m \leqslant \mu \leqslant M$，存在 $\xi \in [a,b]$，使得 $f(\xi) = \mu$。

下面举例说明介值性定理的应用方法。

例 9 证明：若 $r > 0$，n 为正整数，则存在唯一正数 x_0，使得 $x_0^n = r$（x_0 称为 r 的 n 次正根（即算术根），记作 $x_0 = \sqrt[n]{r}$）。

证 先证明存在性。由于当 $x \to +\infty$ 时有 $x^n \to +\infty$，故必存在正数 a，使得 $a^n > r$。因 $f(x) = x^n$ 在 $[0,a]$ 上连续，并有 $f(0) < r < f(a)$，故由介值性定理，至少存在一点 $x_0 \in (0,a)$，使得 $f(x_0) = x_0^n = r$。

再证明唯一性。设正数 x_1 使得 $x_1^n = r$，则有

$$x_0^n - x_1^n = (x_0 - x_1)(x_0^{n-1} + x_0^{n-2} x_1 + \cdots + x_1^{n-1}) = 0,$$

由于第二个括号内的数为正，所以只能 $x_0 - x_1 = 0$，即 $x_1 = x_0$。

由定理 8 易得下面的定理 9。

定理 9（零点定理） 若函数 $f(x)$ 在闭区间 $[a,b]$ 上连续，且 $f(a)$ 与 $f(b)$ 异号（即 $f(a)f(b) < 0$），则至少存在一点 $x_0 \in (a,b)$，使得 $f(x_0) = 0$，即方程 $f(x) = 0$ 在 (a,b) 内至少有一个根。

这个定理的几何解释如图 1-9 所示。若点 $A(a, f(a))$ 与 $B(b, f(b))$ 分别在 x 轴的上下两侧，则连接 A、B 的连续曲线 $y = f(x)$ 与 x 轴至少有一个交点。

例 10 设 $f(x)$ 在 $[a,b]$ 上连续，满足 $f([a,b]) \subset [a,b]$，证明：存在 $x_0 \in [a,b]$，使得

$$f(x_0) = x_0.$$

证 条件 $f([a,b]) \subset [a,b]$ 意味着：对任何 $x \in [a,b]$ 有 $a \leqslant f(x) \leqslant b$，特别有

$$a \leqslant f(a), f(b) \leqslant b.$$

图 1-9

若 $a = f(a)$ 或 $f(b) = b$，则取 $x_0 = a$ 或 b，从而 $f(x_0) = x_0$。

现设 $a < f(a)$ 与 $f(b) < b$。令 $F(x) = f(x) - x$，则 $F(a) = f(a) - a > 0$，$F(b) = f(b) - b < 0$，故由零点定理，存在 $x_0 \in (a,b)$，使得 $F(x_0) = 0$，即 $f(x_0) = x_0$。

从本例的证明过程可见，在应用介值性定理或根的存在性定理证明某些问题时，选取合适的辅助函数[如在本例中令 $F(x) = f(x) - x$]，可收到事半功倍的效果。

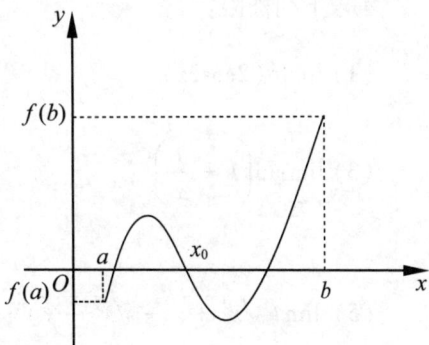

习题 1-7

1.选择题:

(1) 设 $f(x) = \begin{cases} \dfrac{1}{x}\sin\dfrac{x}{3}, & x \neq 0, \\ a, & x = 0, \end{cases}$ 若 $f(x)$ 在 $(-\infty, +\infty)$ 上连续,则 $a = ($ $)$.

A.0   B.1   C.$\dfrac{1}{3}$ D.3

(2) 若函数 $f(x) = \begin{cases} x^2 + a, & x \geq 1, \\ \cos(\pi x), & x < 1 \end{cases}$ 在 **R** 上连续,则 a 的值为($\quad$).

A.0   B.1   C.-1 D.-2

(3) $y = \arccos\sqrt{\ln(x^2 - 1)}$,则它的连续区间为($\quad$).

A. $|x| > 1$ B. $|x| > \sqrt{2}$

C. $[-\sqrt{1+e}, -\sqrt{2}] \cup [\sqrt{2}, \sqrt{1+e}]$ D. $(-\sqrt{1+e}, -\sqrt{2}) \cup (\sqrt{2}, \sqrt{1+e})$

2.讨论复合函数 $f(g(x))$ 和 $g(f(x))$ 的连续性.

(1) $f(x) = \operatorname{sgn}x, g(x) = 1 + x^2$;   (2) $f(x) = \operatorname{sgn}x, g(x) = (1 - x^2)x$.

3.设 $f(x), g(x)$ 为区间 I 上的连续函数,记

$$F(x) = \max\{f(x), g(x)\}, G(x) = \min\{f(x), g(x)\}.$$

证明:$F(x), G(x)$ 也为区间 I 上的连续函数.

4.求下列极限:

(1) $\lim\limits_{x \to \frac{\pi}{6}} \ln(2\cos 2x)$;   (2) $\lim\limits_{x \to 0} \ln\dfrac{\sin x}{x}$;

(3) $\lim\limits_{x \to \frac{1}{2}} x\ln\left(1 + \dfrac{1}{x}\right)$;   (4) $\lim\limits_{x \to 0} \dfrac{\sqrt{x+1} - 1}{x}$;

(5) $\lim\limits_{x \to +\infty} (\sqrt{x^2 + x} - \sqrt{x^2 - x})$;   (6) $\lim\limits_{x \to 0} \dfrac{\left(1 - \dfrac{1}{2}x^2\right)^{\frac{2}{3}} - 1}{x\ln(1 + x)}$;

(7) $\lim\limits_{x \to \infty} \left(1 + \dfrac{1}{x}\right)^{\frac{x}{2}}$;   (8) $\lim\limits_{x \to 0} (1 + 3\tan^2 x)^{\cot^2 x}$;

(9) $\lim\limits_{x \to 0} (1 + 2x)^{x + \frac{1}{x}}$;   (10) $\lim\limits_{x \to 0} (1 + \sin x)^{\frac{1}{2x}}$;

(11) $\lim\limits_{x \to 0} \dfrac{\sqrt{1 - \cos x^2}}{1 - \cos x}$;   (12) $\lim\limits_{x \to 0} (x + e^x)^{\frac{1}{x}}$;

(13) $\lim\limits_{n \to \infty} \left(1 + \dfrac{1}{n} + \dfrac{1}{n^2}\right)^n$;   (14) $\lim\limits_{n \to \infty} \sqrt{n} \sin\dfrac{\pi}{n}$.

5.证明:若 $f(x)$ 在 $[a,b]$ 上连续,$a < x_1 < x_2 < \cdots < x_n < b$,则在 $[x_1,x_n]$ 上必有 ξ,使

$$f(\xi) = \frac{f(x_1) + f(x_2) + \cdots + f(x_n)}{n}.$$

6.设 $f(x)$ 在闭区间 $[0,2]$ 上连续,且 $f(0) + 2f(1) + 3f(2) = 6$,证明存在 $\xi \in [0,2]$,使得 $f(\xi) = 1$.

7.证明方程 $x^5 - 3x = 1$ 至少有一个根介于 1 和 2 之间.

8.证明方程 $x \cdot 2^x = 1$ 至少有一个小于 1 的根.

9.证明:设 $f(x)$ 在闭区间 $[0,2a]$ 上连续,且 $f(0) = f(2a)$,则在 $[0,a]$ 上至少存在一个 x,使 $f(x) = f(x + a)$.

总 习 题 一

1.填空题:

(1) 若 $f\left(\dfrac{x+1}{x}\right) = \dfrac{x+1}{x^2}$,则 $f(x) = $ _____ ;

(2) 设函数 $f(e^x) = x$ $(x > 0)$,则 $f(x)$ 的反函数为 _____ ;

(3) 函数 $f(x)$ 在 $x = 0$ 处连续,当 $x \neq 0$ 时 $f(x) = \dfrac{\sin 2x}{x}$,则 $f(0) = $ _____ ;

(4) $\lim\limits_{x \to 0} x \sin \dfrac{1}{x} = $ _____ ;

(5) $\sqrt{a + x^3} - \sqrt{a}$ $(a > 0)$ 与 x^α 为 $x \to 0$ 时的同阶无穷小,则 $\alpha = $ _____ ;

(6) $y = \dfrac{\sin(x-1)}{x^2-1}$ 的第二类间断点为 _____ ;

(7) $y = \dfrac{x-1}{x^2-1} - 3$ 的水平渐近线为 _____ ,垂直渐近线为 _____ ;

(8) $\lim\limits_{x \to \infty} \dfrac{(1+a)x^4 + bx^3 + 2}{x^3 + x - 1} = -2$,则 $a = $ _____ ,$b = $ _____ ;

(9) 已知 $f(x) = \begin{cases} a + bx^2, & x \leqslant 0, \\ \dfrac{\sin bx}{2x}, & x > 0 \end{cases}$ 在 $x = 0$ 处连续,则 a 和 b 的关系应满足 _____ ;

(10) 设常数 $a \neq \dfrac{1}{2}$,则 $\lim\limits_{n \to \infty} \ln \left(\dfrac{n - 2na + 1}{n(1 - 2a)}\right)^n = $ _____ ;

(11) 设 $f(x) = x \sin \dfrac{2}{x} + \dfrac{\sin x}{x}$,则 $\lim\limits_{x \to \infty} f(x) = $ _____ ;

(12) 极限 $\lim\limits_{n \to \infty} \dfrac{n+1}{3n^2+1} \sin \sqrt{n^2+1} = $ _____ .

2.选择题:

(1) 当 $x \to 0$ 时, $1 - \cos x^2$ 是 x^4 的( ).

A.同阶非等价无穷小　　　B.等价无穷小　　　　　C.高阶无穷小　　　　　D.低阶无穷小

(2) $f(x) = \begin{cases} ke^{2x}, & x < 0, \\ 1 + \cos x, & x \geq 0 \end{cases}$ 在 $x = 0$ 连续,则 $k = ($).

A.2　　　　　　　　　B.0　　　　　　　　　C.$\dfrac{1}{2}$　　　　　　　　　D.1

(3) 下列方程在 $[0,1]$ 上有实根的是( ).

A. $x^2 + 3x + 1 = 0$　　　　　　　　　B. $\arcsin x + 3 = 0$

C. $\sin x + x - \dfrac{1}{2} = 0$　　　　　　　　D. $x + [x] + 2 = 0$

(4)函数 $f(x)$ 在 $x = 0$ 处连续, $\lim\limits_{x \to 0} \dfrac{f(x) - 2}{x}$ 存在,则 $f(0) = ($).

A.0　　　　　　　　　B.1　　　　　　　　　C.2　　　　　　　　　D.不确定

(5) $\left\{ n\sin \dfrac{1}{n} \right\}$ 是一个( ).

A.无穷小量　　　　　B.无穷大量　　　　　C.无界变量　　　　　D.有界变量

(6) 设 $f(x) = \begin{cases} (1 - x)^{\frac{1}{x}}, & x \neq 0, \\ k, & x = 0 \end{cases}$ 在点 $x = 0$ 连续,则 k 的值为( ).

A.1　　　　　　　　　B. e　　　　　　　　　C. e^{-1}　　　　　　　　　D.-1

(7) 函数 $f(x) = x^{\frac{1}{x-1}}$,则 $x = 1$ 是 $f(x)$ 的( ).

A.连续点　　　　　　B.无穷间断点　　　　　C.跳跃间断点　　　　　D.可去间断点

(8) 设 $\lim\limits_{n \to \infty} a_n = a$ 且 $a \neq 0$,则当 n 充分大时有( ).

A. $|a_n| > \dfrac{|a|}{2}$　　　　B. $|a_n| < \dfrac{|a|}{2}$　　　　C. $a_n > a - \dfrac{1}{n}$　　　　D. $a_n < a + \dfrac{1}{n}$

(9) 下列曲线有渐近线的是( ).

A. $y = x + \sin x$　　　　B. $y = x^2 + \sin x$　　　　C. $y = x + \sin \dfrac{1}{x}$　　　　D. $y = x^2 + \sin \dfrac{1}{x}$

3.求极限 $\lim\limits_{x \to 0} \dfrac{x^2(e^x - 1)}{\sqrt{1 + \tan x} - \sqrt{1 + \sin x}}$.

4.求极限 $\lim\limits_{x \to 0} \dfrac{\tan x - \sin x}{x^2(e^x - 1)}$.

5.求极限 $\lim\limits_{x \to 0} \dfrac{1}{x^2} \ln \dfrac{\sin x}{\tan x}$.

6.设 $f(x - 1) = \begin{cases} x^2, & x \leq 1, \\ 2 - x, & 1 < x \leq 2, \end{cases}$ 求 $\lim\limits_{x \to 0} f(x)$.

7.求 $\lim\limits_{n\to\infty}\left(\dfrac{1}{n^2}+\dfrac{1}{(n+1)^2}+\cdots+\dfrac{1}{(2n)^2}\right)$.

8.设 $a>0$,数列 x_n 满足 $x_{n+1}=\dfrac{1}{2}\left(x_n+\dfrac{a}{x_n}\right)$,$x_0>0$,证明该数列的极限存在.

函数概念和极限思想的演变

一、函数概念的演变

函数概念是最重要的数学概念之一,在其提出和发展的过程中,众多数学家在不同的历史时期赋予函数概念以新的思想,推动数学的不断发展.

1.早期函数概念. 十七世纪,伽俐略(G.Galileo,意大利,1564—1642)在《两门新科学》一书中,几乎全部包含函数或称为变量关系的这一概念,用文字和比例的语言表达函数的关系.1673 年前后笛卡儿(Descartes,法国,1596—1650)在他的解析几何中,已注意到一个变量对另一个变量的依赖关系,但因当时尚未意识到要提炼函数概念,因此直到 17 世纪后期牛顿、莱布尼兹建立微积分时还没有人明确函数的一般意义,大部分函数是被当作曲线来研究的.1673 年,莱布尼兹首次使用"function"(函数)表示"幂",后来他用该词表示曲线上点的横坐标、纵坐标、切线长等曲线上点的有关几何量.与此同时,牛顿在微积分的讨论中,使用"流量"来表示变量间的关系.

2. 十八世纪函数概念——代数观念下的函数. 1718 年约翰·贝努利(Johann Bernoulli,瑞士,1667—1748)在莱布尼兹函数概念的基础上对函数概念进行了定义:"由任一变量和常数的任一形式所构成的量."他的意思是凡变量 x 和常量构成的式子都叫做 x 的函数,并强调函数要用公式来表示.1755 年,欧拉(L.Euler,瑞士,1707—1783)把函数定义为"如果某些变量,以某一种方式依赖于另一些变量,即当后面这些变量变化时,前面这些变量也随着变化,我们把前面的变量称为后面变量的函数." 18 世纪中叶欧拉(L.Euler,瑞士,1707—1783)给出了定义:"一个变量的函数是由这个变量和一些数即常数以任何方式组成的解析表达式."他把约翰·贝努利给出的函数定义称为解析函数,并进一步把它区分为代数函数和超越函数,还考虑了"随意函数".不难看出,欧拉给出的函数定义比约翰·贝努利的定义更普遍、更具有广泛意义.

3.十九世纪函数概念——对应关系下的函数. 1821 年,柯西(Cauchy,法国,1789—1857)从定义变量起给出了定义:"在某些变数间存在着一定的关系,当一经给定其中某一变数的值,其他变数的值可随着而确定时,则将最初的变数叫自变量,其他各变数叫做函数." 在柯西的定义中,首先出现了自变量一词,同时指出对函数来说不一定要有解析表达式.不过他仍然认为函数关系可以用多个解析式来表示,这是一个很大的局限.1822 年傅里叶(Fourier,法国,1768—1830)发现某些函数可以用曲线表示,也可以用一个式子表示,或用多个式子表示,从而结束了函数概念是否以唯一一个式子表示的争论,把对函数的认识又推进到了一个新层次.1837 年狄利克雷(Dirichlet,德国,1805—1859)突破了这一局限,认为怎样去建立 x 与 y 之间的关系无关紧要,他拓广了函数概念,指出:"对于在某区间上的每一个确定的 x 值,y 都有一个或多个确定的值,那么 y 叫做 x 的函数."这个定义避免了函数定义中对依赖关系的描述,以清晰的方式被所有数学家接受.这就是人们常说的经典函数定义.等到康托(Cantor,德国,1845—1918)创立的集合论在数学中占有重要地位之后,维布伦(Veblen,美国,1880—1960)用"集合"和"对应"的概念给出了近代函数定义,通过集合概念把函数的对应关系、定义域及值域进一步具体化了,且打破了"变量是数"的极限,变量可以是数,也可以是其他对象.

4.现代函数概念——集合论下的函数. 1914 年豪斯道夫(F.Hausdorff)在《集合论纲要》中用不明确的概念"序偶"来定义函数,其避开了意义不明确的"变量""对应"概念.库拉托夫斯基(Kuratowski)于 1921 年用集合概念来定义"序偶"使豪斯道夫的定义很严谨了.1930 年新的现代函数定义为"若对集合 A 的任意元素 x,总有集合 B 确定的元素 y 与之对应,则称在集合 A 上定义一个函数,记为 $y = f(x)$.元素 x 称为自变元,元素 y 称为因变元."

二、极限思想的演变

极限的思想是近代数学的一种重要思想,微积分就是以极限概念为基础,以极限理论(包括级数)为主要工具来研究函数的一门学科.所谓极限的思想,是指用极限概念分析问题和解决问题的一种数学思想.

1.极限思想的产生. 与一切科学的思想方法一样,极限思想也是社会实践的产物.极限的思想可以追溯到古代,刘徽的割圆术就是建立在直观基础上的一种原始的极限思想的应用;古希腊人的穷竭法也蕴含了极限思想,但由于希腊人"对无限的恐惧",他们避免明显地"取极限",而是借助于"间接证法—归谬法"来完成了有关的证明.到了 16 世纪,荷兰数学家斯泰文在考察三角形重心的过程中改进了古希腊人的穷竭法,他借助几何直观,大胆地运用极限思想思考问题,放弃了归谬法的证明.如此,他就在无意中"指出了把极限方法发展成为一个实用概念的方向".

2.极限思想的发展. 极限思想的进一步发展是与微积分的建立紧密相关联的.16 世纪的欧洲处于资本主义萌芽时期,生产力得到极大的发展,生产和技术中大量的问题,只用初等数学的方法已无法解决,要求数学突破只研究常量的传统范围,而提供能够用以描述和研究运动、变化过程的新工具,这是促进极限发展、建立微积分的社会背景.

牛顿和莱布尼兹早期以"无穷小"概念为基础建立了微积分理论,后来因遇到了逻辑困难,所以在他们的晚期都不同程度地接受了极限思想.牛顿用路程的改变量 ΔS 与时间的改变量 Δt 之比表示运动物体的平均速度,让 Δt 无限趋近于零,得到物体的瞬时速度,并由此引出导数概念和微分学理论.他意识到极限概念的重要性,试图以极限概念作为微积分的基础,他说:"两个量和量之比,如果在有限时间内不断趋于相等,且在这一时间终止前互相靠近,使得其差小于任意给定的差,则最终就成为相等".但牛顿的极限观念也是建立在几何直观上的,因而他无法得出极限的严格表述.牛顿所运用的极限概念,只是接近于下列直观性的语言描述:"如果当 n 无限增大时,无限地接近于常数 A,那么就说以 A 为极限."这种描述性语言,人们容易接受,现代一些初等的微积分读物中还经常采用这种定义.但是,这种定义没有定量地给出两个"无限过程"之间的联系,不能作为科学论证的逻辑基础.

由于当时缺乏严格的极限定义,微积分理论因此受到有些人的怀疑与攻击. 例如,在瞬时速度概念中,究竟 Δt 是否等于零? 如果说是零,怎么能用它去作除法呢? 如果它不是零,又怎么能把包含着它的那些项去掉呢? 这就是数学史上所说的"无穷小悖论".英国哲学家、大主教贝克莱对微积分的攻击最为激烈,他说微积分的推导是"分明的诡辩".

贝克莱之所以激烈地攻击微积分,一方面是为宗教服务,另一方面也由于当时的微积分缺乏牢固的理论基础,连牛顿自己也无法摆脱极限概念中的混乱.这个事实表明,弄清极限概念,建立严格的微积分理论基础,不但是数学本身所需要的,而且对认识论的发展也有重大意义.

3.极限思想的完善.极限思想的完善与微积分的严格化密切联系。在很长一段时间里,微积分理论基础的问题,许多人都曾尝试解决,但都未能如愿以偿.这是因为数学的研究对象已从常量扩展到变量,而人们对变量数学特有的规律还不十分清楚;对变量数学和常量数学的区别和联系还缺乏了解;对有限和无限的对立统一关系还不明确.这样,人们习惯了处理常量数学的传统思想方法,就不能适应变量数学的新概念,仅用旧的概念说明不了这种"零"与"非零"相互转化的辩证关系.

到了 18 世纪,罗宾斯、达朗贝尔与罗依里埃等人先后明确地表示必须将极限作为微积分的基础概念,并且都对极限作出过各自的定义.其中达朗贝尔的定义是:"一个量是另一个量的极限,假如第二个量比任意给定的值更为接近第一个量."这个定义很接近于极限的正确定义;然而,这些人的定义都无法摆脱对几何方法的直观的依赖.事情也只能如此,因为 19 世纪以前的算术和几何概念大部分都是建立在几何量的概念上的.

首先用极限概念给出导数正确定义的是捷克数学家波尔查诺,他把函数 $f(x)$ 的导数定义为差商的极限 $f'(x)$,他强调指出 $f'(x)$ 不是两个零的商.波尔查诺的思想是有价值的,但关于极限的本质他仍未说清楚.

到了 19 世纪,法国数学家柯西在前人工作的基础上,比较完整地阐述了极限概念及其理论,他在《分析教程》中指出:"当一个变量逐次所取的值无限趋近于一个定值,最终使变量的值和该定值之差要多小就多小,这个定值就叫做所有其他值的极限值,特别地,当一个变量的数值(绝对值)无限地减小使之收敛到极限 0,就说这个变量成为无穷小."

柯西把无穷小视为以 0 为极限的变量,这就澄清了无穷小"似零非零"的模糊认识,也就是说,在变化过程中,它的值可以是非零,但它变化的趋向是"零",可以无限地接近零.

柯西试图消除极限概念中的几何直观思想,作出极限的明确定义,然后去完成牛顿的愿望.但柯西的叙述中还存在描述性的词语,如"无限趋近"、"要多小就多小"等,因此还保留着几何和物理的直观痕迹,没有达到彻底严密化的程度.

为了排除极限概念中的直观痕迹,维尔斯特拉斯提出了极限的静态的定义,给微积分提供了严格的理论基础.所谓极限,就是指:"对于函数 $f(x)$,如果存在一个常数 A,对任何 $\varepsilon > 0$,总存在 $\delta > 0$,当 $0 < |x - x_0| < \delta$ 时,不等式 $|f(x) - A| < \varepsilon$ 恒成立,称 A 是函数 $f(x)$ 当 $x \to x_0$ 时的极限".这个定义,借助不等式,通过 ε 和 δ 之间的关系,定量地、具体地描述了两个"无限过

程"之间的联系.因此,这样的定义是严格的,可以作为科学论证的基础,至今仍在数学分析书籍中使用.在该定义中,涉及的仅仅是数及其大小关系,此外只是给定、存在、任取等词语,已经摆脱了"趋近"一词,不再求助于运动的直观.

众所周知,常量数学静态地研究数学对象,自从解析几何和微积分问世以后,运动进入了数学,人们有可能对物理过程进行动态研究.之后,维尔斯特拉斯建立的 $\varepsilon - \delta$ 语言,则用静态的定义描述变量的变化趋势.这种"静态—动态—静态"的螺旋式的演变,反映了数学发展的辩证规律.极限思想在现代数学乃至物理学等学科中有着广泛的应用,这是由它本身固有的思维功能所决定的.极限思想揭示了变量与常量、无限与有限的对立统一关系,是唯物辩证法的对立统一规律在数学领域中的应用.借助极限思想,人们可以从有限认识无限,从"不变"认识"变",从直线形认识曲线形,从量变认识质变,从近似认识精确.

第二章　导数与微分

在第一章,我们讨论了函数极限,并应用函数极限的概念刻画了函数的连续性.在自然界和一些经济活动过程中,除连续性现象外,还有热传导、弹性等现象的普遍存在,这些现象反映到数学上就是函数的变化率问题.本章研究如何运用极限的理论描述函数的变化率以及因变量、自变量的改变量的关系.函数的变化率是函数的又一重要性质,它在自然科学、工程技术及经济等领域有着广泛的应用.

第一节　导数的概念

一、两个引例

为了说明导数的概念,我们首先讨论与导数概念的形成密切相关的两个问题:直线运动的速度问题和曲线的切线问题.

1.直线运动的瞬时速度

设质点做变速直线运动,其位移函数为时间的连续函数 $s=s(t)$,试确定该质点在某一时刻 t_0 的瞬时速度 $v(t_0)$.

根据该质点的位移函数,当时间从 t_0 变到 $t_0+\Delta t$,其位移就从 $s(t_0)$ 变到 $s(t_0+\Delta t)$,质点位移的变化量是 $\Delta s = s(t_0+\Delta t) - s(t_0)$.因此质点在 t_0 到 $t_0+\Delta t$ 这段时间内的平均速度为

$$\bar{v} = \frac{\Delta s}{\Delta t} = \frac{s(t_0+\Delta t) - s(t_0)}{\Delta t}.$$

当 $|\Delta t|$ 很小,质点在这段时间内的速度变化也很小.因而在这段时间内,质点的变速直线运动可以近似地看作匀速直线运动,从而可把这一时间段内的平均速度 $\bar{v}$ 近似看作 t_0 时刻的瞬时速度 $v(t_0)$.显然这个时间间隔越小,近似值 $\bar{v}$ 越接近 t_0 时刻的瞬时速度 $v(t_0)$.因此,我们就称当 $\Delta t \to 0$ 时,平均速度的极限为质点在 t_0 时刻的**瞬时速度**,即

$$v(t_0) = \lim_{\Delta t \to 0} \bar{v} = \lim_{\Delta t \to 0} \frac{\Delta s}{\Delta t} = \lim_{\Delta t \to 0} \frac{s(t_0+\Delta t) - s(t_0)}{\Delta t}.$$

2.平面曲线的切线

设 M 为曲线 C 上的一定点(如图2-1),在 C 上除点 M 外再另取任一点 N,作割线 MN.当点 N 沿曲线 C 移动并无限接近点 M 时,有割线 MN 绕点 M 旋转且无限接近极限位置 MT,就称

MT 为曲线 C 在点 M 处的**切线**,定点 M 叫作**切点**.过切点且垂直于该切线的直线称为曲线在该点的**法线**.

在平面直角坐标系上,曲线在任一点处的切线完全可由它的斜率所确定,因此求任意点的切线问题就转化为求该点的切线斜率问题.故下面讨论如何计算切线的斜率.

设曲线 C（图 2-1）的函数为 $y=f(x)$,求曲线 C 在点 $M(x_0, f(x_0))$ 处切线的斜率.

在曲线 C 上除点 M 外再任取一点 $N(x_0 + \Delta x, f(x_0) + \Delta y)$,显然 $f(x_0) + \Delta y = f(x_0 + \Delta x)$,设割线 MN 的倾斜角为 φ,则割线的斜率为

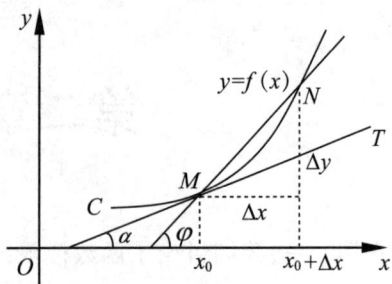

图 2-1

$$\tan\varphi = \frac{\Delta y}{\Delta x} = \frac{f(x_0 + \Delta x) - f(x_0)}{\Delta x}.$$

当点 N 沿曲线 C 趋于点 M 时,由于割线 MN 趋于切线 MT.故当 $\Delta x \to 0$,割线 MN 的倾斜角 φ 就无限接近切线 MT 的倾斜角 α.如果割线 MN 的斜率极限存在,设为 k,那么此极限值 k 就是曲线 C 在点 M 处的切线的斜率,即

$$k = \tan\alpha = \lim_{\Delta x \to 0}\tan\varphi = \lim_{\Delta x \to 0}\frac{\Delta y}{\Delta x} = \lim_{\Delta x \to 0}\frac{f(x_0 + \Delta x) - f(x_0)}{\Delta x}.$$

二、导数的定义

1. 函数在一点处的导数

尽管上述两个问题的实际背景不同,但仅从数量关系上看,它们的计算过程相同,都归结为先求自变量增量为 Δx 时对应的因变量增量 Δy,再计算因变量增量 Δy 与对应的自变量增量 Δx 之比 $\dfrac{\Delta y}{\Delta x}$,最后计算 $\dfrac{\Delta y}{\Delta x}$ 当自变量的增量趋近于零（$\Delta x \to 0$）时的极限.在自然科学和工程技术领域内,还有许多"量"的计算,如电流强度、角速度、线密度等,在数学计算上都可以归结为这种运算过程.撇开这些量的具体意义,抓住它们数量运算关系的本质,可给出函数导数的概念.

定义 1 设函数 $y=f(x)$ 在点 x_0 的某邻域内有定义,当自变量 x 在点 x_0 处取得增量 Δx（点 $x_0 + \Delta x$ 仍属于该邻域内）时,相应地,因变量取得增量 $\Delta y = f(x_0 + \Delta x) - f(x_0)$；如果比式 $\dfrac{\Delta y}{\Delta x}$ 在 $\Delta x \to 0$ 时的极限存在,则称函数 $y=f(x)$ 在点 x_0 处**可导**,且称该极限值为函数 $y=f(x)$ 在点 x_0 处的**导数**,记为 $f'(x_0)$,即

$$f'(x_0) = \lim_{\Delta x \to 0}\frac{\Delta y}{\Delta x} = \lim_{\Delta x \to 0}\frac{f(x_0 + \Delta x) - f(x_0)}{\Delta x}, \tag{1}$$

或记作 $y'\big|_{x=x_0}$,$\dfrac{\mathrm{d}y}{\mathrm{d}x}\bigg|_{x=x_0}$ 或 $\dfrac{\mathrm{d}f(x)}{\mathrm{d}x}\bigg|_{x=x_0}$.

函数 $y = f(x)$ 在点 x_0 处可导,也称函数 $y = f(x)$ 在点 x_0 处具有导数或导数存在.

若记 $x = x_0 + \Delta x$,则导数的定义(1)式可以写成如下形式:

$$f'(x_0) = \lim_{x \to x_0} \frac{f(x) - f(x_0)}{x - x_0}. \tag{2}$$

若记 $\Delta x = h$,则导数的定义(1)式也可以写成以下形式:

$$f'(x_0) = \lim_{h \to 0} \frac{f(x_0 + h) - f(x_0)}{h}. \tag{3}$$

如果极限(1)、(2)或(3)式中的极限不存在,则称函数 $y = f(x)$ 在点 x_0 处不可导.

根据导数概念,前面两个实际问题可以重述为:

(1) 变速直线运动在时刻 t_0 的瞬时速度,就是位移函数 $s(t)$ 在 t_0 时刻处的导数 $s'(t_0)$.

(2) 若曲线 $y = f(x)$ 在点 $(x_0, f(x_0))$ 处存在不垂直于 x 轴的切线,则切线斜率为 $f'(x_0)$.

根据导数定义,对于函数 $y = f(x)$ 而言, $f'(x_0)$ 就是因变量 y 在点 x_0 处的变化率,它反映了因变量随自变量变化而变化的快慢程度. 当需要讨论具有不同意义的变量的变化"快慢"问题时,数学上都可归结为函数的变化率问题,也就是求函数的导数.

例1　已知函数 $f(x) = x^2$,求 $f'(1)$.

解　$f'(1) = \lim\limits_{x \to 1} \dfrac{f(x) - f(1)}{x - 1} = \lim\limits_{x \to 1} \dfrac{x^2 - 1}{x - 1} = \lim\limits_{x \to 1}(x + 1) = 2$,即 $f'(1) = 2$.

2.单侧导数

根据函数在一点可导的定义,函数 $y = f(x)$ 在点 x_0 处可导的充要条件为 (1) 或 (2) 的极限存在;而 (1) 或 (2) 的极限存在的充分必要条件是其在点 x_0 的左、右极限存在且相等. 考虑到导数的概念和极限与左、右极限的这种关系,我们给出下面的概念.

定义2　若极限 $\lim\limits_{\Delta x \to 0^-} \dfrac{f(x_0 + \Delta x) - f(x_0)}{\Delta x}$ 存在,则称函数 $y = f(x)$ 在点 x_0 处**左可导**,并称此极限值为 $f(x)$ 在点 x_0 处的**左导数**,记为 $f'_-(x_0)$,即

$$f'_-(x_0) = \lim_{\Delta x \to 0^-} \frac{\Delta y}{\Delta x} = \lim_{\Delta x \to 0^-} \frac{f(x_0 + \Delta x) - f(x_0)}{\Delta x}.$$

若极限 $\lim\limits_{\Delta x \to 0^+} \dfrac{f(x_0 + \Delta x) - f(x_0)}{\Delta x}$ 存在,则称函数 $y = f(x)$ 在点 x_0 处**右可导**,该极限值称为 $f(x)$ 在点 x_0 处的**右导数**,记为 $f'_+(x_0)$,即

$$f'_+(x_0) = \lim_{\Delta x \to 0^+} \frac{\Delta y}{\Delta x} = \lim_{\Delta x \to 0^+} \frac{f(x_0 + \Delta x) - f(x_0)}{\Delta x}.$$

左导数和右导数统称为**单侧导数**.

定理1　函数 $f(x)$ 在点 x_0 处可导的充分必要条件是 $f(x)$ 在点 x_0 处的左、右导数均存在且相等,即

$$f'(x_0) \text{ 存在的充分必要条件是 } f'_-(x_0) = f'_+(x_0).$$

例2 讨论函数 $f(x) = |x| = \begin{cases} x, & x \geqslant 0, \\ -x, & x < 0 \end{cases}$ 在点 $x = 0$ 处的可导性.

解 因为

$$f'_-(0) = \lim_{\Delta x \to 0^-} \frac{\Delta y}{\Delta x} = \lim_{\Delta x \to 0^-} \frac{f(\Delta x) - f(0)}{\Delta x} = \lim_{\Delta x \to 0^-} \frac{-\Delta x - 0}{\Delta x} = -1 ,$$

$$f'_+(0) = \lim_{\Delta x \to 0^+} \frac{\Delta y}{\Delta x} = \lim_{\Delta x \to 0^+} \frac{f(\Delta x) - f(0)}{\Delta x} = \lim_{\Delta x \to 0^+} \frac{\Delta x - 0}{\Delta x} = 1 ,$$

所以 $f'_-(0) \neq f'_+(0)$.故 $f(x)$ 在 $x = 0$ 处不可导.

3.导函数

定义3 如果函数 $y = f(x)$ 在开区间 (a,b) 内的每一点处都可导,则称函数 $y = f(x)$ 在开区间 (a,b) 内可导.如果函数 $y = f(x)$ 在开区间 (a,b) 内可导,且在点 a 右可导(或点 b 左可导),则称函数 $y = f(x)$ 在区间 $[a,b)$ (或区间 $(a,b]$)上可导. 如果函数 $y = f(x)$ 在开区间 (a,b) 内可导,且在点 a 右可导,在点 b 左可导,则称函数 $y = f(x)$ 在闭区间 $[a,b]$ 上可导.

若函数 $y = f(x)$ 在区间 I 上可导,这时对于任意 $x \in I$,按照求导运算都有一个确定的导数值与之对应,区间 I 上的这个对应法则显然是区间 I 上的函数,此函数称为原来函数 $y = f(x)$ 对 x 的**导函数**,简称为**导数**,记作

$$y' , f'(x) , \frac{\mathrm{d}y}{\mathrm{d}x} \text{ 或 } \frac{\mathrm{d}f(x)}{\mathrm{d}x} ,$$

即

$$f'(x) = \lim_{\Delta x \to 0} \frac{f(x + \Delta x) - f(x)}{\Delta x} .$$

显然,函数 $f(x)$ 在点 x_0 处的导数 $f'(x_0)$,就是导函数 $f'(x)$ 在点 x_0 处的函数值.

4.求导举例

根据导数的定义,求某个函数 $y = f(x)$ 的导数 y' ,可以分为以下三个步骤:

(1)求函数的增量: $\Delta y = f(x + \Delta x) - f(x)$;

(2)算比值: $\dfrac{\Delta y}{\Delta x} = \dfrac{f(x + \Delta x) - f(x)}{\Delta x}$;

(3)求极限: $y' = f'(x) = \lim\limits_{\Delta x \to 0} \dfrac{\Delta y}{\Delta x}$.

下面根据上述步骤来求部分基本初等函数的导数.

例3 求函数 $f(x) = C$ (C 为常数)的导数.

解 易得 $f(x)$ 的定义域为 $x \in \mathbf{R}$.任取 $x \in \mathbf{R}$,在点 x 处给自变量一个增量 Δx ,相应地,函数值的增量为

$$\Delta y = f(x + \Delta x) - f(x) = C - C = 0 ,$$

于是

$$\frac{\Delta y}{\Delta x} = \frac{0}{\Delta x} = 0 ,$$

因而

$$f'(x) = \lim_{\Delta x \to 0} \frac{\Delta y}{\Delta x} = \lim_{\Delta x \to 0} \frac{0}{\Delta x} = 0,$$

即

$$C' = 0 \ (C \text{ 为常数}).$$

例 4 求函数 $f(x) = x^n (n \in N_+)$ 的导数.

解 易得 $f(x)$ 的定义域为 $x \in \mathbf{R}$.

当 $n = 1$ 时,任取 $x \in \mathbf{R}$,在点 x 处给自变量一个增量 Δx,相应地,函数值的增量为

$$\Delta y = f(x + \Delta x) - f(x) = x + \Delta x - x = \Delta x,$$

于是

$$\frac{\Delta y}{\Delta x} = \frac{\Delta x}{\Delta x} = 1,$$

因而

$$f'(x) = \lim_{\Delta x \to 0} \frac{\Delta y}{\Delta x} = \lim_{\Delta x \to 0} \frac{\Delta x}{\Delta x} = 1.$$

当 $n > 1$ 时,任取 $x \in \mathbf{R}$,在点 x 处给自变量一个增量 Δx,相应地,函数值的增量为

$$\Delta y = f(x + \Delta x) - f(x) = C_n^1 x^{n-1} \Delta x + C_n^2 x^{n-2} (\Delta x)^2 + \cdots + C_n^n (\Delta x)^n,$$

于是

$$\frac{\Delta y}{\Delta x} = C_n^1 x^{n-1} + C_n^2 x^{n-2} \Delta x + \cdots + C_n^n (\Delta x)^{n-1},$$

因而

$$f'(x) = \lim_{\Delta x \to 0} \frac{\Delta y}{\Delta x} = \lim_{\Delta x \to 0} \left[C_n^1 x^{n-1} + C_n^2 x^{n-2} \Delta x + \cdots + C_n^n (\Delta x)^{n-1} \right] = n x^{n-1}.$$

例 5 求函数 $f(x) = \sin x$ 的导数.

解
$$f'(x) = \lim_{\Delta x \to 0} \frac{f(x + \Delta x) - f(x)}{\Delta x} = \lim_{\Delta x \to 0} \frac{\sin(x + \Delta x) - \sin x}{\Delta x}$$

$$= \lim_{\Delta x \to 0} \frac{1}{\Delta x} \cdot 2 \cos\left(x + \frac{\Delta x}{2}\right) \sin \frac{\Delta x}{2}$$

$$= \lim_{\Delta x \to 0} \cos\left(x + \frac{\Delta x}{2}\right) \cdot \frac{\sin \dfrac{\Delta x}{2}}{\dfrac{\Delta x}{2}} = \cos x.$$

因而

$$(\sin x)' = \cos x.$$

类似可得

$$(\cos x)' = -\sin x.$$

例 6 求函数 $f(x) = \log_a x (a > 0, \ a \neq 1)$ 的导数.

解 易知 $f(x) = \log_a x (a > 0, \ a \neq 1)$ 的定义域为 $\mathbf{R}_+$,任取 $x, x + \Delta x \in \mathbf{R}_+$,则

$$f'(x) = \lim_{\Delta x \to 0} \frac{f(x + \Delta x) - f(x)}{\Delta x} = \lim_{\Delta x \to 0} \frac{\log_a(x + \Delta x) - \log_a x}{\Delta x}$$

$$= \lim_{\Delta x \to 0} \frac{\log_a \dfrac{x + \Delta x}{x}}{\Delta x} = \lim_{\Delta x \to 0} \log_a \left(\frac{x + \Delta x}{x}\right)^{\frac{1}{\Delta x}}$$

$$= \lim_{\Delta x \to 0} \log_a \left(\frac{x + \Delta x}{x}\right)^{\frac{x}{\Delta x}\frac{1}{x}} = \frac{1}{x}\log_a \lim_{\Delta x \to 0} \left(\frac{x + \Delta x}{x}\right)^{\frac{x}{\Delta x}}$$

$$= \frac{1}{x}\log_a e = \frac{1}{x\ln a}.$$

特别地,当 $a = e$ 时,有 $(\ln x)' = \dfrac{1}{x}$.

三、导数的几何应用

由切线问题的讨论过程可得,若 $y = f(x)$ 在点 x_0 处可导,则曲线 $y = f(x)$ 在点 $(x_0, f(x_0))$ 处的切线斜率为 $f'(x_0)$.进而由直线的点斜式方程可得曲线 $y = f(x)$ 在点 $(x_0, f(x_0))$ 处的切线方程为

$$y - f(x_0) = f'(x_0)(x - x_0).$$

当切线不平行于 x 轴($f'(x_0) \neq 0$)时的法线方程为

$$y - f(x_0) = -\frac{1}{f'(x_0)}(x - x_0).$$

当切线平行于 x 轴($f'(x_0) = 0$)时,切线方程简化为 $y = f(x_0)$,而此时法线方程为 $x = x_0$.

注 若 $f(x)$ 在点 x_0 处不可导,但有 $\lim\limits_{\Delta x \to 0} \dfrac{f(x_0 + \Delta x) - f(x_0)}{\Delta x} = \infty$ 时,则切线为 $x = x_0$.

例7 求曲线 $y = \ln x$ 在点 $(1, 0)$ 处的切线方程和法线方程.

解 曲线在点 $(1, 0)$ 处的切线斜率 $k = y'\big|_{x=1} = \dfrac{1}{x}\bigg|_{x=1} = 1$.于是点 $(1, 0)$ 处的切线方程为

$$y - 0 = 1 \cdot (x - 1) \text{ 即 } y = x - 1,$$

法线方程为

$$y - 0 = -\frac{1}{1} \cdot (x - 1) \text{ 即 } y = -x + 1.$$

例8 讨论曲线 $y = x^4$ 在何点处的切线与直线 $y = 4x + 1$ 平行.

解 设曲线 $y = x^4$ 在点 $M(x_0, y_0)$ 处切线平行于 $y = 4x + 1$.因为

$$y' = (x^4)' = 4x^3,$$

所以 $y'\big|_{x=x_0} = 4x_0^3$.根据两直线平行的充要条件可得 $4x_0^3 = 4$,解得 $x_0 = 1$,将 $x_0 = 1$ 代入曲线方程中得 $y_0 = 1$.所以,曲线在点 $(1, 1)$ 处的切线与直线 $y = 4x + 1$ 平行.

四、函数的可导性与连续性的关系

若函数在点 x_0 处可导,即 $\lim\limits_{\Delta x \to 0} \dfrac{\Delta y}{\Delta x} = f'(x_0)$.进而由极限存在与无穷小量的关系可得

$$\frac{\Delta y}{\Delta x} = f'(x_0) + \alpha,$$

从而

$$\Delta y = f'(x_0)\Delta x + \alpha \Delta x = f'(x_0)\Delta x + o(\Delta x),$$

进而有

$$\lim_{\Delta x \to 0}\Delta y = \lim_{\Delta x \to 0}f'(x_0)\Delta x + o(\Delta x) = 0.$$

故可得以下结论:

定理2　如果函数 $y = f(x)$ 在点 x 处可导,那么函数 $y = f(x)$ 在点 x 处必连续.

另一方面,一个函数在某点连续却不一定在该点处可导.

例9　证明函数 $f(x) = \sqrt[3]{x}$ 在点 $x_0 = 0$ 处连续,但不可导.

证　易得函数 $f(x)$ 的定义域为 **R**,且 $f(x)$ 为初等函数,故 $f(x)$ 在点 $x_0 = 0$ 处连续.设 h 为 x 在 $x_0 = h$ 处的增量,则

$$\frac{f(0 + h) - f(0)}{h} = \frac{\sqrt[3]{h} - 0}{h} = \frac{1}{\sqrt[3]{h^2}},$$

从而 $\lim_{h \to 0}\dfrac{f(0 + h) - f(0)}{h} = \lim_{h \to 0}\dfrac{1}{\sqrt[3]{h^2}} = +\infty$,即函数 $f(x) = \sqrt[3]{x}$ 在点 $x = 0$ 处不可导.

习题 2-1

1.选择题:

(1) 已知函数 $f(x)$ 满足 $\lim\limits_{\Delta x \to 0}\dfrac{f(x_0 + 3\Delta x) - f(x_0)}{\Delta x} = 6$,则 $f'(x_0) = ($　　$)$.

A.1　　　　　　　　B.2　　　　　　　　C.3　　　　　　　　D.6

(2) 函数 $f(x) = \sqrt[3]{x} + 1$ 在点 $x = 0$ 处(　　).

A.无定义　　　　　B.不连续　　　　　C.可导　　　　　　D.连续但不可导

(3) 设函数 $f(x)$ 在点 x_0 处连续,且 $\lim\limits_{x \to x_0}\dfrac{f(x)}{x - x_0} = 2$,则 $f'(x_0) = ($　　$)$.

A.-2　　　　　　B.0　　　　　　　　C.$\dfrac{1}{2}$　　　　　　D.2

(4) 函数 $f(x)$ 在点 x_0 处连续是在该点处可导的(　　).

A.充分非必要条件　　　　　　　　B.必要非充分条件

C.充分必要条件　　　　　　　　　D.既非充分也非必要条件

(5) 下列函数中,在点 $x = 0$ 处连续但不可导的是(　　).

A. $y = |x|$　　　　B. $y = x$　　　　C. $y = \ln\left(x + \dfrac{1}{2}\right)$　　　D. $y = \sin x$

2.当物体的温度高于周围介质的温度时,物体就不断冷却.若某物体的温度 T 与时间 t 的

函数关系为 $T = T(t)$,应怎样确定该物体在时刻 t 的冷却速度?

3.设 $f(x) = x^3$,试按照导数定义求 $f'(1)$.

4.求下列函数的导数:

(1) $y = x^5$;　　　　(2) $y = \sqrt[3]{x^2}$;　　　　(3) $y = \dfrac{1}{\sqrt{x}}$;　　　　(4) $y = \dfrac{1}{x^2}$.

5.求 $y = \sin x$ 在点 $x_0 = \dfrac{2}{3}\pi$ 处的切线方程和法线方程.

6.已知 $f(x)$ 在点 $x = a$ 处可导,求下列极限:

(1) $\lim\limits_{x \to a} \dfrac{f(x) - f(a)}{a - x}$;　　　　　　　　(2) $\lim\limits_{h \to 0} \dfrac{f(a - 2h) - f(a)}{h}$;

(3) $\lim\limits_{\Delta x \to 0} \dfrac{f(a + 3\Delta x) - f(a)}{\Delta x}$;　　　　　　(4) $\lim\limits_{h \to 0} \dfrac{f(a + 2h) - f(a - h)}{h}$.

7.设 $f(x) = \begin{cases} x(1 + 2x^2)^{\frac{1}{x^2}}, & x \neq 0, \\ 0, & x = 0, \end{cases}$ 用导数定义计算 $f'(0)$.

8.设函数 $f(x) = \begin{cases} x^2 \sin \dfrac{2}{x} + \sin 2x, & x \neq 0, \\ 0, & x = 0, \end{cases}$ 用导数定义计算 $f'(0)$.

9.求函数 $f(x) = \begin{cases} x(1 - x)^{\frac{1}{x}}, & x < 0, \\ 0, & x \geqslant 0 \end{cases}$ 在点 $x = 0$ 处的左导数 $f'_-(0)$.

10.设函数 $f(x) = \log_2 x\,(x > 0)$,试计算 $\lim\limits_{\Delta x \to 0} \dfrac{f(x - \Delta x) - f(x)}{\Delta x}$.

11.讨论下列函数在点 $x = 0$ 处的连续性和可导性:

(1) $f(x) = \begin{cases} \sqrt{1 + x} - 1, & x \neq 0, \\ 0, & x = 0; \end{cases}$ 　　　　(2) $f(x) = \begin{cases} x^2 \sin \dfrac{1}{x}, & x \neq 0, \\ 0, & x = 0. \end{cases}$

12.设 $f(x) = \begin{cases} e^x, & x < 0, \\ a + bx, & x \geqslant 0. \end{cases}$ 确定 a, b 的值,使 $f(x)$ 在点 $x = 0$ 处连续且可导.

第二节　函数的求导法则

用导数定义求函数导数往往比较麻烦,为了方便导数的计算,本节我们讨论函数导数的运算法则.

一、函数的和、差、积、商的求导法则

定理 1　如果函数 $u = u(x)$ 和 $v = v(x)$ 都在点 x 处可导,那么它们的和、差、积、商(除分母为零的点外)也都在点 x 处可导,且有

(1) $\left[u(x) \pm v(x)\right]' = u'(x) \pm v'(x)$;

(2) $\left[u(x) \cdot v(x)\right]' = u'(x)v(x) + u(x)v'(x)$;

(3) $\left[\dfrac{u(x)}{v(x)}\right]' = \dfrac{u'(x)v(x) - u(x)v'(x)}{v^2(x)}$ $(v(x) \neq 0)$.

证　(1)根据导数定义

$$\left[u(x) \pm v(x)\right]' = \lim_{\Delta x \to 0} \frac{\left[u(x+\Delta x) \pm v(x+\Delta x)\right] - \left[u(x) \pm v(x)\right]}{\Delta x}$$

$$= \lim_{\Delta x \to 0} \frac{u(x+\Delta x) - u(x)}{\Delta x} \pm \lim_{\Delta x \to 0} \frac{v(x+\Delta x) - v(x)}{\Delta x}$$

$$= u'(x) \pm v'(x).$$

(2) $\left[u(x) \cdot v(x)\right]' = \lim\limits_{\Delta x \to 0} \dfrac{u(x+\Delta x) \cdot v(x+\Delta x) - u(x) \cdot v(x)}{\Delta x}$

$$= \lim_{\Delta x \to 0} \left[\frac{u(x+\Delta x) - u(x)}{\Delta x} \cdot v(x+\Delta x) + u(x) \cdot \frac{v(x+\Delta x) - v(x)}{\Delta x}\right]$$

$$= \lim_{\Delta x \to 0} \frac{u(x+\Delta x) - u(x)}{\Delta x} \cdot \lim_{\Delta x \to 0} v(x+\Delta x) + \lim_{\Delta x \to 0} u(x) \cdot \lim_{\Delta x \to 0} \frac{v(x+\Delta x) - v(x)}{\Delta x}$$

$$= u'(x)v(x) + u(x)v'(x).$$

(3) 因为 $\dfrac{u(x)}{v(x)} = u(x) \cdot \dfrac{1}{v(x)}$,下面求 $\dfrac{1}{v(x)}$ 的导数公式.

$$\left[\frac{1}{v(x)}\right]' = \lim_{\Delta x \to 0} \frac{\dfrac{1}{v(x+\Delta x)} - \dfrac{1}{v(x)}}{\Delta x}$$

$$= \lim_{\Delta x \to 0} \left[\frac{v(x) - v(x+\Delta x)}{v(x+\Delta x)v(x)\Delta x}\right] = \lim_{\Delta x \to 0} \left[\frac{v(x) - v(x+\Delta x)}{\Delta x}\right] \cdot \frac{1}{v(x+\Delta x)v(x)}$$

$$= \lim_{\Delta x \to 0} \left[\frac{v(x) - v(x+\Delta x)}{\Delta x}\right] \cdot \lim_{\Delta x \to 0} \frac{1}{v(x+\Delta x)v(x)}$$

$$= -\frac{v'(x)}{v^2(x)},$$

因此

$$\left[\frac{u(x)}{v(x)}\right]' = u'(x) \cdot \frac{1}{v(x)} + u(x) \cdot \left[-\frac{v'(x)}{v^2(x)}\right]$$

$$= \frac{u'(x)v(x) - u(x)v'(x)}{v^2(x)}.$$

特别地,

$$(Cu)' = Cu' (C \text{ 为常数,下同});$$

$$\left(\frac{C}{v}\right)' = -\frac{Cv'}{v^2} (v \neq 0).$$

法则(1)(2)可以推广到有限个可导函数的情形.例如,设 $u = u(x)$, $v = v(x)$, $w = w(x)$ 均可导,则有

$$(u \pm v \pm w)' = u' \pm v' \pm w',$$

$$(uvw)' = u'vw + uv'w + uvw'.$$

例1 设 $f(x) = 4x^2 + 3\ln x + x\cos x + 5$,求 $f'(x)$ 及 $f'\left(\dfrac{\pi}{2}\right)$.

解 $f'(x) = (4x^2 + 3\ln x + x\cos x + 5)'$

$$= 4(x^2)' + 3(\ln x)' + (x)'\cos x + x(\cos x)' + (5)'$$

$$= 8x + \frac{3}{x} + \cos x - x\sin x.$$

$$f'\left(\frac{\pi}{2}\right) = \left(8x + \frac{3}{x} + \cos x - x\sin x\right)\bigg|_{x = \frac{\pi}{2}} = 4\pi + \frac{6}{\pi} - \frac{\pi}{2} = \frac{7\pi}{2} + \frac{6}{\pi}.$$

例2 设 $y = x^3\ln x + e^x\sin x$,求 y'.

解 $y' = (x^3\ln x)' + (e^x\sin x)'$

$$= 3x^2\ln x + x^3 \cdot \frac{1}{x} + e^x\sin x + e^x\cos x$$

$$= 3x^2\ln x + x^2 + e^x(\sin x + \cos x).$$

例3 已知 $y = \tan x$,求 y'.

解 $y' = (\tan x)' = \left(\dfrac{\sin x}{\cos x}\right)' = \dfrac{(\sin x)'\cos x - \sin x(\cos x)'}{\cos^2 x}$

$$= \frac{\cos^2 x + \sin^2 x}{\cos^2 x} = \frac{1}{\cos^2 x} = \sec^2 x,$$

即

$$(\tan x)' = \sec^2 x.$$

同理有

$$(\cot x)' = -\csc^2 x.$$

例4 已知 $y = \sec x$,求 y'.

解 $y' = (\sec x)' = \left(\dfrac{1}{\cos x}\right)' = -\dfrac{(\cos x)'}{\cos^2 x} = \dfrac{\sin x}{\cos^2 x} = \sec x \cdot \tan x$,

即

$$(\sec x)' = \sec x \cdot \tan x.$$

同理有

$$(\csc x)' = -\csc x \cdot \cot x.$$

二、反函数的求导法则

定理2 如果函数 $x = f(y)$ 在区间 I_y 内单调、可导且 $f'(y) \neq 0$,则其反函数 $y = f^{-1}(x)$ 在对应的区间 $I_x = \{x \mid x = f(y), y \in I_y\}$ 内也可导,且

$$[f^{-1}(x)]' = \frac{1}{f'(y)} \text{ 或 } \frac{dy}{dx} = \frac{1}{\dfrac{dx}{dy}},$$

即反函数的导数等于直接函数导数的倒数.

证明略.

例 5 利用 $x = \log_a y$ 的导数公式求 $y = a^x (a > 0, a \neq 1)$ 的导数.

解 由于 $y = a^x$ 是 $x = \log_a y$ 的反函数,将 $x = \log_a y$ 看作直接函数.已知 $x = \log_a y$ 在其定义域 $(0, +\infty)$ 内单调,由本章第一节的例 6 又知 $x = \log_a y$ 在 $(0, +\infty)$ 可导,且

$$\frac{dx}{dy} = \frac{1}{y \ln a} \neq 0,$$

则由反函数的求导法则可得

$$y' = \frac{dy}{dx} = \frac{1}{\dfrac{dx}{dy}} = y \ln a = a^x \ln a,$$

即

$$(a^x)' = a^x \ln a.$$

特别地,有

$$(e^x)' = e^x.$$

例 6 求 $y = \arcsin x, x \in (-1, 1)$ 的导数.

解 已知 $y = \arcsin x, x \in (-1, 1)$ 是 $x = \sin y, y \in \left(-\dfrac{\pi}{2}, \dfrac{\pi}{2}\right)$ 的反函数,将 $x = \sin y$ 看作直接函数.已知 $x = \sin y$ 在区间 $\left(-\dfrac{\pi}{2}, \dfrac{\pi}{2}\right)$ 内单调.由本章第一节的例 5 知 $x = \sin y$ 在区间 $\left(-\dfrac{\pi}{2}, \dfrac{\pi}{2}\right)$ 内可导,且

$$\frac{dx}{dy} = \cos y > 0,$$

则由反函数的求导法则可得

$$y' = \frac{dy}{dx} = \frac{1}{\dfrac{dx}{dy}} = \frac{1}{\cos y} = \frac{1}{\sqrt{1 - \sin^2 y}} = \frac{1}{\sqrt{1 - x^2}},$$

即

$$(\arcsin x)' = \frac{1}{\sqrt{1 - x^2}}, \ x \in (-1, 1).$$

同理有

$$(\arccos x)' = -\frac{1}{\sqrt{1 - x^2}}, \ x \in (-1, 1),$$

$$(\arctan x)' = \frac{1}{1+x^2}, x \in R,$$

$$(\text{arccot} x)' = -\frac{1}{1+x^2}, \quad x \in \mathbf{R}.$$

三、复合函数的求导法则

要彻底解决初等函数的求导问题,只有导数的四则运算法则和反函数的求导法则还不够,还需要找到复合函数的求导法则.

定理3 若函数 $u = \varphi(x)$ 在点 x 处可导,而函数 $y = f(u)$ 在对应点 u 处可导,则复合函数 $y = f[\varphi(x)]$ 在点 x 处也可导,且有

$$\frac{\mathrm{d}y}{\mathrm{d}x} = \frac{\mathrm{d}y}{\mathrm{d}u} \cdot \frac{\mathrm{d}u}{\mathrm{d}x} \text{ 或 } \frac{\mathrm{d}y}{\mathrm{d}x} = f'(u) \cdot \varphi'(x).$$

证 当 $u = \varphi(x)$ 在 x 的某邻域内为常数时,$y = f[\varphi(x)]$ 在 x 的该邻域内也是常数,此时导数为零,结论自然成立.

当 $u = \varphi(x)$ 在 x 的某邻域内不等于常数时,$\Delta u \neq 0$,此时有

$$\frac{\Delta y}{\Delta x} = \frac{f[\varphi(x+\Delta x)] - f[\varphi(x)]}{\Delta x} = \frac{f[\varphi(x+\Delta x)] - f[\varphi(x)]}{\varphi(x+\Delta x) - \varphi(x)} \cdot \frac{\varphi(x+\Delta x) - \varphi(x)}{\Delta x}$$

$$= \frac{f(u+\Delta u) - f(u)}{\Delta u} \cdot \frac{\varphi(x+\Delta x) - \varphi(x)}{\Delta x},$$

因为函数 $u = \varphi(x)$ 在点 x 处可导,函数 $y = f(u)$ 在对应的点 u 处可导

$$\frac{\mathrm{d}y}{\mathrm{d}x} = \lim_{\Delta x \to 0} \frac{\Delta y}{\Delta x} = \lim_{\Delta u \to 0} \frac{f(u+\Delta u) - f(u)}{\Delta u} \cdot \lim_{\Delta x \to 0} \frac{\varphi(x+\Delta x) - \varphi(x)}{\Delta x} = f'(u) \cdot \varphi'(x).$$

注 (i)复合函数对自变量的导数等于复合函数关于中间变量的导数乘以中间变量关于自变量的导数. 这种从外向内逐层求导的方法,形象地称为**链式法则**.

(ii)复合函数的求导法则可以推广到有限个中间变量的情形,求导时可由外往里,逐层求导.例如,对于复合函数 $y = f\{\varphi[\psi(x)]\}$,可看作 $y = f(u)$,$u = \varphi(v)$,$v = \psi(x)$ 复合而成,则 $y = f\{\varphi[\psi(x)]\}$ 对 x 的导数为

$$\frac{\mathrm{d}y}{\mathrm{d}x} = \frac{\mathrm{d}f(u)}{\mathrm{d}u} \cdot \frac{\mathrm{d}\varphi(v)}{\mathrm{d}v} \cdot \frac{\mathrm{d}\psi(x)}{\mathrm{d}x} = f'(u) \cdot \varphi'(v) \cdot \psi'(x).$$

例7 求函数 $f(x) = x^{\mu} (\mu \in R)$ 的导数.

解 易得 $f(x) = x^{\mu}(\mu \in R)$ 的定义域为 $x > 0$,对函数 $f(x)$ 恒等变形可得 $f(x) = e^{\ln x^{\mu}} = e^{\mu \ln x}$.
故 $f(x)$ 可看作是 $y = e^u$,$u = \mu \ln x$ 复合而成.则

$$\frac{\mathrm{d}y}{\mathrm{d}x} = \frac{\mathrm{d}y}{\mathrm{d}u} \cdot \frac{\mathrm{d}u}{\mathrm{d}x} = e^{\mu \ln x} \cdot \frac{\mu}{x} = \mu x^{\mu-1},$$

因而

$$(x^{\mu})' = \mu x^{\mu-1},$$

例8 求下列函数的导数:

(1) $y = \sqrt{x^2-1}$;　　　　(2) $y = \ln|x|$;　　　　(3) $y = a^{x^2}$.

解　(1) 易得 $y = \sqrt{x^2 - 1}$ 是由 $y = \sqrt{u}$, $u = x^2 - 1$ 复合而成,因此

$$\frac{dy}{dx} = \frac{dy}{du} \cdot \frac{du}{dx} = \frac{1}{2}(u^{-\frac{1}{2}}) \cdot 2x = \frac{x}{\sqrt{x^2 - 1}}.$$

(2) 对于 $y = \ln|x|$,有

(i) 当 $x>0$ 时,$y = \ln x$, $y' = \dfrac{1}{x}$.

(ii) 当 $x<0$ 时,$y = \ln(-x)$,则 $y = \ln|x|$ 是由 $y = \ln u$, $u = -x$ 复合而成

$$\frac{dy}{dx} = \frac{dy}{du} \cdot \frac{du}{dx} = \frac{1}{u} \cdot (-1) = \frac{1}{x}.$$

(3) 易得 $y = a^{x^2}$ 是由 $y = a^u$, $u = x^2$ 复合而成,因此

$$\frac{dy}{dx} = \frac{dy}{du} \cdot \frac{du}{dx} = (a^u \ln a) \cdot 2x = 2x a^{x^2} \ln a.$$

例9　求下列函数的导数:

(1) $y = \arcsin x^3$;　　　　(2) $y = \sin^2 x$;　　　　(3) $y = \cos \dfrac{2x}{1 + x^2}$.

解　(1) 易得 $y = \arcsin x^3$ 由 $y = \arcsin u$, $u = x^3$ 复合而成,因此

$$\frac{dy}{dx} = \frac{dy}{du} \cdot \frac{du}{dx} = \left(\frac{1}{\sqrt{1 - u^2}}\right) \cdot 3x^2 = \frac{3x^2}{\sqrt{1 - x^6}}.$$

(2) 易得 $y = \sin^2 x$ 由 $y = u^2$, $u = \sin x$ 复合而成,因此

$$\frac{dy}{dx} = \frac{dy}{du} \cdot \frac{du}{dx} = 2u \cdot \cos x = 2\sin x \cos x = \sin 2x.$$

(3) 易得 $y = \cos \dfrac{2x}{1 + x^2}$ 由 $y = \cos u$, $u = \dfrac{2x}{1 + x^2}$ 复合而成,而

$$\frac{dy}{du} = -\sin u, \quad \frac{du}{dx} = \frac{2(1 + x^2) - (2x)^2}{(1 + x^2)^2} = \frac{2(1 - x^2)}{(1 + x^2)^2},$$

所以

$$\frac{dy}{dx} = \frac{dy}{du} \cdot \frac{du}{dx} = -\sin u \cdot \frac{2(1 - x^2)}{(1 + x^2)^2} = -\frac{2(1 - x^2)}{(1 + x^2)^2} \cdot \sin \frac{2x}{1 + x^2}.$$

对于复合函数求导,关键在于恰当选取中间变量.当复合函数的分解熟练后,中间变量的可心中默想,而不必再写出,再借助复合函数求导法则直接写出求导结果.

例10　求函数 $y = \ln\sin(e^x)$ 的导数 $\dfrac{dy}{dx}$.

解　$y' = [\ln\sin(e^x)]' = \dfrac{1}{\sin(e^x)} \cdot [\sin(e^x)]' = \dfrac{1}{\sin(e^x)} \cdot [\cos(e^x)] \cdot (e^x)'$

$$= \frac{1}{\sin(e^x)} \cdot [\cos(e^x)] \cdot e^x = \frac{e^x \cos(e^x)}{\sin(e^x)} = e^x \cot(e^x).$$

例 11 设气体以 $100\ cm^3/s$ 的常速注入球状的气球,假定气体的压力不变,那么当半径为 10cm 时,气体半径增加的速率是多少?

解 设在时刻 t 气球的体积与半径分别为 V 和 r,显然

$$V = \frac{4}{3}\pi r^3, \quad r = r(t),$$

所以 V 通过中间变量 r 与时间 t 发生联系,即

$$V = \frac{4}{3}\pi [r(t)]^3.$$

这是一个复合函数,按题意,已知 $\dfrac{dV}{dt} = 100\ cm^3/s$,要计算 $r = 10cm$ 时,$\dfrac{dr}{dt}$ 的值.

根据复合函数求导法则,得

$$\frac{dV}{dt} = \frac{4}{3}\pi \times 3 [r(t)]^2 \frac{dr}{dt},$$

将已知数据代入上式,得

$$100 = 4\pi \times 10^2 \times \frac{dr}{dt},$$

所以 $\dfrac{dr}{dt} = \dfrac{1}{4\pi}cm/s$,即在 $r = 10cm$ 这一瞬间,半径以 $\dfrac{1}{4\pi}cm/s$ 的速率增加.

四、基本初等函数求导公式

我们将基本初等函数的求导公式汇总如下,以便读者查阅.

(1) $(C)' = 0$;

(2) $(x^{\mu})' = \mu x^{\mu-1}$;

(3) $(\sin x)' = \cos x$;

(4) $(\cos x)' = -\sin x$;

(5) $(\tan x)' = \sec^2 x$;

(6) $(\cot x)' = -\csc^2 x$;

(7) $(\sec x)' = \sec x \cdot \tan x$;

(8) $(\csc x)' = -\csc x \cdot \cot x$;

(9) $(\log_a |x|)' = \dfrac{1}{x\ln a}(a > 0, a \neq 1)$;

(10) $(\ln |x|)' = \dfrac{1}{x}$;

(11) $(a^x)' = a^x \ln a(a > 0, a \neq 1)$;

(12) $(e^x)' = e^x$;

(13) $(\arcsin x)' = \dfrac{1}{\sqrt{1 - x^2}}$;

(14) $\arccos x)' = -\dfrac{1}{\sqrt{1 - x^2}}$;

(15) $(\arctan x)' = \dfrac{1}{1 + x^2}$;

(16) $(\text{arccot} x)' = -\dfrac{1}{1 + x^2}$.

习题 2-2

1.求下列函数在给定点处的导数:

(1) $y = \sin x + \cos x$,求 $y'|_{x = \frac{\pi}{6}}$,$y'|_{x = \frac{\pi}{4}}$;

(2) $y = \ln(x^2 - 1)$,求 $y'|_{x = 2}$.

2.求下列函数的导数：

(1) $y = 3x^5 + 6x^3 + 2x^2 - 4x + 2$;

(2) $y = \sin x \cdot \cos x$;

(3) $y = 10^x + x^{10}$;

(4) $y = x^2 + x\arctan x$;

(5) $y = 3a^x \cos x$;

(6) $y = \dfrac{\ln x}{x} - x^2 \cos x$;

(7) $y = e^x x^2 + x^2 \ln x$;

(8) $y = x^2 \cos x \ln x$.

3.求下列复合函数的导数：

(1) $y = (2x + 5)^3$;

(2) $y = \cos(3x + 4)$;

(3) $y = \cos(e^x)$;

(4) $y = \sin 5x + \cot 3x$;

(5) $y = (\arcsin x)^2$;

(6) $y = \arctan x^2$;

(7) $y = \sqrt{1 - x^2}$;

(8) $y = \sin^n x \cdot \cos nx$;

(9) $y = \ln(6x + 5)$;

(10) $y = \ln(x + \sqrt{x^2 + 1})$;

(11) $y = \ln\tan x^2$;

(12) $y = \ln\ln\ln x$;

(13) $y = e^{\arctan\sqrt{x}}$.

4.已知函数 $f\left(\dfrac{1}{x}\right) = \dfrac{x}{1 + x}$，求 $f'(x)$.

5.求曲线 $y = 2\sin x + x^2$ 上横坐标为 $x = 0$ 的点处的切线方程和法线方程.

6.求曲线 $y = x\ln x$ 在点 $(1, 0)$ 处的切线方程.

7.在曲线 $y = \dfrac{1}{1 + x^2}$ 上求一点，使通过该点的切线平行于 x 轴.

8.已知 $\varphi(x) = a^{f^2(x)}$ 且 $f'(x) = \dfrac{1}{f(x)\ln a}$，证明：$\varphi'(x) = 2\varphi(x)$.

9.在中午 12 点整,甲船以 6 公里/小时的速度向东行驶,乙船在甲船之北 16 公里处以 8 公里/小时的速度向南行驶,求下午 1 点整两船距离的变化速度大小.

第三节　隐函数及由参数方程所确定的函数的导数

一、隐函数及其求导法

在这之前,我们遇到的函数大都能把因变量 y 直接表示成自变量 x 的具体表达式,即 $y = f(x)$ 的形式,如 $y = \sin x$,$y = \ln x + \sqrt{1 - x^2}$ 等,这样的函数称为**显函数**.但在一些实际问题中我们还会遇到利用方程形式表示的函数,如方程 $x + y^3 - 1 = 0$,当变量 x 在 $(-\infty, +\infty)$ 内取值时,变量 y 有唯一确定的值和它对应,因而此方程确定了一个 x 是自变量,y 是因变量的函数,这样由方程确定的函数称为**隐函数**.

一般地,如果对于变量 x 和 y 满足的方程 $F(x, y) = 0$,存在集合 D, E,当 x 在 D 内任意取值时,由 $F(x, y) = 0$ 在 E 内总能确定唯一的 y 值,那么方程 $F(x, y) = 0$ 便确定了一个定义域为

D ,值域在 E 上的函数 $y = y(x)$,这种由方程所确定的函数称为**隐函数**.

把一个隐函数化成显函数,叫作**隐函数的显化**.例如,从 $x + y^3 - 1 = 0$ 解出 $y = \sqrt[3]{1 - x}$,就把隐函数化成了显函数.

隐函数的显化有时是困难的,甚至是不可能的.

因此为了计算隐函数的导数,希望找到一种可直接由方程 $F(x,y) = 0$ 求出导数 $\dfrac{\mathrm{d}y}{\mathrm{d}x}$ 的方法.下面通过具体例子说明此方法.

例 1 求由方程 $y = x\ln y$ 所确定的隐函数 $y = y(x)$ 的导数 $\dfrac{\mathrm{d}y}{\mathrm{d}x}$.

解 由题意,可知这个方程确定一个函数 $y = y(x)$.把函数代入方程,则有 $y(x) = x\ln y(x)$.注意 $\ln y(x)$ 为中间变量 y 的复合函数.

方程两边同时对 x 求导,得

$$y'(x) = x'\ln y(x) + x \cdot \frac{1}{y(x)} \cdot y'(x),$$

即

$$\left(1 - \frac{x}{y}\right)y' = \ln y,$$

解出 y' ,得

$$y' = \frac{y\ln y}{y - x}.$$

以后简化把函数代入方程这个过程,只要是计算方程所确定的隐函数的导数 $\dfrac{\mathrm{d}y}{\mathrm{d}x}$,就默认这个方程里面所有的 y 都是 x 的函数.

例 2 求方程 $x^3 + y^3 = 3axy$ 所确定的隐函数的导数 $\dfrac{\mathrm{d}y}{\mathrm{d}x}$.

解 将方程两边同时对 x 求导,得

$$\frac{\mathrm{d}}{\mathrm{d}x}(x^3 + y^3) = \frac{\mathrm{d}}{\mathrm{d}x}(3axy),$$

即

$$3x^2 + 3y^2\frac{\mathrm{d}y}{\mathrm{d}x} = 3ay + 3ax\frac{\mathrm{d}y}{\mathrm{d}x},$$

解出 $\dfrac{\mathrm{d}y}{\mathrm{d}x}$ 得

$$\frac{\mathrm{d}y}{\mathrm{d}x} = \frac{ay - x^2}{y^2 - ax}.$$

例 3 求曲线 $x^2 + xy + y^2 = 4$ 在点 $(2, -2)$ 处的切线方程.

解 将方程两边同时对 x 求导,得

$$2x + y + xy' + 2yy' = 0,$$

解得

$$y' = -\frac{2x + y}{x + 2y},$$

于是点 $(2, -2)$ 处的切线斜率为 $k = y'|_{(2,-2)} = 1$. 因此,所求切线方程为

$$y + 2 = 1 \cdot (x - 2),$$

即

$$y = x - 4.$$

从以上例题可以看出,求隐函数的导数 $\dfrac{\mathrm{d}y}{\mathrm{d}x}$ 时,只需将方程两边同时对自变量 x 求导,遇到 y 就看成是 x 的函数,遇到 y 的函数就看成是 y 是中间变量,x 是自变量的复合函数,然后即可得到一个包含 y' 的方程,解出 y',即得到所求隐函数的导数.

二、对数求导法

若 $y = y(x)$ 的表达式是由多个因式的乘除或乘幂构成,对于这样的函数求导,可先将它们化为隐函数,再利用隐函数求导法求导.而显函数化为隐函数,常采用的方法是在等式两边取对数(一般取以 e 为底的自然对数).这种两边先取对数再求导的方法称为**对数求导法**.

例 4　求函数 $y = x^x (x > 0)$ 的导数.

解　等式两边取自然对数,得

$$\ln y = x \ln x .$$

两边同时对 x 求导,得

$$\frac{1}{y} y' = 1 \cdot \ln x + x \cdot \frac{1}{x} ,$$

于是

$$y' = y(\ln x + 1) ,$$

即

$$y' = x^x (\ln x + 1) .$$

例 5　求函数 $y = \sqrt{\dfrac{(x - 1)(x - 2)}{(x - 4)(x - 5)}}$ $(x > 5)$ 的导数.

解　等式两边取自然对数,得

$$\ln y = \frac{1}{2}\big[\ln(x - 1) + \ln(x - 2) - \ln(x - 4) - \ln(x - 5)\big],$$

两边同时对 x 求导,得

$$\frac{1}{y} y' = \frac{1}{2}\left(\frac{1}{x - 1} + \frac{1}{x - 2} - \frac{1}{x - 4} - \frac{1}{x - 5}\right),$$

于是

$$y' = \frac{1}{2} \sqrt{\frac{(x-1)(x-2)}{(x-4)(x-5)}} \left(\frac{1}{x-1} + \frac{1}{x-2} - \frac{1}{x-4} - \frac{1}{x-5} \right).$$

三、由参数方程所确定的函数的导数

一般地,若一函数中 x 与 y 的函数关系可由参数方程

$$\begin{cases} x = \varphi(t), \\ y = \psi(t), \end{cases}$$

确定,则称此函数关系所表达的函数为由参数方程所确定的函数.

对于参数方程所确定的函数求导,通常也并不需要由参数方程消去参数 t 化为 y 与 x 之间的直接函数关系后再求导.下面给出由参数方程所确定的函数的求导方法.

如果函数 $x = \varphi(t)$, $y = \psi(t)$ 都可导,且 $\varphi'(t) \neq 0$,而 $x = \varphi(t)$ 的反函数为 $t = \varphi^{-1}(x)$. 则由参数方程所确定的函数 $y = y(x)$ 就是 $y = \psi(t)$ 与 $t = \varphi^{-1}(x)$ 复合而成的函数 $y = \psi[\varphi^{-1}(x)]$,根据复合函数与反函数的求导法则,有

$$\frac{dy}{dx} = \frac{dy}{dt} \cdot \frac{dt}{dx} = \frac{dy}{dt} \cdot \frac{1}{\dfrac{dx}{dt}} = \frac{\psi'(t)}{\varphi'(t)},$$

即

$$\frac{dy}{dx} = \frac{\psi'(t)}{\varphi'(t)},$$

也可写成

$$\frac{dy}{dx} = \frac{\dfrac{dy}{dt}}{\dfrac{dx}{dt}}.$$

若函数 $x = \varphi(t)$, $y = \psi(t)$ 都可导,且 $\psi'(t) \neq 0$,而 $y = \psi(t)$ 的反函数为 $t = \psi^{-1}(y)$. 则由参数方程可确定 x 为因变量, y 为自变量的函数, $x = x(y)$ 就是 $x = \varphi(t)$ 与 $t = \psi^{-1}(y)$ 复合而成的函数 $x = \varphi[\psi^{-1}(y)]$,根据复合函数与反函数的求导法则,有

$$\frac{dx}{dy} = \frac{dx}{dt} \cdot \frac{dt}{dy} = \frac{dx}{dt} \cdot \frac{1}{\dfrac{dy}{dt}} = \frac{\varphi'(t)}{\psi'(t)},$$

即

$$\frac{dx}{dy} = \frac{\varphi'(t)}{\psi'(t)},$$

或

$$\frac{dx}{dy} = \frac{\dfrac{dx}{dt}}{\dfrac{dy}{dt}}.$$

例6　求摆线 $\begin{cases} x = a(t - \sin t), \\ y = a(1 - \cos t) \end{cases}$ 在 $t = \dfrac{\pi}{2}$ 处的切线方程.

解　摆线在 $t \neq 2k\pi$ 对应点的切线斜率为

$$\frac{\mathrm{d}y}{\mathrm{d}x} = \frac{[a(1 - \cos t)]'}{[a(t - \sin t)]'} = \frac{a \sin t}{a(1 - \cos t)} = \frac{\sin t}{1 - \cos t},$$

$t = \dfrac{\pi}{2}$ 时,摆线上对应点为 $\left[a\left(\dfrac{\pi}{2} - 1\right), a \right]$,此点处的切线斜率为

$$k = \frac{\mathrm{d}y}{\mathrm{d}x}\Big|_{t = \frac{\pi}{2}} = \frac{\sin t}{1 - \cos t}\Big|_{t = \frac{\pi}{2}} = 1,$$

于是,切线方程为

$$y - a = x - a\left(\frac{\pi}{2} - 1\right),$$

即

$$y = x + a\left(2 - \frac{\pi}{2}\right).$$

例7　设炮弹的弹头初速度是 v_0,沿着与地面成 α 角的方向抛射出去. 求在时刻 t_0 时的弹头运动方向(忽略空气阻力、风向等因素).

解　已知弹头关于时间 t 的弹道曲线的参数方程是

$$\begin{cases} x = v_0 t \cos\alpha, \\ y = v_0 t \sin\alpha - \dfrac{1}{2}gt^2, \end{cases}$$

其中 g 是重力加速度. 由参数方程的求导法,可得

$$\frac{\mathrm{d}y}{\mathrm{d}x} = \frac{v_0 \sin\alpha - gt}{v_0 \cos\alpha} = \tan\alpha - \frac{gt}{v_0 \cos\alpha}.$$

设时刻 t_0 时的弹头运动方向与地面成夹角 φ,则

$$\tan\varphi = \tan\alpha - \frac{gt_0}{v_0 \cos\alpha}.$$

习题 2-3

1.求由下列方程所确定的隐函数的导数 $\dfrac{\mathrm{d}y}{\mathrm{d}x}$:

(1) $y^2 - 2xy + 9 = 0$;

(2) $y = x + \ln y$;

(3) $xy = \mathrm{e}^{x+y}$;

(4) $\cos(xy) + \ln(x + y) = 0$;

(5) $x = y + x \arctan y$;

(6) $y = \tan(2x + y)$.

2.用对数求导法求下列函数的导数:

(1) $y = x^{\sin x}\ (x > 0)$;

(2) $y = \left(\dfrac{x}{1 + x}\right)^x$;

(3) $y = \dfrac{\sqrt{x+3}\sqrt{x+2}\sqrt{x-1}}{(x+1)^4}$.

3.求由下列参数方程所确定的函数的导数 $\dfrac{\mathrm{d}y}{\mathrm{d}x}$:

(1) $\begin{cases} x = a\cos t, \\ y = b\sin t; \end{cases}$ 　　　　　　(2) $\begin{cases} x = t(1-\cos t), \\ y = t\sin t; \end{cases}$

(3) $\begin{cases} x = \mathrm{e}^{2t}, \\ y = t - \mathrm{e}^{-t}; \end{cases}$ 　　　　　　(4) $\begin{cases} x = \mathrm{e}^t\sin t, \\ y = \mathrm{e}^t\cos t. \end{cases}$

4.求曲线 $x + x^2 y^2 - y = 1$ 在点 $(1,1)$ 处的切线方程和法线方程.

5.已知参数方程 $\begin{cases} x = 2t - t^3, \\ y = \mathrm{e}^t, \end{cases}$ 计算由其所确定的函数的导数 $\dfrac{\mathrm{d}y}{\mathrm{d}x}\Big|_{t=0}$.

6.求由方程 $xy = \mathrm{e}^y$ 所确定的隐函数的导数 $\dfrac{\mathrm{d}y}{\mathrm{d}x}$.

第四节　高阶导数

由导数的物理意义可知,瞬时速度 $v(t)$ 为位移函数 $s(t)$ 对时间 t 的导数,即

$$v = \frac{\mathrm{d}s}{\mathrm{d}t} \text{ 或 } v(t) = s'(t) .$$

物理中的加速度 $a(t)$ 反映的是速度 $v(t)$ 的变化快慢程度,因此加速度 $a(t)$ 是速度 $v(t)$ 对时间 t 的导数

$$a(t) = \frac{\mathrm{d}v}{\mathrm{d}t} = \frac{\mathrm{d}}{\mathrm{d}t}\left(\frac{\mathrm{d}s}{\mathrm{d}t}\right) \text{ 或 } a(t) = (s'(t))' .$$

因此加速度函数就是位移函数接连两次求导而得,故称加速度函数 $a(t)$ 为 $s(t)$ 对 t 的二阶导数,记作

$$\frac{\mathrm{d}^2 s}{\mathrm{d}t^2} \text{ 或 } s''(t) ,$$

即

$$\frac{\mathrm{d}^2 s}{\mathrm{d}t^2} = \frac{\mathrm{d}}{\mathrm{d}t}\left(\frac{\mathrm{d}s(t)}{\mathrm{d}t}\right) \text{ 或 } s''(t) = (s')' .$$

一般地,函数 $y = f(x)$ 的导数 $f'(x)$ 仍然是 x 的函数.如果 $f'(x)$ 仍然可导,那么称 $y' = f'(x)$ 的导数为函数 $y = f(x)$ 的二阶导数,记作 y''、$f''(x)$、$\dfrac{\mathrm{d}^2 f(x)}{\mathrm{d}x^2}$ 或 $\dfrac{\mathrm{d}^2 y}{\mathrm{d}x^2}$,即

$$y'' = (y')' \text{、} f''(x) = (f'(x))' \text{、} \frac{\mathrm{d}^2 f(x)}{\mathrm{d}x^2} = \frac{\mathrm{d}}{\mathrm{d}x}\left(\frac{\mathrm{d}f(x)}{\mathrm{d}x}\right) \text{ 或 } \frac{\mathrm{d}^2 y}{\mathrm{d}x^2} = \frac{\mathrm{d}}{\mathrm{d}x}\left(\frac{\mathrm{d}y}{\mathrm{d}x}\right) .$$

函数 $y = f(x)$ 在点 x_0 处的二阶导数记为 $y''|_{x=x_0}$，$f''(x_0)$，$\left.\dfrac{d^2f(x)}{dx^2}\right|_{x=x_0}$ 或 $\left.\dfrac{d^2y}{dx^2}\right|_{x=x_0}$．

相应地，称函数 $y = f(x)$ 的导数 $f'(x)$ 为函数 $y = f(x)$ 的一阶导数．$f(x)$ 为 $f(x)$ 的零阶导数．

类似地，$y = f(x)$ 的二阶导数的导数，称为 $y = f(x)$ 的三阶导数，$y = f(x)$ 的三阶导数的导数称为 $y = f(x)$ 的四阶导数，一般地，若函数 $y = f(x)$ 的 $n-1$ 阶导数仍可导，称函数 $y = f(x)$ 的 $n-1$ 阶导数的导数为 $y = f(x)$ 的 n 阶导数．函数 $y = f(x)$ 的三阶，四阶，……，n 阶导数，分别记作

$$y''',\ y^{(4)},\ \cdots,\ y^{(n)},$$

或

$$f'''(x), f^{(4)}(x), \cdots, f^{(n)}(x),$$

或

$$\frac{d^3y}{dx^3},\frac{d^4y}{dx^4},\ \cdots,\ \frac{d^ny}{dx^n}.$$

函数 $y = f(x)$ 具有 n 阶导数，常称函数 $f(x)$ 为 n 阶可导．如果函数 $f(x)$ 在点 x 处具有 n 阶导数，那么 $f(x)$ 在点 x 的某一邻域内必定具有一切低于 n 阶的导数．二阶及二阶以上的导数统称为**高阶导数**．

由此可见，求高阶导数就是多次连续地求导数，所以仍可应用前面学过的求导方法来求高阶导数．

例1　已知物体的运动方程为 $s(t) = t + \dfrac{1}{4}t^3(\text{m})$，求

(1)这个物体的初速度；　　　　　　　　　(2) $t = 4$s 时物体运动的加速度．

解　(1) 因为物体的速度为 $v(t) = s'(t) = \left(t + \dfrac{1}{4}t^3\right)' = 1 + \dfrac{3}{4}t^2$，所以初速度为

$$v_0 = v(0) = 1(\text{m/s}).$$

(2) 因为物体的加速度 $a(t) = v'(t) = \dfrac{3}{2}t$，故 $t = 4$s 时的加速度为

$$a(4) = \frac{3}{2} \times 4 = 6(\text{m/s}^2).$$

例2　求下列函数的二阶导数：

(1) $y = x^{10} + 3x^5 + \sqrt{2}x^3 + \sqrt[5]{7}$；　　　　　(2) $s = e^{-t}\cos t$；

(3) $y = x\ln x$．

解　(1) $y' = 10x^9 + 15x^4 + 3\sqrt{2}x^2$，$y'' = 90x^8 + 60x^3 + 6\sqrt{2}x$．

(2) $s' = -e^{-t}\cos t - e^{-t}\sin t = -e^{-t}(\cos t + \sin t)$，

$\qquad s'' = e^{-t}(\cos t + \sin t) - e^{-t}(-\sin t + \cos t) = 2e^{-t}\sin t$．

(3) $y' = \ln x + 1$，$y'' = \dfrac{1}{x}$．

下面我们介绍几个简单函数的 n 阶导数的求法.

例3 求指数函数 $y = e^x$ 的 n 阶导数.

解 $y' = e^x, y'' = e^x, y''' = e^x, y^{(4)} = e^x, \cdots$

以此类推,得

$$y^{(n)} = e^x .$$

即

$$(e^x)^{(n)} = e^x .$$

例4 求正弦与余弦函数的 n 阶导数.

解 设 $y = \sin x$,则

$$y' = \cos x = \sin\left(x + \frac{\pi}{2}\right),$$

$$y'' = \cos\left(x + \frac{\pi}{2}\right) = \sin\left(x + \frac{\pi}{2} + \frac{\pi}{2}\right) = \sin\left(x + 2 \cdot \frac{\pi}{2}\right),$$

$$y''' = \cos\left(x + 2 \cdot \frac{\pi}{2}\right) = \sin\left(x + 3 \cdot \frac{\pi}{2}\right),$$

$$\cdots$$

以此类推,得

$$y^{(n)} = \sin\left(x + n \cdot \frac{\pi}{2}\right),$$

即

$$(\sin x)^{(n)} = \sin\left(x + n \cdot \frac{\pi}{2}\right).$$

同理可得

$$(\cos x)^{(n)} = \cos\left(x + n \cdot \frac{\pi}{2}\right).$$

例5 求函数 $y = \ln(1 + x)$ 的 n 阶导数.

解 $y' = \dfrac{1}{1 + x}, y'' = \dfrac{-1}{(1 + x)^2}, y''' = \dfrac{1 \cdot 2}{(1 + x)^3}, \cdots$

以此类推,可得

$$y^{(n)} = (-1)^{n-1} \frac{(n - 1)!}{(1 + x)^n},$$

即

$$[\ln(1 + x)]^{(n)} = (-1)^{n-1} \frac{(n - 1)!}{(1 + x)^n}.$$

例6 求方程 $x - y + \dfrac{1}{2}\sin y = 0$ 所确定的隐函数的二阶导数 $\dfrac{d^2 y}{dx^2}$.

解 应用隐函数的求导方法,得

$$1 - \frac{\mathrm{d}y}{\mathrm{d}x} + \frac{1}{2}\cos y \cdot \frac{\mathrm{d}y}{\mathrm{d}x} = 0,$$

于是

$$\frac{\mathrm{d}y}{\mathrm{d}x} = \frac{2}{2 - \cos y},$$

上式两边同时对 x 求导,得

$$\frac{\mathrm{d}^2 y}{\mathrm{d}x^2} = -\frac{2 \cdot \frac{\mathrm{d}}{\mathrm{d}x}(2 - \cos y)}{(2 - \cos y)^2} = -\frac{2\sin y \cdot \frac{\mathrm{d}y}{\mathrm{d}x}}{(2 - \cos y)^2} = -\frac{4\sin y}{(2 - \cos y)^3}.$$

上式右端分式中的 y 是由方程 $x - y + \frac{1}{2}\sin y = 0$ 所确定的隐函数.

如果函数 $u = u(x)$ 及 $v = v(x)$ 都在点 x 处具有 n 阶导数,那么显然函数 $u(x) \pm v(x)$ 也在点 x 处具有 n 阶导数,且

$$(u \pm v)^{(n)} = u^{(n)} \pm v^{(n)}.$$

尽管两个函数乘积的高阶导数公式不像和函数的高阶导数公式简单,但也可以借助于数学归纳法给出两函数乘积的高阶导数公式.已知

$$(uv)' = u'v + uv',$$

进而可得

$$(uv)'' = u''v + 2u'v' + uv'',$$

$$(uv)''' = u'''v + 3u''v' + 3u'v'' + uv'''.$$

由数学归纳法可以证明

$$(uv)^{(n)} = u^{(n)}v + nu^{(n-1)}v' + \cdots + \frac{n(n-1)\cdots(n-k+1)}{k!}u^{(n-k)}v^{(k)} + \cdots + uv^{(n)}$$

$$= \sum_{k=0}^{n} C_n^k u^{(n-k)} v^{(k)},$$

这一公式称为莱布尼兹公式.

例 7 设 $y = x^3 \mathrm{e}^{2x}$,求 $y^{(20)}$.

解 设 $u = \mathrm{e}^{2x}, v = x^3$,则

$$(u)^{(k)} = 2^k \mathrm{e}^{2x} \ (k = 1, 2, \cdots, 20),$$

$$v' = 3x^2, v'' = 6x, v''' = 6, (v)^{(k)} = 0 \ (k = 4, 5, \cdots, 20),$$

代入莱布尼兹公式,得

$$y^{(20)} = (uv)^{(20)} = u^{(20)} \cdot v + C_{20}^1 u^{(19)} \cdot v' + C_{20}^2 u^{(18)} \cdot v'' + C_{20}^3 u^{(17)} \cdot v'''$$

$$= 2^{20}\mathrm{e}^{2x} \cdot x^3 + 20 \cdot 2^{19}\mathrm{e}^{2x} \cdot 3x^2 + \frac{20 \cdot 19}{2!}2^{18}\mathrm{e}^{2x} \cdot 6x + \frac{20 \cdot 19 \cdot 18}{3!}2^{17}\mathrm{e}^{2x} \cdot 6$$

$$= 2^{20}\mathrm{e}^{2x}(x^3 + 30x^2 + 285x + 855).$$

习题 2-4

1.求下列函数的二阶导数：

(1) $y = (x^3 + 1)^2$；

(2) $y = x\sin x$；

(3) $y = \ln(1 - x^2)$；

(4) $y = \tan x$．

2.设质点做直线运动，其运动方程给定如下，求该质点在指定时刻的速度与加速度：

(1) $s = 10 + 20t - 5t^2,\ t = 2$；

(2) $s = A\sin\dfrac{\pi t}{3}(A\ 为常数),\ t = 1$．

3.求下列方程所确定的隐函数的二阶导数 $\dfrac{\mathrm{d}^2 y}{\mathrm{d}x^2}$：

(1) $x^2 - y^2 = 1$；

(2) $y = 1 + x\mathrm{e}^y$．

4.设 $y = \cos^2 x + \ln\sqrt{1 + x^2}$，求二阶导数 y''．

5.已知函数 $f(x)$ 的导数为 $x\ln(1 + x^2)$，求 $f'''(1)$．

6.设 $y = x\arcsin x - \sqrt{1 - x^2}$，求 $y''|_{x=0}$．

7.求下列函数的 n 阶导数：

(1) $y = \dfrac{1}{x}$；

(2) $y = x\cos x$；

(3) $y = \ln x$；

(4) $y = \sin(2x + 1)$；

(5) $y = x^n + a_1 x^{n-1} + a_2 x^{n-2} + \cdots + a_{n-1}x + a_n$，（其中 $a_1, a_2, \cdots, a_n$ 都是常数）．

第五节　函数的微分

前面介绍了函数变化率的计算,这节介绍函数改变量的近似计算和函数近似值的计算.

一、微分的概念

例　一块正方形铁片受温度变化的影响,其边长由 x_0 变到 $x_0 + \Delta x$,问该铁片的面积 A 改变了多少?

若用 x 表示该铁片的边长, A 表示面积,则有 A 是 x 的函数 $A = x^2$.铁片受温度变化影响时面积的改变量,可以看作是当自变量 x 在 x_0 取得增量 Δx 时,函数值 $A = x^2$ 相应的增量 ΔA ,即

$$\Delta A = (x_0 + \Delta x)^2 - x_0^2 = 2x_0\Delta x + (\Delta x)^2.$$

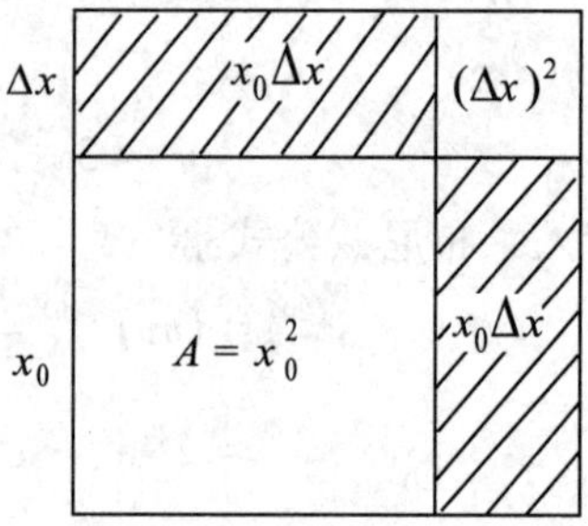

从上式可见, ΔA 由两部分组成,第一部分 $2x_0\Delta x$ 是 Δx 的线性函数,即图 2-2 中带有斜线的两个矩形面积之和,当 $\Delta x \to 0$ 时,它与 Δx 是同阶的无穷小,称为 ΔA 的线性主部;而第二部分 $(\Delta x)^2$ 是图 2-2 中位于右上角小正方形的面积,当 $\Delta x \to 0$

图 2-2

时,这部分面积是 Δx 的高阶无穷小,即 $(\Delta x)^2 = o(\Delta x)$.当 $|\Delta x|$ 很小时, $(\Delta x)^2$ 比 $2x_0|\Delta x|$ 要小得多.因此在计算面积的改变量 ΔA 时,若自变量改变量的绝对值 $|\Delta x|$ 很小,可略去 Δx 的高阶无穷小部分,用第一部分面积的值近似地代替 ΔA ,即 $\Delta A \approx 2x_0\Delta x$.在计算改变量近似值时,我们也经常采用这种近似方法,下面我们要对改变量 ΔA 的线性部分给出定义.

定义 设函数 $y = f(x)$ 在点 x_0 的某个领域有定义,在该领域内任取 x_0 及 $x_0 + \Delta x$,如果函数的增量

$$\Delta y = f(x_0 + \Delta x) - f(x_0)$$

可表示为

$$\Delta y = A \cdot \Delta x + o(\Delta x) ,$$

其中 A 是与 Δx 无关的常数,则称函数 $y = f(x)$ 在点 x_0 处**可微**,并且称 $A \cdot \Delta x$ 为函数 $y = f(x)$ 在点 x_0 处的**微分**,记作 $\mathrm{d}y$,即 $\mathrm{d}y = A\Delta x$.

下面讨论可微与可导之间的关系.

定理 函数 $y = f(x)$ 在点 x_0 处可微的充分必要条件是函数 $y = f(x)$ 在点 x_0 处可导,且当 $f(x)$ 在点 x_0 处可微时,其微分为 $\mathrm{d}y = f'(x_0)\Delta x$,即 $A = f'(x_0)$.

证 **必要性** 设 $f(x)$ 在点 x_0 处可微,根据定义可得 $f(x)$ 在 x_0 的某 δ 邻域有定义且存在常数 A ,使得对于该邻域内的任意点 $x_0 + \Delta x$ 有

$$\Delta y = f(x_0 + \Delta x) - f(x_0) = A\Delta x + o(\Delta x).$$

从而可得因变量增量与自变量增量的商为

$$\frac{\Delta y}{\Delta x} = A + \frac{o(\Delta x)}{\Delta x} .$$

显然有 $\lim\limits_{\Delta x \to 0} \dfrac{o(\Delta x)}{\Delta x} = 0$,因此 $\dfrac{\Delta y}{\Delta x}$ 在 $\Delta x \to 0$ 时的极限存在,从而 $f(x)$ 在点 x_0 处可导,且有

$$A = \lim\limits_{\Delta x \to 0} \frac{\Delta y}{\Delta x} = f'(x_0) .$$

充分性 设 $f(x)$ 在点 x_0 处导,根据导数定义可得 $f(x)$ 在点 x_0 的某 δ 邻域有定义且

$$\lim\limits_{\Delta x \to 0} \frac{\Delta y}{\Delta x} = f'(x_0) .$$

根据极限与无穷小的关系,上式可写成

$$\frac{\Delta y}{\Delta x} = f'(x_0) + \alpha .$$

其中 $\alpha \to 0$(当 $\Delta x \to 0$).上式两边乘以 Δx 可得

$$\Delta y = f'(x_0)\Delta x + \alpha\Delta x .$$

因为当 $\Delta x \to 0$ 时,有 $\alpha \to 0$,故 $\alpha\Delta x = o(\Delta x)$;且 $f'(x_0)$ 与 Δx 无关,从而 $f(x)$ 在点 x_0 处可微.

当 $f(x)$ 在区间 (a,b) 内每一点处都可微时,就说 $f(x)$ 在 (a,b) 内可微.

由于函数 $y = x$ 的微分 $\mathrm{d}y = \mathrm{d}x = (x)'\Delta x = \Delta x$,所以有 $\mathrm{d}x = \Delta x$.

这说明，自变量的微分 $\mathrm{d}x$ 等于自变量的增量 Δx，因此函数 $y = f(x)$ 的微分又可写成

$$\mathrm{d}y = f'(x)\,\mathrm{d}x.$$

上式的两端分别除以 $\mathrm{d}x$，得

$$\frac{\mathrm{d}y}{\mathrm{d}x} = f'(x),$$

因此函数的导数等于函数的微分 $\mathrm{d}y$ 与自变量微分 $\mathrm{d}x$ 之商，故导数又称**微商**.

例 1 求函数 $y = x^3$ 在点 $x = 2$，且 $\mathrm{d}x = 0.01$ 时的微分.

解 先求函数在任意点 x 处的微分，

$$\mathrm{d}y = (x^3)'\mathrm{d}x = 3x^2\mathrm{d}x,$$

然后将 $x = 2$，$\mathrm{d}x = 0.01$ 代入上式，得

$$\mathrm{d}y\big|_{\substack{x=2\\ \mathrm{d}x=0.01}} = 3x^2\mathrm{d}x\big|_{\substack{x=2\\ \mathrm{d}x=0.01}} = 3 \times 2^2 \times 0.01 = 0.12.$$

例 2 求函数 $y = x\cos x$ 的微分.

解 因为 $y' = \cos x - x\sin x$，所以 $\mathrm{d}y = (\cos x - x\sin x)\mathrm{d}x$.

例 3 半径为 r 的球，其体积为 $V = \dfrac{4}{3}\pi r^3$，当半径改变量为 Δr 时，计算球的体积的改变量及微分.

解 体积的改变量

$$\Delta V = \frac{4}{3}\pi(r + \Delta r)^3 - \frac{4}{3}\pi r^3 = 4\pi r^2\Delta r + 4\pi r(\Delta r)^2 + \frac{4}{3}\pi(\Delta r)^3,$$

显然有

$$\Delta V = 4\pi r^2\Delta r + o(\Delta r),$$

体积的微分为

$$\mathrm{d}V = 4\pi r^2\Delta r.$$

二、微分的几何意义

设函数 $y = f(x)$ 的图形是如图 2-3 所示的曲线，其上一点 $M(x_0, y_0)$ 处的切线为 MT，MT 的倾角为 α，则 $\tan\alpha = f'(x_0)$.

当自变量 x 在点 x_0 有微小增量 Δx 时，就得到曲线上另一点 $N(x_0 + \Delta x,\ y_0 + \Delta y)$. 从图 2-3 可知，$MQ = \Delta x$，$QN = \Delta y$. 当自变量 x 从 x_0 到 $x_0 + \Delta x$ 这一过程对应的切线 MT 的纵坐标增量为

$$QP = \tan\alpha \cdot \Delta x = f'(x_0) \cdot \Delta x = \mathrm{d}y.$$

因此，微分 $\mathrm{d}y = f'(x_0)\Delta x$ 在几何上表示当自变量 x 有增量 Δx 时，曲线 $y = f(x)$ 在点 $M(x_0, y_0)$ 处的切线 MT 的纵坐标的增量.

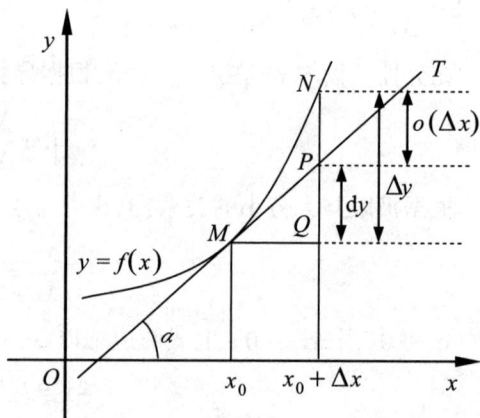

图 2-3

由此可见，Δy 是曲线 $y = f(x)$ 上在点 M 的纵坐标增量，dy 就是曲线的切线 MT 在点 M 的纵坐标的相应增量．若 $f'(x_0) \neq 0$，则当 $|\Delta x|$ 很小时，$|\Delta y - dy|$ 比 $|\Delta x|$ 小得多．因此在点 M 的邻近，我们可以用切线段近似代替曲线段，简称"以直代曲"．

三、微分运算法则及微分公式表

1.微分运算法则

由 $dy = f'(x)dx$，很容易得到微分的运算法则及微分公式表（当 u、v 都可导）．

（1）$d(u \pm v) = du \pm dv$；

（2）$d(Cu) = Cdu$；

（3）$d(u \cdot v) = vdu + udv$；

（4）$d\left(\dfrac{u}{v}\right) = \dfrac{vdu - udv}{v^2}(v \neq 0)$；

（5）$d\left(\dfrac{C}{v}\right) = -\dfrac{Cdv}{v^2} \quad (v \neq 0)$．

2.微分公式表

（1）$d(C) = 0$；

（2）$d(x^\mu) = \mu x^{\mu-1}dx$；

（3）$d(\sin x) = \cos x dx$；

（4）$d(\cos x) = -\sin x dx$；

（5）$d(\tan x) = \sec^2 x dx$；

（6）$d(\cot x) = -\csc^2 x dx$；

（7）$d(\sec x) = \sec x \tan x dx$；

（8）$d(\csc x) = -\csc x \cot x dx$；

（9）$d(\log_a x) = \dfrac{1}{x\ln a}dx$；

（10）$d(\ln x) = \dfrac{1}{x}dx$；

（11）$d(a^x) = a^x \ln a dx(a > 0 且 a \neq 1)$；

（12）$d(e^x) = e^x dx$；

（13）$d(\arcsin x) = \dfrac{1}{\sqrt{1 - x^2}}dx$；

（14）$d(\arccos x) = -\dfrac{1}{\sqrt{1 - x^2}}dx$；

（15）$d(\arctan x) = \dfrac{1}{1 + x^2}dx$；

（16）$d(\text{arccot}x) = -\dfrac{1}{1 + x^2}dx$．

3.复合函数微分法则

设 $y = f(u)$ 可导，则函数 $y = f(u)$ 的微分为

$$dy = f'(u)du；$$

进一步设 $u = \varphi(x)$ 都可导，则复合函数 $y = f[\varphi(x)]$ 的微分为

$$dy = y'dx = f'(u)\varphi'(x)dx．$$

由于 $\varphi'(x)dx = du$，所以复合函数 $y = f[\varphi(x)]$ 的微分也可以写成

$$dy = f'(u)du．$$

由此可见，无论 u 是自变量还是可微的中间变量，微分形式 $dy = f'(u)du$ 保持不变．这一性质称为一阶微分形式不变性．这一性质表示，作变量替换时（即设 u 为另一变量的任一可微函数时），微分形式 $dy = f'(u)du$ 并不改变．

例 4 设 $y = \cos(3x + 4)$，求 $\mathrm{d}y$．

解 先视 $3x + 4$ 为一整体，由微分形式的不变性得

$$\mathrm{d}y = \mathrm{d}(\cos(3x + 4)) = -\sin(3x + 4)\mathrm{d}(3x + 4)$$

$$= -\sin(3x + 4) \cdot 3\mathrm{d}x = -3\sin(3x + 4)\mathrm{d}x．$$

例 5 利用微分形式的不变性，求下列函数的微分：

(1) $y = \ln(1 + \mathrm{e}^x)$；   (2) $y = \mathrm{e}^{\arctan 3x}$．

解 (1) $\mathrm{d}y = \mathrm{d}[\ln(1 + \mathrm{e}^x)] = \dfrac{1}{1 + \mathrm{e}^x}\mathrm{d}(1 + \mathrm{e}^x) = \dfrac{1}{1 + \mathrm{e}^x} \cdot \mathrm{e}^x\mathrm{d}x = \dfrac{\mathrm{e}^x}{1 + \mathrm{e}^x}\mathrm{d}x．$

(2) $\mathrm{d}y = \mathrm{e}^{\arctan 3x}\mathrm{d}(\arctan 3x) = \mathrm{e}^{\arctan 3x} \cdot \dfrac{1}{1 + (3x)^2}\mathrm{d}(3x) = 3\mathrm{e}^{\arctan 3x} \cdot \dfrac{1}{1 + 9x^2}\mathrm{d}x．$

四、微分在近似计算中的应用

1.计算函数改变量的近似值

由微分的定义知道，如果函数 $y = f(x)$ 在点 x_0 处的导数 $f'(x_0) \neq 0$，且 $|\Delta x|$ 很小时，有

$$\Delta y \approx \mathrm{d}y = f'(x_0) \cdot \Delta x，$$

而且 $|\Delta x|$ 越小，近似程度越高．如果微分易于计算，要计算 Δy 的近似值，只需求 $\mathrm{d}y$ 即可．

例 6 有一半径为 1cm 的球，为了提高球面的光洁度，需要镀上一层铜，镀层厚度为 0.01cm，请估计一下每只球需要多少 g 铜？（铜的密度是 8.9g/ cm^3）

解 因为镀层的体积为两球的体积之差，所以它是球体体积 $V = \dfrac{4}{3}\pi R^3$ 在 $R_0 = 1$，$\Delta R = 0.01$ 时的增量 ΔV．由于函数增量 ΔV 的近似公式为

$$\Delta V \approx \mathrm{d}V = v'_R \cdot \Delta R，$$

而

$$v'_R = \left(\frac{4}{3}\pi R^3\right)'\Big|_{R=1} = 4\pi R^2\big|_{R=1} = 4\pi，$$

所以

$$\Delta V \approx \mathrm{d}V = V'_R \cdot \Delta R = 4\pi \cdot \Delta R = 4 \times 3.14 \times 1^2 \times 0.01 = 0.13(\mathrm{cm}^3)，$$

$$0.13 \times 8.9 \approx 1.16(\mathrm{g})．$$

因此，每只球镀铜需用铜大约为 1.16 g．

2.计算函数值的近似值

由 $\Delta y \approx \mathrm{d}y$，即 $f(x_0 + \Delta x) - f(x_0) \approx f'(x_0)\Delta x$．进而可得

$$f(x_0 + \Delta x) \approx f(x_0) + f'(x_0)\Delta x．$$

上式中令 $x = x_0 + \Delta x$，则 $\Delta x = x - x_0$，于是

$$f(x) \approx f(x_0) + f'(x_0)(x - x_0)．$$

特别地，当 $x_0 = 0$，且 $|x|$ 很小时，有

$$f(x) \approx f(0) + f'(0) \cdot x\ (|x|\text{ 较小时})．$$

因而,可得到工程技术上常用的近似公式:

(1) $\sqrt[n]{1+x} \approx 1+\dfrac{1}{n}x$;

(2) $e^x \approx 1+x$;

(3) $\ln(1+x) \approx x$;

(4) $\sin x \approx x$;

(5) $\tan x \approx x$.

例7 计算 $\sqrt[3]{26}$ 的近似值.

解 因为

$$\sqrt[3]{26} = \sqrt[3]{27-1} = \sqrt[3]{27\left(1-\dfrac{1}{27}\right)} = 3\sqrt[3]{1-\dfrac{1}{27}},$$

由近似公式 $\sqrt[n]{1+x} \approx 1+\dfrac{1}{n}x$,得

$$\sqrt[3]{26} = 3\sqrt[3]{1-\dfrac{1}{27}} \approx 3\left(1-\dfrac{1}{3}\times\dfrac{1}{27}\right) = 3-\dfrac{1}{27} \approx 2.963.$$

例8 某球体的表面积从 $25\pi\ \text{cm}^2$ 增加到 $26\pi\ \text{cm}^2$,试求其半径改变量的近似值.

解 设球的半径为 r ,则球的表面积 $A = 4\pi r^2$,从而有 $r = \sqrt{\dfrac{A}{4\pi}}$.故

$$\Delta r \approx \mathrm{d}r = \sqrt{\dfrac{1}{4\pi}} \cdot \dfrac{1}{2\sqrt{A}}\mathrm{d}A = \dfrac{1}{4}\sqrt{\dfrac{1}{\pi}} \cdot \dfrac{1}{\sqrt{A}}\mathrm{d}A.$$

因为 $A = 25\pi$, $\mathrm{d}A = \Delta A = 26\pi - 25\pi = \pi$,所以

$$\Delta r \approx \mathrm{d}r = \dfrac{1}{4}\sqrt{\dfrac{1}{\pi}} \cdot \dfrac{1}{\sqrt{25\pi}} \cdot \pi = \dfrac{1}{20} = 0.05(\text{cm}).$$

即半径约增加 0.05cm.

习题 2-5

1.求下列函数在给定条件下的增量和微分:

(1) $y = 2x-1$,当 x 由 1 变到 1.02;

(2) $y = x^3-x$,当 x 由 1 变到 0.99.

2.填空:

(1) $\mathrm{d}(\qquad) = 2x\mathrm{d}x$;

(2) $\mathrm{d}(\qquad) = \dfrac{1}{\sqrt{x}}\mathrm{d}x$;

(3) $\mathrm{d}(\qquad) = \dfrac{1}{x}\mathrm{d}x$;

(4) $\mathrm{d}(\qquad) = -\sin x\mathrm{d}x$;

(5) $\mathrm{d}(\qquad) = \dfrac{1}{1+x^2}\mathrm{d}x$;

(6) $\mathrm{d}(\qquad) = \sec x\tan x\mathrm{d}x$.

3.求下列函数的微分:

(1) $y = \ln(1+x^2)$;

(2) $y = \ln(x+1) - 2\sqrt{x}$;

(3) $y = \dfrac{e^{2x}}{x}$;　　　　　　　　　　(4) $y = \dfrac{x}{1 + x^2}$;

(5) $y = \arcsin\sqrt{1 - x^2}$;　　　　　　　(6) $y = e^{-x}\cos(3 - x)$.

4.计算下列数的近似值:

(1) $\cos 29°$;　　　　　　　　　　　(2) $\sqrt{65}$.

5.一个充满气的气球,半径为 $3m$,升空后,因外部气压降低,气球的半径增大了 $10cm$,问气球的体积近似增加多少?

总 习 题 二

1.填空题:

(1) 假定 $f'(x_0) = 1$,则

$$\lim_{x \to x_0} \frac{f(x) - f(x_0)}{x - x_0} = \underline{\hspace{3cm}} ;$$

$$\lim_{\Delta x \to 0} \frac{f(x_0 + 2\Delta x) - f(x_0)}{\Delta x} = \underline{\hspace{3cm}} ;$$

$$\lim_{x \to 0} \frac{f(x_0 - 2x) - f(x_0 - x)}{x} = \underline{\hspace{3cm}} ;$$

$$\lim_{h \to 0} \frac{f(x_0 + h) - f(x_0 - h)}{h} = \underline{\hspace{3cm}} ;$$

(2) $(\quad)' = 0$; $(\quad)' = 1$; $(\quad)' = x$;

(3) $(\ln x^3)' = \underline{\hspace{3cm}}$; $(x\ln x)' = \underline{\hspace{3cm}}$;

(4) $(\sin^2 x)' + (\cos^2 x)' = \underline{\hspace{3cm}}$;

(5) 若函数 $y = x^2$,则 $\lim_{x \to 1} \dfrac{f(x) - f(1)}{x - 1} = \underline{\hspace{3cm}}$;

(6) 曲线 $\begin{cases} x = \sin t, \\ y = \cos 3t \end{cases}$ 在 $t = \dfrac{\pi}{6}$ 对应点处的法线方程为 $\underline{\hspace{3cm}}$;

(7) 曲线 $\begin{cases} x = 2\sin t + 1, \\ y = e^{-t} \end{cases}$ 在 $t = 0$ 对应点处的切线方程为 $\underline{\hspace{3cm}}$;

(8) 若曲线 $\begin{cases} x = \arctan t, \\ y = k\ln\sqrt{1 + t^2} \end{cases}$ 在 $t = 1$ 对应点处的切线斜率为 1 ,则常数 $k = \underline{\hspace{2cm}}$;

(9) $3x^2 + y + e^{xy} = 3$ 在点 $(0,2)$ 处的切线方程为 $\underline{\hspace{3cm}}$;

(10) 已知 $y = \dfrac{1}{2x + 3}$,则 $y^{(3)}(x) = \underline{\hspace{3cm}}$;

(11) 设 $y = f(\ln x)$,则 $dy = \underline{\hspace{3cm}}$.

2.选择题：

(1) 设 $f(0) = 0$ 且极限 $\lim\limits_{x \to 0} \dfrac{f(x)}{x} = A$ 存在，则 $A = ($　　$)$.

A. $f(0)$　　　　　　　B. $f'(0)$　　　　　　　C. $f'(x)$　　　　　　　D.以上都不对

(2) 下列函数在点 $x = 0$ 处不可导的是($\quad$).

A. $f(x) = |x| \sin \sqrt{|x|}$　　　　　　　B. $f(x) = |x| \sin |x|$

C. $f(x) = \cos |x|$　　　　　　　D. $f(x) = \cos \sqrt{|x|}$

(3) 设 $y = \ln |x|$，则 $\mathrm{d}y = ($　　$)$.

A. $\dfrac{1}{|x|}\mathrm{d}x$　　　　　B. $-\dfrac{1}{|x|}\mathrm{d}x$　　　　　C. $\dfrac{1}{x}\mathrm{d}x$　　　　　D.以上都不对

(4) 曲线 $y = \dfrac{x^2}{2} - \ln x$ 在点 (x_0, y_0) 处的切线与直线 $x + 2y - 1 = 0$ 垂直，那么 x_0 的值是($\quad$).

A. $\dfrac{1 + \sqrt{17}}{4}$　　　　　B. $1 \pm \sqrt{2}$　　　　　C. $1 + \sqrt{2}$　　　　　D. $\sqrt{2} \pm 1$

(5) 设函数 $y = x^n + \mathrm{e}^x$（n 为正整数），则 $y^{(n)} = ($　　$)$.

A. e^x　　　　　　　B. $n!$　　　　　　　C. $n! + n\mathrm{e}^x$　　　　　　　D. $n! + \mathrm{e}^x$

(6) 下列各式正确的是($\quad$).

A. $\mathrm{d}(\sqrt{x}) = \dfrac{1}{2\sqrt{x}}\mathrm{d}x$　　　　　　　B. $\mathrm{d}(x + 1) = x\mathrm{d}x$

C. $\mathrm{d}(\arcsin x) = -\dfrac{1}{\sqrt{1 - x^2}}\mathrm{d}x$　　　　　　　D. $\mathrm{d}\left(\dfrac{1}{x}\right) = \ln x\mathrm{d}x$

3.求下列函数的导数：

(1) $y = (x\sqrt{x} + 3)\mathrm{e}^{2x}$；　　　　　　　(2) $y = \dfrac{x^2}{\ln x}$；

(3) $y = \arccos(\cos x)$；　　　　　　　(4) $y = x^{\frac{1}{x}}$.

4.求下列函数的二阶导数：

(1) $y = x^3 \cos 2x$；　　　　　(2) $y = \dfrac{\mathrm{e}^x}{1 + x}$；　　　　　(3) $y = x\sqrt{1 - x^2}$.

5.设函数 $f(x) = \begin{cases} \cos x, & x \leqslant 0, \\ \mathrm{e}^{3x} + bx, & x > 0 \end{cases}$ 在点 $x = 0$ 处可导，求 b 的值.

6.设函数 $y = y(x)$ 由方程 $\mathrm{e}^y + 2xy = \mathrm{e}$ 所确定，求 $y''(0)$.

7.设函数 $y = y(x)$ 由方程 $\begin{cases} x = \sin t \\ y = t\sin t + \cos t \end{cases}$ 所确定，求 $y''\left(\dfrac{\pi}{4}\right)$.

8.利用函数微分求 $\sqrt{1.01}$ 的近似值.

数学家简介[1]

牛　顿

艾萨克·牛顿(Isaac Newton,1642—1727)是伟大的英国数学家、物理学家、天文学家.1642年 12 月 25 日,牛顿出生于英格兰林肯郡乡下的一个小村落.在牛顿出生前三个月,他同样名为艾萨克的父亲才刚去世.由于早产的缘故,新生的牛顿十分瘦小.

1648 年,牛顿被送去读书.少年时的牛顿并不是神童,他的成绩一般.1654 年,牛顿进了离家有十几公里的金格斯皇家中学读书.牛顿的母亲原希望他成为一个农民,但牛顿本人却无意于此,而酷爱读书.牛顿在中学时代学习成绩很出众,对自然现象有好奇心,例如颜色、日影四季的移动,尤其是几何学、哥白尼的日心说等.他还分门别类地记读书笔记,又喜欢别出心裁地做些小工具、小技巧、小发明、小试验.他在金格斯皇家中学读书时,曾经寄宿在一位药剂师家里,使他受到了化学试验的熏陶.

后来迫于生活困难,母亲让牛顿停学在家务农,赡养家庭.但牛顿一有机会便埋首书卷,以至经常忘了干活.每次,母亲叫他同佣人一道上市场,熟悉做交易的生意经时,他便恳求佣人一个人上街,自己则躲在树丛后看书.有一次,牛顿的舅父起了疑心,就跟踪牛顿上市镇去,发现他的外甥牛顿伸着腿,躺在草地上,正在聚精会神地钻研一个数学问题.牛顿的好学精神感动了舅父,于是舅父劝服了母亲让牛顿复学,并鼓励牛顿上大学读书.牛顿又重新回到了学校,如饥似渴地汲取着书本上的营养.

1661 年 6 月 3 日,牛顿以优异的成绩考入了剑桥大学的三一学院.在那时,该学院的教学基于亚里士多德的学说,但牛顿更喜欢阅读一些笛卡尔等现代哲学家以及伽利略、哥白尼和开普勒等天文学家更先进的思想.1665 年,他发现了广义二项式定理,并开始发展一套新的数学理论,也就是后来为世人所熟知的微积分学.在 1665 年毕业,获学士学位.大学课程刚结束,学校为了预防伦敦大瘟疫而关闭了.在此后两年里,牛顿在家中继续研究微积分学、光学和万有引力定律.由观察苹果落地,他发现了万有引力定律.他研究流数法和反流数法,获得了解决微积分问题的一般方法.他用三棱镜分解出七色彩虹."所有这些"牛顿后来说"是在 1665 年和1666 年两个鼠疫年中做的,因为在这些日子里,我正处在发现力最旺盛的时期,而且对于数学和(自然)哲学的关心,比其他任何时候都多."

在牛顿全部的科学贡献中数学成就占有突出的地位,其中微积分的创立是牛顿最卓越的数学成就.牛顿为解决运动问题,才创立这种和物理概念直接联系的数学理论的,牛顿称之为"流数术".它所处理的一些具体问题,如切线问题、求积问题、瞬时速度问题以及函数的极大和极小值问题等,在牛顿前已经得到人们的研究了.但牛顿超越了前人,他站在了更高的角度,对以往分散的结论加以综合,将自古希腊以来求解无限小问题的各种技巧统一为两类普通的算法——微分和积分,并确立了这两类运算的互逆关系,从而完成了微积分发明中最关键的一步,为近代科学发展提供了最有效的工具,开辟了数学上的一个新纪元.

　　牛顿是个十分谦虚的人,从不自高自大.曾经有人问牛顿:"你获得成功的秘诀是什么?"牛顿回答说:"假如我有一点微小成就的话,没有其他秘诀,唯有勤奋而已."

　　1727 年 3 月 31 日,伟大的艾萨克·牛顿逝世,与很多杰出的英国人一样被埋葬在了威斯敏斯特教堂.他的墓碑上镌刻着:让人们欢呼这样一位多么伟大的人类荣耀曾经在世界上存在.诗人亚历山大·波普(Alexander Pope)为牛顿写下了以下这段墓志铭:自然与自然的定律,都隐藏在黑暗之中;上帝说让"牛顿来吧!"于是,一切变为光明.

第三章 微分中值定理及应用

函数的导数反映了因变量随自变量变化而变化的快慢程度,从而我们就可以反过来从导数出发研究函数的一些性质.为此,本章先介绍几个联系函数和函数导数的微分中值定理,在此基础上讨论导数在研究函数以及曲线的某些形态上的应用,进而去解决一些实际问题.

第一节 微分中值定理

微分中值定理包括 Rolle 中值定理、Lagrange 中值定理、Cauchy 中值定理,是高等数学比较重要的内容之一,是联系函数与其导数的桥梁与纽带,是利用导数的局部性质推断函数整体性质的有力工具.

一、罗尔(Rolle)中值定理

在介绍罗尔中值定理之前,先引入一个基础性的引理.

费马引理 设函数 $f(x)$ 在点 x_0 的某邻域 $U(x_0)$ 内有定义,并且在点 x_0 处可导,如果对任意的 $x \in U(x_0)$,有 $f(x) \geqslant f(x_0)$(或 $f(x) \leqslant f(x_0)$),那么 $f'(x_0) = 0$.

证 不妨设对于任意的 $x \in U(x_0)$,有 $f(x) \geqslant f(x_0)$ 成立.任取 $x \in U(x_0)$,有 $f(x) - f(x_0) \geqslant 0$.当 x 在 x_0 左邻域取值时,有

$$\frac{f(x) - f(x_0)}{x - x_0} \leqslant 0 ,$$

当 x 在 x_0 右邻域取值时,有

$$\frac{f(x) - f(x_0)}{x - x_0} \geqslant 0 ,$$

因为在点 x_0 处可导,所以上述两式的极限存在,进而根据极限的保号性,得

$$\lim_{x \to x_0^-} \frac{f(x) - f(x_0)}{x - x_0} \leqslant 0 , \lim_{x \to x_0^+} \frac{f(x) - f(x_0)}{x - x_0} \geqslant 0 .$$

由 $f'(x_0)$ 存在,从而可得

$$f'(x_0) = \lim_{x \to x_0^+} \frac{f(x) - f(x_0)}{x - x_0} = \lim_{x \to x_0^-} \frac{f(x) - f(x_0)}{x - x_0} ,$$

进而有

$$f'(x_0) = 0 .$$

定理 1（罗尔中值定理）　若函数 $f(x)$ 满足

(1) 在闭区间 $[a,b]$ 上连续；

(2) 在开区间 (a,b) 内可导；

(3) $f(a) = f(b)$ ，

则至少存在一点 $\xi \in (a,b)$ ，使得 $f'(\xi) = 0$.

证　因为 $f(x)$ 在 $[a,b]$ 上连续，根据闭区间上连续函数的性质，$f(x)$ 在 $[a,b]$ 上一定存在最大值 M 和最小值 m. 显然 $M \geqslant m$. 故 M 与 m 的大小关系有以下两种情形.

(1) 若 $M=m$ ，则 $f(x)$ 在 $[a,b]$ 上恒等于常数 M ，因此，对一切 $x \in (a,b)$ ，都有 $f'(x) = 0$. 于是定理结论自然成立.

(2) 若 $M>m$ ，由于 $f(a) = f(b)$ ，因此 M 和 m 至少有一个不等于 $f(a)$.不妨设 $M \neq f(a)$（ $m \neq f(a)$ ，证明完全类似.），则 $f(x)$ 在 (a,b) 内的某一点 ξ 处达到最大值. 即 $f(\xi) = M$ ，因此由费马引理可得 $f'(\xi) = 0$.

罗尔中值定理的几何意义：在两个端点纵坐标相等的曲线上至少可找到一点 C ，使得该点的切线平行于曲线两端点连接的线段 AB（图 3-1）.

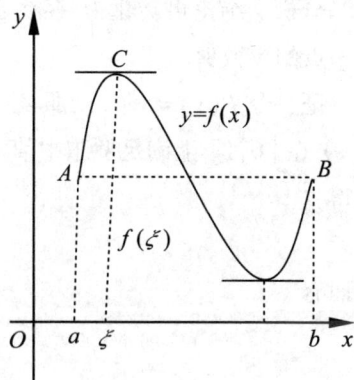

图 3-1

导数等于零的点称为函数的**驻点**（或**稳定点**）.

例 1　验证罗尔中值定理对函数 $f(x) = x^3 + 4x^2 - x - 4$ 在区间 $[-1,1]$ 上的正确性，并求结论中的 ξ .

解　因为函数 $f(x) = x^3 + 4x^2 - x - 4$ 为多项式函数.所以

(1) 在区间 $[-1,1]$ 上连续；

(2) 在区间 $(-1,1)$ 内可导，且导数为 $f'(x) = 3x^2 + 8x - 1$ ；

(3) $f(-1) = f(1) = 0$ ，

所以 $f(x)$ 在区间 $[-1,1]$ 上满足罗尔中值定理的三个条件.

令 $f'(x) = 3x^2 + 8x - 1 = 0$ ，得到 $x = \dfrac{-4 \pm \sqrt{19}}{3}$ ，取 $\xi = \dfrac{-4 + \sqrt{19}}{3} \in (-1,1)$ ，则有 $f'(\xi) = 0$.即存在 $\xi = \dfrac{-4 + \sqrt{19}}{3} \in (-1,1)$ 使得 $f'(\xi) = 0$ ，这也就验证了罗尔中值定理对 $f(x)$ 的正确性.

注　（i）罗尔中值定理的三个条件缺少其中任何一个，定理的结论将不一定成立.但不满足定理的条件也可能有定理的结论成立，因此该定理的条件是充分而非必要的.

例如，$f(x) = \sin x$（ $0 \leqslant x \leqslant \dfrac{2}{3}\pi$ ）在区间 $[0, \dfrac{2}{3}\pi]$ 上连续，在 $(0, \dfrac{2}{3}\pi)$ 内可导，但 $f(0) \neq f(\dfrac{2}{3}\pi)$ ，而此时仍存在 $\xi = \dfrac{1}{2}\pi \in (0, \dfrac{2}{3}\pi)$ ，使 $f'(\dfrac{\pi}{2}) = 0$.

(ii) 罗尔中值定理的结论只说明点的存在性,没有说明这个点的具体取值.

(iii) 若证明的结论中出现或可化为"存在一点使得其对应导数值为 0",通常都可以借助于罗尔中值定理证明.

例 2 设函数 $f(x)$ 在 $[0,1]$ 上连续,在 $(0,1)$ 中可导,且 $f(1) = 0$.证明:存在 $\xi \in (0,1)$ 使得

$$f'(\xi) + \frac{1}{\xi}f(\xi) = 0.$$

分析 结论可转化为,存在 $\xi \in (0,1)$,使得 $\xi f'(\xi) + f(\xi) = 0$,而 $\xi f'(\xi) + f(\xi)$ 为 $xf(x)$ 在 ξ 点的导数值.

证 令 $F(x) = xf(x)$.那么,$F(x)$ 在 $[0,1]$ 上连续、可导且满足 $F(0) = F(1) = 0$.这说明 $F(x)$ 在 $[0,1]$ 上满足罗尔中值定理条件,所以由罗尔中值定理可得至少存在一点 $\xi \in (0,1)$ 使得

$$F'(\xi) = \xi f'(\xi) + f(\xi) = 0 ,$$

从而有

$$f'(\xi) + \frac{1}{\xi}f(\xi) = 0.$$

二、拉格朗日(Lagrange) 中值定理

罗尔中值定理的第三个条件 $f(a) = f(b)$ 相当特殊,这使它的应用受到限制.能否把这个条件去掉,得到类似的结论呢? 由图 3-2 可以看出,连续且处处存在切线的曲线段 $\overset{\frown}{ACB}$ 上至少有一点 C,使得这点的切线平行于线段 AB.

下面的拉格朗日中值定理证实这个几何事实.

定理 2 若函数 $y = f(x)$ 满足下列条件:

(1)在闭区间 $[a,b]$ 上连续;

(2)在开区间 (a,b) 内可导;

则至少存在一点 $\xi \in (a,b)$,使得

$$f'(\xi) = \frac{f(b) - f(a)}{b - a}. \tag{1}$$

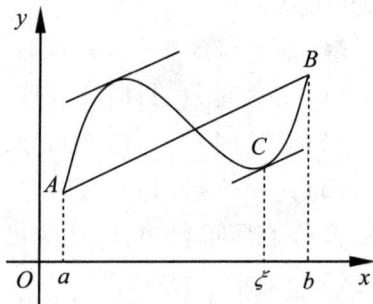

图 3-2

分析 显然罗尔中值定理为拉格朗日中值定理的特例,考虑借助罗尔中值定理来证.为此结论改写为 $f'(\xi) - \dfrac{f(b) - f(a)}{b - a} = 0$,即对函数 $f(x) - \dfrac{f(b) - f(a)}{b - a}x$ 证明存在一点 $\xi \in (a,b)$,使得该点的导数为 0.

证 作辅助函数

$$F(x) = f(x) - \frac{f(b) - f(a)}{b - a}x.$$

由假设条件可知 $F(x)$ 在 $[a,b]$ 上连续,在 (a,b) 内可导,且

$$F(a) = f(a) - \frac{f(b) - f(a)}{b - a}a = \frac{f(a)b - f(b)a}{b - a},$$

$$F(b) = f(b) - \frac{f(b) - f(a)}{b - a}b = \frac{f(a)b - f(b)a}{b - a},$$

$$F(b) = F(a),$$

则 $F(x)$ 满足罗尔中值定理的条件,故至少存在一点 $\xi \in (a,b)$,使得 $f'(\xi) = 0$,而

$$F'(\xi) = f'(\xi) - \frac{f(b) - f(a)}{b - a} = 0,$$

因此得

$$f'(\xi) = \frac{f(b) - f(a)}{b - a},$$

注　在公式(1)中,无论 $a < b$ 或 $a > b$,公式总是成立的,其中 ξ 是介于 a 与 b 之间的某个数.

拉格朗日中值定理为中值定理的核心,有着广泛的应用.

拉格朗日中值定理的几何意义是:如果连续曲线 $y = f(x)$ 在区间 $[a,b]$ 上,除端点外处处具有不垂直于 x 轴的切线,那么在这条曲线上至少有一点 C,使得曲线在点 C 处的切线平行于连接曲线两端点的线段 AB.

拉格朗日中值定理中的公式(1)称为拉格朗日中值公式,它也可以写成

$$f(b) - f(a) = f'(\xi)(b - a) \quad (a < \xi < b).$$

已知 $\xi \in (a,b)$,令 $\frac{\xi - a}{b - a} = \theta$,则可得 $0 < \theta < 1$ 且 $\xi = a + \theta(b - a)$.因此拉格朗日中值公式还可写成

$$f(b) - f(a) = (b - a)f'[a + \theta(b - a)] \quad (0 < \theta < 1).$$

若把 a 记为 x,b 记为 $x + \Delta x$,则拉格朗日中值公式还可写成

$$f(x + \Delta x) - f(x) = f'(x + \theta \Delta x) \cdot \Delta x \quad (0 < \theta < 1),$$

若把 $f(x)$ 记为 y,则该公式又可写成

$$\Delta y = f'(x + \theta \Delta x) \cdot \Delta x \quad (0 < \theta < 1). \tag{2}$$

(2)式给出了自变量取得有限增量 Δx（$|\Delta x|$ 不一定很小）时,函数增量 Δy 的精确表达式,这个公式又称为**有限增量公式**.

我们知道常量函数的导数等于零,反过来导数为零的函数是否一定为常量呢? 答案是肯定的,下面给予证明.

推论1　设 $f(x)$ 在区间 I 上连续,在 I 内可导且导数恒为零,则 $f(x)$ 在区间 I 上恒为常数.

证　在区间 I 内任取两点 x_1, x_2,不妨设 $x_1 < x_2$,则 $f(x)$ 在区间 $[x_1, x_2]$ 上满足拉格朗日中值定理的条件,由(1)得

$$f(x_2) - f(x_1) = f'(\xi)(x_2 - x_1) \quad (x_1 < \xi < x_2),$$

由假设知 $f'(\xi) = 0$,于是有 $f(x_2) = f(x_1)$.再由 x_1, x_2 的任意性可知,函数 $f(x)$ 在区间 I 上恒为常数.

推论 2 如果函数 $f(x)$ 与 $g(x)$ 在区间 I 上的导函数恒相等,即有 $f'(x) \equiv g'(x)$,那么在区间 I 上有 $f(x) = g(x) + C$,其中 C 为常数.

证 在区间 I 内任取一点 x,由假设条件知 $[f(x) - g(x)]' = f'(x) - g'(x) = 0$,由推论 1 知,$f(x) - g(x)$ 在区间 I 上恒为常数,即 $f(x) - g(x) = C$ 或 $f(x) = g(x) + C$.

例 3 证明:$\arctan x + \operatorname{arccot} x = \dfrac{\pi}{2}$,$x \in (-\infty, +\infty)$.

证 令 $f(x) = \arctan x + \operatorname{arccot} x$,则 $f(x)$ 在 $(-\infty, +\infty)$ 内可导,且 $f'(x) = 0$.由推论 1 知,$f(x) = C$.当 $x = 0$ 时,$f(0) = \dfrac{\pi}{2} = C$,故

$$\arctan x + \operatorname{arccot} x = \frac{\pi}{2}.$$

例 4 证明:当 $x > 0$ 时,$\dfrac{x}{1+x} < \ln(1+x) < x$.

证 令 $f(x) = \ln(1+x)$,任取 $x > 0$,则 $f(x)$ 在 $[0, x]$ 上满足拉格朗日中值定理的条件,从而至少存在一点 $\xi \in (0, x)$,使得

$$f(x) - f(0) = f'(\xi)(x - 0),$$

注意到 $f(0) = 0$,$f'(\xi) = \dfrac{1}{1+\xi}$,于是上式可写成 $\ln(1+x) = \dfrac{x}{1+\xi}$.因为 $0 < \xi < x$,故

$$\frac{x}{1+x} < \frac{x}{1+\xi} < x,$$

进而得

$$\frac{x}{1+x} < \ln(1+x) < x.$$

三、柯西(Cauchy)中值定理

定理 3 若函数 $f(x)$ 和 $g(x)$ 满足

(1) 在闭区间 $[a, b]$ 上连续;

(2) 在开区间 (a, b) 内可导;

(3) 对任意的 $x \in (a, b)$,有 $g'(x) \neq 0$,

则至少存在一点 $\xi \in (a, b)$,使得

$$\frac{f(b) - f(a)}{g(b) - g(a)} = \frac{f'(\xi)}{g'(\xi)}.$$

分析 令 $g(x) = x$,则上述结论为拉格朗日中值定理的结论.故拉格朗日中值定理为柯西中值定理的特殊情形.采用类似拉格朗日中值定理的证明方法,即把结论化成函数某一点的导数值为 0.对 $\dfrac{f(b) - f(a)}{g(b) - g(a)} = \dfrac{f'(\xi)}{g'(\xi)}$ 进行恒等变形,得 $f'(\xi) - \dfrac{f(b) - f(a)}{g(b) - g(a)} g'(\xi) = 0$,

即

$$\left(f(x) - \frac{f(b) - f(a)}{g(b) - g(a)}g(x) \right)' \bigg|_{x=\xi} = 0 .$$

证 首先明确 $g(a) \neq g(b)$. 假若 $g(a) = g(b)$,则由罗尔中值定理,至少存在一点 $\xi_1 \in (a,b)$,使 $g'(\xi_1) = 0$,这与定理的假设矛盾.故 $g(a) \neq g(b)$.

作辅助函数

$$F(x) = f(x) - \frac{f(b) - f(a)}{g(b) - g(a)}g(x) .$$

不难验证, $F(x)$ 满足罗尔定理的三个条件,于是在 (a,b) 内至少存在一点 ξ ,使得

$$F'(\xi) = f'(\xi) - \frac{f(b) - f(a)}{g(b) - g(a)}g'(\xi) = 0 ,$$

从而有

$$\frac{f(b) - f(a)}{g(b) - g(a)} = \frac{f'(\xi)}{g'(\xi)} .$$

以上三个定理统称为微分中值定理.微分中值定理可应用于含有中值的等式证明,也可应用于恒等式及不等式的证明.

例5 函数 $f(x)$ 在 $[a,b]$ 上连续,在 (a,b) 内可导 $(0 < a < b)$,试证:存在 $\xi \in (a,b)$,使得

$$f(b) - f(a) = \xi f'(\xi) \ln \frac{b}{a} .$$

证 令 $g(x) = \ln x$.易知 $f(x)$, $g(x)$ 在 $[a,b]$ 上满足柯西中值定理的条件,于是存在 $\xi \in (a,b)$,使

$$\frac{f(b) - f(a)}{g(b) - g(a)} = \frac{f'(\xi)}{g'(\xi)} ,$$

即

$$\frac{f(b) - f(a)}{\ln b - \ln a} = \frac{f'(\xi)}{\dfrac{1}{\xi}} ,$$

从而有

$$f(b) - f(a) = \xi f'(\xi) \ln \frac{b}{a} .$$

习题 3-1

1.已知函数 $f(x) = \ln\sin x$ 在区间 $\left[\dfrac{\pi}{6}, \dfrac{5\pi}{6} \right]$ 上满足罗尔中值定理的条件,试找出点 $\xi \in \left(\dfrac{\pi}{6}, \dfrac{5\pi}{6} \right)$,使得 $f'(\xi) = 0$.

2.函数 $f(x) = \ln x$ 在区间 $[1,e]$ 上是否满足拉格朗日中值定理的条件？若满足,求出定理结论中的 ξ.

3.证明:方程 $x^5 + x - 1 = 0$ 只有一个正根.

4.证明下列不等式:

(1) 当 $a > b > 0, n > 1$ 时, $nb^{n-1}(a - b) < a^n - b^n < na^{n-1}(a - b)$;

(2) $\dfrac{b - a}{1 + b^2} < \arctan b - \arctan a < \dfrac{b - a}{1 + a^2}, \quad 0 < a < b$;

(3) $|\sin a - \sin b| \leqslant |a - b|$;

(4) 当 $b > a > 0$ 时, $\dfrac{b - a}{b} < \ln \dfrac{b}{a} < \dfrac{b - a}{a}$;

(5) 当 $x > 1$ 时, $e^x > e \cdot x$;

(6) 当 $x > 0$ 时, $\dfrac{x}{1 + x^2} < \arctan x < x$.

5.证明下列等式:

(1) $\arcsin x + \arccos x = \dfrac{\pi}{2}, x \in [-1,1]$;

(2) $2\arctan x + \arcsin \dfrac{2x}{1 + x^2} = \pi, x \geqslant 1.$

6.设 $f(x)$ 在 $[0,1]$ 上连续,在 $(0,1)$ 内可导且 $f(1) = 0$,证明:在 $(0,1)$ 内至少存在一点 ξ,使得 $\xi f'(\xi) + nf(\xi) = 0$.

7.设函数 $f(x)$ 在 $[a,b]$ 上连续,在 (a,b) 内有二阶导数,且有 $f(a) = f(b) = 0, f(c) > 0(a < c < b)$,试证在 (a,b) 内至少存在一点 ξ, 使 $f''(\xi) < 0$.

8.设 $f(x)$ 在 $[a,b]$ 上连续,在 (a,b) 内可导,证明:在 (a,b) 内至少存在一点 ξ, 使得 $\dfrac{bf(b) - af(a)}{b - a} = \xi f'(\xi) + f(\xi).$

9.设 $f(0) = 0, f'(x)$ 在 $[0, +\infty)$ 上单调递增,证明: $\dfrac{f(x)}{x}$ 在 $(0, +\infty)$ 上单调递增.

第二节　洛必达法则

因为两个无穷小之比的极限和两个无穷大之比的极限可能存在,也可能不存在,因此通常将这种极限称作未定式,分别简记为" $\dfrac{0}{0}$ "型和" $\dfrac{\infty}{\infty}$ "型,这里" 0 "代表无穷小量," ∞ "代表无穷大量.对于这两种类型的极限,不能用"商的极限等于极限的商"的运算法则.计算这两种类型的极限经常采用的方法之一就是洛必达法则.

一、"$\dfrac{0}{0}$"型和"$\dfrac{\infty}{\infty}$"型未定式

定理 1　设函数 $f(x)$ 和 $g(x)$ 均在点 x_0 的某去心邻域内有定义,且满足

(1) $\lim\limits_{x \to x_0} f(x) = \lim\limits_{x \to x_0} g(x) = 0$;

(2) 函数 $f(x)$ 和 $g(x)$ 均在点 x_0 的去心邻域内可导,且 $g'(x) \neq 0$;

(3) $\lim\limits_{x \to x_0} \dfrac{f'(x)}{g'(x)}$ 存在(或无穷大),

那么

$$\lim_{x \to x_0} \frac{f(x)}{g(x)} = \lim_{x \to x_0} \frac{f'(x)}{g'(x)}.$$

证　由于函数在点 x_0 的极限与函数在该点是否有定义无关,由条件(1),我们不妨设 $f(x_0) = 0$, $g(x_0) = 0$. 由条件(1)和(2)知 $f(x)$ 与 $g(x)$ 在 $U(x_0)$ 内连续.任取 $x \in \mathring{U}(x_0)$,则 $f(x)$ 与 $g(x)$ 在 $[x_0, x]$ 或 $[x, x_0]$ 上满足柯西中值定理的条件,于是

$$\frac{f(x)}{g(x)} = \frac{f(x) - f(x_0)}{g(x) - g(x_0)} = \frac{f'(\xi)}{g'(\xi)} \ (\xi \text{ 在 } x_0 \text{ 与 } x \text{ 之间}).$$

当 $x \to x_0$ 时,显然有 $\xi \to x_0$,由条件(3)得

$$\lim_{x \to x_0} \frac{f(x)}{g(x)} = \lim_{\xi \to x_0} \frac{f'(\xi)}{g'(\xi)} = \lim_{x \to x_0} \frac{f'(x)}{g'(x)}.$$

这种在一定条件下,通过分子分母分别求导的商的极限来确定未定式极限的方法称为**洛必达法则**.上述洛必达法则是以 $x \to x_0$ 时的情况叙述的,对于 $x \to x_0^+$, $x \to x_0^-$, $x \to \infty$, $x \to +\infty$, $x \to -\infty$ 时的"$\dfrac{0}{0}$"型未定式,洛必达法则仍然成立.

注 1　如果 $\dfrac{f'(x)}{g'(x)}$ 当 $x \to x_0$ 时仍是"$\dfrac{0}{0}$"型未定式,且这时 $f'(x)$ 和 $g'(x)$ 作为新的函数也满足定理 1 的条件,那么可以继续使用洛必达法则,即

$$\lim_{x \to x_0} \frac{f(x)}{g(x)} = \lim_{x \to x_0} \frac{f'(x)}{g'(x)} = \lim_{x \to x_0} \frac{f''(x)}{g''(x)}.$$

注 2　如有可约的因式,则可先约去,以简化演算步骤.

例 1　求 $\lim\limits_{x \to 0} \dfrac{e^x - 1}{x^2 - x}$.

解　$\lim\limits_{x \to 0} \dfrac{e^x - 1}{x^2 - x} \overset{\frac{0}{0}\text{型}}{=} \lim\limits_{x \to 0} \dfrac{e^x}{2x - 1} = \dfrac{e^0}{2 \cdot 0 - 1} = -1.$

例 2　求 $\lim\limits_{x \to 1} \dfrac{x^3 + 4x - 5}{x^3 - x^2 + x - 1}$.

解　$\lim\limits_{x \to 1} \dfrac{x^3 + 4x - 5}{x^3 - x^2 + x - 1} \overset{\frac{0}{0}\text{型}}{=} \lim\limits_{x \to 1} \dfrac{3x^2 + 4}{3x^2 - 2x + 1} = \dfrac{7}{2}.$

例 3　求 $\lim\limits_{x\to 0}\dfrac{x-\sin x}{x^3}$.

解　$\lim\limits_{x\to 0}\dfrac{x-\sin x}{x^3}\overset{\frac{0}{0}型}{=}\lim\limits_{x\to 0}\dfrac{1-\cos x}{3x^2}\overset{\frac{0}{0}型}{=}\lim\limits_{x\to 0}\dfrac{\sin x}{6x}=\dfrac{1}{6}$.

例 4　求 $\lim\limits_{x\to +\infty}\dfrac{\text{arccot}x-\pi}{\dfrac{1}{x}}$.

解　$\lim\limits_{x\to +\infty}\dfrac{\text{arccot}x-\pi}{\dfrac{1}{x}}=\lim\limits_{x\to +\infty}\dfrac{-\dfrac{1}{1+x^2}}{-\dfrac{1}{x^2}}=\lim\limits_{x\to +\infty}\dfrac{x^2}{1+x^2}=1$.

例 5　求 $\lim\limits_{x\to 0}\dfrac{\sin^2 x-x\sin x\cos x}{x^4}$.

解　它是"$\dfrac{0}{0}$"型未定式,如果直接运用洛必达法则,分子的导数比较复杂,但如果利用极限运算法,则进行适当化简,再用洛必达法则就简单多了.

$$\lim\limits_{x\to 0}\dfrac{\sin^2 x-x\sin x\cos x}{x^4}=\lim\limits_{x\to 0}\dfrac{\sin x-x\cos x}{x^3}\cdot\lim\limits_{x\to 0}\dfrac{\sin x}{x}$$

$$=\lim\limits_{x\to 0}\dfrac{\sin x-x\cos x}{x^3}=\lim\limits_{x\to 0}\dfrac{\cos x-\cos x+x\sin x}{3x^2}=\lim\limits_{x\to 0}\dfrac{\sin x}{3x}=\dfrac{1}{3}.$$

定理 2　设函数 $f(x)$ 和 $g(x)$ 均在点 x_0 的某去心邻域内有定义,且满足

(1) $\lim\limits_{x\to x_0}f(x)=\lim\limits_{x\to x_0}g(x)=\infty$;

(2) 函数 $f(x)$ 和 $g(x)$ 均在点 x_0 的去心邻域内可导;

(3) $\lim\limits_{x\to x_0}\dfrac{f'(x)}{g'(x)}$ 存在(或无穷大),

那么

$$\lim\limits_{x\to x_0}\dfrac{f(x)}{g(x)}=\lim\limits_{x\to x_0}\dfrac{f'(x)}{g'(x)}.$$

证明略.

上述洛必达法则是以 $x\to x_0$ 时的情况叙述的,对于 $x\to x_0^-$, $x\to x_0^+$, $x\to\infty$, $x\to +\infty$, $x\to -\infty$ 时的"$\dfrac{\infty}{\infty}$"型未定式,洛必达法则仍然成立.

例 6　求 $\lim\limits_{x\to 0^+}\dfrac{\ln\cot x}{\ln x}$.

解　$\lim\limits_{x\to 0^+}\dfrac{\ln\cot x}{\ln x}\overset{\frac{\infty}{\infty}型}{=}\lim\limits_{x\to 0^+}\dfrac{\dfrac{1}{\cot x}\cdot(-\csc^2 x)}{\dfrac{1}{x}}=\lim\limits_{x\to 0^+}\dfrac{-x}{\sin x\cos x}$

$$= - \lim_{x \to 0^+} \frac{x}{\sin x} \cdot \lim_{x \to 0^+} \frac{1}{\cos x} = -1.$$

例7　求 $\lim\limits_{x \to +\infty} \dfrac{\ln x}{x^n}$ $(n > 0)$.

解　$\lim\limits_{x \to +\infty} \dfrac{\ln x}{x^n} \overset{\frac{\infty}{\infty} \text{型}}{=\!=\!=\!=} \lim\limits_{x \to +\infty} \dfrac{\frac{1}{x}}{n x^{n-1}} = \lim\limits_{x \to +\infty} \dfrac{1}{n x^n} = 0.$

例8　求 $\lim\limits_{x \to +\infty} \dfrac{e^x}{x^3}$ $(n > 0)$.

解　$\lim\limits_{x \to +\infty} \dfrac{e^x}{x^3} \overset{\frac{\infty}{\infty} \text{型}}{=\!=\!=\!=} \lim\limits_{x \to +\infty} \dfrac{e^x}{3x^2} = \lim\limits_{x \to +\infty} \dfrac{e^x}{6x} = \lim\limits_{x \to +\infty} \dfrac{e^x}{6} = \infty.$

若"$\dfrac{0}{0}$"型和"$\dfrac{\infty}{\infty}$"型未定式满足洛必达法则的 3 个条件,则有 $\lim\limits_{x \to x_0} \dfrac{f(x)}{g(x)}$ 也存在且等于 $\lim\limits_{x \to x_0} \dfrac{f'(x)}{g'(x)}$;但 $\lim\limits_{x \to x_0} \dfrac{f'(x)}{g'(x)}$ 不存在时且不趋于无穷大时,并不一定能说明 $\lim\limits_{x \to x_0} \dfrac{f(x)}{g(x)}$ 不存在. 如 $\lim\limits_{x \to 0} \dfrac{x^2 \sin \frac{1}{x}}{\sin x}$ 这个极限为"$\dfrac{0}{0}$"未定式,显然满足定理 1 的前两个条件,但不满足第 3 条. 而

$$\lim_{x \to 0} \frac{x^2 \sin \frac{1}{x}}{\sin x} = \lim_{x \to 0} \frac{x^2 \sin \frac{1}{x}}{x} = \lim_{x \to 0} x \sin \frac{1}{x} = 0.$$

二、其他类型的未定式

洛必达法则不仅可以求"$\dfrac{0}{0}$"型和"$\dfrac{\infty}{\infty}$"型这两种类型未定式的极限,还可求"$0 \cdot \infty$"型、"$\infty - \infty$"型、"0^0"型、"1^∞"型和"∞^0"型未定式的极限.这里"1"代表以 1 为极限的变量.方法是先将这些类型的未定式通过适当变形,化为"$\dfrac{0}{0}$"型或"$\dfrac{\infty}{\infty}$"型未定式,然后利用洛必达法则去求极限.

例9　求 $\lim\limits_{x \to 0^+} x^n \ln x (n > 0)$.

解　这个极限属于"$0 \cdot \infty$"型未定式. 因为 $x^n \ln x = \dfrac{\ln x}{x^{-n}}$,所以

$$\lim_{x \to 0^+} x^n \ln x = \lim_{x \to 0^+} \frac{\ln x}{x^{-n}} \overset{\frac{\infty}{\infty} \text{型}}{=\!=\!=\!=} \lim_{x \to 0^+} \frac{\frac{1}{x}}{-n x^{-n-1}} = -\frac{1}{n} \lim_{x \to 0^+} x^n = 0.$$

例10　求 $\lim\limits_{x \to 1} \left(\dfrac{x}{x-1} - \dfrac{1}{\ln x} \right)$.

解　这是"$\infty - \infty$"型未定式,通分后可转化成"$\dfrac{0}{0}$"型.

$$\lim_{x\to 1}\left(\frac{x}{x-1}-\frac{1}{\ln x}\right)=\lim_{x\to 1}\frac{x\ln x-x+1}{(x-1)\ln x}=\lim_{x\to 1}\frac{\ln x}{\frac{x-1}{x}+\ln x}=\lim_{x\to 1}\frac{\frac{1}{x}}{\frac{1}{x^2}+\frac{1}{x}}=\frac{1}{2}.$$

例 11　求 $\lim\limits_{x\to 0^+}(\sin x)^x$.

解　这个极限属于" 0^0 "型未定式,先运用对数恒等式 $(\sin x)^x=e^{\ln(\sin x)^x}=e^{x\ln\sin x}$.

所以

$$\lim_{x\to 0^+}(\sin x)^x=\lim_{x\to 0^+}e^{x\ln\sin x}=e^{\lim_{x\to 0^+}x\ln\sin x}.$$

当 $x\to 0^+$ 时,上式右端指数部分是" $0\cdot\infty$ "型未定式,而

$$\lim_{x\to 0^+}x\ln\sin x=\lim_{x\to 0^+}\frac{\ln\sin x}{\frac{1}{x}}=\lim_{x\to 0^+}\frac{\frac{\cos x}{\sin x}}{-\frac{1}{x^2}}=\lim_{x\to 0^+}\frac{-\cot^2 x-1}{\frac{2}{x^3}}=0,$$

所以

$$\lim_{x\to 0^+}(\sin x)^x=e^{\lim_{x\to 0^+}x\ln\sin x}=e^0=1.$$

例 12　求 $\lim\limits_{x\to 0^+}\left(1+\frac{1}{x}\right)^x$.

解　这是" ∞^0 "型未定式,先运用对数恒等式 $\left(1+\frac{1}{x}\right)^x=e^{\ln\left(1+\frac{1}{x}\right)^x}=e^{x\cdot\ln\left(1+\frac{1}{x}\right)}$.

$$\lim_{x\to 0^+}\left(1+\frac{1}{x}\right)^x=\lim_{x\to 0^+}e^{x\ln\left(1+\frac{1}{x}\right)}=e^{\lim_{x\to 0^+}\frac{\ln\left(1+\frac{1}{x}\right)}{\frac{1}{x}}}=e^{\lim_{x\to 0^+}\frac{\left(1+\frac{1}{x}\right)^{-1}\cdot\left(-\frac{1}{x^2}\right)}{-\frac{1}{x^2}}}=e^{\lim_{x\to 0^+}\frac{x}{1+x}}=1.$$

洛必达法则是求未定式的一种有效方法,但不是万能的,最好能与其他求极限的方法结合使用.

习题 3-2

1.求下列极限:

(1) $\lim\limits_{x\to\frac{\pi}{2}}\dfrac{\ln\sin x}{(\pi-2x)^2}$;

(2) $\lim\limits_{x\to 0}\dfrac{\tan x-x}{x-\sin x}$;

(3) $\lim\limits_{x\to\pi}\dfrac{\sin 3x}{\sin 5x}$;

(4) $\lim\limits_{x\to a}\dfrac{x^m-a^m}{x^n-a^n}$;

(5) $\lim\limits_{x\to 0}\dfrac{x}{e^x-e^{-x}}$;

(6) $\lim\limits_{x\to 0}\dfrac{\arctan x-x}{x^3}$.

2.求下列极限:

(1) $\lim\limits_{x\to\infty}x(e^{\frac{1}{x}}-1)$;

(2) $\lim\limits_{x\to 0}x^2 e^{\frac{1}{x^2}}$;

(3) $\lim\limits_{x\to 0}\left(\dfrac{1}{x}-\dfrac{1}{e^x-1}\right)$;

(4) $\lim\limits_{x\to\frac{\pi}{2}}(\sec x-\tan x)$;

(5) $\lim\limits_{x\to 0^+}x^x$;

(6) $\lim\limits_{x\to 0}\dfrac{\tan x-x}{x\sin^2 x}$;

(7) $\lim\limits_{x \to 0} (1 + \sin x)^{\frac{1}{x}}$; $\qquad\qquad$ (8) $\lim\limits_{x \to \infty} x \sin(e^{\frac{1}{x}} - 1)$.

3.验证极限 $\lim\limits_{x \to \infty} \dfrac{x + \sin x}{x - \sin x}$ 存在,但不能用洛必达法则求出.

4.若 $f(x)$ 有二阶导数,证明 $f''(x) = \lim\limits_{h \to 0} \dfrac{f(x + h) - 2f(x) + f(x - h)}{h^2}$.

5.设当 $x \to 0$ 时,$e^x - (ax^2 + bx + 1)$ 是比 x^2 高阶的无穷小,试确定 a 和 b 的值.

第三节 泰 勒 公 式

由于多项式 $P_n(x) = a_0 + a_1 x + \cdots + a_n x^n$ 只涉及数的加、减、乘三种运算,计算起来比较简单,因此在理论分析和近似计算中,常常希望能将复杂函数 $f(x)$ 用多项式来逼近.本节介绍如何将复杂函数用多项式函数表示的一种方法.

一、泰勒公式

由微分可得,当 $|x|$ 很小时,有 $e^x \approx 1 + x$,$\sqrt[n]{1 + x} \approx 1 + \dfrac{x}{n}$.这些都是用一次多项式近似表示函数 $f(x)$ 的例子.但这些近似公式存在两点不足:(1)精度不高,误差仅为 x 的高阶无穷小 $o(x)$;(2)误差范围不能确定.上述近似表达式中,右边是一次多项式,精度不高,自然会想到,若改用二次多项式,甚至 n 次多项式来近似代替 $y = f(x)$,其精度是否会有所提高.于是,提出下面三个问题:

(1) $f(x)$ 在 $U(x_0)$ 内满足什么条件,才能被一个 n 次多项式 $P_n(x) = a_0 + a_1 x + \cdots + a_n x^n$ 近似表示,且误差为 $o((x - x_0)^n)$;

(2) 如何确定 $P_n(x)$ 的系数;

(3) $f(x) - P_n(x)$ 的取值范围.

若函数 $f(x)$ 在点 x_0 处可导,由微分可得 $f(x) = f(x_0) + f'(x_0)(x - x_0) + o((x - x_0))$.因此 $f(x) \approx f(x_0) + f'(x_0)(x - x_0)$.右边这个一次函数与 $f(x)$ 的关系满足:在 x_0 点的函数值及导数值对应相等,二者之间误差为 $o((x - x_0)^n)$.直观的想法就是:为使 $P_n(x)$ 在 x_0 某邻域可近似表示 $f(x)$ 且误差为 $o((x - x_0)^n)$,可要求 $P_n(x)$ 在 x_0 点的函数值、各阶导数值(直到 n 阶导数)与 $f(x)$ 在 x_0 点的函数值及相应的导数值相等,即

$$f(x_0) = P_n(x_0), f'(x_0) = P_n'(x_0), \cdots, f^{(n)}(x_0) = P_n^{(n)}(x_0) , \qquad\qquad (3)$$

这就要求 $f(x)$ 在 x_0 点具有 n 阶导数.

根据公式(3),确定系数 a_0,a_1,$\cdots$,a_n.将 x_0 代入 $P_n(x)$,得到

$$a_0 = f(x_0) , a_1 = f'(x_0) , a_2 = \frac{f''(x_0)}{2!} , a_k = \frac{f^{(k)}(x_0)}{k!} , k = 0, 1, 2, \cdots, n .$$

从而所求多项式

$$P_n(x) = f(x_0) + \frac{f'(x_0)}{1!}(x - x_0) + \frac{f''(x_0)}{2!}(x - x_0)^2 + \cdots + \frac{f^{(n)}(x_0)}{n!}(x - x_0)^n.$$

泰勒中值定理 1 设函数 $f(x)$ 在点 x_0 处具有直到 n 阶导数，存在 x_0 的某邻域，使得对于该邻域的任意 x，有

$$f(x) = f(x_0) + f'(x_0)(x - x_0) + \frac{f''(x_0)}{2!}(x - x_0)^2 + \cdots + \frac{f^{(n)}(x_0)}{n!}(x - x_0)^n + R_n(x) \quad (4)$$

其中

$$R_n(x) = o((x - x_0)^n). \tag{5}$$

证 令 $G(x) = (x - x_0)^n$，

$$R_n(x) = f(x) - \left[f(x_0) + f'(x_0)(x - x_0) + \frac{f''(x_0)}{2!}(x - x_0)^2 + \cdots + \frac{f^{(n)}(x_0)}{n!}(x - x_0)^n \right].$$

因为 $f(x)$ 在点 x_0 处具有 n 阶导数，所以 $R_n(x)$ 在点 x_0 处具有 n 阶导数，且满足

$$R_n(x_0) = R'_n(x_0) = \cdots = R_n^{(n)}(x_0) = 0,$$
$$G(x_0) = G'(x_0) = \cdots = G^{(n-1)}(x_0) = 0.$$

对 $R_n(x)$ 与 $G(x)$ 在相应区间上使用柯西中值定理 $n - 1$ 次，则有

$$\frac{R_n(x)}{G(x)} = \frac{R_n(x) - R_n(x_0)}{G(x) - G(x_0)} = \frac{R'_n(\xi_1)}{G'(\xi_1)} \quad (\xi_1 \text{ 介于 } x_0 \text{ 与 } x \text{ 之间})$$

$$= \frac{R'_n(\xi_1) - R'_n(x_0)}{G'(\xi_1) - G'(x_0)} = \frac{R''_n(\xi_2)}{G''(\xi_2)} \quad (\xi_2 \text{ 介于 } x_0 \text{ 与 } \xi_1 \text{ 之间})$$

$$= \frac{R''_n(\xi_2) - R''_n(x_0)}{G''(\xi_2) - G''(x_0)} = \cdots = \frac{R_n^{(n-1)}(\xi_{n-1})}{G^{(n-1)}(\xi_{n-1})} \quad (\xi_{n-1} \text{ 介于 } x_0 \text{ 与 } \xi_{n-2} \text{ 之间})$$

$$= \frac{R_n^{(n-1)}(\xi_{n-1}) - R_n^{(n-1)}(x_0)}{G^{(n-1)}(\xi_{n-1}) - G^{(n-1)}(x_0)},$$

所以

$$\lim_{x \to x_0} \frac{R_n(x)}{G(x)} = \lim_{\xi_{n-1} \to x_0} \frac{R_n^{(n-1)}(\xi_{n-1}) - R_n^{(n-1)}(x_0)}{G^{(n-1)}(\xi_{n-1}) - G^{(n-1)}(x_0)}$$

$$= \lim_{\xi_{n-1} \to x_0} \frac{R_n^{(n-1)}(\xi_{n-1}) - R_n^{(n-1)}(x_0)}{(n-1)!(\xi_{n-1} - x_0)} = \frac{R_n^{(n)}(x_0)}{(n-1)!} = 0,$$

因此 $R_n(x) = o((x - x_0)^n)$，定理证毕.

式 (5) 称为佩亚诺余项，式 (4) 称为函数 $f(x)$ 在点 x_0 处带有佩亚诺余项的 n 阶泰勒公式. 称多项式

$$T_n(x) = f(x_0) + f'(x_0)(x - x_0) + \frac{f''(x_0)}{2!}(x - x_0)^2 + \cdots + \frac{f^{(n)}(x_0)}{n!}(x - x_0)^n$$

为函数 $f(x)$ 在点 x_0 处的 n 阶泰勒多项式.

下面解决问题 (3)，即求误差 $f(x) - T_n(x)$ 的表达式，有以下结果：

泰勒中值定理 2　设函数 $f(x)$ 在点 x_0 的某邻域 $U(x_0)$ 内具有直到 $n+1$ 阶导数,则对于任意的 $x \in U(x_0)$,有

$$f(x) = T_n(x) + R_n(x) ,\tag{6}$$

其中

$$R_n(x) = \frac{f^{(n+1)}(\xi)}{(n+1)!}(x - x_0)^{n+1}\ (\xi\ 介于\ x_0\ 与\ x\ 之间).\tag{7}$$

证　令 $G(x) = (x - x_0)^{n+1}$,$R_n(x) = f(x) - T_n(x)$,由于函数 $f(x)$ 在点 x_0 的某邻域 $U(x_0)$ 内具有直到 $n+1$ 阶导数,所以 $R_n(x)$ 在点 x_0 的某邻域 $U(x_0)$ 内具有直到 $n+1$ 阶导数,且满足

$$R_n(x_0) = R'_n(x_0) = \cdots = R_n^{(n)}(x_0) = 0, R_n^{(n+1)}(x) = f^{(n+1)}(x) ,$$

$$G(x_0) = G'(x_0) = \cdots = G^{(n)}(x_0) = 0, G^{(n+1)}(x) = (n+1)! .$$

对 $R_n(x)$ 与 $G(x)$ 在相应区间上使用柯西中值定理 $n+1$ 次,则有

$$\frac{R_n(x)}{G(x)} = \frac{R_n(x) - R_n(x_0)}{G(x) - G(x_0)} = \frac{R_n'(\xi_1)}{G'(\xi_1)}\ (\xi_1\ 介于\ x_0\ 与\ x\ 之间)$$

$$= \frac{R'_n(\xi_1) - R'_n(x_0)}{G'(\xi_1) - G'(x_0)} = \frac{R''_n(\xi_2)}{G''(\xi_2)}\ (\xi_2\ 介于\ x_0\ 与\ \xi_1\ 之间)$$

$$= \frac{R''_n(\xi_2) - R''_n(x_0)}{G''(\xi_2) - G''(x_0)} = \cdots = \frac{R_n^{(n)}(\xi_n)}{G^{(n)}(\xi_n)}\ (\xi_n\ 介于\ x_0\ 与\ \xi_{n-1}\ 之间).$$

$$= \frac{R_n^{(n)}(\xi_n) - R_n^{(n)}(x_0)}{G^{(n)}(\xi_n) - G^{(n)}(x_0)} = \frac{R_n^{(n+1)}(\xi_n)}{G^{(n+1)}(\xi_n)} ,$$

从而得到 $\dfrac{R_n(x)}{G(x)} = \dfrac{f^{(n+1)}(\xi)}{(n+1)!}$($\xi$ 在 x_0 与 ξ_n 之间,因而也在 x_0 与 x 之间).

于是

$$R_n(x) = \frac{f^{(n+1)}(\xi)}{(n+1)!}(x - x_0)^{(n+1)}\ (\xi\ 在\ x_0\ 与\ x\ 之间).$$

(7)式中的 $R_n(x)$ 称为拉格朗日余项,公式(6)称为函数 $f(x)$ 在点 $x = x_0$ 处的带有拉格朗日余项的 n 阶泰勒公式.

拉格朗日余项还可写成以下形式:

$$R_n(x) = \frac{f^{(n+1)}(x_0 + \theta(x - x_0))}{(n+1)!}(x - x_0)^{n+1}(0 < \theta < 1) .$$

拉格朗日中值定理可看作是零阶拉格朗日余项的泰勒公式:

$$f(x) = f(x_0) + f'(\xi)(x - x_0)\ (\xi\ 在\ x_0\ 与\ x\ 之间).$$

因此,拉格朗日余项的泰勒公式是拉格朗日中值定理的推广.

当 $x = 0$ 时,带有佩亚诺余项的 n 阶泰勒公式称为带有佩亚诺余项的 n 阶麦克劳林(Maclaurin)公式为

$$f(x) = f(0) + f'(0)x + \frac{f''(0)}{2!}x^2 + \cdots + \frac{f^{(n)}(0)}{n!}x^n + o(x^n) ;$$

带有拉格朗日余项的 n 阶泰勒公式称为带有拉格朗日余项的 n 阶麦克劳林公式为

$$f(x) = f(0) + f'(0)x + \frac{f''(0)}{2!}x^2 + \cdots + \frac{f^{(n)}(0)}{n!}x^n + \frac{f^{(n+1)}(\xi)}{(n+1)!}x^{n+1}, \quad \xi \text{ 介于 } 0 \text{ 与 } x \text{ 之间.}$$

二、函数的泰勒展开式举例

例 1　写出函数 $f(x) = e^x$ 的带有拉格朗日余项的 n 阶麦克劳林公式,并利用 $f(x)$ 在 $x = 0$ 处的四阶泰勒多项式计算 e 的近似值,并估计误差.

解　由 $f(x) = e^x, \cdots, f^{(n)}(x) = e^x, f^{(n+1)}(x) = e^x$,得

$$f(0) = 1, f'(0) = 1, \cdots, f^{(n)}(0) = 1,$$

于是得 e^x 的 n 阶麦克劳林公式为

$$e^x = 1 + x + \frac{x^2}{2!} + \cdots + \frac{x^n}{n!} + \frac{e^\xi}{(n+1)!}x^{n+1}, \quad \xi \text{ 在 } x_0 \text{ 与 } x \text{ 之间.}$$

因此,将 e^x 用它在点 $x_0 = 0$ 处的 n 阶泰勒多项式来近似表达为

$$e^x \approx 1 + x + \frac{x^2}{2!} + \cdots + \frac{x^n}{n!},$$

所产生的绝对误差为

$$|R_n(x)| = \left| \frac{e^\xi}{(n+1)!}x^{n+1} \right|.$$

取 $x = 1, n = 4$,则

$$e \approx 1 + 1 + \frac{1}{2!} + \frac{1}{3!} + \frac{1}{4!} \approx 2.7083,$$

其绝对误差

$$|R_3(1)| = \frac{e^\xi}{5!} < \frac{e}{5!} < \frac{3}{5!} = 0.025.$$

例 2　写出函数 $f(x) = \sin x$ 的 n 阶麦克劳林公式.

解　由 $f^{(n)}(x) = \sin\left(x + \frac{n\pi}{2}\right)$ $(n = 1, 2, \cdots)$,有

$$f(0) = 0, f'(0) = 1, f''(0) = 0, f'''(0) = -1, f^{(4)}(0) = 0, \cdots, f^{(2m)}(0) = 0, f^{(2m+1)}(0) = (-1)^m.$$

当 $n = 2m + 1$ 时, $\sin x$ 的 n 阶麦克劳林展开式为

$$\sin x = x - \frac{x^3}{3!} + \frac{x^5}{5!} - \frac{x^7}{7!} + \cdots + (-1)^m \frac{x^{2m+1}}{(2m+1)!} + R_{2m+1}(x),$$

其中

$$R_{2m+1}(x) = \frac{\sin[\theta x + (m+1)\pi]}{(2m+2)!} x^{2m+2} \quad (0 < \theta < 1);$$

当 $n = 2m$ 时, $\sin x$ 的 n 阶麦克劳林展开式为

$$\sin x = x - \frac{x^3}{3!} + \frac{x^5}{5!} - \frac{x^7}{7!} + \cdots + (-1)^{m-1} \frac{x^{2m-1}}{(2m-1)!} + R_{2m}(x),$$

其中
$$R_{2m}(x) = \frac{\sin\left[\theta x + (2m+1)\dfrac{\pi}{2}\right]}{(2m+1)!}x^{2m+1}.$$

类似地,当 $n = 2m+1$ 时,$\cos x$ 的 n 阶麦克劳林展开式为

$$\cos x = 1 - \frac{x^2}{2!} + \frac{x^4}{4!} - \frac{x^6}{6!} + \cdots + (-1)^m\frac{x^{2m}}{(2m)!} + \frac{\cos[\theta x + (m+1)\pi]}{(2m+2)!}x^{2m+2} \quad (0 < \theta < 1) ;$$

当 $n = 2m$ 时,$\cos x$ 的 n 阶麦克劳林展开式为

$$\cos x = 1 - \frac{x^2}{2!} + \frac{x^4}{4!} - \frac{x^6}{6!} + \cdots + (-1)^m\frac{x^{2m}}{(2m)!} + \cdots + \frac{\cos\left[\theta x + (2m+1)\dfrac{\pi}{2}\right]}{(2m+1)!}x^{2m+1}.$$

如果 m 分别取 2 和 3,则可得 $\sin x$ 的 3 次和 5 次近似多项式

$$\sin x \approx x - \frac{1}{3!}x^3 \text{ 和 } \sin x \approx x - \frac{1}{3!}x^3 + \frac{1}{5!}x^5 ,$$

其误差的绝对值依次不超过 $\dfrac{1}{5!}|x^5|$ 和 $\dfrac{1}{7!}|x^7|$.

将以上三个近似多项式及正弦函数的图形画在图 3-3 中,以便比较.

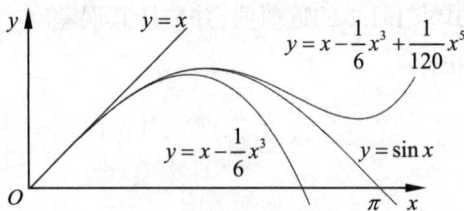

图 3-3

类似可得 $f(x) = (1+x)^\alpha$ 的 n 阶麦克劳林公式为

$$(1+x)^\alpha = 1 + \alpha x + \frac{\alpha(\alpha-1)}{2!}x^2 + \cdots + \frac{\alpha(\alpha-1)\cdots(\alpha-n+1)}{n!}x^n + o(x^n) ;$$

特别地,当 $\alpha = -1$,有

$$\frac{1}{1+x} = 1 - x + x^2 - x^3 + \cdots + (-1)^n x^n + o(x^n) ;$$

$f(x) = \ln(1+x)$ 的 n 阶麦克劳林公式为

$$\ln(1+x) = x - \frac{1}{2}x^2 + \frac{1}{3}x^3 - \cdots + (-1)^{n-1}\frac{1}{n}x^n + o(x^n).$$

例 3　利用带有佩亚诺余项的麦克劳林公式,求极限 $\lim\limits_{x\to 0}\dfrac{x(e^x - x) - \sin x}{\sin^3 x}$.

解　由于分式的分母在 $x\to 0$ 时,$\sin^3 x \sim x^3$.现将分子中的函数 $\sin x$ 和 $x(e^x - x)$ 分别用带有佩亚诺余项的 3 阶麦克劳林公式表示,即

$$x(e^x - x) = x + \frac{1}{2}x^3 + o(x^3) , \quad \sin x = x - \frac{1}{3!}x^3 + o(x^3).$$

于是

$$x(e^x - x) - \sin x = x + \frac{1}{2}x^3 + o(x^3) - x + \frac{1}{3!}x^3 - o(x^3) = \frac{2}{3}x^3 + o(x^3),$$

故

$$\lim_{x \to 0} \frac{x(e^x - x) - \sin x}{\sin^3 x} = \lim_{x \to 0} \frac{\frac{2}{3}x^3 + o(x^3)}{x^3} = \frac{2}{3}.$$

习题 3-3

1.求函数 $f(x) = xe^x$ 带有佩亚诺余项的 n 阶麦克劳林公式.

2.求函数 $f(x) = \dfrac{1}{x}$ 在点 $x_0 = 1$ 处带有佩亚诺余项的 n 阶泰勒公式.

3.求函数 $f(x) = x^4 - 5x^3 + x^2 - 3x + 4$ 在点 $x_0 = 2$ 处的泰勒多项式.

4.求函数 $f(x) = x^3 \ln x$ 在点 $x_0 = 1$ 处的带有拉格朗日余项的 4 阶泰勒公式.

5.计算 $\sqrt{2.7}$ 的近似值,使误差小于 0.1.

6.利用 3 阶麦克劳林公式求 $\ln 1.2$ 的近似值,并估计其误差.

7.利用泰勒公式求下列极限:

(1) $\displaystyle\lim_{x \to 0} \frac{x - \sin x}{x^3}$; $\qquad\qquad$ (2) $\displaystyle\lim_{x \to +\infty} \left[x - x^2 \ln\left(1 + \frac{1}{x}\right) \right].$

第四节   函数的单调性与极值

一、函数单调性的判定法

若函数 $y = f(x)$ 在 (a,b) 内可导,则导数符号与函数单调性的关系如下:

定理 1   设函数 $y = f(x)$ 在 $[a,b]$ 上连续,在 (a,b) 内可导,

(1) 如果在 (a,b) 内 $f'(x) > 0$,那么函数 $y = f(x)$ 在 $[a,b]$ 上单调增加;

(2) 如果在 (a,b) 内 $f'(x) < 0$,那么函数 $y = f(x)$ 在 $[a,b]$ 上单调减少.

定理是以闭区间为例叙述的,若将闭区间换成其他区间,结论仍然成立.

如果在某个区间上,函数导数为零的点只有有限个,而在其余各点处导数恒大于零(小于零),这时函数在该区间上仍为单调增加(单调减少).如幂函数 $y = x^3$ 的导数 $y' = 3x^2 \geqslant 0$, $x \in (-\infty, +\infty)$,等号仅在 $x = 0$ 时成立,因而 $y = x^3$ 在 $(-\infty, +\infty)$ 上是单调增加的.

例 1   讨论函数 $f(x) = 2x - \sin x$ 的单调性.

解 $f(x)$ 的定义域为 $(-\infty, +\infty)$,在定义域内 $f(x)$ 可导,且 $f'(x) = 2 - \cos x$.

当 $x \in (-\infty, +\infty)$ 时, $f'(x) > 0$.所以 $f(x) = 2x - \sin x$ 在 $(-\infty, +\infty)$ 上单调增加.

例 2   讨论函数 $f(x) = \sqrt[3]{x^2}$ 的单调性.

解 函数 $f(x)$ 的定义域为 $(-\infty, +\infty)$.

$f'(x) = \dfrac{2}{3\sqrt[3]{x}}$，显然 $x = 0$ 时，$f'(x)$ 不存在.

当 $x < 0$ 时，$f'(x) < 0$；当 $x > 0$ 时，$f'(x) > 0$. 所以 $f(x) = \sqrt[3]{x^2}$ 在 $(-\infty, 0]$ 上单调减少，在 $[0, +\infty)$ 上单调增加. 函数的图形如图 3-4 所示.

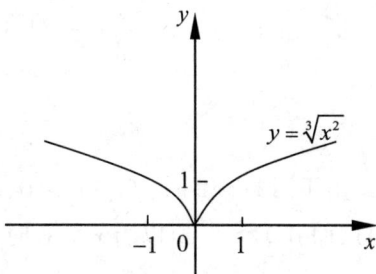

根据上述定理，若导函数在某一个区间上符号不变，则在此区间函数是单调的. 怎么保证导函数在每个区间上是符号不变的，只需要用导数为零的点和不可导的点将定义域划分，则划分后的每一个区间上导数的符号不变，从而得出函数在每个划分的子区间上的单调性. 一般地，求函数 $f(x)$ 单调区间的步骤为

图 3-4

(1) 确定函数 $f(x)$ 的定义域；

(2) 求函数 $f(x)$ 的驻点和不可导点；

(3) 以驻点和不可导的点为分界点，将定义域划分为若干个子区间，列表讨论在各个子区间内 $f'(x)$ 的符号，判定函数 $f(x)$ 的单调性.

例 3 求函数 $f(x) = x(2x-1)^{\frac{2}{3}}$ 的单调区间.

解 (1) $f(x) = x(2x-1)^{\frac{2}{3}}$ 的定义域是 $(-\infty, +\infty)$；

(2) $f'(x) = (2x-1)^{\frac{2}{3}} + \dfrac{4}{3}x(2x-1)^{-\frac{1}{3}} = \dfrac{10x-3}{3\sqrt[3]{2x-1}}$，显然，驻点为 $x = \dfrac{3}{10}$，不可导的点为 $x = \dfrac{1}{2}$；

(3) 以 $x = \dfrac{3}{10}$ 和 $x = \dfrac{1}{2}$ 为分界点，将定义域 $(-\infty, +\infty)$ 分为三个子区间，列表讨论：

x	$\left(-\infty, \dfrac{3}{10}\right)$	$\dfrac{3}{10}$	$\left(\dfrac{3}{10}, \dfrac{1}{2}\right)$	$\dfrac{1}{2}$	$\left(\dfrac{1}{2}, +\infty\right)$
$f'(x)$	+	0	−	不存在	+
$f(x)$	增	−	减		增

由上表可知，函数 $f(x)$ 的单调增加区间为 $\left(-\infty, \dfrac{3}{10}\right)$ 和 $\left(\dfrac{1}{2}, +\infty\right)$，单调减少区间为 $\left(\dfrac{3}{10}, \dfrac{1}{2}\right)$.

利用函数的单调性，可以证明一些不等式. 例如，要证明 $f(x) > 0$ 在 (a,b) 上成立，只要证

明在 $[a,b]$ 上 $f(x)$ 单调增加（减少）且 $f(a) \geqslant 0(f(b) \geqslant 0)$ 即可.

例4 证明:当 $x > 0$ 时, $1 + \dfrac{1}{2}x > \sqrt{1+x}$.

证 令 $f(x) = 1 + \dfrac{1}{2}x - \sqrt{1+x}$,则

$$f'(x) = \frac{1}{2}(1 - \frac{1}{\sqrt{1+x}}) .$$

由于当 $x > 0$ 时, $f'(x) > 0$,因此 $f(x)$ 在 $[0, +\infty)$ 上单调增加,即当 $x > 0$ 时, $f(x) > f(0)$.而 $f(0) = 0$,所以当 $x > 0$ 时,有 $f(x) > 0$,
即

$$1 + \frac{1}{2}x > \sqrt{1+x} .$$

二、函数的极值及其求法

1.函数极值的定义

为了方便最值的讨论,首先引入极值的概念.

定义 设函数 $f(x)$ 在 x_0 的某邻域内有定义,如果对于该邻域内异于 x_0 的任一点 x ,均有
$$f(x) \leqslant f(x_0) \ (f(x) \geqslant f(x_0)) ,$$
那么就称 $f(x_0)$ 是函数 $f(x)$ 的一个**极大值(极小值)**,点 x_0 称为函数的**极大值点(极小值点)**,函数的极大值与极小值统称为函数的**极值**,极大值点和极小值点统称为**极值点**.

由极值定义可知,极值仅仅是在一点的邻域内比较函数值的大小而产生的.因此对于一个定义在 (a,b) 内的函数,极值往往可能有很多个;且极大值不一定比极小值大.

2.函数极值的判定和求法

函数的极值点只能是哪几种类型的点? 根据费马引理,可导的极值点一定为驻点.是不是每个极值点就一定是可导点,答案是不一定.如对于函数 $y = |x|$, $x_0 = 0$ 是极小值点,且有 $y = |x|$ 在点 $x_0 = 0$ 不可导.可见,使函数取得极值的点只可能是函数的驻点或不可导的点.但是要注意驻点和不可导的点不一定都是极值点.如 $y = x^3$,驻点为 $x_0 = 0$,但 $x_0 = 0$ 不是函数 $y = x^3$ 的极值点.所以为求 $f(x)$ 的极值点,一般先求出所有可能的极值点(驻点和不可导的点),再一一判断是不是极值点.

若存在以 x_0 为中心的邻域 $\mathring{U}(x_0)$,使得 $\mathring{U}(x_0)$ 内所有点的函数值都小(大)于 $f(x_0)$,则 x_0 为连续函数 $f(x)$ 的极大(小)值点.因此,若在 x_0 的两侧, $f(x)$ 单调性不相同,这样的点一定就是极值点. 由此给出极值的第一判定条件:

定理 2（极值判定第一充分条件） 设函数 $f(x)$ 在点 x_0 处连续,且在 x_0 的某去心邻域 $\mathring{U}(x_0)$ 内可导.

（1）当 $x \in \mathring{U}_-(x_0)$ 时, $f'(x) > 0$,当 $x \in \mathring{U}_+(x_0)$ 时, $f'(x) < 0$,那么函数 $f(x)$ 在 x_0 处取得极大值 $f(x_0)$ ；

（2）当 $x \in \mathring{U}_-(x_0)$ 时，$f'(x) < 0$，当 $x \in \mathring{U}_+(x_0)$ 时，$f'(x) > 0$，那么函数 $f(x)$ 在 x_0 处取得极小值 $f(x_0)$；

（3）当 $x \in \mathring{U}(x_0)$ 时，$f'(x)$ 的符号保持不变，那么函数 $f(x)$ 在 x_0 处没有极值.

证　只证（1）.当 $x \in \mathring{U}_-(x_0)$ 时，因为 $f'(x) > 0$，所以 $f(x)$ 严格单调增加，结合 $f(x)$ 在点 x_0 连续可得

$$f(x) < f(x_0)，x \in \mathring{U}_-(x_0).$$

当 $x \in \mathring{U}_+(x_0)$ 时，因为 $f'(x) < 0$，所以 $f(x)$ 严格单调减少，因而同样有 $f(x) < f(x_0)$，故 $f(x)$ 在点 x_0 取极大值.

结合第一充分条件，求极值点和极值的具体步骤如下：

（1）确定函数的定义域；

（2）求导数 $f'(x)$，并找出定义域内的所有驻点和所有不可导点；

（3）考察在每个驻点或不可导的点的左、右邻域内 $f'(x)$ 的符号，以确定该点是否为极值点；

（4）求出各极值点的函数值，得到函数 $f(x)$ 的全部极值.

例 5　求函数 $f(x) = (x - 4)x^{\frac{1}{3}}$ 的极值.

解　（1）函数的定义域为 $(-\infty, +\infty)$；

（2）求导得 $f'(x) = (x^{\frac{4}{3}} - 4x^{\frac{1}{3}})' = \dfrac{4}{3} \cdot \dfrac{x - 1}{\sqrt[3]{x^2}}$，令 $f'(x) = 0$，解得驻点 $x = 1$，函数的不可导点为 $x = 0$；

（3）以 $x = 0$ 和 $x = 1$ 为分界点将 $(-\infty, +\infty)$ 分为三个子区间，列表讨论：

x	$(-\infty, 0)$	0	$(0,1)$	1	$(1, +\infty)$
$f'(x)$	+	不存在	−	0	+
$f(x)$	增	极大值 0	减	极小值 −3	增

（4）由上表可知，函数的极大值为 $f(0) = 0$，极小值为 $f(1) = -3$.

定理 3（极值判定第二充分条件）　若函数 $f(x)$ 在点 x_0 处二阶可导，且 $f'(x_0) = 0$，$f''(x_0) \neq 0$，则

（1）当 $f''(x_0) < 0$ 时，函数 $f(x)$ 在点 x_0 处取得极大值 $f(x_0)$；

（2）当 $f''(x_0) > 0$ 时，函数 $f(x)$ 在点 x_0 处取得极小值 $f(x_0)$.

证　因为 $f(x)$ 在点 x_0 处二阶可导，所以存在邻域 $U(x_0)$，使得 $f(x_0)$ 在 $U(x_0)$ 有定义.

将 $f(x)$ 在 x_0 处展开为二阶泰勒公式，并注意到 $f'(x_0) = 0$，得

$$f(x) - f(x_0) = \frac{f''(x_0)}{2!}(x - x_0)^2 + o((x - x_0)^2).$$

因为 $x \to x_0$ 时，$o((x - x_0)^2)$ 是比 $(x - x_0)^2$ 高阶的无穷小，所以存在 $\mathring{U}(x_0, \delta) \subset U(x_0)$，使得当 $x \in \mathring{U}(x_0, \delta)$ 时，上式右端的正负取决于第一项，故当 $f''(x_0) > 0$ 时，对任意 $x \in \mathring{U}(x_0, \delta)$，有 $f(x) > f(x_0)$，即 $f(x_0)$ 为极小值；当 $f''(x_0) < 0$，对任意 $x \in \mathring{U}(x_0, \delta)$，有 $f(x) < f(x_0)$，即 $f(x_0)$ 为极大值.

极值判定的第二充分条件只能判断二阶导数不为零的驻点是极大值还是极小值，而对于判断二阶导数为零或不可导的点是否为极值点，该极值判定法将失效.

例 6　求 $f(x) = x^3 - 3x^2 - 9x + 5$ 的极值.

解　易得 $f'(x) = 3x^2 - 6x - 9 = 3(x^2 - 2x - 3)$，$f''(x) = 6x - 6$.

令 $f'(x) = 0$，得 $x_1 = -1$，$x_2 = 3$. 而 $f''(-1) = -12 < 0$，$f''(3) = 12 > 0$，所以 $f(x)$ 的极大值为 $f(-1) = 10$，$f(x)$ 的极小值为 $f(3) = -22$.

三、函数的最值

在许多实际问题中，经常提出诸如用料最省、成本最低、效益最大等问题，这就是所谓的最优化问题. 这类问题在数学上常归结为求一个函数（称为目标函数）的最大值或最小值问题.

若 $f(x)$ 为 $[a, b]$ 上的连续函数，且在 (a, b) 内只有有限个驻点或不可导点，设其为 x_1，$x_2, \cdots, x_n$，由闭区间上的连续函数性质：连续函数 $f(x)$ 在闭区间上必取得最大值和最小值. 最值的取值有两种情况：一种是在区间内部取得，此时最值一定是极值. 还有一种是最值在区间端点 $x = a$ 或 $x = b$ 处取得. 由此闭区间连续函数 $f(x)$ 的最值点一定在极值点或区间端点取得，故 $f(x)$ 在 $[a, b]$ 上的最大值为

$$\max_{x \in [a, b]} f(x) = \max\{f(a), f(x_1), \cdots, f(x_n), f(b)\};$$

最小值为

$$\min_{x \in [a, b]} f(x) = \min\{f(a), f(x_1), \cdots, f(x_n), f(b)\}.$$

因此求 $f(x)$ 在闭区间上最值的步骤为：

（1）求导数 $f'(x)$，并找出该区间内的全部驻点和不可导点；

（2）比较驻点、不可导的点和区间端点的函数值大小，最小的为最小值，最大的为最大值.

例 7　求 $f(x) = x^4 - 8x^2 + 2$ 在 $[-1, 3]$ 上的最大值和最小值.

解　因为 $f'(x) = 4x(x - 2)(x + 2)$.

令 $f'(x) = 0$，得驻点 $x_1 = 0$，$x_2 = 2$，$x_3 = -2$（舍去）.

因为 $f(-1) = -5$，$f(0) = 2$，$f(2) = -14$，$f(3) = 11$，故有 $\max\limits_{x \in [-1, 3]} f(x) = f(3) = 11$，$\min\limits_{x \in [-1, 3]} f(x) = f(2) = -14$.

下面这个结论在解决实际问题时特别有用：

若 $f(x)$ 为有实际问题背景的连续函数，根据实际问题可以判断该函数一定有最大值（或最小值），而该函数 $f(x)$ 在定义域内只有唯一的一个极值点 x_0，则当 $f(x_0)$ 为极大值时，它就是 $f(x)$ 在定义域上的最大值；当 $f(x_0)$ 为极小值时，它就是 $f(x)$ 在定义域上的最小值.

例 8　设某企业每日生产某产品的总成本 C 与日产量 x（吨）的函数关系为

$$C(x) = 500 + 400x - 0.6x^2 + 0.001x^3, \quad x > 0,$$

产品每吨的单价为400元,问该企业每日产量多少时可获最大利润?

解　该企业总收益 $R(x) = 400x$,总利润

$$L(x) = R(x) - C(x) = -500 + 0.6x^2 - 0.001x^3, \quad x > 0,$$

则有

$$L'(x) = 1.2x - 0.003x^2, L''(x) = 1.2 - 0.006x,$$

令 $L'(x) = 0$,得唯一驻点 $x_0 = 400$,又 $L''(x_0) = L''(400) = -1.2 < 0$,所以 $L(x_0)$ 为 $L(x)$ 的极大值,又因为 $L(x)$ 最大值一定存在,故当日产量为 $x_0 = 400$ 吨时可获取最大利润,最大利润为

$$L(40) = -500 + 0.6 \times 40^2 - 0.001 \times 40^3 = 396 \ (\text{元}).$$

例 9　注入人体血液的麻醉药浓度 C(毫克)随注入时间 t(秒)的变化而变化.据临床观测,从注入人体开始,某麻醉药在某人血液中的浓度 C 与时间 t 的函数关系为

$$C(t) = 0.29483t + 0.04253t^2 - 0.00035t^3,$$

试问:该麻醉药从注入人体开始,过多长时间其浓度最大?

解　此问题是要求出目标函数 $C(t)$ 当 $t > 0$ 时的最大值.为此令

$$C'(t) = 0.29483 + 0.08506t - 0.00105t^2 = 0, t > 0,$$

得 $t_0 = 84.33884$.

又因为

$$C''(t_0) = 0.08506 - 0.17711 < 0,$$

所以 $C(t)$ 在 $t_0 = 84.33884$ 取得极大值.又因为 $C(t)$ 一定存在最大值,故在该麻醉药注入患者体内的时间约为 84.34 秒时,其血液里麻醉剂的浓度最大.

习题 3-4

1.确定下列函数的单调区间:

(1) $y = x^3 - 2x^2 - 4x - 8$;　　　　(2) $y = 2x^2 - \ln x$;

(3) $y = xe^x$;　　　　(4) $y = \dfrac{2}{3}x - \sqrt[3]{x^2}$.

2.求下列函数的极值点:

(1) $y = 2x^3 - 6x^2 - 18x + 7$;　　　　(2) $y = x - \ln(1 + x)$;

(3) $y = x + \sqrt{1 - x}$;　　　　(4) $f(x) = (x - 1)\sqrt[3]{x^2}$.

3.证明下列不等式:

(1) 当 $x > 0$ 时, $\ln(1 + x) > x - \dfrac{1}{2}x^2$;

(2) 当 $x \geqslant 0$ 时, $(1 + x)\ln(1 + x) > \arctan x$;

(3) 当 $0 < x < \dfrac{\pi}{2}$ 时, $\tan x > x + \dfrac{1}{3}x^3$.

4.求下列函数的最值：

(1) $y = x^4 - 8x^2 + 2$，$-1 \leq x \leq 3$；   (2) $y = \sin x + \cos x$，$0 \leq x \leq 2\pi$；

(3) $y = x + \sqrt{1 - x}$，$-5 \leq x \leq 1$；   (4) $y = x^2 - \dfrac{54}{x}$，$x < 0$.

5.试问 a 为何值时，$f(x) = a\sin x + \dfrac{1}{3}\sin 3x$ 在点 $x = \dfrac{\pi}{3}$ 处取得极值？是极大值还是极小值？

6.设 $f(x) = x^3 + ax^2 + bx$ 在点 $x = 2$ 处取得极大值3，在点 $x = 3$ 处取得极小值，试确定 a, b 的值.

7.从一块边长为 a 的正方形铁皮的四角上截去同样大小的正方形，然后按虚线把四边折起来做成一个无盖的盒子（如图3-5所示），问要截去多大的小方块，才能使盒子的容量最大？

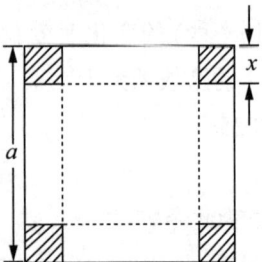

图3-5

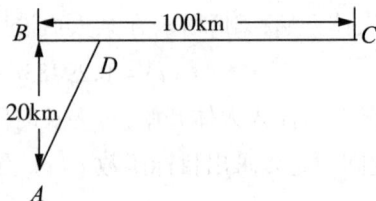

图3-6

8.设工厂 A 到铁路线的垂直距离为20km，垂足为 B，铁路线上距离 B 为100km处有一原料供应站 C，如图3-6所示.现在要在铁路 BC 段某点 D 处修建一个原料中转车站，再由车站 D 向工厂修一条公路.如果已知每千米的铁路运费与公路运费之比为 3:5，那么，D 点应选在何处，才能使从原料供应站 C 运货到工厂 A 所需运费最省？

9.某产品产量为 Q（单位：千件）时的成本函数为 $C(Q) = 15Q - 6Q^2 + Q^3$，$Q > 0$.

（1）生产数量为多少时，可使平均成本最小？

（2）求出边际成本，并验证边际成本等于平均成本时平均成本最小.

10.若火车每小时所耗燃料费用与火车速度的三次方成正比，已知速度为 $20km/h$，每小时的燃料费用40元，其他费用每小时270元，求最经济的行驶速度.

第五节 曲线的凹凸性和拐点、函数图像的描绘

前面学习了函数单调性、极值、最值.为了准确地画出函数图形，还需要了解函数图形的弯曲方向、拐点和渐近线.

一、曲线的凹凸性

对于函数 $f(x) = x^2$ 和 $g(x) = \sqrt{x}$，尽管它们在 $(0, +\infty)$ 上都是单调递增的（如图3-7），但从几何上来说，两条曲线弯曲方向不同，$f(x) = x^2$ 的图形往下凸出，而 $g(x) = \sqrt{x}$ 的图形往上

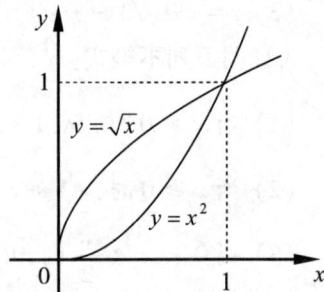

图3-7

凸出,称函数图形向上或向下凸的性质为函数的凹凸性.

对于向下凸的曲线来说,其上任意两点间的弧段总位于联结两点弦的下方(如图 3-8 (a)),而向上凸的情形正好相反(如图 3-8(b)),由此给出关于曲线凹凸的定义.

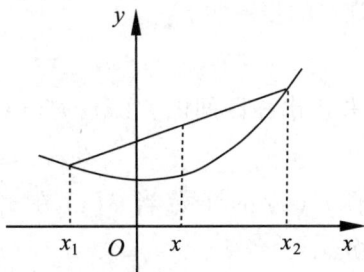

图 3-8(a)

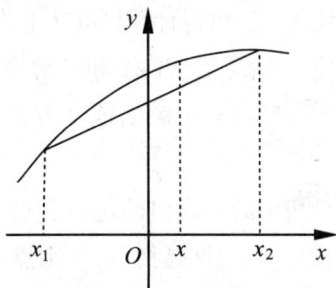

图 3-8(b)

定义 1　设 $y = f(x)$ 在区间 I 上连续,如果对 I 上任意两点 x_1, x_2 恒有

$$f\left(\frac{x_1 + x_2}{2}\right) < \frac{f(x_1) + f(x_2)}{2},$$

那么称 $f(x)$ 在 I 上的图形是(向上)**凹的**(凹弧),区间 I 称为 $y = f(x)$ 的凹区间;如果恒有

$$f\left(\frac{x_1 + x_2}{2}\right) > \frac{f(x_1) + f(x_2)}{2},$$

那么称 $f(x)$ 在 I 上的图形是(向上)**凸的**(凸弧),区间 I 称为 $y = f(x)$ 的凸区间.

设 $f(x)$ 在 I 上存在二阶导数.如果其图像是凹的曲线弧,其上任意点的切线斜率随着 x 的增大而增大;对于凸的曲线弧,其上各点的切线斜率随着 x 的增大而减小.由于 $f(x)$ 的切线斜率函数是 $f'(x)$,且其单调性可借助 $f''(x)$ 符号判断.由此可见,曲线 $y = f(x)$ 的凹凸性与二阶导数 $f''(x)$ 的符号有关.

定理 1(曲线凹凸性的判定定理)　设 $f(x)$ 在 $[a,b]$ 上连续,在 (a,b) 内具有二阶导数.

(1) 若在 (a,b) 内 $f''(x) > 0$,则 $y = f(x)$ 在 $[a,b]$ 上的图形是凹的;

(2) 若在 (a,b) 内 $f''(x) < 0$,则 $y = f(x)$ 在 $[a,b]$ 上的图形是凸的.

将定理中的闭区间可以换成其他类型的区间,结论仍然成立.此外,若在 (a,b) 内除有限个点上有 $f''(x) = 0$ 外,其余点处均满足定理的条件,则定理的结论仍然成立.例如,$y = x^4$ 在点 $x = 0$ 处有 $f(x) = 0$,但它在 $(-\infty, +\infty)$ 上是凹的.

例 1　判定曲线 $y = e^x$ 的凹凸性.

解　函数的定义域为 $(-\infty, +\infty)$,求 $y = e^x$ 的一阶导数和二阶导数得 $y' = e^x$,$y'' = e^x$;当 $x \in (-\infty, +\infty)$ 时,$y'' = e^x > 0$,由定理 1 可得,曲线 $y = e^x$ 是凹的.

例 2　判定曲线 $y = x^3$ 的凹凸性.

解　定义域为 $(-\infty, +\infty)$.分别求函数的一阶导数和二阶导数

$$y' = 3x^2, y'' = 6x.$$

当 $x \in (-\infty, 0)$ 时,$y'' < 0$,故曲线 $y = x^3$ 在 $(-\infty, 0]$ 内是凸的;当 $x \in (0, +\infty)$ 时,

$y'' > 0$ ，故曲线 $y = x^3$ 在 $[0, +\infty)$ 内是凹的.

定义2 连续曲线 $y = f(x)$ 上凹弧与凸弧的分界点 $(x_0, f(x_0))$ 称为曲线 $y = f(x)$ 的**拐点**. 如例2中，点 $(0, 0)$ 是曲线 $y = x^3$ 的拐点.

由拐点定义，可得计算区间 I 上连续曲线 $y = f(x)$ 拐点的步骤如下：

（1）求一阶导数 $f'(x)$ 和二阶导数 $f''(x)$ ；

（2）令 $f''(x) = 0$ ，解出这个方程在区间内的实根，并求出在区间内 $f'(x)$, $f''(x)$ 不存在的点；

（3）对于（2）中求出的每一个点 x_0 ，考察 x_0 左右两侧 $f''(x)$ 的符号，当 $f''(x)$ 在 x_0 两侧异号时，点 $(x_0, f(x_0))$ 是拐点，否则点 $(x_0, f(x_0))$ 不是拐点.

例3 求曲线 $y = x^4 - 4x^3 + 5$ 的拐点和凹、凸区间.

解 函数 $y = x^4 - 4x^3 + 5$ 的定义域为 $(-\infty, +\infty)$. 分别求函数的一阶导数和二阶导数

$$y' = 4x^3 - 12x^2, y'' = 12x^2 - 24x = 12x(x - 2).$$

令 $y'' = 0$ ，得 $x = 0$ 和 $x = 2$.列表讨论如下：

x	$(-\infty, 0)$	0	$(0, 2)$	2	$(2, +\infty)$
y''	+	0	−	0	+
y	凹	拐点 $(0, 5)$	凸	拐点 $(2, -11)$	凹

由上表可知，曲线的凹区间是 $(-\infty, 0]$ 和 $[2, +\infty)$ ；凸区间是 $[0, 2]$ ；拐点为 $(0, 5)$ 和 $(2, -11)$.

例4 求曲线 $y = \sqrt[3]{x}$ 的拐点.

解 函数 $y = \sqrt[3]{x}$ 的定义域是 $(-\infty, +\infty)$ ，当 $x \neq 0$ 时，

$$y' = \frac{1}{3}x^{-\frac{2}{3}}, y'' = -\frac{2}{9}x^{-\frac{5}{3}} = -\frac{2}{9} \cdot \frac{1}{x\sqrt[3]{x^2}}.$$

当 $x = 0$ 时， y' , y'' 都不存在.列表讨论如下：

x	$(-\infty, 0)$	0	$(0, +\infty)$
y''	+	不存在	−
y	凹	拐点 $(0, 0)$	凸

故可得，曲线在 $(-\infty, 0]$ 上是凹的，在 $[0, +\infty)$ 上是凸的，曲线的拐点为 $(0, 0)$.

二、函数图形的描绘

前面借助于函数的一阶、二阶导数讨论了函数的单调性、极值、凹凸性及曲线的拐点等.下面利用函数曲线的这些形态，比较准确地描绘函数的图形，现将描绘图形的一般步骤概括如下：

（1）确定函数 $y = f(x)$ 的定义域及函数所具有的某些特性（如奇偶性、周期性等）；

（2）求出函数的一阶导数 $f'(x)$ 和二阶导数 $f''(x)$，解出方程 $f'(x) = 0$，$f''(x) = 0$ 在定义域内的全部实根及一阶导数和二阶导数不存在的点；用这些点将函数的定义域划分为若干个子区间；

（3）列表讨论 $f'(x)$ 和 $f''(x)$ 在（2）中所得各子区间内的符号，由此确定函数的单调性、极值、曲线的凹凸性和拐点；

（4）如有渐近线，求出渐近线；

（5）若第 2 步求出的点太少，再加一些辅助点，如曲线与坐标轴的交点等；

（6）在直角坐标系中，根据上面的讨论，描点作图.

例 5　作函数 $y = 3x - x^3$ 的图形.

解　（1）函数的定义域为 $(-\infty, +\infty)$，由于 $f(-x) = -f(x)$，所以 $f(x)$ 是奇函数.因此函数的图形关于原点对称.

（2）显然，函数的一、二阶导数为 $y' = 3 - 3x^2$，$y'' = -6x$，令 $y' = 0$，得驻点 $x_1 = -1$，$x_2 = 1$，令 $y'' = -6x = 0$，得 $x_3 = 0$.

（3）列表讨论（由于对称性，这里也可以只列 $(0, +\infty)$ 上的表格）：

x	$(-\infty, -1)$	-1	$(-1, 0)$	0	$(0, 1)$	1	$(1, +\infty)$
y'	$-$	0	$+$	$+$	$+$	0	$-$
y''	$+$	$+$	$+$	0	$-$	$-$	$-$
y	曲线下降、凹	极小值 $y = -2$	曲线上升、凹	拐点 $(0,0)$	曲线上升、凸	极大值 $y = 2$	曲线下降、凸

（4）无渐近线.

（5）已知点 $(0,0)$、$(1,2)$，辅助点 $(\sqrt{3}, 0)$、$(2, -2)$，再利用函数的图形关于原点的对称性，找出对称点 $(-1, -2)$、$(-\sqrt{3}, 0)$、$(-2, 2)$.

（6）描点作图（如图 3-9）.

例 6　描绘 $f(x) = \dfrac{1}{\sqrt{2\pi}} e^{-\frac{x^2}{2}}$ 的图形.

解　（1）函数的定义域为 $(-\infty, +\infty)$，无间断点，由于 $f(-x) = f(x)$，所以 $f(x)$ 为偶函数. 其图形关于 y 轴对称.因此只需讨论 $[0, +\infty)$ 上该函数的图像.

（2）$f(x)$ 无不可导点，且一、二阶导数为 $f'(x) = -\dfrac{x}{\sqrt{2\pi}} e^{-\frac{x^2}{2}}$，$f''(x) = \dfrac{1}{\sqrt{2\pi}} e^{-\frac{x^2}{2}} (x^2 - 1)$，

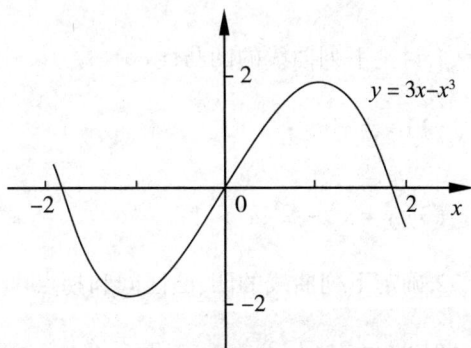

图 3-9

在 $[0, +\infty)$ 上，令 $f'(x) = 0$，得 $x = 0$，令 $f''(x) = 0$，得 $x = 1$.

（3）列表讨论：

x	0	$(0,1)$	1	$(1, +\infty)$
y'	0	$-$	$-$	$-$
y''	$-$	$-$	0	$+$
$y = f(x)$	极大值 $\dfrac{1}{\sqrt{2\pi}}$	曲线下降、凸	拐点 $\left(1, \dfrac{1}{\sqrt{2\pi e}}\right)$	曲线下降、凹

（4）由于 $\lim\limits_{x \to +\infty} f(x) = \lim\limits_{x \to +\infty} \dfrac{1}{\sqrt{2\pi}} e^{-\frac{x^2}{2}} = 0$，所以图像有一条水平渐近线 $y = 0$.

（5）取辅助点 $\left(2, \dfrac{1}{\sqrt{2\pi}} e^{-2}\right)$.

（6）综合以上讨论，画出函数 $f(x) = \dfrac{1}{\sqrt{2\pi}} e^{-\frac{x^2}{2}}$

在 $[0, \infty)$ 上的图形，利用图形的对称性，得函数在 $(-\infty, +\infty)$ 上的图形（如图 3-10）.这条曲线称为 **标准正态分布曲线**.

例 6 中的函数是概率论与数理统计中的标准正态分布的密度函数.

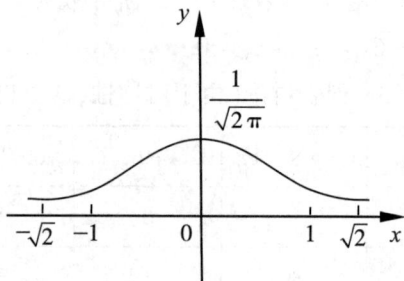

图 3-10

习题 3-5

1.讨论下列曲线的凹凸性：

（1）$y = x\ln x$；

（2）$y = x + \dfrac{1}{x}, x > 0$；

（3）$y = x^2 - x^3, x > 1$；

（4）$y = \dfrac{e^x + e^{-x}}{2}$.

2.确定下列曲线的凹、凸区间和拐点：

（1）$y = 2x^3 - 3x^2 + x + 2$；

（2）$y = \dfrac{x}{1 - x^2}$；

（3）$y = \ln(1 + x^2)$；

（4）$y = \ln(x + \sqrt{1 + x^2})$.

3.求下列曲线的渐近线：

（1）$y = \dfrac{x^2 + 2x + 4}{x^2 - 2x - 3}$；

（2）$y = \dfrac{x^2}{2x - 1}$.

4.描绘下列函数的图像：

（1）$y = x - 2\arctan x$；

（2）$y = \dfrac{x}{1 + x^2}$.

5.利用函数的凹凸性证明下列不等式：

（1）$\dfrac{e^x + e^y}{2} > e^{\frac{x+y}{2}}, x \neq y$；

（2）$x\ln x + y\ln y > (x + y)\ln\dfrac{x + y}{2}, x > 0, y > 0, x \neq y$.

6.若曲线 $y = ax^3 + bx^2$ 有拐点 $(1,3)$，求常数 a,b.

7.若直线 $y = 2$ 为曲线 $y = \dfrac{4x + 2}{ax - 1}$ 的水平渐近线，求常数 a.

第六节　曲线的曲率

一、曲率的概念

在第五节中，我们研究了曲线的凹凸性，即曲线的弯曲方向问题.本节研究曲线的弯曲程度问题，这是在生产实践和工程技术中，常常会遇到的一类问题.例如，设计铁路、高速公路的弯道时，就需要根据最高限速来确定弯道的弯曲程度.为此，本节我们介绍数学上曲线弯曲程度的概念——曲率，并介绍其计算公式.

直觉上，我们知道，直线不弯曲，半径小的圆比半径大的圆弯曲得厉害些，抛物线上在顶点附近比远离顶点的部分弯曲得厉害些. 那么如何用数量来描述曲线的弯曲程度呢?

如图 3-11 所示，$\overset{\frown}{M_1M_2}$ 和 $\overset{\frown}{M_2M_3}$ 是两段等长的曲线弧，$\overset{\frown}{M_2M_3}$ 比 $\overset{\frown}{M_1M_2}$ 弯曲得厉害些，当点 M_2 沿曲线弧移动到点 M_3 时，切线的转角 $\Delta\alpha_2$ 比从点 M_1 沿曲线弧移动到点 M_2 时，切线的转角 $\Delta\alpha_1$ 要大些.

如图 3-12 所示，$\overset{\frown}{M_1M_2}$ 和 $\overset{\frown}{N_1N_2}$ 是两段切线转角同为 $\Delta\alpha_1$ 的曲线弧，$\overset{\frown}{N_1N_2}$ 比 $\overset{\frown}{M_1M_2}$ 弯曲得厉害些，显然 $\overset{\frown}{M_1M_2}$ 的弧长比 $\overset{\frown}{N_1N_2}$ 的弧长大.

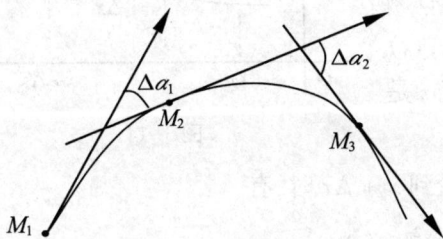

图 3-11

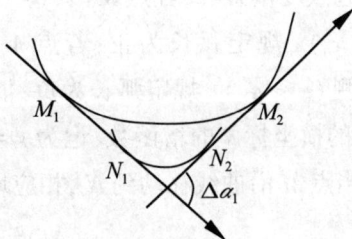

图 3-12

这说明,曲线的弯曲程度与曲线的切线转角成正比,与弧长成反比.由此,我们引入曲率的概念.

如图 3-13 所示,设 M,N 是曲线 $y = f(x)$ 上的两点,当点 M 沿曲线移动到点 N 时,切线相应的转角为 $\Delta\alpha$,曲线弧 $\overset{\frown}{MN}$ 的长为 Δs .我们用 $\left|\dfrac{\Delta\alpha}{\Delta s}\right|$ 来表示曲线弧 $\overset{\frown}{MN}$ 的平均弯曲程度,并称它为曲线弧 $\overset{\frown}{MN}$ 的平均曲率,记为 $\overline{K}$,即

$$\overline{K} = \left|\frac{\Delta\alpha}{\Delta s}\right|.$$

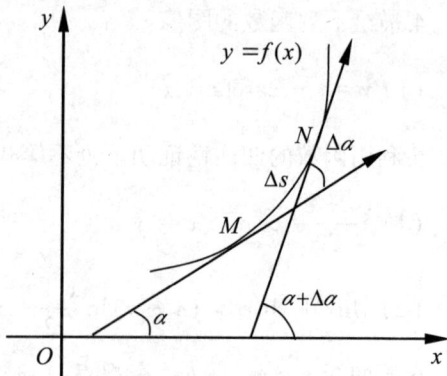

图 3-13

当 $\Delta s \rightarrow 0$(即 $N \rightarrow M$)时,若极限 $\lim\limits_{\Delta s\to 0}\dfrac{\Delta\alpha}{\Delta s} = \dfrac{\mathrm{d}\alpha}{\mathrm{d}s}$ 存在,从而极限 $\lim\limits_{\Delta s\to 0}\left|\dfrac{\Delta\alpha}{\Delta s}\right| = \left|\dfrac{\mathrm{d}\alpha}{\mathrm{d}s}\right|$ 存在,则称 $\lim\limits_{\Delta s\to 0}\left|\dfrac{\Delta\alpha}{\Delta s}\right| = \left|\dfrac{\mathrm{d}\alpha}{\mathrm{d}s}\right|$ 为曲线 $y = f(x)$ 在 M 点处的曲率,记为 K ,即

$$K = \left|\frac{\mathrm{d}\alpha}{\mathrm{d}s}\right|. \tag{8}$$

注意 $\dfrac{\mathrm{d}\alpha}{\mathrm{d}s}$ 是曲线切线的倾斜角相对于弧长的变化率.

二、曲率的计算公式

设函数 $f(x)$ 的二阶导数存在,下面导出曲率的计算公式.

先求 $\mathrm{d}\alpha$. 因为 α 是曲线切线的倾斜角,所以 $y' = \tan\alpha$,对 $y' = \tan\alpha$ 两边关于 x 求导得

$$y'' = \sec^2\alpha\,\frac{\mathrm{d}\alpha}{\mathrm{d}x} = (1 + y'^2)\,\frac{\mathrm{d}\alpha}{\mathrm{d}x},$$

从而有

$$\mathrm{d}\alpha = \frac{1}{1 + y'^2}y''\mathrm{d}x , \tag{9}$$

其次求 $\mathrm{d}s$,如图 3-14,在曲线上任取一点 M_0 ,并以此为起点度量弧长.若点 $M(x,y)$ 在 $M_0(x_0,y_0)$ 的右侧 $(x > x_0)$,规定弧长为正;若点 $M(x,y)$ 在 $M_0(x_0,y_0)$ 的左侧 $(x < x_0)$,规定弧长为负;依照此规定,弧长 s 是点 M 的横坐标 x 的增函数,记为 $s = s(x)$.

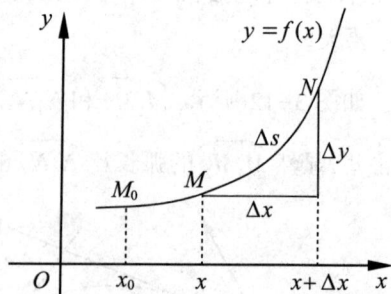

图 3-14

当点 M 沿曲线移动到 N ,相应地,横坐标由 x 变到 $x + \Delta x$ 时,有

$$(\Delta s)^2 \approx (\overset{\frown}{MN})^2 = (\Delta x)^2 + (\Delta y)^2 ,$$

即

$$\left(\frac{\Delta s}{\Delta x}\right)^2 \approx 1 + \left(\frac{\Delta y}{\Delta x}\right)^2 ,$$

取极限后可得等式

$$\lim_{\Delta x \to 0} \left(\frac{\Delta s}{\Delta x}\right)^2 = 1 + \lim_{\Delta x \to 0} \left(\frac{\Delta y}{\Delta x}\right)^2,$$

即

$$\left(\frac{\mathrm{d}s}{\mathrm{d}x}\right)^2 = 1 + \left(\frac{\mathrm{d}y}{\mathrm{d}x}\right)^2 = 1 + y'^2.$$

又因为 s 是 x 的增函数,故 $\dfrac{\mathrm{d}s}{\mathrm{d}x} \geq 0$,从而

$$\frac{\mathrm{d}s}{\mathrm{d}x} = \sqrt{1 + y'^2},$$

即

$$\mathrm{d}s = \sqrt{1 + y'^2}\,\mathrm{d}x, \tag{10}$$

把(9)(10)式代入(8)式,得

$$K = \frac{|y''|}{(1 + y'^2)^{\frac{3}{2}}}. \tag{11}$$

这就是曲线 $y = f(x)$ 在点 (x,y) 处曲率的计算公式.

例1 求下列曲线上任意一点处的曲率:

(1) $y = kx + b$; (2) $x^2 + y^2 = R^2$.

解 (1) 因为 $y' = k$,$y'' = 0$,代入公式(11),得 $K = 0$.所以,直线上任意一点的曲率都等于零,这与我们的直觉"直线不弯曲"是一致的.

(2) 因为 $2x + 2yy' = 0$, $y' = -\dfrac{x}{y}$; $y'' = -\dfrac{y - xy'}{y^2} = -\dfrac{R^2}{y^3}$,代入公式(11),得

$$K = \frac{|y''|}{(1 + y'^2)^{\frac{3}{2}}} = \frac{\left|-\dfrac{R^2}{y^3}\right|}{\left(1 + \left(-\dfrac{x}{y}\right)^2\right)^{\frac{3}{2}}} = \frac{R^2}{(x^2 + y^2)^{\frac{3}{2}}} = \frac{1}{R}.$$

所以,圆上任意一点处的曲率都相等,即圆上任意一点处的弯曲程度相同,且曲率等于圆的半径的倒数.

三、曲率圆

如图 3-15,设曲线 $y = f(x)$ 在点 $M(x,y)$ 处的曲率为 $K(K \neq 0)$.在点 M 处的曲线的法线上,在凹的一侧取一点 D ,使 $|DM| = \dfrac{1}{K} = \rho$.以 D 为圆心,ρ 为半径所作的圆称为曲线在点 M 处的曲率圆;曲率圆的圆心 D 称为曲线在点 M 处的曲率中心;曲率圆的半径 ρ 称为曲线在点 M 处的曲率半径.

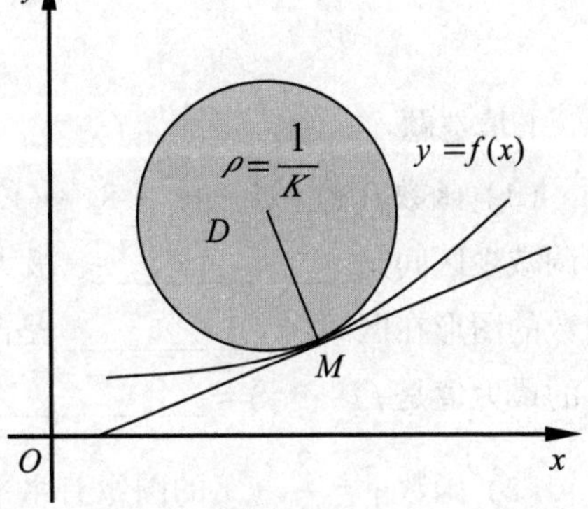

图 3-15

根据上述作法,曲率圆与曲线在点 M 处有相同的切线和曲率,且在点 M 邻近处二者凹凸性相同.因此,在工程上常常用曲率圆在点 M 邻近处的一段圆弧来近似代替该点邻近处的小曲线弧.

按上述规定,曲线在点 M 处的曲率 $K(K \neq 0)$ 与曲线在点 M 处的曲率半径 ρ 有如下关系:

$$\rho = \frac{1}{K}, K = \frac{1}{\rho}.$$

这就是说:曲线上一点处的曲率半径与曲线在该点处的曲率互为倒数.

例 2 设工件内表面的截线为抛物线 $y = 0.4x^2$,现在要用砂轮磨削其内表面,问用直径多大的砂轮比较合适?

解 为了在磨削时不使与砂轮接触处附近的那部分工件被磨去太多,砂轮的半径应不大于抛物线上各点处曲率半径中的最小值.因为

$$y' = 0.8x, y'' = 0.8 ,$$

所以,抛物线上任一点的曲率半径为

$$\rho = \frac{1}{K} = \frac{(1 + y'^2)^{\frac{3}{2}}}{|y''|} = \frac{[1 + (0.8x)^2]^{\frac{3}{2}}}{|0.8|} = \frac{(16x^2 + 25)^{\frac{3}{2}}}{100} ,$$

当 $x = 0$ 时,即在顶点处,曲率半径最小,为 $\rho = 1.25$.所以,选用砂轮的半径不得超过 1.25 单位长,即直径不得超过 2.5 单位长.

习题 3-6

1.求下列曲线的曲率和曲率半径:

(1) $xy = 1$; 　　　　　　　　(2) $y^2 = 2px$;

(3) $\begin{cases} x = a(t - \sin t), \\ y = a(1 - \cos t). \end{cases}$

2.求椭圆 $9x^2 + y^2 = 9$ 在点 $(0,3)$ 处的曲率.

3.在对数曲线 $y = \ln x$ 上,求出曲率半径最小的点,并求出该点的曲率半径.

总 习 题 三

1.填空题:

(1) 函数 $f(x) = x^4 - 4x^3 - 8x^2 + 12$ 在区间 $[-5,5]$ 上的单调增加区间是＿＿＿＿＿＿＿＿,单调减少区间是＿＿＿＿＿＿＿;极大值点为＿＿＿＿＿＿＿,极小值点＿＿＿＿＿＿＿;该函数的图形在区间＿＿＿＿＿＿＿是凸的,在区间＿＿＿＿＿＿＿是凹的;该函数在 $[-5,5]$ 上的最大值是 $f(\ \ ) = $＿＿＿＿＿＿＿,最小值是 $f(\ \ ) = $＿＿＿＿＿＿;

(2) 函数 $y = \frac{2}{x} + 1$ 的图像有水平渐近线＿＿＿＿＿＿,垂直渐近线＿＿＿＿＿＿;

（3）已知 $\lim\limits_{x \to \infty}\left(\dfrac{x^2}{x+1} - ax - b\right) = 0$，则 $a = $ _____，$b = $ _____；

（4）求 $\lim\limits_{x \to 0}\dfrac{1 - \cos x}{e^x - 1 - x} = $ _____；

（5）若函数 $f(x)$ 在 $x = a > 0$ 可导，则 $\lim\limits_{x \to a}\dfrac{f(x) - f(a)}{\sqrt{x} - \sqrt{a}} = $ _____；

（6）在区间 I 上 $f'(x) = g'(x)$，则 $f(x)$ 与 $g(x)$ 的关系是 _____.

2.判断题：

（1）单调函数的导数仍为单调函数；

（2）若 $f(x)$ 在区间 I 上递减，则 $-f(x)$ 在 I 上必为递增；

（3）若 x_0 是函数的极值点，则 $f'(x_0) = 0$；

（4）若 $f(x_1)$ 和 $f(x_2)$ 分别是函数 $f(x)$ 在 $[a,b]$ 上的极大值和极小值，则必有 $f(x_1) > f(x_2)$；

（5）若 $f''(x_0) = 0$，则点 $(x_0, f(x_0))$ 必是曲线 $y = f(x)$ 的拐点；

（6）若 $f(x)$ 在区间 I 上是凹函数，则 $-f(x)$ 在 I 上必为凸函数.

3.求下列极限：

（1）$\lim\limits_{x \to 1} x^{\frac{1}{1-x}}$；

（2）$\lim\limits_{x \to 0}\dfrac{\ln(1+x) - x}{\cos x - 1}$；

（3）$\lim\limits_{x \to +\infty}\dfrac{x^3}{e^x}$；

（4）$\lim\limits_{x \to +\infty} x(e^{\frac{1}{x}} - 1)$.

4.设函数 $f(x) = 3x^2 - x^3$，求 $f(x)$ 的极值.

5.已知函数 $f(x)$ 具有连续的一阶导数，且 $f(0) \cdot f'(0) \neq 0$，求常数 a 和 b 的值，使 $\lim\limits_{x \to 0}\dfrac{af(x) + bf(2x) - f(0)}{x} = 0$.

6.已知函数 $f(x) = a\ln x + bx^2 + x$ 在 $x = 1$ 与 $x = 2$ 时都取极值，试求 a 与 b 的值，并确定函数在这两点处取得极大值还是极小值.

7.设函数 $f(x) = 2\ln(1+x) - x + \dfrac{1}{2}x^2$，证明：当 $x > 0$ 时，$f(x) > 0$.

8.证明：当 $0 < x < \dfrac{\pi}{2}$ 时，$\tan x > x - \dfrac{x^3}{3}$.

9.设函数 $f(x) = \arctan\dfrac{1}{x}$，

（1）证明：当 $x > 0$ 时，恒有 $f(x) + f\left(\dfrac{1}{x}\right) = \dfrac{\pi}{2}$；

（2）试问方程 $f(x) = x$ 在区间 $(0, +\infty)$ 内有几个实根.

10.把长为 l 的线段截为两段，问怎样截法才能使以这两段为邻边所组成的矩形的面积最大？

11.如图 3-16 所示,某企业打算在地平面上点 A 挖一管道至地平面下一点 C,设 AB 长 600m,BC 长 240m,地平面 AB 是黏土,掘进费每米 5 元;地平面以下是岩石,掘进费每米 13 元.怎样掘法才能使费用最省? 最省费用为多少元?

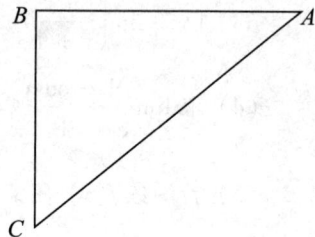

12.证明:若 $f(x)$ 在有限开区间 (a, b) 内可导,且 $\lim\limits_{x \to a^+}f(x) = \lim\limits_{x \to b^-}f(x)$,则至少存在一点 $\xi \in (a,b)$,使 $f'(\xi) = 0$.

图 3-16

数学家简介[2]

拉格朗日

拉格朗日(Lagrang,1736—1813)是法国数学家、力学家、天文学家.

在数学家雷维里的教导下,青年时代的拉格朗日喜爱上了几何学.17 岁时,他读了英国天文学家哈雷的介绍牛顿微积分成就的短文《论分析方法的优点》后,感觉到"分析才是自己最热爱的学科",从此他迷上了数学分析,并开始专攻当时迅速发展的数学分析.18 岁时,拉格朗日用意大利语写了第一篇论文,是用牛顿二项式定理处理两函数乘积的高阶微商,他又将论文用拉丁语写出寄给了当时在柏林科学院任职的数学家欧拉.不久后,他获知这一成果早在半个世纪前就被莱布尼兹取得了.这个并不幸运的开端并未使拉格朗日灰心,相反,更坚定了他投身数学分析领域的信心.1755 年拉格朗日在探讨数学难题"等周问题"的过程中,他以欧拉的思路和结果为依据,用纯分析的方法求变分极值.第一篇论文"极大和极小的方法研究",发展了欧拉所开创的变分法,为变分法奠定了理论基础.变分法的创立,使拉格朗日在都灵声名大振,并使他在 19 岁时就当上了都灵皇家炮兵学校的教授,成为当时欧洲公认的第一流数学家.1756年,受欧拉的举荐,拉格朗日被任命为普鲁士科学院通讯院士.

1766 年拉格朗日应德国腓特烈大帝之邀前往柏林,任普鲁士科学院数学部主任,居住达20 年之久,开始了他一生科学研究的鼎盛时期.在这期间他对代数、数论、微方程、变分法、力学与天文学都进行了广泛而深入的研究,并取得了丰硕的成果.其作品浩如烟海,数学中的许多公式与定理,都以他的名字命名.拉格朗日的一生中最得意的著作是《分析力学》,撰写这部巨著,他倾注了大量的智慧和心血,整整经历了 37 个春秋.在这部巨著中,他利用变分原理,建立了优美、和谐的力学体系,把宇宙描绘成一个由数学和方程组成的有节奏的旋律.这部著作的精辟论述,使动力学这门科学达到了登峰造极的地步,他还把固体力学与流体力学统一起来,从而奠定了现代力学的基础,哈密尔顿(Hamilton)曾称该著作为"科学诗篇".

拉格朗日曾试用代数的方法为微积分奠定基础.从 1772 年发表论文《关于变量的求导与求积分计算的一种新类型》开始,到 1797 年出版他的名著《解析函数论》,他为微积分的代数化做了大量的工作.他力图使微积分摆脱由于无穷小或正在消失的量、流数、极限等概念所带来的逻辑困境,把微积分理论基础建立在连续函数都存在泰列展开式这一假设之上,用泰列展开式的系数定义各阶导数.虽然用他的理论和方法计算导数等有关问题时显得复杂而又冗长,但人们认为其理论和方法是合理和有效的.重要的是他把微分学建立在代数的基础上,使微积分学免于成为无源之水,是有历史贡献的.因此,马克思曾称其微分为"纯代数的微分学".

拉格朗日的学术生涯主要在 18 世纪后半期.拉格朗日在数学、力学和天文学三个学科中都有重大的历史性贡献,但他主要是数学家.研究力学和天文学的目的是表明数学分析的能力.他的全部著作、论文、学术报告等超过 500 篇.几乎在当时所有的数学领域中,拉格朗日都作出了突出的贡献.他的工作总结了 18 世纪的数学成果,同时又开辟了 19 世纪数学研究的道路.

拉格朗日虽然是一个伟大的天才，但他非常谦虚，善于向前辈和同时代的科学家学习，不断地从各个学科吸取营养丰富自己，因此他的研究充满了诗人般的想象力.他在学术上成就辉煌，在道德上品格高尚，赢得了世人的崇高敬意.法国资产阶级革命政府在1793年9月颁布一项法令：将一切在敌对国境内出生的人驱逐出境时并收其财产，但特别声明拉格朗日先生除外.足见当时人们对拉格朗日的尊崇.

拉格朗日的一生中，对他影响最大的是欧拉，可是两人始终未曾见面，这不能不说是一件值得遗憾的事.拉格朗日毕生从事数学研究，勤勤恳恳，直到生命最后一息.拉格朗日在逝世的前两天曾平静地说："我此生没有什么遗憾，死亡并不可怕，它只不过是我遇到的最后一个函数".

第四章 不定积分

在前面两章中,我们学习了导数、微分及其应用,并知道给定一个函数,如何求它的导数(或微分).但是,在科学、技术和经济的许多问题中,常常需要解决相反的问题,就是由一个函数的已知导数(或微分),求出这个函数,这就是不定积分的问题.本章将介绍不定积分的概念、性质与基本积分法.

第一节 不定积分的概念与性质

一、原函数与不定积分的概念

例1 如果已知某产品的产量 p 是时间 t 的函数 $p = p(t)$,则该产品产量的变化率是产量对时间 t 的导数 $p' = p'(t)$.反过来,如果已知某产量的变化率是时间 t 的函数 $p'(t)$,求该产品的产量函数 $p(t)$,是一个微分学中求函数导数相反的问题.

类似的问题还可以提出很多,从数学角度看,这类问题都是已知一个函数的导数或微分,求原来的函数,这正是微分法的反问题.为了讨论这类问题,我们先给出原函数的概念.

定义1 如果在区间 I 上可导函数 $F(x)$ 的导函数为 $f(x)$,即对任意 $x \in I$ 都有

$$F(x) = f(x) \text{ 或 } \mathrm{d}F(x) = f(x)\mathrm{d}x,$$

那么函数 $F(x)$ 就称为 $f(x)$ 在区间 I 上的原函数.

例2 $F(x) = x^2$ 是 $f(x) = 2x$ 的一个原函数,这是因为 $(x^2)' = 2x$.同理 $x^2 - 1$,$x^2 - \sqrt{3}$ 都是 $2x$ 的原函数.

例3 $F(x) = \sin x$ 是 $f(x) = \cos x$ 的一个原函数,这是因为 $\sin' x = \cos x$.同理,$\sin x + 1$,$\sin x + \dfrac{1}{2}$ 也都是 $\cos x$ 的原函数.

从上面的(例2和例3)两个例子可以看到,一个函数的原函数不止一个.那么,原函数有多少,如何表示一个函数的全部原函数呢?

一般地说,如果 $F(x)$ 是 $f(x)$ 的一个原函数,那么 $F(x) + C$(C 为任意的常数)也是 $f(x)$ 的一个原函数,这是因为

$$[F(x) + C]' = F'(x) = f(x).$$

于是,如果 $f(x)$ 有原函数,那么它就有无穷多个原函数.现在我们自然要问 $F(x) + C$ 是不是 $f(x)$ 的所有原函数呢?回答是肯定的,事实上,假若 $G(x)$ 也是 $f(x)$ 另外一个原函数,那么

$$G'(x) = F'(x) = f(x)\ ,$$

因此

$$(G(x) - F(x))' = G'(x) - F'(x) = 0.$$

由拉格朗日中值定理的推论可知

$$G(x) - F(x) = C,$$

即

$$G(x) = F(x) + C.$$

这表明，如果 $G(x)$ 和 $F(x)$ 都是 $f(x)$ 的原函数，则他们相差一个常数. 因此 $F(x)$ 是 $f(x)$ 的原函数，则 $f(x)$ 的所有原函数可表示为

$$F(x) + C\ (\ C\ 为任意的常数).$$

定义 2　在区间 I 上，函数 $f(x)$ 的带有一个任意常数项的原函数称为 $f(x)$ 在区间 I 上的不定积分，记作

$$\int f(x)\,\mathrm{d}x,$$

其中记号 $\int$ 称为积分号；$f(x)$ 称为被积函数；$f(x)\mathrm{d}x$ 称为被积表达式；x 称为积分变量.

根据不定积分的定义，如果 $F(x)$ 是 $f(x)$ 在区间 I 上的一个原函数，那么 $F(x) + C$ 就是 $f(x)$ 的不定积分，即

$$\int f(x)\,\mathrm{d}x = F(x) + C.$$

因而不定积分 $\int f(x)\mathrm{d}x$ 可以表示 $f(x)$ 的任意一个原函数.

例 4　求不定积分：$\displaystyle\int \frac{1}{2\sqrt{x}}\mathrm{d}x$.

解　因为 $\sqrt{x}$ 是 $\dfrac{1}{2\sqrt{x}}$ 的原函数，所以

$$\int \frac{1}{2\sqrt{x}}\mathrm{d}x = \sqrt{x} + C.$$

例 5　检验下列不定积分的正确性：

(1) $\displaystyle\int x\mathrm{e}^x\mathrm{d}x = x\mathrm{e}^x + C$;

(2) $\displaystyle\int x\sin x\mathrm{d}x = -x\cos x + \sin x + C.$

解　(1) 错误. 因为

$$(x\mathrm{e}^x + C)' = x\mathrm{e}^x + \mathrm{e}^x + 0 \neq x\mathrm{e}^x.$$

(2) 正确. 因为

$$(-x\cos x + \sin x + C)' = x\sin x - \cos x + \cos x + 0 = x\sin x.$$

例6　求函数 $f(x) = \dfrac{1}{x}$ 的不定积分.

解　当 $x > 0$ 时,由 $(\ln x)' = \dfrac{1}{x}$,则

$$\int \frac{1}{x}\, dx = \ln x + C\ (\ x > 0\ ),$$

当 $x < 0$ 时,由 $[\ln(-x)]' = \dfrac{1}{-x}(-x)' = \dfrac{1}{x}$,则

$$\int \frac{1}{x}\, dx = \ln(-x) + C\ (\ x < 0\ );$$

合并上面两式,得到

$$\int \frac{1}{x}\, dx = \ln|x| + C\ (\ x \neq 0\ ).$$

例7　设曲线通过点 $(2,6)$,且其上任一点处的切线斜率等于这点横坐标的两倍,求此曲线的方程.

解　设所求的曲线方程为 $y = f(x)$,按题设,曲线上任一点 (x,y) 处的切线斜率为

$$y' = f'(x) = 2x,$$

即 $f(x)$ 是 $2x$ 的一个原函数.

因为

$$\int 2x\, dx = x^2 + C,$$

故必有某个常数 C 使 $f(x) = x^2 + C$,即曲线方程为 $y = x^2 + C$.

因所求曲线通过点 $(2,6)$,故

$$6 = 4 + C,\ 可得\ C = 2,$$

于是所求曲线方程为 $y = x^2 + 2$.

从不定积分的定义,即可知下述关系:

由于 $\int f(x)\, dx$ 是 $f(x)$ 的原函数,所以

$$\frac{\mathrm{d}}{\mathrm{d}x}\Big[\int f(x)\, dx\Big] = f(x),$$

或

$$\mathrm{d}\Big[\int f(x)\, dx\Big] = f(x)\, dx;\tag{1}$$

又由于 $F(x)$ 是 $F'(x)$ 的原函数,所以

$$\int F'(x)\, dx = F(x) + C,$$

或

$$\int \mathrm{d}F(x) = F(x) + C.\tag{2}$$

二、基本积分表

由此可见,微分运算与求不定积分的运算是互逆的.因此,利用导数的基本公式与不定积分的定义,可得到下面的基本积分公式:

(1) $\int k \mathrm{d}x = kx + C$ (k 是常数);

(2) $\int x^{\mu} \mathrm{d}x = \dfrac{1}{\mu + 1} x^{\mu+1} + C$ ($\mu \neq -1$);

(3) $\int \dfrac{1}{x} \mathrm{d}x = \ln |x| + C$;

(4) $\int \mathrm{e}^x \mathrm{d}x = \mathrm{e}^x + C$;

(5) $\int a^x \mathrm{d}x = \dfrac{a^x}{\ln a} + C$;

(6) $\int \cos x \mathrm{d}x = \sin x + C$;

(7) $\int \sin x \mathrm{d}x = -\cos x + C$;

(8) $\int \dfrac{1}{\cos^2 x} \mathrm{d}x = \int \sec^2 x \mathrm{d}x = \tan x + C$;

(9) $\int \dfrac{1}{\sin^2 x} \mathrm{d}x = \int \csc^2 x \mathrm{d}x = -\cot x + C$;

(10) $\int \dfrac{1}{1 + x^2} \mathrm{d}x = \arctan x + C$;

(11) $\int \dfrac{1}{\sqrt{1 - x^2}} \mathrm{d}x = \arcsin x + C$;

(12) $\int \sec x \tan x \mathrm{d}x = \sec x + C$;

(13) $\int \csc x \cot x \mathrm{d}x = -\csc x + C$;

(14) $\int \mathrm{sh}x \mathrm{d}x = \mathrm{ch}x + C$;

(15) $\int \mathrm{ch}x \mathrm{d}x = \mathrm{sh}x + C$.

上面的基本积分公式以后要经常用到,必须熟记,下面举几个应用幂函数的积分公式的例子.

例 8　求 $\int \dfrac{1}{x^2} \mathrm{d}x$.

解　$\int \dfrac{1}{x^2} \mathrm{d}x = \int x^{-2} \mathrm{d}x = \dfrac{1}{-2+1} x^{-2+1} + C = -\dfrac{1}{x} + C$.

例 9　求 $\int x^3 \sqrt{x} \mathrm{d}x$.

解　$\int x^3 \sqrt{x} \mathrm{d}x = \int x^{\frac{7}{2}} \mathrm{d}x = \dfrac{1}{\frac{7}{2} + 1} x^{\frac{7}{2}+1} + C$

$$= \dfrac{2}{9} x^{\frac{9}{2}} + C = \dfrac{2}{9} x^4 \sqrt{x} + C.$$

例 10　求 $\int \dfrac{\mathrm{d}x}{x \sqrt[4]{x}}$.

解　$\int \dfrac{\mathrm{d}x}{x \sqrt[4]{x}} = \int x^{-\frac{5}{4}} \mathrm{d}x = \dfrac{x^{-\frac{5}{4}+1}}{-\frac{5}{4}+1} + C = -4 x^{-\frac{1}{4}} + C = -\dfrac{4}{\sqrt[4]{x}} + C$.

以上三个例子表明,有时候被积函数实际是幂函数,但用分式或根式表示.遇到此情形,先

把它化为 x^μ 的形式,再利用公式进行求解.

三、不定积分的性质

根据不定积分的定义,可以推得它有如下两个性质:

性质1　函数和的不定积分等于各个函数不定积分的和,即

$$\int [f(x) \pm g(x)] \mathrm{d}x = \int f(x)\mathrm{d}x \pm \int g(x)\mathrm{d}x .$$

这是因为

$$\left[\int f(x)\mathrm{d}x \pm \int g(x)\mathrm{d}x\right]' = \left[\int f(x)\mathrm{d}x\right]' \pm \left[\int g(x)\mathrm{d}x\right]' = f(x) \pm g(x) .$$

性质2　求不定积分时,被积函数中不为零的常数因子可以提到积分号外面来,即

$$\int kf(x)\mathrm{d}x = k\int f(x)\mathrm{d}x \ (k \text{ 是常数}, k \neq 0).$$

例 11　求 $\int (x^3 + 3x^2 - 5)\mathrm{d}x$.

解　$\int (x^3 + 3x^2 - 5)\mathrm{d}x = \int x^3\mathrm{d}x + \int 3x^2\mathrm{d}x - \int 5\mathrm{d}x$

$$= \frac{x^4}{4} + x^3 - 5x + C.$$

例 12　求 $\int \dfrac{(x-1)^3}{x^2}\mathrm{d}x$.

解　$\int \dfrac{(x-1)^3}{x^2}\mathrm{d}x = \int \dfrac{x^3 - 3x^2 + 3x - 1}{x^2}\mathrm{d}x$

$$= \int \left(x - 3 + \frac{3}{x} - \frac{1}{x^2}\right)\mathrm{d}x$$

$$= \int x\mathrm{d}x - 3\int \mathrm{d}x + 3\int \frac{1}{x}\mathrm{d}x - \int \frac{1}{x^2}\mathrm{d}x$$

$$= \frac{1}{2}x^2 - 3x + 3\ln|x| + \frac{1}{x} + C .$$

例 13　求 $\int (2\mathrm{e}^x + 5\sin x)\mathrm{d}x$.

解　$\int (2\mathrm{e}^x + 5\sin x)\mathrm{d}x = 2\int \mathrm{e}^x\mathrm{d}x + 5\int \sin x\mathrm{d}x = 2\mathrm{e}^x - 5\cos x + C .$

例 14　求 $\int 4^x \mathrm{e}^x \mathrm{d}x$.

解　$\int 4^x \mathrm{e}^x \mathrm{d}x = \int (4\mathrm{e})^x \mathrm{d}x$

$$= \frac{(4\mathrm{e})^x}{\ln(4\mathrm{e})} + C$$

$$= \frac{4^x \mathrm{e}^x}{1 + 2\ln 2} + C.$$

例 15 求 $\int \dfrac{1+x+x^2}{x(1+x^2)}dx$.

解 $\int \dfrac{1+x+x^2}{x(1+x^2)}dx = \int \dfrac{x+(1+x^2)}{x(1+x^2)}dx$

$$= \int \dfrac{1}{1+x^2}dx + \int \dfrac{1}{x}dx$$

$$= \arctan x + \ln|x| + C.$$

例 16 求 $\int \dfrac{x^4}{1+x^2}dx$.

解 $\int \dfrac{x^4}{1+x^2}dx = \int \dfrac{x^4-1+1}{1+x^2}dx = \int \left(x^2-1+\dfrac{1}{1+x^2}\right)dx = \dfrac{1}{3}x^3 - x + \arctan x + C$.

例 17 求 $\int \tan^2 x\,dx$.

解 $\int \tan^2 x\,dx = \int (\sec^2 x - 1)dx = \int \sec^2 x\,dx - \int dx = \tan x - x + C$.

例 18 求 $\int \cos^2 \dfrac{x}{2}\,dx$.

解 $\int \cos^2 \dfrac{x}{2}\,dx = \int \dfrac{\cos x + 1}{2}dx = \dfrac{1}{2}(x + \sin x) + C$.

例 19 求 $\int \dfrac{1}{\sin^2 \dfrac{x}{2} \cos^2 \dfrac{x}{2}}dx$.

解 $\int \dfrac{1}{\sin^2 \dfrac{x}{2} \cos^2 \dfrac{x}{2}}dx = 4\int \dfrac{1}{\sin^2 x}dx = -4\cot x + C$.

例 20 某厂生产某种产品,每日生产的产品总成本 y 的变化率(即边际成本)是日产量 x 的函数 $y' = 5x + 4x^2$,已知固定成本为 500 元,求总成本与日产量的函数关系.

解 依题意知总成本的变化率为

$$y' = 5x + 4x^2,$$

故 $$y = \int (5x + 4x^2)dx = \dfrac{5}{2}x^2 + \dfrac{4}{3}x^3 + C.$$

已知固定成本 500 元,即 $x = 0$ 时, $y = 500$,因此 $C = 500$, 从而

$$y = \dfrac{5}{2}x^2 + \dfrac{4}{3}x^3 + 500,$$

所以,总成本 y 与日产量 x 的函数关系为

$$y = \dfrac{5}{2}x^2 + \dfrac{4}{3}x^3 + 500.$$

习题 4-1

1.选择题:

(1) 下列等式中正确的是(　　　).

A. $d\left(\int f(x)dx\right) = f(x)$

B. $\dfrac{d}{dx}\left[\int df(x)\right] = f(x)dx$

C. $\int df(x) = f(x)$

D. $\int f'(x)dx = f(x) + C$

(2) 设函数 $f(x) = a^x$,$g(x) = \dfrac{a^x}{\ln a}(a > 0,a \neq 1)$,则(　　　).

A. $g(x)$ 是 $f(x)$ 的不定积分

B. $g(x)$ 是 $f(x)$ 的导数

C. $f(x)$ 是 $g(x)$ 的一个原函数

D. $g(x)$ 是 $f(x)$ 的一个原函数

(3) $f(x)$ 的一个原函数为 $\ln x$,则 $f'(x) = ($　　　$)$.

A. $\dfrac{1}{x}$

B. $x\ln x - x + C$

C. $-\dfrac{1}{x^2}$

D. e^x

2.填空题:

(1) $\left(\int 5^x \sin x dx\right)' = $ _____;

(2) $\int d(\arctan x) = $ _____;

(3) $f(x)$ 的一个原函数是 $\ln x^2$,则 $\int x^3 f'(x)dx = $ _____;

(4) 设 $f(x) = \dfrac{1}{\cos^2 x}$,则 $\int f'(x)dx = $ _____;

(5) 设 $\int f(x)dx = xe^x - e^x + C$,则 $\int f'(x)dx = $ _____;

(6) 设 $f(x)$ 的一个原函数为 $\dfrac{1}{x}$,则 $f'(x) = $ _____;

(7) 过点 $(0,1)$ 且在横坐标为 x 的点处的切线斜率为 x^3 的曲线方程为_____;

(8) 设 $f'(\cos^2 x) = \sin^2 x$,且 $f(0) = 0$,则 $f(x) = $ _____.

3.求下列不定积分:

(1) $\displaystyle\int \dfrac{dx}{x^2\sqrt{x}}$;

(2) $\displaystyle\int (2^x + x^2)dx$;

(3) $\displaystyle\int \sqrt{x}(x - 3)dx$;

(4) $\displaystyle\int \dfrac{3x^4 + 3x^2 + 1}{x^2 + 1}dx$;

(5) $\displaystyle\int \dfrac{x^2}{1 + x^2}dx$;

(6) $\displaystyle\int \sqrt{x\sqrt{x\sqrt{x}}}\,dx$;

(7) $\int \dfrac{1}{x^2(1+x^2)}\mathrm{d}x$;

(8) $\int 3^x e^x \mathrm{d}x$;

(9) $\int \cot^2 x \mathrm{d}x$;

(10) $\int \cos^2 \dfrac{x}{2}\mathrm{d}x$;

(11) $\int \dfrac{1}{1+\cos 2x}\mathrm{d}x$;

(12) $\int \dfrac{1+\cos^2 x}{1+\cos 2x}\mathrm{d}x$.

4.设 $\int xf(x)\mathrm{d}x = \arccos x + C$ ，求 $f(x)$.

5.设 $f(x)$ 的导数是 $\sin(x)$ ，求 $f(x)$ 的原函数的全体.

6.某一曲线通过点 $(e^2,3)$ ，且在任一点处的切线斜率等于该点横坐标的倒数，求该曲线的方程.

7.某一物体由静止开始运动，经 t 秒后的速度是 $3\sqrt{t}$（m/s），问

（1）在 4s 后物体离开出发点的距离是多少？

（2）物体走完 2km 需要多长时间？

8.判断 $\dfrac{\mathrm{d}}{\mathrm{d}x}\left[\int f(x)\mathrm{d}x\right]$ 与 $\int f'(x)\mathrm{d}x$ 是否相等，并说明理由.

第二节　换元积分法

利用积分的运算性质及基本积分公式，即直接积分法，只可以求一些简单函数的不定积分，还有更多的积分只用公式无法求出.为了方便积分的计算，本节我们介绍比较常用的换元积分法.

一、第一类换元法

设 $f(u)$ 有原函数 $F(u)$ ，$u = \varphi(x)$ ，且 $\varphi(x)$ 可微，那么，根据复合函数微分法，有

$$\mathrm{d}F[\varphi(x)] = F'[\varphi(x)]\mathrm{d}\varphi(x) = f(\varphi(x))\varphi'(x)\mathrm{d}x ,$$

从而根据不定积分的定义可得

$$\int f[\varphi(x)]\varphi'(x)\mathrm{d}x = \int F'[\varphi(x)]\mathrm{d}\varphi(x)$$

$$= \int \mathrm{d}F[\varphi(x)] = F[\varphi(x)] + C$$

$$= \left[\int f(u)\mathrm{d}u\right]_{u=\varphi(x)} .$$

于是有下述定理：

定理 1　设 $f(u)$ 有原函数，$u = \varphi(x)$ 可导，则有换元公式

$$\int f[\varphi(x)]\varphi'(x)\mathrm{d}x = \left[\int f(u)\mathrm{d}u\right]_{u=\varphi(x)} .$$

上述换元积分公式，从左边到右边，可以看成左边被积函数 $f(\varphi(x))$ 中的 $\varphi(x)$ 用 u 替换，

根据积分公式将 $\varphi'(x)\mathrm{d}x$ 替换为 $\mathrm{d}u$ 的结果.

在求积分 $\int g(x)\mathrm{d}x$ 时,如果函数 $g(x)$ 可以化为 $g(x) = f[\varphi(x)]\varphi'(x)$ 的形式,那么

$$\int g(x)\mathrm{d}x = \int f[\varphi(x)]\varphi'(x)\mathrm{d}x = \left[\int f(u)\mathrm{d}u\right]_{u=\varphi(x)},$$

这样就将 $g(x)$ 的不定积分转化成了 $f(u)$ 的不定积分.

例1 求 $\int 2\sin 2x\mathrm{d}x$.

解 $\int 2\sin 2x\mathrm{d}x = \int \sin 2x \cdot (2x)'\mathrm{d}x$

$$= \int \sin 2x\mathrm{d}(2x)$$

$$= \left[\int \sin u\mathrm{d}u\right]_{u=2x}$$

$$= -\cos u + C = -\cos 2x + C.$$

例2 求 $\int \dfrac{1}{1+3x}\mathrm{d}x$.

解 $\int \dfrac{1}{1+3x}\mathrm{d}x = \dfrac{1}{3}\int \dfrac{1}{1+3x}(1+3x)'\mathrm{d}x$

$$= \dfrac{1}{3}\int \dfrac{1}{1+3x}\mathrm{d}(1+3x)$$

$$= \dfrac{1}{3}\left[\int \dfrac{1}{u}\mathrm{d}u\right]_{u=1+3x} = \dfrac{1}{3}\ln|u| + C$$

$$= \dfrac{1}{3}\ln|1+3x| + C.$$

例3 求 $\int 3x^2\mathrm{e}^{x^3}\mathrm{d}x$.

解 $\int 3x^2\mathrm{e}^{x^3}\mathrm{d}x = \int \mathrm{e}^{x^3}(x^3)'\mathrm{d}x$

$$= \int \mathrm{e}^{x^3}\mathrm{d}(x^3) = \left[\int \mathrm{e}^u\mathrm{d}u\right]_{u=x^3}$$

$$= \mathrm{e}^u + C = \mathrm{e}^{x^3} + C.$$

例4 求 $\int x\sqrt{1-x^2}\mathrm{d}x$.

解 $\int x\sqrt{1-x^2}\mathrm{d}x = \dfrac{1}{2}\int \sqrt{1-x^2}(x^2)'\mathrm{d}x$

$$= -\dfrac{1}{2}\int \sqrt{1-x^2}\mathrm{d}(1-x^2) = -\dfrac{1}{2}\left[\int u^{\frac{1}{2}}\mathrm{d}u\right]_{u=1-x^2}$$

$$= -\dfrac{1}{3}u^{\frac{3}{2}} + C = -\dfrac{1}{3}(1-x^2)^{\frac{3}{2}} + C.$$

例 5 求 $\int \cot x \mathrm{d}x$.

解 $\int \cot x \mathrm{d}x = \int \dfrac{\cos x}{\sin x} \mathrm{d}x = \int \dfrac{1}{\sin x} \mathrm{d}(\sin x) = \left(\int \dfrac{1}{u} \mathrm{d}u \right)_{u = \sin x} = \ln |u| + C = \ln |\sin x| + C$.

也可计算得 $\int \tan x \mathrm{d}x = -\ln |\cos x| + C$.熟练掌握后,变量代换就不必再写出代换过程了.

例 6 求 $\int \dfrac{1}{3 + x^2} \mathrm{d}x$.

解 $\int \dfrac{1}{3 + x^2} \mathrm{d}x = \dfrac{1}{3} \int \dfrac{1}{1 + \left(\dfrac{x}{\sqrt{3}} \right)^2} \mathrm{d}x$

$$= \dfrac{\sqrt{3}}{3} \int \dfrac{1}{1 + \left(\dfrac{x}{\sqrt{3}} \right)^2} \mathrm{d}\left(\dfrac{x}{\sqrt{3}} \right) = \dfrac{1}{\sqrt{3}} \arctan \dfrac{x}{\sqrt{3}} + C.$$

对于任意的 $a > 0$,可以计算得 $\int \dfrac{1}{a^2 + x^2} \mathrm{d}x = \dfrac{1}{a} \arctan \dfrac{x}{a} + C$.

例 7 求 $\int \dfrac{1}{\sqrt{4 - x^2}} \mathrm{d}x$

解 $\int \dfrac{1}{\sqrt{4 - x^2}} \mathrm{d}x = \int \dfrac{1}{\sqrt{2^2 - x^2}} \mathrm{d}x$

$$= \dfrac{1}{2} \int \dfrac{1}{\sqrt{1 - \left(\dfrac{x}{2} \right)^2}} \mathrm{d}x$$

$$= \int \dfrac{1}{\sqrt{1 - \left(\dfrac{x}{2} \right)^2}} \mathrm{d}\left(\dfrac{x}{2} \right) = \arcsin \dfrac{x}{2} + C.$$

对于任意的 $a > 0$,可以计算得 $\int \dfrac{1}{\sqrt{a^2 - x^2}} \mathrm{d}x = \arcsin \dfrac{x}{a} + C$.

例 8 求 $\int \dfrac{1}{x^2 - 9} \mathrm{d}x$.

解 $\int \dfrac{1}{x^2 - 9} \mathrm{d}x = \int \dfrac{1}{x^2 - 3^2} \mathrm{d}x$

$$= \dfrac{1}{6} \int \left(\dfrac{1}{x - 3} - \dfrac{1}{x + 3} \right) \mathrm{d}x$$

$$= \dfrac{1}{6} \left(\int \dfrac{1}{x - 3} \mathrm{d}x - \int \dfrac{1}{x + 3} \mathrm{d}x \right)$$

$$= \dfrac{1}{6} \left[\int \dfrac{1}{x - 3} \mathrm{d}(x - 3) - \int \dfrac{1}{x + 3} \mathrm{d}(x + 3) \right]$$

$$= \frac{1}{6}(\ln|x-3| - \ln|x+3|) + C$$

$$= \frac{1}{6}\ln\left|\frac{x-3}{x+3}\right| + C.$$

对于任意的 $a > 0$，可以计算得 $\displaystyle\int \frac{1}{x^2 - a^2}dx = \frac{1}{2a}\ln\left|\frac{x-a}{x+a}\right| + C.$

例9 求 $\displaystyle\int \frac{dx}{x\ln x}$.

解 $\displaystyle\int \frac{dx}{x\ln x} = \int \frac{d(\ln x)}{\ln x} = \ln|\ln x| + C.$

例10 求 $\displaystyle\int \frac{e^{5\sqrt{x}}}{\sqrt{x}}dx$.

解 $\displaystyle\int \frac{e^{5\sqrt{x}}}{\sqrt{x}}dx = 2\int e^{5\sqrt{x}}d(\sqrt{x}) = \frac{2}{5}\int e^{5\sqrt{x}}d(5\sqrt{x}) = \frac{2}{5}e^{5\sqrt{x}} + C.$

例11 求 $\displaystyle\int \cos^3 x dx$.

解 $\displaystyle\int \cos^3 x dx = \int \cos^2 x \cdot \cos x dx = \int (1 - \sin^2 x)d(\sin x)$

$$= \int d(\sin x) - \int \sin^2 x d\sin x = \sin x - \frac{1}{3}\sin^3 x + C.$$

例12 求 $\displaystyle\int \cos^2 x \sin^3 x dx$

解 $\displaystyle\int \cos^2 x \sin^3 x dx = -\int \cos^2 x \sin^2 x d(\cos x)$

$$= -\int \cos^2 x(1 - \cos^2 x)d(\cos x)$$

$$= -\int (\cos^2 x - \cos^4 x)d(\cos x)$$

$$= -\frac{1}{3}\cos^3 x + \frac{1}{5}\cos^5 x + C.$$

例13 求 $\displaystyle\int \sin^2 x dx$.

解 $\displaystyle\int \sin^2 x dx = \int \frac{1 - \cos 2x}{2}dx$

$$= \frac{1}{2}(\int dx - \int \cos 2x dx)$$

$$= \frac{1}{2}\int dx - \frac{1}{4}\int \cos 2x d(2x)$$

$$= \frac{1}{2}x - \frac{1}{4}\sin 2x + C.$$

例 14 求 $\int \cos^4 x \mathrm{d}x$.

解 $\int \cos^4 x \mathrm{d}x = \int (\cos^2 x)^2 \mathrm{d}x = \int \left[\frac{1}{2}(1 + \cos 2x) \right]^2 \mathrm{d}x$

$$= \frac{1}{4} \int (1 + 2\cos 2x + \cos^2 2x) \mathrm{d}x$$

$$= \frac{1}{4} \int \left(\frac{3}{2} + 2\cos 2x + \frac{1}{2}\cos 4x \right) \mathrm{d}x$$

$$= \frac{1}{4} \left(\frac{3}{2}x + \sin 2x + \frac{1}{8}\sin 4x \right) + C$$

$$= \frac{3}{8}x + \frac{1}{4}\sin 2x + \frac{1}{32}\sin 4x + C.$$

例 15 求 $\int \sin 5x \sin 3x \mathrm{d}x$.

解 $\int \sin 5x \sin 3x \mathrm{d}x = -\frac{1}{2} \int (\cos 8x - \cos 2x) \mathrm{d}x$

$$= -\frac{1}{16}\sin 8x + \frac{1}{4}\sin 2x + C.$$

例 16 求 $\int \csc x \mathrm{d}x$.

解 $\int \csc x \mathrm{d}x = \int \frac{1}{\sin x} \mathrm{d}x = \int \frac{1}{2\sin \frac{x}{2} \cos \frac{x}{2}} \mathrm{d}x$

$$= \int \frac{\mathrm{d}\left(\frac{x}{2}\right)}{\tan \frac{x}{2} \cos^2 \frac{x}{2}} = \int \frac{\mathrm{d}\left(\tan \frac{x}{2}\right)}{\tan \frac{x}{2}} = \ln \left| \tan \frac{x}{2} \right| + C$$

$$= \ln |\csc x - \cot x| + C.$$

例 17 求 $\int \sec x \mathrm{d}x$.

解 $\int \sec x \mathrm{d}x = \int \csc \left(x + \frac{\pi}{2} \right) \mathrm{d}x$

$$= \ln \left| \csc \left(x + \frac{\pi}{2} \right) - \cot \left(x + \frac{\pi}{2} \right) \right| + C$$

$$= \ln |\sec x + \tan x| + C.$$

二、第二类换元法

定理 2 设 $x = \varphi(t)$ 是单调可导函数,并且 $\varphi'(t) \neq 0$.又设 $f[\varphi(t)]\varphi'(t)$ 具有原函数 $F(t)$,则有换元公式

$$\int f(x)\mathrm{d}x = \int f[\varphi(t)]\varphi'(t)\mathrm{d}t = F(t) = F[\varphi^{-1}(x)] + C,$$

其中 $t = \varphi^{-1}(x)$ 是 $x = \varphi(t)$ 的反函数.

这是因为

$$\{F[\varphi^{-1}(x)]\}' = \frac{\mathrm{d}F}{\mathrm{d}t}\frac{\mathrm{d}t}{\mathrm{d}x} = f[\varphi(t)]\varphi'(t)\frac{1}{\frac{\mathrm{d}x}{\mathrm{d}t}} = f[\varphi(t)] = f(x) .$$

例 18　求 $\int \sqrt{5 - x^2}\,\mathrm{d}x$.

解　设 $x = \sqrt{5}\sin t , -\frac{\pi}{2} < t < \frac{\pi}{2}$,

那么 $\sqrt{(\sqrt{5})^2 - x^2} = \sqrt{(\sqrt{5})^2 - (\sqrt{5})^2\sin^2 t} = \sqrt{5}\cos t$, $\mathrm{d}x = \sqrt{5}\cos t\,\mathrm{d}t$,于是

$$\int \sqrt{(\sqrt{5})^2 - x^2}\,\mathrm{d}x = \int \sqrt{5}\cos t \cdot \sqrt{5}\cos t\,\mathrm{d}t$$

$$= (\sqrt{5})^2 \int \cos^2 t\,\mathrm{d}t = 5(\frac{1}{2}t + \frac{1}{4}\sin 2t) + C .$$

因为 $t = \arcsin\frac{x}{\sqrt{5}}$, $\sin 2t = 2\sin t\cos t = 2\frac{x}{\sqrt{5}} \cdot \frac{\sqrt{5 - x^2}}{\sqrt{5}}$,所以

$$\int \sqrt{5 - x^2}\,\mathrm{d}x = 5(\frac{1}{2}t + \frac{1}{4}\sin 2t) + C = \frac{5}{2}\arcsin\frac{x}{\sqrt{5}} + \frac{1}{2}x\sqrt{5 - x^2} + C .$$

对于任意的 $a > 0$,可以计算得 $\int \sqrt{a^2 - x^2}\,\mathrm{d}x = \frac{a^2}{2}\arcsin\frac{x}{a} + \frac{1}{2}x\sqrt{a^2 - x^2} + C .$

例 19　求 $\int \frac{\mathrm{d}x}{\sqrt{x^2 + 4}}$.

解　设 $x = 2\tan t , -\frac{\pi}{2} < t < \frac{\pi}{2}$,那么

$$\sqrt{x^2 + 2^2} = \sqrt{2^2 + 2^2\tan^2 t} = 2\sqrt{1 + \tan^2 t} = 2\sec t .$$

由于 $\mathrm{d}x = 2\sec^2 t\,\mathrm{d}t$,于是

$$\int \frac{\mathrm{d}x}{\sqrt{x^2 + 2^2}} = \int \frac{2\sec^2 t}{2\sec t}\,\mathrm{d}t = \int \sec t\,\mathrm{d}t = \ln|\sec t + \tan t| + C .$$

因为 $\sec t = \frac{\sqrt{x^2 + 4}}{2}$, $\tan t = \frac{x}{2}$,所以

$$\int \frac{\mathrm{d}x}{\sqrt{x^2 + 2^2}} = \ln|\sec t + \tan t| + C = \ln(\frac{x}{2} + \frac{\sqrt{x^2 + 2^2}}{2}) + C$$

$$= \ln(x + \sqrt{x^2 + 4}) + C_1 ,$$

其中 $C_1 = C - \ln 2 , -\frac{\pi}{2} < t < \frac{\pi}{2}$.

对于任意的 $a > 0$,可以计算得 $\displaystyle\int \frac{\mathrm{d}x}{\sqrt{x^2 + a^2}} = \ln(x + \sqrt{x^2 + a^2}) + C_1$,

其中 $C_1 = C - \ln a$.

例 20　求 $\displaystyle\int \frac{\mathrm{d}x}{\sqrt{x^2 - 9}}$.

解　当 $x > 3$ 时,设 $x = 3\sec t$ $\left(0 < t < \dfrac{\pi}{2}\right)$,那么

$$\sqrt{x^2 - 3^2} = \sqrt{3^2 \sec^2 t - 3^2} = 3\sqrt{\sec^2 t - 1} = 3\tan t,$$

于是

$$\int \frac{\mathrm{d}x}{\sqrt{x^2 - 9}} = \int \frac{3\sec t \tan t}{3\tan t}\mathrm{d}t = \int \sec t \,\mathrm{d}t = \ln|\sec t + \tan t| + C.$$

因为 $\tan t = \dfrac{\sqrt{x^2 - 3^2}}{3}$, $\sec t = \dfrac{x}{3}$,

所以

$$\int \frac{\mathrm{d}x}{\sqrt{x^2 - 9}} = \ln|\sec t + \tan t| + C = \ln\left|\frac{x}{3} + \frac{\sqrt{x^2 - 9}}{3}\right| + C$$

$$= \ln(x + \sqrt{x^2 - 9}) + C_1,$$

其中 $C_1 = C - \ln 3$.

当 $x < -3$ 时,令 $x = -u$,则 $u > 3$,于是

$$\int \frac{\mathrm{d}x}{\sqrt{x^2 - 9}} = -\int \frac{\mathrm{d}u}{\sqrt{u^2 - 3^2}} = -\ln(u + \sqrt{u^2 - 3^2}) + C$$

$$= -\ln(-x + \sqrt{x^2 - 3^2}) + C$$

$$= \ln\frac{-x - \sqrt{x^2 - 3^2}}{3^2} + C = \ln(-x - \sqrt{x^2 - 3^2}) + C_1,$$

其中 $C_1 = C - 2\ln 3$.

综合起来有

$$\int \frac{\mathrm{d}x}{\sqrt{x^2 - 9}} = \ln\left|x + \sqrt{x^2 - 9}\right| + C.$$

对于任意的 $a > 0$,可以计算得

$$\int \frac{\mathrm{d}x}{\sqrt{x^2 - a^2}} = \ln\left|x + \sqrt{x^2 - a^2}\right| + C.$$

补充公式:

(16) $\displaystyle\int \tan x \,\mathrm{d}x = -\ln|\cos x| + C$;　　　　　　(17) $\displaystyle\int \cot x \,\mathrm{d}x = \ln|\sin x| + C$;

（18）$\int \sec x \mathrm{d}x = \ln|\sec x + \tan x| + C$ ；

（19）$\int \csc x \mathrm{d}x = \ln|\csc x - \cot x| + C$ ；

（20）$\int \dfrac{1}{a^2 + x^2}\mathrm{d}x = \dfrac{1}{a}\arctan \dfrac{x}{a} + C$ ；

（21）$\int \dfrac{1}{x^2 - a^2}\mathrm{d}x = \dfrac{1}{2a}\ln\left|\dfrac{x-a}{x+a}\right| + C$ ；

（22）$\int \dfrac{1}{\sqrt{a^2 - x^2}}\mathrm{d}x = \arcsin \dfrac{x}{a} + C$ ；

（23）$\int \dfrac{\mathrm{d}x}{\sqrt{x^2 + a^2}} = \ln(x + \sqrt{x^2 + a^2}) + C$ ；

（24）$\int \dfrac{\mathrm{d}x}{\sqrt{x^2 - a^2}} = \ln\left|x + \sqrt{x^2 - a^2}\right| + C$.

习题 4-2

1.选择题：

（1）$\int \dfrac{\sin\sqrt{t}}{\sqrt{t}}\mathrm{d}t = ($ ）.

A. $-2\sin\sqrt{t} + C$

B. $2\sin\sqrt{t} + C$

C. $-2\cos\sqrt{t} + C$

D. $2\cos\sqrt{t} + C$

（2）$\int \dfrac{\mathrm{d}x}{e^x + e^{-x}} = ($ ）.

A. $\arctan e^x + C$

B. $-\arctan e^x + C$

C. $\text{arccot} e^x + C$

D. $-\text{arccot} e^x + C$

（3）已知 $f(x) = e^{-x}$ ，则 $\int \dfrac{f'(\ln x)}{x}\mathrm{d}x = ($ ）.

A. $-\dfrac{1}{x} + C$ 　　　 B. $\dfrac{1}{x} + C$ 　　　 C. $-\ln x + C$ 　　　 D. $\ln x + C$

（4）$\int \dfrac{1 + \ln x}{(x\ln x)^2}\mathrm{d}x = ($ ）.

A. $\dfrac{1}{x\ln x} + C$ 　　 B. $\dfrac{1}{\ln x} + C$ 　　 C. $-\dfrac{1}{x\ln x} + C$ 　　 D. $-\dfrac{1}{\ln x} + C$

（5）$\int \tan^{10}x \sec^2 x \mathrm{d}x = ($ ）.

A. $-\dfrac{1}{11}\tan^{11}x + C$

B. $\dfrac{1}{11}\tan^{11}x + C$

C. $-\dfrac{1}{10}\tan^{10}x + C$

D. $\dfrac{1}{10}\tan^{10}x + C$

2.填空题：

（1）$\mathrm{d}x = $ _____ $\mathrm{d}(8x - 3)$ ；

（2）$x\mathrm{d}x = $ _____ $\mathrm{d}(x^2)$ ；

（3）$e^{4x}\mathrm{d}x = $ _____ $\mathrm{d}(e^{4x})$ ；

（4）$\cos\dfrac{3}{2}x\mathrm{d}x = $ _____ $\mathrm{d}\left(\sin\dfrac{3}{2}x\right)$.

(5) $\dfrac{1}{x}\mathrm{d}x = $ _____ $\mathrm{d}(10\ln x)$;　　(6) $\dfrac{1}{1+16x^2}\mathrm{d}x = $ _____ $\mathrm{d}(\arctan 4x)$

(7) $\dfrac{1}{\sqrt{1-x^2}}\mathrm{d}x = $ _____ $\mathrm{d}(2-\arcsin x)$;

(8) $\dfrac{1}{\sqrt{x}}\mathrm{d}x = $ _____ $\mathrm{d}(\sqrt{x})$.

3.求下列不定积分：

(1) $\displaystyle\int \mathrm{e}^{3t}\mathrm{d}t$;　　　　　　(2) $\displaystyle\int (3-5x)^3\mathrm{d}x$;　　　　　(3) $\displaystyle\int \dfrac{\mathrm{d}x}{\sqrt[3]{5-3x}}$;

(4) $\displaystyle\int \left(\sin ax - \mathrm{e}^{\frac{x}{b}}\right)\mathrm{d}x$;　　(5) $\displaystyle\int \dfrac{\mathrm{d}x}{x\ln x\ln\ln x}$;　　(6) $\displaystyle\int \dfrac{\mathrm{d}x}{\sin x\cos x}$;

(7) $\displaystyle\int \dfrac{x\mathrm{d}x}{\sqrt{2-3x^2}}$;　　　　(8) $\displaystyle\int \dfrac{3x^3\mathrm{d}x}{1-x^4}$;　　　　(9) $\displaystyle\int \dfrac{\sin x\mathrm{d}x}{\cos^3 x}$;

(10) $\displaystyle\int \dfrac{x^9\mathrm{d}x}{\sqrt{2-x^{20}}}$;　　　(11) $\displaystyle\int \dfrac{\mathrm{d}x}{2x^2-1}$;　　　(12) $\displaystyle\int \dfrac{x\mathrm{d}x}{(4-5x)^2}$;

(13) $\displaystyle\int \dfrac{x\mathrm{d}x}{x^8-1}$;　　　　(14) $\displaystyle\int \cos^3 x\mathrm{d}x$;　　　(15) $\displaystyle\int \sin 2x\cos 3x\mathrm{d}x$;

(16) $\displaystyle\int \sin 5x\sin 7x\mathrm{d}x$.

4.求一个函数 $f(x)$ ，满足 $f'(x) = \dfrac{1}{\sqrt{x+1}}$ ，且 $f(0) = 1$.

5.设 $f(x)$ 在 $[1, +\infty)$ 上可导， $f(1) = 0$ ， $f'(\mathrm{e}^x + 1) = 3\mathrm{e}^{2x} + 2$ ，求 $f(x)$.

第三节　分部积分法

设函数 $u = u(x)$ 及 $v = v(x)$ 具有连续导数.那么两个函数乘积的导数公式为 $(uv)' = u'v + uv'$,移项得

$$uv' = (uv)' - u'v .$$

对这个等式两边求不定积分,得

$$\int uv'\mathrm{d}x = uv - \int u'v\mathrm{d}x \ ,或 \int u\mathrm{d}v = uv - \int v\mathrm{d}u .$$

这个公式称为**分部积分公式**.

例 1　求 $\displaystyle\int x\sin x\mathrm{d}x$.

解　$\displaystyle\int x\sin x\mathrm{d}x = -\int x\mathrm{d}(\cos x) = -\left(x\cos x - \int \cos x\mathrm{d}x\right)$

$$= -x\cos x + \sin x + C .$$

例2　求 $\int x e^x dx$.

解　$\int x e^x dx = \int x \, d(e^x) = x e^x - \int e^x dx = x e^x - e^x + C$.

这里可否用 $\int x e^x dx = \int e^x d(\frac{1}{2} x^2)$ 进行分部积分？以此思考 $\int x^2 e^x dx$ 如何进行分部积分.

例3　求 $\int x^2 \ln x dx$.

解　$\int x^2 \ln x dx = \frac{1}{3} \int \ln x dx^3 = \frac{1}{3} x^3 \ln x - \frac{1}{3} \int x^3 d(\ln x)$

$$= \frac{1}{3} x^3 \ln x - \frac{1}{3} \int x^3 \cdot \frac{1}{x} dx$$

$$= \frac{1}{3} x^3 \ln x - \frac{1}{3} \int x^2 dx$$

$$= \frac{1}{3} x^3 \ln x - \frac{1}{9} x^3 + C.$$

例4　求 $\int \arcsin x dx$.

解　$\int \arcsin x dx = x \arcsin x - \int x d(\arcsin x)$

$$= x \arcsin x - \int x \frac{1}{\sqrt{1 - x^2}} dx$$

$$= x \arcsin x + \frac{1}{2} \int (1 - x^2)^{-\frac{1}{2}} d(1 - x^2)$$

$$= x \arcsin x + \sqrt{1 - x^2} + C.$$

例5　求 $\int x^2 \arctan x dx$.

解　$\int x^2 \arctan x dx = \frac{1}{3} \int \arctan x dx^3$

$$= \frac{1}{3} x^3 \arctan x - \frac{1}{3} \int x^3 \cdot \frac{1}{1 + x^2} dx$$

$$= \frac{1}{3} x^3 \arctan x - \frac{1}{3} \int (x - \frac{x}{1 + x^2}) dx$$

$$= \frac{1}{3} x^3 \arctan x - \frac{1}{6} x^2 + \frac{1}{3} \int \frac{x}{1 + x^2} dx$$

$$= \frac{1}{3} x^3 \arctan x - \frac{1}{6} x^2 + \frac{1}{6} \int \frac{1}{1 + x^2} d(1 + x^2)$$

$$= \frac{1}{3} x^3 \arctan x - \frac{1}{6} x^2 + \frac{1}{6} \ln(1 + x^2) + C.$$

例 6 求 $\int \mathrm{e}^x \sin x \mathrm{d}x$.

解 因为 $\int \mathrm{e}^x \sin x \mathrm{d}x = \int \sin x \, \mathrm{d}(\mathrm{e}^x)$

$$= \mathrm{e}^x \sin x - \int \mathrm{e}^x \mathrm{d}(\sin x)$$

$$= \mathrm{e}^x \sin x - \int \mathrm{e}^x \cos x \mathrm{d}x = \mathrm{e}^x \sin x - \int \cos x \, \mathrm{d}(\mathrm{e}^x)$$

$$= \mathrm{e}^x \sin x - \mathrm{e}^x \cos x + \int \mathrm{e}^x \mathrm{d}(\cos x)$$

$$= \mathrm{e}^x \sin x - \mathrm{e}^x \cos x - \int \mathrm{e}^x \sin x \mathrm{d}x ,$$

所以

$$\int \mathrm{e}^x \sin x \mathrm{d}x = \frac{1}{2} \mathrm{e}^x (\sin x - \cos x) + C .$$

例 7 求 $\int \sec^3 x \mathrm{d}x$.

解 因为 $\int \sec^3 x \mathrm{d}x = \int \sec x \cdot \sec^2 x \mathrm{d}x = \int \sec x \mathrm{d}(\tan x)$

$$= \sec x \tan x - \int \sec x \tan^2 x \mathrm{d}x$$

$$= \sec x \tan x - \int \sec x (\sec^2 x - 1) \mathrm{d}x$$

$$= \sec x \tan x - \int \sec^3 x \mathrm{d}x + \int \sec x \mathrm{d}x$$

$$= \sec x \tan x + \ln|\sec x + \tan x| - \int \sec^3 x \mathrm{d}x .$$

所以

$$\int \sec^3 x \mathrm{d}x = \frac{1}{2}(\sec x \tan x + \ln|\sec x + \tan x|) + C.$$

例 8 求 $I_n = \int \dfrac{\mathrm{d}x}{(x^2 + a^2)^n}$,其中 n 为正整数.

解 $I_1 = \int \dfrac{\mathrm{d}x}{x^2 + a^2} = \dfrac{1}{a} \arctan \dfrac{x}{a} + C ,$

当 $n > 1$ 时,用分部积分法,有

$$\int \frac{\mathrm{d}x}{(x^2 + a^2)^{n-1}} = \frac{x}{(x^2 + a^2)^{n-1}} + 2(n-1) \int \frac{x^2}{(x^2 + a^2)^n} \mathrm{d}x$$

$$= \frac{x}{(x^2 + a^2)^{n-1}} + 2(n-1) \int \left[\frac{1}{(x^2 + a^2)^{n-1}} - \frac{a^2}{(x^2 + a^2)^n} \right] \mathrm{d}x ,$$

即

$$I_{n-1} = \frac{x}{(x^2 + a^2)^{n-1}} + 2(n-1)(I_{n-1} - a^2 I_n) ,$$

于是

$$I_n = \frac{1}{2a^2(n-1)}\left[\frac{x}{(x^2 + a^2)^{n-1}} + (2n - 3)I_{n-1}\right] .$$

以此作为递推公式,并由 $I_1 = \frac{1}{a}\arctan\frac{x}{a} + C$ 即可得 I_n .

例 9 求 $\int \ln(\sqrt{x})\,dx$.

解 令 $x = t^2$,则 $dx = 2t dt(t > 0)$.

$$\int \ln(\sqrt{x})\,dx = \int \ln t\,d(t^2) = t^2 \ln t - \int t^2 d(\ln t)$$

$$= t^2 \ln t - \int t^2 \frac{1}{t} dt = t^2 \ln t - \int t dt = t^2 \ln t - \frac{1}{2}t^2 + C$$

$$= x\ln\sqrt{x} - \frac{1}{2}x + C.$$

习题 4-3

1.选择题:

(1) 下列等式中正确的是( ).

A. $\int u dv = \int v du$

B. $\int u dv = uv - \int u dv$

C. $\int u v' dx = uv - \int u v dx$

D. $\int u v' dx = uv - \int u' v dx$

(2) 下列等式中不成立的( ).

A. $\int x\cos x dx = \int x d(\sin x)$

B. $\int x e^x dx = \int x d(e^x)$

C. $\int x\ln x dx = \int x d(\frac{1}{x})$

D. $\int e^x \sin x dx = \int e^x d(-\cos x)$

(3) $\int x\sin x dx = ($).

A. $x\cos x + \sin x + C$

B. $-x\cos x + \sin x + C$

C. $-x\sin x + \cos x + C$

D. $x\sin x + \cos x + C$

(4) $\int \sin(\ln x)\,dx = ($).

A. $\frac{x}{2}\sin(\ln x) + \frac{x}{2}\cos(\ln x) + C$

B. $x\cos(\ln x) - x\sin(\ln x) + C$

C. $\frac{x}{2}\sin(\ln x) - \frac{x}{2}\cos(\ln x) + C$

D. $x\cos(\ln x) + x\sin(\ln x) + C$

(5) 设函数 $f(x)$ 的一个原函数是 $\sin x$,则 $\int xf'(x)\mathrm{d}x = ($ $)$.

A. $x\cos x - \sin x + C$ B. $x\sin x + \cos x + C$

C. $x\cos x + \sin x + C$ D. $x\sin x - \cos x + C$

2.填空题:

(1) 计算 $\int x^5 \ln x \mathrm{d}x$,可设 $u = $ _____ , $\mathrm{d}v = \mathrm{d}($ _____ $)$;

(2) $\int \ln x \mathrm{d}x = $ _____ ;   (3) $\int \arcsin x \mathrm{d}x = $ _____ .

3.求下列不定积分:

(1) $\int x^2 \mathrm{e}^x \mathrm{d}x$;   (2) $\int \ln(x^2 + 1)\mathrm{d}x$;   (3) $\int \mathrm{e}^{-2x}\sin\dfrac{x}{2}\mathrm{d}x$;

(4) $\int x^2 \arctan x \mathrm{d}x$;   (5) $\int x\tan^2 x \mathrm{d}x$;   (6) $\int \ln^2 x \mathrm{d}x$;

(7) $\int \dfrac{\ln^2 x}{x^2}\mathrm{d}x$;   (8) $\int \cos(\ln x)\mathrm{d}x$;   (9) $\int x^n \ln x \mathrm{d}x \, (n \neq -1)$;

(10) $\int x^2 \mathrm{e}^{-x}\mathrm{d}x$;   (11) $\int \dfrac{\ln(\ln x)}{x}\mathrm{d}x$;   (12) $\int x\sin x\cos x \mathrm{d}x$;

(13) $\int (x^2 - 1)\sin 2x \mathrm{d}x$;   (14) $\int \mathrm{e}^{\sqrt[3]{x}}\mathrm{d}x$.

4.已知 $\dfrac{\sin x}{x}$ 是 $f(x)$ 的原函数,求 $\int xf'(x)\,\mathrm{d}x$.

5.已知 $f(x) = \dfrac{\mathrm{e}^x}{x}$,求 $\int xf''(x)\mathrm{d}x$.

6.设 $I_n = \int \dfrac{\mathrm{d}x}{\sin^n x}(2 \leqslant n)$,证明 $I_n = -\dfrac{1}{n-1}\dfrac{\cos x}{\sin^{n-1}x} + \dfrac{n-2}{n-1}I_{n-2}$.

7.设 $f(x)$ 是单调连续函数, $f^{-1}(x)$ 是它的反函数,且 $\int f(x)\mathrm{d}x = F(x) + C$,求 $\int f^{-1}(x)\mathrm{d}x$.

第四节   几种特殊类型函数的积分

一、有理函数的积分

有理函数是指由两个多项式的商所表示的函数,即具有如下形式的函数:

$$\frac{P(x)}{Q(x)} = \frac{a_0 x^n + a_1 x^{n-1} + \cdots + a_{n-1}x + a_n}{b_0 x^m + b_1 x^{m-1} + \cdots + b_{m-1}x + b_m},$$

其中 m 和 n 都是非负整数, $a_0,a_1,\cdots,a_n$ 及 $b_0,b_1,\cdots,b_m$ 都是实数,并且 $a_0 \neq 0$, $b_0 \neq 0$.当 $n < m$ 时,称该有理函数是真分式;而当 $n \geqslant m$ 时,称该有理函数是假分式.

假分式总可以化成一个多项式与一个真分式之和的形式.例如

$$\frac{x^3 + x + 1}{x^2 + 1} = \frac{x(x^2 + 1) + 1}{x^2 + 1} = x + \frac{1}{x^2 + 1}.$$

求真分式的不定积分时,如果分母可因式分解,则先因式分解,然后化成部分分式再积分. 下面通过几个例子说明真分式积分的过程.

例1 求 $\int \frac{x - 10}{x^2 - 2x - 8}dx$.

解 $\int \frac{x - 10}{x^2 - 2x - 8}dx = \int \frac{x - 10}{(x - 4)(x + 2)}dx$

$$= \int \left(\frac{2}{x + 2} - \frac{1}{x - 4}\right)dx$$

$$= \int \frac{2}{x + 2}dx - \int \frac{1}{x - 4}dx$$

$$= 2\ln|x + 2| - \ln|x - 4| + C.$$

提示: $\frac{x - 10}{(x - 4)(x + 2)} = \frac{A}{x + 2} + \frac{B}{x - 4} = \frac{(A + B)x + (2B - 4A)}{(x + 2)(x - 4)}$,从 $A + B = 1, 2B - 4A = -10$,可得 $A = 2, B = -1$

例2 求 $\int \frac{x - 2}{x^2 + 2x + 3}dx$.

解 $\int \frac{x - 2}{x^2 + 2x + 3}dx = \int \left(\frac{1}{2}\frac{2x + 2}{x^2 + 2x + 3} - 3\frac{1}{x^2 + 2x + 3}\right)dx$

$$= \frac{1}{2}\int \frac{2x + 2}{x^2 + 2x + 3}dx - 3\int \frac{1}{x^2 + 2x + 3}dx$$

$$= \frac{1}{2}\int \frac{d(x^2 + 2x + 3)}{x^2 + 2x + 3} - 3\int \frac{d(x + 1)}{(x + 1)^2 + (\sqrt{2})^2}$$

$$= \frac{1}{2}\ln|x^2 + 2x + 3| - \frac{3}{\sqrt{2}}\arctan\frac{x + 1}{\sqrt{2}} + C.$$

提示: $\frac{x - 2}{x^2 + 2x + 3} = \frac{\frac{1}{2}(2x + 2) - 3}{x^2 + 2x + 3} = \frac{1}{2}\cdot\frac{2x + 2}{x^2 + 2x + 3} - 3\cdot\frac{1}{x^2 + 2x + 3}$.

例3 求 $\int \frac{9}{(x - 1)(x + 2)^2}dx$.

解 $\int \frac{9}{(x - 1)(x + 2)^2}dx = \int \left[\frac{1}{x - 1} + \frac{-1}{x + 2} + \frac{-3}{(x + 2)^2}\right]dx$

$$= \int \frac{1}{x - 1}dx - \int \frac{1}{x + 2}dx - 3\int \frac{1}{(x + 2)^2}dx$$

$$= \ln|x - 1| - \ln|x + 2| + \frac{3}{x + 2} + C.$$

提示: $\dfrac{9}{(x-1)(x+2)^2} = \dfrac{A}{x-1} + \dfrac{B}{x+2} + \dfrac{C}{(x+2)^2}$

$$= \dfrac{(A+B)x^2 + (4A+B+C)x + (4A-2B-C)}{(x-1)(x+2)^2}.$$

从 $A+B=0, 4A+B+C=0, 4A-2B-C=9$,可得

$$A=1, B=-1, C=-3.$$

二、三角函数有理式的积分

三角函数有理式是指由三角函数和常数经过有限次四则运算所构成的函数,其特点是分子分母都包含三角函数的和差和乘积运算.由于各种三角函数都可以用 $\sin x$ 及 $\cos x$ 的有理式表示,故三角函数有理式也就是 $\sin x$, $\cos x$ 的有理式.

用于三角函数有理式积分的变换:

把 $\sin x$, $\cos x$ 表示成 $\tan \dfrac{x}{2}$ 的函数,然后作变换 $u = \tan \dfrac{x}{2}$,

$$\sin x = 2\sin \dfrac{x}{2}\cos \dfrac{x}{2} = \dfrac{2\tan \dfrac{x}{2}}{\sec^2 \dfrac{x}{2}} = \dfrac{2\tan \dfrac{x}{2}}{1+\tan^2 \dfrac{x}{2}} = \dfrac{2u}{1+u^2} ,$$

$$\cos x = \cos^2 \dfrac{x}{2} - \sin^2 \dfrac{x}{2} = \dfrac{1-\tan^2 \dfrac{x}{2}}{\sec^2 \dfrac{x}{2}} = \dfrac{1-u^2}{1+u^2}.$$

变换后原积分变成了有理函数的积分.

例4 求 $\displaystyle\int \dfrac{1}{\cos x + \sin x + 1}dx$.

解 令 $u = \tan \dfrac{x}{2}$,则 $\sin x = \dfrac{2u}{1+u^2}$, $\cos x = \dfrac{1-u^2}{1+u^2}$, $x = 2\arctan u$, $dx = \dfrac{2}{1+u^2}du$.于是

$$\int \dfrac{1}{\cos x + \sin x + 1}dx = \int \dfrac{1}{\dfrac{1-u^2}{1+u^2} + \dfrac{2u}{1+u^2} + 1} \dfrac{2}{1+u^2}du$$

$$= \int \dfrac{1}{1+u}du$$

$$= \ln|u+1| + C$$

$$= \ln\left|\tan \dfrac{x}{2} + 1\right| + C.$$

说明:并非所有的三角函数有理式的积分都要通过上述变换化为有理函数的积分.例如,

$$\int \dfrac{\cos x}{1+\sin x}dx = \int \dfrac{1}{1+\sin x}d(1+\sin x) = \ln(1+\sin x) + C.$$

三、简单无理函数的积分

无理函数的积分一般要采用第二换元法把根号消去.

例 5　求 $\displaystyle\int \frac{\sqrt{x}}{x+1}\mathrm{d}x$.

解　设 $\sqrt{x}=u$,即 $x=u^2$,则

$$\int \frac{\sqrt{x}}{x+1}\mathrm{d}x = \int \frac{u}{u^2+1}\cdot 2u\mathrm{d}u = 2\int \frac{u^2}{u^2+1}\mathrm{d}u$$

$$= 2\int \left(1-\frac{1}{1+u^2}\right)\mathrm{d}u = 2(u-\arctan u)+C$$

$$= 2(\sqrt{x}-\arctan\sqrt{x})+C .$$

例 6　求 $\displaystyle\int \frac{x\mathrm{d}x}{\sqrt[3]{x+2}}$.

解　设 $\sqrt[3]{x+2}=u$,即 $x=u^3-2$,则

$$\int \frac{x\mathrm{d}x}{\sqrt[3]{x+2}} = \int \frac{1}{u}\cdot(u^3-2)3u^2\mathrm{d}u = 3\int (u^4-2u)\mathrm{d}u$$

$$= \frac{3}{5}u^5-3u^2+C$$

$$= \frac{3}{5}\sqrt[3]{(x+2)^5}-3\sqrt[3]{(x+2)^2}+C .$$

例 7　求 $\displaystyle\int \frac{\mathrm{d}x}{\sqrt{x}\,(\sqrt[3]{x}-1)}$.

解　设 $x=t^6$,于是 $\mathrm{d}x=6t^5\mathrm{d}t$,从而

$$\int \frac{\mathrm{d}x}{\sqrt{x}\,(\sqrt[3]{x}-1)} = \int \frac{1}{t^3(t^2-1)}6t^5\mathrm{d}t = 6\int \frac{t^2}{t^2-1}\mathrm{d}t = 6\int \frac{t^2-1+1}{t^2-1}\mathrm{d}t$$

$$= 3\int \left(2+\frac{2}{t^2-1}\right)\mathrm{d}t = 3\int \left(2+\frac{1}{t-1}-\frac{1}{t+1}\right)\mathrm{d}t$$

$$= 3(2t+\ln|t-1|-\ln|t+1|)+C .$$

$$= 6t+3\ln\left|\frac{t-1}{t+1}\right|+C$$

$$= 6\sqrt[6]{x}+3\ln\left|\frac{\sqrt[6]{x}-1}{\sqrt[6]{x}+1}\right|+C .$$

例 8　求 $\displaystyle\int \frac{1}{x}\sqrt{\frac{x}{1+x}}\,\mathrm{d}x$.

解　设 $\sqrt{\dfrac{x}{1+x}}=t$,即 $x=\dfrac{t^2}{1-t^2}$,于是

$$\int \frac{1}{x} \sqrt{\frac{x}{1 + x}} dx = \int \frac{1 - t^2}{t^2} \cdot t \frac{2t}{(1 - t^2)^2} dt$$

$$= \int \frac{2}{1 - t^2} dt = \int \left(\frac{1}{1 - t} + \frac{1}{1 + t} \right) dt$$

$$= \int \left(\frac{1}{1 + t} - \frac{1}{t - 1} \right) dt$$

$$= \ln \left| \frac{t + 1}{t - 1} \right| + C$$

$$= \ln \left| \frac{\sqrt{x} + \sqrt{1 + x}}{\sqrt{x} - \sqrt{1 + x}} \right| + C .$$

习题 4-4

1.选择题:

(1) 将 $\dfrac{x + 1}{x^2(x^2 + 1)(x^2 + x + 1)}$ 分解为部分分式,正确的做法是设它为(　　　　).

A. $\dfrac{a}{x^2} + \dfrac{b}{1 + x^2} + \dfrac{c}{x^2 + x + 1}$　　　　　　B. $\dfrac{a_1}{x} + \dfrac{a_2}{x^2} + \dfrac{b_1 x + b_2}{1 + x^2} + \dfrac{c_1 x + c_2}{x^2 + x + 1}$

C. $\dfrac{a}{x^2} + \dfrac{b}{1 + x^2} + \dfrac{c_1 x + c_2}{x^2 + x + 1}$　　　　　　D. $\dfrac{a}{x} + \dfrac{b}{x^2} + \dfrac{c}{1 + x^2} + \dfrac{d}{x^2 + x + 1}$

(2) $\int \dfrac{x + 1}{x^2 + 4x + 13} dx = ($　　　　$).$

A. $x - \dfrac{8}{3} \arctan \dfrac{x}{2} + \dfrac{1}{3} \arctan x + C$　　　　　　B. $x - \dfrac{7}{3} \arctan x + C$

C. $x - \dfrac{8}{3} \arctan x + C$　　　　　　D. $\dfrac{1}{2} \ln(x^2 + 4x + 13) - \dfrac{1}{3} \arctan \dfrac{x + 2}{3} + C$

(3) $\int \dfrac{1}{\sqrt{x} + \sqrt[3]{x}} dx = ($　　　　$).$

A. $2\sqrt{x} - 3\sqrt[3]{x} + 6\sqrt[6]{x} - 6\ln(\sqrt[6]{x} + 1) + C$　　　　B. $\sqrt[3]{x} + \ln \left| \sqrt[3]{x} + 1 \right| + C$

C. $6\sqrt[3]{x} + 6\ln \left| \sqrt[3]{x} + 1 \right| + C$　　　　D. $3\sqrt[6]{x} \arctan \sqrt[6]{x} + C$

(4) $\int \dfrac{x^2}{(1 + x^2)^2} dx = ($　　　　$).$

A. $x - \dfrac{1}{2} \arctan x - \dfrac{x}{2(1 + x^2)} + C$　　　　B. $\arctan x - \dfrac{x}{2(1 + x^2)} + C$

C. $\dfrac{1}{2} \arctan x - \dfrac{x}{2(1 + x^2)} + C$　　　　D. $\dfrac{1}{2} \arctan x - \dfrac{1}{4} \sin 2x + C$

2.填空题：

(1) $\int \dfrac{2x+3}{x^2+2x+2}\mathrm{d}x = $ _____. (2) $\int \dfrac{1}{x}\sqrt{\dfrac{1+x}{x}}\,\mathrm{d}x = $ _____.

(3) $\int \dfrac{1}{\sqrt{x}+\sqrt[4]{x}}\mathrm{d}x = $ _____.

3.求下列不定积分：

(1) $\int \dfrac{x^3}{x+3}\mathrm{d}x$ ； (2) $\int \dfrac{x^5+x^4-8}{x^3-x}\mathrm{d}x$ ； (3) $\int \dfrac{x+1}{(x-1)^3}\mathrm{d}x$ ；

(4) $\int \dfrac{3x+2}{x(x+1)^3}\mathrm{d}x$ ； (5) $\int \dfrac{3x}{x^3-1}\mathrm{d}x$ ； (6) $\int \dfrac{1-x-x^2}{x^2+1}\mathrm{d}x$ ；

(7) $\int \dfrac{x^2+1}{(x+1)^2(x-1)}\mathrm{d}x$ ； (8) $\int \dfrac{1}{x(x^2+1)}\mathrm{d}x$ ； (9) $\int \dfrac{1}{x^4+1}\mathrm{d}x$ ；

(10) $\int \dfrac{-x^2-2}{x^2+x+1}\mathrm{d}x$ ； (11) $\int \dfrac{\mathrm{d}x}{3+\sin^2 x}$ ； (12) $\int \dfrac{\mathrm{d}x}{3+\cos x}$ ；

(13) $\int \dfrac{\mathrm{d}x}{1+\tan x}$ ； (14) $\int \dfrac{\mathrm{d}x}{(5+4\sin x)\cos x}$ ； (15) $\int \dfrac{1+\sin x}{\sin x(1+\cos x)}\mathrm{d}x$.

第五节* 积分表的使用

积分的计算要比导数的计算更为灵活、复杂.为了使用的方便,人们把常用的积分公式汇集成表,这种表叫作积分表.求积分时,可根据被积函数的类型直接地或经过简单的变形后,在表内查得所需的结果.

一、含有 $ax+b$ 的积分

1. $\int \dfrac{\mathrm{d}x}{ax+b} = \dfrac{1}{a}\ln|ax+b| + C$ ，

2. $\int (ax+b)^{\mu}\mathrm{d}x = \dfrac{1}{a(\mu+1)}(ax+b)^{\mu+1} + C(\mu \neq -1)$ ，

3. $\int \dfrac{x}{ax+b}\mathrm{d}x = \dfrac{1}{a^2}(ax+b-b\ln|ax+b|) + C$ ，

4. $\int \dfrac{x^2}{ax+b}\mathrm{d}x = \dfrac{1}{a^3}\left[\dfrac{1}{2}(ax+b)^2 - 2b(ax+b) + b^2\ln|ax+b|\right] + C$ ，

5. $\int \dfrac{\mathrm{d}x}{x(ax+b)} = -\dfrac{1}{b}\ln\left|\dfrac{ax+b}{x}\right| + C$ ，

6. $\int \dfrac{\mathrm{d}x}{x^2(ax+b)} = -\dfrac{1}{bx} + \dfrac{a}{b^2}\ln\left|\dfrac{ax+b}{x}\right| + C$ ，

7. $\int \dfrac{x}{(ax+b)^2}dx = \dfrac{1}{a^2}(\ln|ax+b| + \dfrac{b}{ax+b}) + C$,

8. $\int \dfrac{x^2}{(ax+b)^2}dx = \dfrac{1}{a^3}(ax+b-2b\ln|ax+b| - \dfrac{b^2}{ax+b}) + C$,

9. $\int \dfrac{dx}{x(ax+b)^2} = \dfrac{1}{b(ax+b)} - \dfrac{1}{b^2}\ln\left|\dfrac{ax+b}{x}\right| + C$.

例 1　求 $\int \dfrac{1}{(2x+5)x^2}dx$.

解　这是含有 $ax+b$ 的积分,在积分表中查得公式

$$\int \dfrac{dx}{x^2(ax+b)} = -\dfrac{1}{bx} + \dfrac{a}{b^2}\ln\left|\dfrac{ax+b}{x}\right| + C.$$

现在 $a = 2, b = 5$,于是

$$\int \dfrac{1}{(2x+5)x^2}dx = -\dfrac{1}{5x} + \dfrac{2}{25}\ln\left|\dfrac{2x+5}{x}\right| + C.$$

二、含有 $\sqrt{ax+b}$ 的积分

1. $\int \sqrt{ax+b}\,dx = \dfrac{2}{3a}\sqrt{(ax+b)^3} + C$,

2. $\int x\sqrt{ax+b}\,dx = \dfrac{2}{15a^2}(3ax-2b)\sqrt{(ax+b)^3} + C$,

3. $\int x^2\sqrt{ax+b}\,dx = \dfrac{2}{105a^3}(15a^2x^2 - 12abx + 8b^2)\sqrt{(ax+b)^3} + C$,

4. $\int \dfrac{x}{\sqrt{ax+b}}dx = \dfrac{2}{3a^2}(ax-2b)\sqrt{ax+b} + C$,

5. $\int \dfrac{x^2}{\sqrt{ax+b}}dx = \dfrac{2}{15a^3}(3a^2x^2 - 4abx + 8b^2)\sqrt{ax+b} + C$,

6. $\int \dfrac{dx}{x\sqrt{ax+b}} = \begin{cases} \dfrac{1}{\sqrt{b}}\ln\left|\dfrac{\sqrt{ax+b}-\sqrt{b}}{\sqrt{ax+b}+\sqrt{b}}\right| + C\,(b>0) \\[4mm] \dfrac{2}{\sqrt{-b}}\arctan\sqrt{\dfrac{ax+b}{-b}} + C\,(b<0) \end{cases}$,

7. $\int \dfrac{dx}{x^2\sqrt{ax+b}} = -\dfrac{\sqrt{ax+b}}{bx} - \dfrac{a}{2b}\int \dfrac{dx}{x\sqrt{ax+b}}$,

8. $\int \dfrac{\sqrt{ax+b}}{x}dx = 2\sqrt{ax+b} + b\int \dfrac{dx}{x\sqrt{ax+b}}$,

9. $\int \dfrac{\sqrt{ax+b}}{x^2}dx = -\dfrac{\sqrt{ax+b}}{x} + \dfrac{a}{2}\int \dfrac{dx}{x\sqrt{ax+b}}$.

三、含 $x^2 \pm a^2$ 的积分

1. $\int \dfrac{\mathrm{d}x}{x^2 + a^2} = \dfrac{1}{a}\arctan \dfrac{x}{a} + C$,

2. $\int \dfrac{\mathrm{d}x}{(x^2 + a^2)^n} = \dfrac{x}{2(n-1)a^2(x^2+a^2)^{n-1}} + \dfrac{2n-3}{2(n-1)a^2}\int \dfrac{\mathrm{d}x}{(x^2+a^2)^{n-1}}$,

3. $\int \dfrac{\mathrm{d}x}{x^2 - a^2} = \dfrac{1}{2a}\ln \left| \dfrac{x-a}{x+a} \right| + C$.

四、含有 $ax^2 + b(a > 0)$ 的积分

1. $\int \dfrac{\mathrm{d}x}{ax^2 + b} = \begin{cases} \dfrac{1}{\sqrt{ab}}\arctan \sqrt{\dfrac{a}{b}}x + C \ (b > 0) \\[4mm] \dfrac{1}{2\sqrt{-ab}}\ln \left| \dfrac{\sqrt{a}x - \sqrt{-b}}{\sqrt{a}x + \sqrt{-b}} \right| + C \ (b < 0) \end{cases}$,

2. $\int \dfrac{x}{ax^2 + b}\mathrm{d}x = \dfrac{1}{2a}\ln |ax^2 + b| + C$,

3. $\int \dfrac{x^2}{ax^2 + b}\mathrm{d}x = \dfrac{x}{a} - \dfrac{b}{a}\int \dfrac{\mathrm{d}x}{ax^2 + b}$,

4. $\int \dfrac{\mathrm{d}x}{x(ax^2 + b)} = \dfrac{1}{2b}\ln \dfrac{x^2}{|ax^2 + b|} + C$,

5. $\int \dfrac{\mathrm{d}x}{x^2(ax^2 + b)} = -\dfrac{1}{bx} - \dfrac{a}{b}\int \dfrac{1}{ax^2 + b}\mathrm{d}x$,

6. $\int \dfrac{\mathrm{d}x}{x^3(ax^2 + b)} = \dfrac{a}{2b^2}\ln \dfrac{|ax^2 + b|}{x^2} - \dfrac{1}{2bx^2} + C$,

7. $\int \dfrac{\mathrm{d}x}{(ax^2 + b)^2} = \dfrac{x}{2b(ax^2 + b)} + \dfrac{1}{2b}\int \dfrac{1}{ax^2 + b}\mathrm{d}x$.

五、含有 $\sqrt{x^2 + a^2}$ $(a > 0)$ 的积分

1. $\int \dfrac{\mathrm{d}x}{\sqrt{x^2 + a^2}} = \operatorname{arsh} \dfrac{x}{a} + C_1 = \ln(x + \sqrt{x^2 + a^2}) + C$,

2. $\int \dfrac{\mathrm{d}x}{\sqrt{(x^2 + a^2)^3}} = \dfrac{x}{a^2\sqrt{x^2 + a^2}} + C$,

3. $\int \dfrac{x}{\sqrt{x^2 + a^2}}\mathrm{d}x = \sqrt{x^2 + a^2} + C$,

4. $\int \dfrac{x}{\sqrt{(x^2 + a^2)^3}}\mathrm{d}x = -\dfrac{1}{\sqrt{x^2 + a^2}} + C$,

5. $\int \dfrac{x^2}{\sqrt{x^2 + a^2}}\mathrm{d}x = \dfrac{x}{2}\sqrt{x^2 + a^2} - \dfrac{a^2}{2}\ln(x + \sqrt{x^2 + a^2}) + C$,

6. $\int \dfrac{x^2}{\sqrt{(x^2+a^2)^3}} dx = -\dfrac{x}{\sqrt{x^2+a^2}} + \ln(x+\sqrt{x^2+a^2}) + C$,

7. $\int \dfrac{dx}{x\sqrt{x^2+a^2}} = \dfrac{1}{a} \ln \dfrac{\sqrt{x^2+a^2}-a}{|x|} + C$,

8. $\int \dfrac{dx}{x^2\sqrt{x^2+a^2}} = -\dfrac{\sqrt{x^2+a^2}}{a^2 x} + C$,

9. $\int \sqrt{x^2+a^2}\, dx = \dfrac{x}{2}\sqrt{x^2+a^2} + \dfrac{a^2}{2}\ln(x+\sqrt{x^2+a^2}) + C$.

例 2 求 $\int \dfrac{x^2 dx}{\sqrt{(4x^2+9)^3}}$.

解 因为 $\int \dfrac{x^2 dx}{\sqrt{(4x^2+9)^3}} = \dfrac{1}{8} \int \dfrac{x^2 dx}{\sqrt{\left[x^2+\left(\frac{3}{2}\right)^2 \right]^3}}$,

所以这是含有 $\sqrt{x^2+a^2}$ 的积分,这里 $a=\dfrac{3}{2}$,在积分表中查得公式

$$\int \dfrac{x^2}{\sqrt{(x^2+a^2)^3}} dx = -\dfrac{x}{\sqrt{x^2+a^2}} + \ln(x+\sqrt{x^2+a^2}) + C.$$

于是

$$\int \dfrac{x^2 dx}{\sqrt{(4x^2+9)^3}} = \dfrac{1}{8}\left[-\dfrac{x}{\sqrt{x^2+\left(\frac{3}{2}\right)^2}} + \ln\left(x+\sqrt{x^2+\left(\dfrac{3}{2}\right)^2}\right) \right] + C$$

$$= -\dfrac{x}{4\sqrt{4x^2+9}} + \dfrac{1}{8}\ln(2x+\sqrt{4x^2+9}) + C_1,$$

其中 $C_1 = C - \dfrac{1}{8}\ln 2$.

六、含有 $\sqrt{x^2-a^2}$ ($a>0$) 的积分

1. $\int \dfrac{dx}{\sqrt{x^2-a^2}} = \dfrac{x}{|x|}\mathrm{arch}\dfrac{|x|}{a} + C_1 = \ln\left| x+\sqrt{x^2-a^2} \right| + C$,

2. $\int \dfrac{dx}{\sqrt{(x^2-a^2)^3}} = -\dfrac{x}{a^2\sqrt{x^2-a^2}} + C$,

3. $\int \dfrac{x}{\sqrt{x^2-a^2}} dx = \sqrt{x^2-a^2} + C$,

4. $\int \dfrac{x}{\sqrt{(x^2-a^2)^3}} dx = -\dfrac{1}{\sqrt{x^2-a^2}} + C$,

5. $\int \dfrac{x^2}{\sqrt{x^2 - a^2}}dx = \dfrac{x}{2}\sqrt{x^2 - a^2} + \dfrac{a^2}{2}\ln\left|x + \sqrt{x^2 - a^2}\right| + C$,

6. $\int \dfrac{x^2}{\sqrt{(x^2 - a^2)^3}}dx = -\dfrac{x}{\sqrt{x^2 - a^2}} + \ln\left|x + \sqrt{x^2 - a^2}\right| + C$,

7. $\int \dfrac{dx}{x\sqrt{x^2 - a^2}} = \dfrac{1}{a}\arccos\dfrac{a}{|x|} + C$,

8. $\int \dfrac{dx}{x^2\sqrt{x^2 - a^2}} = \dfrac{\sqrt{x^2 - a^2}}{a^2 x} + C$,

9. $\int \sqrt{x^2 - a^2}\,dx = \dfrac{x}{2}\sqrt{x^2 - a^2} - \dfrac{a^2}{2}\ln\left|x + \sqrt{x^2 - a^2}\right| + C$.

七、含有 $\sqrt{a^2 - x^2}$（$a > 0$）的积分

1. $\int \dfrac{dx}{\sqrt{a^2 - x^2}} = \arcsin\dfrac{x}{a} + C$,

2. $\int \dfrac{dx}{\sqrt{(a^2 - x^2)^3}} = -\dfrac{x}{a^2\sqrt{a^2 - x^2}} + C$,

3. $\int \dfrac{x}{\sqrt{a^2 - x^2}}dx = -\sqrt{a^2 - x^2} + C$,

4. $\int \dfrac{x}{\sqrt{(a^2 - x^2)^3}}dx = \dfrac{1}{\sqrt{a^2 - x^2}} + C$,

5. $\int \dfrac{x^2}{\sqrt{a^2 - x^2}}dx = -\dfrac{x}{2}\sqrt{a^2 - x^2} + \dfrac{a^2}{2}\arcsin\dfrac{x}{a} + C$,

6. $\int \dfrac{x^2}{\sqrt{(a^2 - x^2)^3}}dx = \dfrac{x}{\sqrt{a^2 - x^2}} - \arcsin\dfrac{x}{a} + C$,

7. $\int \dfrac{dx}{x\sqrt{a^2 - x^2}} = \dfrac{1}{a}\ln\dfrac{a - \sqrt{a^2 - x^2}}{|x|} + C$,

8. $\int \dfrac{dx}{x^2\sqrt{a^2 - x^2}} = -\dfrac{\sqrt{a^2 - x^2}}{a^2 x} + C$,

9. $\int \sqrt{a^2 - x^2}\,dx = \dfrac{x}{2}\sqrt{a^2 - x^2} + \dfrac{a^2}{2}\arcsin\dfrac{x}{a} + C$.

八、含有三角函数的积分

1. $\int \sec x\,dx = \ln\left|\sec x + \tan x\right| + C$,

2. $\int \csc x\,dx = \ln\left|\csc x - \cot x\right| + C$,

3. $\int \sec x \tan x \mathrm{d}x = \sec x + C$,

4. $\int \csc x \cot x \mathrm{d}x = - \csc x + C$,

5. $\int \sin^2 x \mathrm{d}x = \dfrac{x}{2} - \dfrac{1}{4}\sin 2x + C$,

6. $\int \cos^2 x \mathrm{d}x = \dfrac{x}{2} + \dfrac{1}{4}\sin 2x + C$,

7. $\int \sin^n x \mathrm{d}x = - \dfrac{1}{n} \sin^{n-1} x \cos x + \dfrac{n-1}{n}\int \sin^{n-2} x \mathrm{d}x$,

8. $\int \cos^n x \mathrm{d}x = \dfrac{1}{n} \cos^{n-1} x \sin x + \dfrac{n-1}{n}\int \cos^{n-2} x \mathrm{d}x$,

9. $\int \sin ax \cos bx \mathrm{d}x = - \dfrac{1}{2(a+b)}\cos(a+b)x - \dfrac{1}{2(a-b)}\cos(a-b)x + C$,

10. $\int \sin ax \sin bx \mathrm{d}x = - \dfrac{1}{2(a+b)}\sin(a+b)x + \dfrac{1}{2(a-b)}\sin(a-b)x + C$,

11. $\int \cos ax \cos bx \mathrm{d}x = \dfrac{1}{2(a+b)}\sin(a+b)x + \dfrac{1}{2(a-b)}\sin(a-b)x + C$,

12. $\int \dfrac{\mathrm{d}x}{a+b\sin x} = \dfrac{2}{\sqrt{a^2-b^2}}\arctan \dfrac{a\tan \frac{x}{2}+b}{\sqrt{a^2-b^2}} + C \ (a^2 > b^2)$,

13. $\int \dfrac{\mathrm{d}x}{a+b\sin x} = \dfrac{2}{\sqrt{b^2-a^2}}\ln \left| \dfrac{a\tan \frac{x}{2}+b-\sqrt{b^2-a^2}}{a\tan \frac{x}{2}+b+\sqrt{b^2-a^2}} \right| + C \ (a^2 < b^2)$,

14. $\int \dfrac{\mathrm{d}x}{a+b\cos x} = \dfrac{2}{a+b}\sqrt{\dfrac{a+b}{a-b}}\arctan\left(\sqrt{\dfrac{a-b}{a+b}}\tan \dfrac{x}{2}\right) + C \ (a^2 > b^2)$,

15. $\int \dfrac{\mathrm{d}x}{a+b\cos x} = \dfrac{1}{a+b}\sqrt{\dfrac{a+b}{b-a}}\ln \left| \dfrac{\tan \frac{x}{2}+\sqrt{\frac{a+b}{b-a}}}{\tan \frac{x}{2}-\sqrt{\frac{a+b}{b-a}}} \right| + C \ (a^2 < b^2)$.

例 3 求 $\int \dfrac{\mathrm{d}x}{3-2\sin x}$.

解 这是含三角函数的积分,在积分表中查得公式

$$\int \dfrac{\mathrm{d}x}{a+b\sin x} = \dfrac{2}{\sqrt{a^2-b^2}}\arctan \dfrac{a\tan \frac{x}{2}+b}{\sqrt{a^2-b^2}} + C \ (a^2 > b^2),$$

这里 $a = 3, b = -2, a^2 > b^2$,于是

$$\int \frac{dx}{3 - 2\sin x} = \frac{2}{\sqrt{3^2 - (-2)^2}}\operatorname{arctan}\frac{3\tan\dfrac{x}{2} + (-2)}{\sqrt{3^2 - (-2)^2}} + C$$

$$= \frac{2}{\sqrt{5}}\operatorname{arctan}\frac{3\tan\dfrac{x}{2} - 2}{\sqrt{5}} + C.$$

例 4 求 $\int \cos^4 x dx$.

解 这是含三角函数的积分,在积分表中查得公式

$$\int \cos^n x dx = \frac{1}{n}\cos^{n-1}x\sin x + \frac{n-1}{n}\int \cos^{n-2}x dx,$$

$$\int \cos^2 x dx = \frac{1}{2}\cos x\sin x + C.$$

所以, $\int \cos^4 x dx = \frac{1}{4}\cos^3 x\sin x + \frac{3}{4}\int \cos^2 x dx = \frac{1}{4}\cos^3 x\sin x + \frac{3}{8}\cos x\sin x + C.$

习题 4-5

1.利用积分表计算下列不定积分:

(1) $\int \dfrac{dx}{\sqrt{4x^2 - 9}}$;

(2) $\int \dfrac{dx}{x^2 + 2x + 5}$;

(3) $\int \dfrac{dx}{\sqrt{5 - 4x + x^2}}$;

(4) $\int \sqrt{2x^2 + 9}\, dx$;

(5) $\int \sqrt{3x^2 - 2}\, dx$;

(6) $\int e^{2x}\cos x dx$;

(7) $\int x\arcsin\dfrac{x}{2}dx$;

(8) $\int \dfrac{dx}{(x^2 + 9)^2}$;

(9) $\int \dfrac{dx}{\sin^3 x}$;

(10) $\int e^{-2x}\sin 3x dx$;

(11) $\int \sin 3x\sin 5x dx$;

(12) $\int \ln^3 x dx$;

(13) $\int \dfrac{dx}{x^2(1 - x)}dx$;

(14) $\int \dfrac{\sqrt{x - 1}}{x}dx$;

(15) $\int \dfrac{1}{(1 + x^2)^2}dx$;

(16) $\int \dfrac{1}{x\sqrt{x^2 - 1}}dx$;

(17) $\int \dfrac{x}{(2 + 3x)^2}dx$;

(18) $\int \cos^6 x dx$;

(19) $\int x^2\sqrt{x^2 - 2}\, dx$;

(20) $\int \dfrac{1}{2 + 5\cos x}dx$;

(21) $\int \dfrac{dx}{x^2\sqrt{2x - 1}}$;

(22) $\int \sqrt{\dfrac{1 - x}{1 + x}}dx$;

(23) $\int \dfrac{x + 5}{x^2 - 2x - 1}dx$;

(24) $\int \dfrac{x dx}{\sqrt{1 + x - x^2}}$.

总习题四

1.选择题：

(1) 若 $f(x)$ 在 (a,b) 内连续,则在 (a,b) 内 $f(x)$ (　　).

A.必有导数　　　　B.必有原函数　　　　C.必有界　　　　D.必有极限

(2) 若 $f'(x) = f(x)$, $\varphi'(x) = F(x)$,则 $\int f(x)\mathrm{d}x = ($　　$)$

A. $F(x)$ 　　　　B. $\varphi(x)$ 　　　　C. $\varphi(x) + C$ 　　　　D. $F(x) + C$

(3) 下列各式中正确的是(　　).

A. $\mathrm{d}\left[\int f(x)\mathrm{d}x\right] = f(x)$ 　　　　　　B. $\dfrac{\mathrm{d}}{\mathrm{d}x}\left[\int f(x)\mathrm{d}x\right] = f(x)\mathrm{d}x$

C. $\int \mathrm{d}f(x) = f(x)$ 　　　　　　D. $\int \mathrm{d}f(x) = f(x) + C$

(4) 设 $f(x) = \mathrm{e}^{-x}$,则 $\int \dfrac{f(\ln x)}{x}\mathrm{d}x = ($　　$)$.

A. $\dfrac{1}{x} + C$ 　　　　B. $\ln x + C$ 　　　　C. $-\dfrac{1}{x} + C$ 　　　　D. $-\ln x + C$

(5) $\int \dfrac{1}{\sqrt{x(1-x)}}\mathrm{d}x = ($　　$)$.

A. $\dfrac{1}{2}\arcsin\sqrt{x} + C$ 　　　　　　B. $\arcsin\sqrt{x} + C$

C. $2\arcsin(2x-1) + C$ 　　　　　　D. $\arcsin(2x-1) + C$

(6) 若 $f(x)$ 在 $[a,b]$ 上的某原函数为 0,则在 $[a,b]$ 上必有(　　).

A.$f(x)$ 在 $[a,b]$ 上的原函数恒等于 0　　　　B.$f(x)$ 的不定积分恒为 0

C.$f(x)$ 恒为 0　　　　D.$f(x)$ 不恒为 0,但是导数恒为 0

2.填空题：

(1) $\int \left(1 - \sin^2\dfrac{x}{2}\right)\mathrm{d}x = $ _____ ;

(2) 若 e^x 是 $f(x)$ 的原函数,则 $\int x^2 f(\ln x)\mathrm{d}x = $ _____ ;

(3) 已知 e^{-x^2} 是 $f(x)$ 的一个原函数,则 $\int f(\tan x)\sec^2 x\mathrm{d}x = $ _____ ;

(4) 在积分曲线族 $\int \dfrac{\mathrm{d}x}{x\sqrt{x}}$ 中,过 $(1,1)$ 点的积分曲线是 $y = $ _____ ;

(5) $F'(x) = f(x)$,则 $\int f(ax+b)\mathrm{d}x = $ _____ ;

(6) 设 $\int f(x)\mathrm{d}x = \dfrac{1}{x^2} + C$,则 $\int \dfrac{f(\mathrm{e}^{-x})}{\mathrm{e}^x}\mathrm{d}x = $ _____ ;

(7) 设 $\int xf(x)\,\mathrm{d}x = \arcsin x + C$,则 $\int \dfrac{1}{f(x)}\mathrm{d}x =$ _____ ;

(8) $f'(\ln x) = 1 + x$,则 $f(x) =$ _____ ;

(9) 若 $\int xf(x)\,\mathrm{d}x = x\sin x - \int \sin x\,\mathrm{d}x$,则 $f(x) =$ _____ .

3.计算下列定积分:

(1) $\displaystyle\int \dfrac{1}{x\,(x-2)^2}\mathrm{d}x$;

(2) $\displaystyle\int \dfrac{\mathrm{d}x}{x^2\sqrt{4x^2-1}}$;

(3) $\displaystyle\int \cos\sqrt{x}\,\mathrm{d}x$;

(4) $\displaystyle\int \dfrac{\sin x}{\cos x\sqrt{1+\sin^2 x}}\mathrm{d}x$;

(5) $\displaystyle\int \dfrac{5x-1}{x^2-x-2}\mathrm{d}x$;

(6) $\displaystyle\int \dfrac{\sin 2x}{\cos^4 x - \sin^4 x}\mathrm{d}x$;

(7) $\displaystyle\int \dfrac{2\ln x + 1}{x^3\,(\ln x)^2}\mathrm{d}x$;

(8) $\displaystyle\int \dfrac{1}{\cos^2 x\sqrt[4]{\tan x}}\mathrm{d}x$;

(9) $\displaystyle\int \dfrac{\arcsin x}{x^2}\mathrm{d}x$;

(10) $\displaystyle\int \dfrac{\cos x - \sin x}{1+\sin^2 x}\mathrm{d}x$;

(11) $\displaystyle\int \dfrac{\sin x \cdot \cos x}{\sin x + \cos x}\mathrm{d}x$;

(12) $\displaystyle\int \dfrac{\sin^4 x}{1+\cos x}\mathrm{d}x$;

(13) $\displaystyle\int \dfrac{\mathrm{d}x}{1-\sin^4 x}$;

(14) $\displaystyle\int \dfrac{\ln x}{(1-x)^2}\mathrm{d}x$;

(15) $\displaystyle\int \dfrac{\arcsin\sqrt{x}}{\sqrt{1-x}}\mathrm{d}x$;

(16) $\displaystyle\int \dfrac{\mathrm{e}^x - 1}{\mathrm{e}^{2x}+4}\mathrm{d}x$;

(17) $\displaystyle\int \dfrac{\arctan\sqrt{x}}{\sqrt{1+x}}\mathrm{d}x$;

(18) $\displaystyle\int \dfrac{1+\sin x + \cos x}{1+\sin^2 x}\mathrm{d}x$;

(19) $\displaystyle\int \dfrac{x^2}{1+x^2}\arctan x\,\mathrm{d}x$;

(20) $\displaystyle\int \dfrac{x\ln(1+x^2)}{1+x^2}\mathrm{d}x$;

(21) $\displaystyle\int \tan^3 x\,\mathrm{d}x$;

(22) $\displaystyle\int \dfrac{1}{\sqrt{1+\mathrm{e}^{2x}}}\mathrm{d}x$;

(23) $\displaystyle\int \dfrac{x}{1+\cos x}\mathrm{d}x$;

(24) $\displaystyle\int \mathrm{e}^{2x}(\tan x + 1)^2\,\mathrm{d}x$;

(25) $\displaystyle\int \dfrac{\arctan x}{x^2(1+x^2)}\mathrm{d}x$;

(26) $\displaystyle\int \dfrac{\arctan \mathrm{e}^x}{\mathrm{e}^{2x}}\mathrm{d}x$.

4.设 $f(\sin^2 x) = \dfrac{x}{\sin x}$,求 $\displaystyle\int \dfrac{\sqrt{x}}{\sqrt{1-x}}f(x)\,\mathrm{d}x$.

5.已知 $f(x)$ 的一个原函数为 $\ln^2 x$,求 $\displaystyle\int xf'(x)\,\mathrm{d}x$.

6.求不定积分 $I_n = \displaystyle\int x^n \mathrm{e}^x\,\mathrm{d}x$, n 为自然数.

7.已知 $f'(\sin^2 x) = \cos 2x + \tan^2 x$, $0 < x < \dfrac{\pi}{2}$,求 $f(x)$.

8.设 $y\,(x-y)^2 = x$,求 $\displaystyle\int \dfrac{1}{x-3y}\mathrm{d}x$.

9.设 $I_n = \displaystyle\int \tan^n x\,\mathrm{d}x$,求证 $I_n = \dfrac{1}{n-1}\tan^{n-1}x - I_{n-2}$,并求 $\displaystyle\int \tan^5 x\,\mathrm{d}x$.

数学家简介[3]

柯 西

柯西（Cauchy，1789—1857）是法国数学家、物理学家、天文学家.

柯西于 1789 年 8 月 21 日出生于一个高级官员家庭，他的父亲路易·弗朗索瓦·柯西是法国波旁王朝的官员.大约在 1796 年，柯西遇到了法国化学家克劳德·贝托莱，贝托莱在家中教导他数学.柯西少年时代的数学才华颇受两位数学家拉格朗日与拉普拉斯的赞赏，并预言柯西日后必成大器.拉格朗日向其父建议"赶快给柯西一种坚实的文学教育"，以便他的爱好不致把他引入歧途.父亲因此加强了对柯西的文学教育，使他在诗歌方面也表现出很高的才华.1807年至 1810 年柯西在工学院学习，曾当过交通道路工程师.由于身体欠佳，接受了拉格朗日和拉普拉斯的劝告，以此致力于纯数学的研究.大约在 1805 年，柯西进入巴黎综合理工学院学习，并在数学方面表现出色，后来被任命为法国科学院院士等重要职位.1830 年法国爆发七月革命后，柯西拒绝效忠新国王，并离开了法国.大约十年后，他成为了巴黎综合理工学院的教授.1848年，他在巴黎大学担任教授.

19 世纪初期，微积分已发展成一个庞大的分支，内容丰富，应用非常广泛.与此同时，它的薄弱之处也越来越暴露出来，微积分的理论基础并不严格.为解决新问题并澄清微积分概念，数学家们展开了数学分析严谨化的工作，在分析基础的奠基工作中，做出卓越贡献的要首推伟大的数学家柯西.柯西在数学上的最大贡献是在微积分中引进了极限概念，并以极限为基础建立了逻辑清晰的分析体系.这是微积分发展史上的精华，也是柯西对人类科学发展所做的巨大贡献.

1821 年柯西提出极限定义的 ε 方法，把极限过程用不等式来刻画，后经维尔斯特拉斯改进，成为现在所说的柯西极限定义或叫 $\varepsilon - \delta$ 定义.当今所有微积分的教科书都还（至少是在本质上）沿用着柯西等人关于极限、连续、导数、收敛等概念的定义.他对微积分的解释被后人普遍采用.柯西对定积分作了最系统的开创性工作，他把定积分定义为和的"极限".在定积分运算之前，强调必须确立积分的存在性.他利用中值定理首先严格证明了微积分基本定理.通过柯西以及后来雅尔斯特拉斯的艰苦工作，使数学分析的基本概念得到严格的论述.从而结束了微积分二百年来思想上的混乱局面，把微积分及其推广从对几何概念、运动和直观了解的完全依赖中解放出来，并使微积分发展成为现代数学最基础最庞大的数学学科.

数学分析严谨化的工作一开始就产生了很大的影响.在一次学术会议上柯西提出了级数收敛性理论.会后，拉普拉斯急忙赶回家中，根据柯西的严谨判别法，逐一检查其巨著《天体力学》中所用到的级数是否都收敛.

柯西在其他方面的研究成果也很丰富.复变函数的微积分理论就是由他创立的.在代数方面、理论物理、光学、弹性理论方面，也有突出贡献.柯西的数学成就不仅辉煌，而且数量惊人.柯西论著有 800 多篇，在数学史上是仅次于欧拉的多产数学家.他的全集从 1882 年开始出版到

1974 年才出齐最后一卷,总计 28 卷.他的光辉名字与许多定理、准则一起铭记在当今许多教材中.

作为一位学者,他思路敏捷,功绩卓著.从柯西卷帙浩大的论著和成果,人们不难想象他一生是怎样孜孜不倦地勤奋工作.但柯西却是个具有复杂性格的人.他是忠诚的保王党人,热心的天主教徒,落落寡合的学者.尤其作为久负盛名的科学泰斗,他常常忽视青年学者的创造.例如,由于柯西"失落"了才华出众的年轻数学家阿贝尔与伽罗瓦的开创性的论文手稿,造成群论晚问世约半个世纪.

1857 年 5 月 23 日柯西在巴黎病逝.他临终的一句名言"人总是要死的,但是,他们的业绩永存."长久地叩击着一代又一代学子的心扉.

第五章 定 积 分

进入十七世纪,随着几何、力学研究的深入,出现了一些与和式极限计算相关的问题,在这些问题的驱动下,产生了定积分的概念.定积分从产生到现在,已在自然科学、工程技术和经济管理上有着广泛的应用.本章,我们从几何、物理问题出发,引入定积分的概念并推广到反常积分,讨论定积分、反常积分的性质及其计算.

第一节 定积分的概念与性质

一、引例

1.曲边梯形的面积

设函数 $y = f(x)$ 在区间 $[a,b]$ 上非负、连续.由直线 $x = a$、$x = b$、$y = 0$ 及曲线 $y = f(x)$ 所围成的图形称为曲边梯形,其中曲线弧 $y = f(x)$ 称为曲边.

关于曲边梯形的面积,显然不能用初等数学的方法去解决,而要用极限方法去处理.下面将求曲边梯形的面积的具体方法叙述如下:

(1)分割

用分点 $x_1, x_2, \cdots, x_{n-1}$ 插入区间 $[a,b]$,并且令 $x_0 = a, \cdots, x_n = b$,于是有

$$a = x_0 < x_1 < x_2 < \cdots < x_{n-1} < x_n = b,$$

这样,就将区间 $[a,b]$ 分成 n 个小区间

$$[x_0, x_1], [x_1, x_2], [x_2, x_3], \cdots, [x_{n-1}, x_n],$$

它们的长度依次为

$$\Delta x_1 = x_1 - x_0, \Delta x_2 = x_2 - x_1, \cdots, \Delta x_n = x_n - x_{n-1}.$$

经过每一个分点作平行于 y 轴的直线段,把曲边梯形分成 n 个窄曲边梯形(如图 5-1).

(2)求和

在每个小区间 $[x_{i-1}, x_i]$ 上任取一点 ξ_i,以 $[x_{i-1}, x_i]$ 为底,$f(\xi_i)$ 为高的窄矩形近似替代第 i 个窄曲边梯形 $(i = 1, 2, \cdots, n)$,把这样得到的 n 个窄矩形面积之和作为所求曲边梯形面积 A 的近似值,即

$$A_n = f(\xi_1) \Delta x_1 + f(\xi_2) \Delta x_2 + \cdots + f(\xi_n) \Delta x_n = \sum_{i=1}^{n} f(\xi_i) \Delta x_i.$$

显然 A_n 是 A 的一个近似值,即

$$A \approx A_n = \sum_{i=1}^{n} f(\xi_i) \Delta x_i.$$

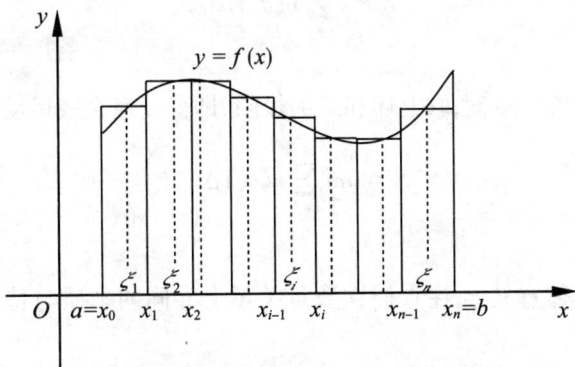

图 5-1

(3)取极限

当 $[a,b]$ 分得越来越细,即 $\lambda = \max_{1 \leqslant i \leqslant n} |\Delta x_i|$(表示所有小区间的最大区间长度)趋于 0 时,上述和数的极限就是曲边梯形的面积,即

$$A = \lim_{\lambda \to 0} \sum_{i=1}^{n} f(\xi_i) \Delta x_i.$$

2.变速直线运动的路程

设某一物体作变速直线运动,已知速度 $v = v(t)$ 是时间间隔 $[T_1, T_2]$ 上的连续函数,且 $v(t) \geqslant 0$,计算在这段时间内物体所经过的路程 S.

(1)求近似路程

我们把时间间隔 $[T_1, T_2]$ 分成 n 个小的时间间隔,在每个小的时间间隔 Δt_i 内,物体运动看成是匀速的,其速度近似为物体在时间间隔内某点 τ_i 的速度 $v(\tau_i)$,物体在时间间隔 Δt_i 内运动的距离近似为 $\Delta S \approx v(\tau_i) \Delta t_i$.把物体在每一小的时间间隔 Δt_i 内运动的距离加起来作为物体在时间间隔 $[T_1, T_2]$ 内所经过的路程 S 的近似值.具体做法是:

在时间间隔 $[T_1, T_2]$ 内任意插入若干个分点

$$T_1 = t_0 < t_1 < t_2 < \cdots < t_{n-1} < t_n = T_2,$$

把 $[T_1, T_2]$ 分成 n 个小段

$$[t_0, t_1], [t_1, t_2], [t_2, t_3], \cdots, [t_{n-1}, t_n],$$

各小段时间的长依次为

$$\Delta t_1 = t_1 - t_0, \Delta t_2 = t_2 - t_1, \cdots, \Delta t_n = t_n - t_{n-1}.$$

(2)求和

相应地,在各段时间内物体经过的路程依次为 $\Delta S_1, \Delta S_2, \cdots, \Delta S_n$.

在时间间隔 $[t_{i-1}, t_i]$ 上任取一个时刻 τ_i,以 τ_i 时刻的速度 $v(\tau_i)$ 来代替 $[t_{i-1}, t_i]$ 上各个时刻的速度,得到部分路程 ΔS_i 的近似值,即

$$\Delta S_i \approx v(\tau_i) \Delta t_i, i = 1, \cdots, n,$$

于是,这 n 段部分路程的近似值之和就是所求变速直线运动路程 S 的近似值,即

$$S \approx \sum_{i=1}^{n} v(\tau_i) \Delta t_i .$$

(3)求极限

记 $\lambda = \max_{1 \leqslant i \leqslant n} |\Delta t_i|$,当$\lambda \to 0$ 时,取上述和式的极限,即得变速直线运动的路程

$$S = \lim_{\lambda \to 0} \sum_{i=1}^{n} v(\tau_i) \Delta t_i .$$

二、定积分定义

抛开上述问题的具体意义,抓住它们在数量关系上共同的本质与特性加以概括,就抽象出下述定积分的定义.

定义 设函数 $f(x)$ 在 $[a,b]$ 上有界,在 $[a,b]$ 中任意插入若干个分点

$$a = x_0 < x_1 < x_2 < \cdots < x_{n-1} < x_n = b ,$$

把区间 $[a,b]$ 分成 n 个小区间

$$[x_0,x_1] , [x_1,x_2] , [x_2,x_3] , \cdots , [x_{n-1},x_n],$$

各小段区间的长依次为

$$\Delta x_1 = x_1 - x_0 , \Delta x_2 = x_2 - x_1 , \cdots, \Delta x_n = x_n - x_{n-1} .$$

在每个小区间 $[x_{i-1},x_i]$ 上任取一点 ξ_i,作函数值 $f(\xi_i)$ 与小区间长度 Δx_i 的乘积 $f(\xi_i) \Delta x_i\ (i = 1,2,\cdots,n)$,并作和

$$S = \sum_{i=1}^{n} f(\xi_i) \Delta x_i.$$

记 $\lambda = \max_{1 \leqslant i \leqslant n} |\Delta x_i|$,若不论对区间$[a,b]$怎样分,也不论在小区间 $[x_{i-1},x_i]$ 上点 ξ_i 怎样取,只要当 $\lambda \to 0$ 时,和 S 总趋于确定的极限 I,则我们称 $f(x)$ 在 $[a,b]$ 上可积,这个极限 I 为函数 $f(x)$ 在区间 $[a,b]$ 上的**定积分**,记作 $\int_a^b f(x)\,\mathrm{d}x$,即

$$\int_a^b f(x)\,\mathrm{d}x = \lim_{\lambda \to 0} \sum_{i=1}^{n} f(\xi_i) \Delta x_i ,$$

其中$f(x)$ 叫作**被积函数**;$f(x)\mathrm{d}x$ 叫作**被积表达式**;x 叫作**积分变量**;a 叫作**积分下限**;b 叫作**积分上限**;$[a,b]$ 叫作**积分区间**.

根据定积分的定义,曲边梯形的面积为 $A = \int_a^b f(x)\,\mathrm{d}x$.

变速直线运动的路程为 $S = \int_{T_1}^{T_2} v(t)\,\mathrm{d}t$.

说明:

(1)定积分的值仅与被积函数及积分区间有关,而与积分变量的记法无关,即

$$\int_a^b f(x)\,\mathrm{d}x = \int_a^b f(t)\,\mathrm{d}t = \int_a^b f(u)\,\mathrm{d}u ;$$

(2)和 $\sum_{i=1}^{n} f(\xi_i) \Delta x_i$ 通常称为 $f(x)$ 的积分和.

函数 $f(x)$ 在 $[a,b]$ 上满足什么条件时，$f(x)$ 在 $[a,b]$ 上可积呢？这个问题我们不做深入讨论，而只给出以下两个充分条件：

定理 1　设 $f(x)$ 在区间 $[a,b]$ 上连续，则 $f(x)$ 在 $[a,b]$ 上可积.

定理 2　设 $f(x)$ 在区间 $[a,b]$ 上有界，且只有有限个间断点，则 $f(x)$ 在 $[a,b]$ 上可积.

定积分的几何意义：

（1）在区间 $[a,b]$ 上，当 $f(x) \geqslant 0$ 时，积分 $\int_a^b f(x) \mathrm{d}x$ 在几何上表示由曲线 $y = f(x)$、两条直线 $x = a$、$x = b$ 与 x 轴所围成的曲边梯形的面积（如图 5-2）；

（2）当 $f(x) \leqslant 0$ 时，由曲线 $y = f(x)$、两条直线 $x = a$、$x = b$ 与 x 轴所围成的曲边梯形位于 x 轴的下方，定积分在几何上表示上述曲边梯形面积的负值（如图 5-3）；

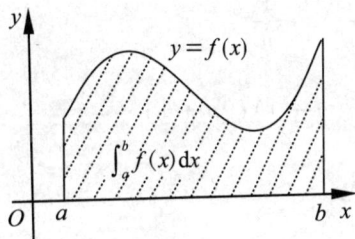

图 5-2

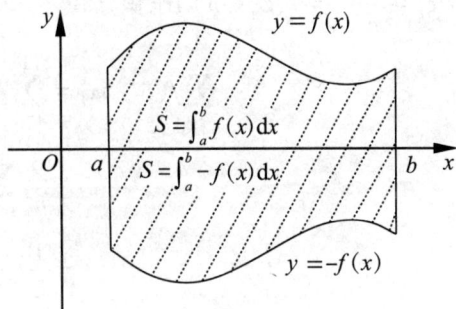

图 5-3

$$\int_a^b f(x) \mathrm{d}x = \lim_{\lambda \to 0} \sum_{i=1}^n f(\xi_i) \Delta x_i = -\lim_{\lambda \to 0} \sum_{i=1}^n [-f(\xi_i)] \Delta x_i = -\int_a^b [-f(x)] \mathrm{d}x .$$

（3）当 $f(x)$ 在 $[a,b]$ 上既取得正值又取得负值时，函数 $f(x)$ 的图形某些部分在 x 轴的上方，而其他部分在 x 轴的下方.如果我们对面积赋以正负号，在 x 轴上方的图形面积赋以正号，在 x 轴下方的图形面积赋以负号，则在一般情形下，定积分 $\int_a^b f(x) \mathrm{d}x$ 的几何意义为：它是介于 x 轴、函数 $f(x)$ 的图形及两条直线 $x = a$、$x = b$ 之间的各部分面积的代数和（如图 5-4）.

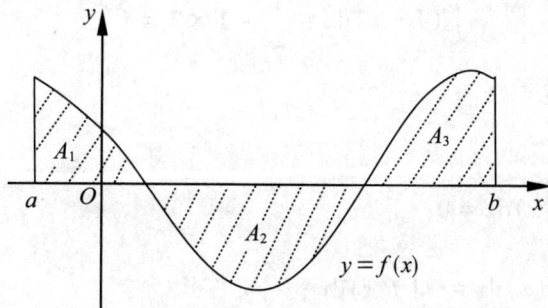

图 5-4

即

$$\int_a^b f(x)\,\mathrm{d}x = A_1 - A_2 + A_3 .$$

用定积分的定义计算定积分.

例1　利用定义计算定积分 $\int_0^1 x^2\,\mathrm{d}x$.

解　因为 $f(x) = x^2$ 在 $[0,1]$ 上连续,所以 $f(x) = x^2$ 在 $[0,1]$ 上可积分.把区间 $[0,1]$ 分成 n 等份,分点和小区间长度为

$$x_i = \frac{i}{n}(i = 1,2,\cdots,n-1)\,,\Delta x_i = \frac{1}{n}(i = 1,2,\cdots,n)\,.$$

取 $\xi_i = \frac{i}{n}(i = 1,2,\cdots n)$,作积分和

$$\begin{aligned}
\sum_{i=1}^n f(\xi_i)\Delta x_i &= \sum_{i=1}^n \xi_i^2 \Delta x_i = \sum_{i=1}^n \left(\frac{i}{n}\right)^2 \cdot \frac{1}{n}\\
&= \frac{1}{n^3}\sum_{i=1}^n i^2 = \frac{1}{n^3} \cdot \frac{1}{6}n(n+1)(2n+1)\\
&= \frac{1}{6}\left(1 + \frac{1}{n}\right)\left(2 + \frac{1}{n}\right).
\end{aligned}$$

因为 $\lambda = \frac{1}{n}$,当 $\lambda \to 0$ 时, $n \to \infty$,所以

$$\int_0^1 x^2\,\mathrm{d}x = \lim_{\lambda \to 0}\sum_{i=1}^n f(\xi_i)\Delta x_i = \lim_{n \to \infty}\frac{1}{6}\left(1 + \frac{1}{n}\right)\left(2 + \frac{1}{n}\right) = \frac{1}{3}.$$

例2　用定积分的几何意义求 $\int_0^1 (1-x)\,\mathrm{d}x$.

解　函数 $y = 1 - x$ 在区间 $[0,1]$ 上的定积分是以 $y = 1 - x$ 为曲边,以区间 $[0,1]$ 为底的曲边梯形的面积.因为以 $y = 1 - x$ 为曲边,以区间 $[0,1]$ 为底的曲边梯形是一直角三角形,其底边长及高均为1,所以

$$\int_0^1 (1-x)\,\mathrm{d}x = \frac{1}{2} \times 1 \times 1 = \frac{1}{2}.$$

三、定积分的性质

两点规定:

(1) 当 $a = b$ 时, $\int_a^b f(x)\,\mathrm{d}x = 0$;

(2) 当 $a > b$ 时, $\int_a^b f(x)\,\mathrm{d}x = -\int_b^a f(x)\,\mathrm{d}x$;

性质1　函数的和(差)的定积分等于它们定积分的和(差),即

$$\int_a^b [f(x) \pm g(x)]\,\mathrm{d}x = \int_a^b f(x)\,\mathrm{d}x \pm \int_a^b g(x)\,\mathrm{d}x .$$

证　$\displaystyle\int_a^b [f(x) \pm g(x)]\,\mathrm{d}x = \lim_{\lambda\to 0}\sum_{i=1}^n [f(\xi_i) \pm g(\xi_i)]\Delta x_i$

$\displaystyle\qquad\qquad = \lim_{\lambda\to 0}\sum_{i=1}^n f(\xi_i)\Delta x_i \pm \lim_{\lambda\to 0}\sum_{i=1}^n g(\xi_i)\Delta x_i$

$\displaystyle\qquad\qquad = \int_a^b f(x)\,\mathrm{d}x \pm \int_a^b g(x)\,\mathrm{d}x.$

性质 2　被积函数的常数因子可以提到积分号外面，即

$$\int_a^b kf(x)\,\mathrm{d}x = k\int_a^b f(x)\,\mathrm{d}x.$$

这是因为 $\displaystyle\int_a^b kf(x)\,\mathrm{d}x = \lim_{\lambda\to 0}\sum_{i=1}^n kf(\xi_i)\Delta x_i = k\lim_{\lambda\to 0}\sum_{i=1}^n f(\xi_i)\Delta x_i = k\int_a^b f(x)\,\mathrm{d}x.$

性质 3　如果将积分区间分成两部分，则在整个区间上的定积分等于这两部分区间上定积分之和，即

$$\int_a^b f(x)\,\mathrm{d}x = \int_a^c f(x)\,\mathrm{d}x + \int_c^b f(x)\,\mathrm{d}x.$$

我们把这个性质称为定积分对于积分区间具有可加性.值得注意的是，不论 a,b,c 的相对位置如何总有等式

$$\int_a^b f(x)\,\mathrm{d}x = \int_a^c f(x)\,\mathrm{d}x + \int_c^b f(x)\,\mathrm{d}x$$

成立.例如，当 $a < b < c$ 时，由于

$$\int_a^c f(x)\,\mathrm{d}x = \int_a^b f(x)\,\mathrm{d}x + \int_b^c f(x)\,\mathrm{d}x,$$

于是

$$\int_a^b f(x)\,\mathrm{d}x = \int_a^c f(x)\,\mathrm{d}x - \int_b^c f(x)\,\mathrm{d}x = \int_a^c f(x)\,\mathrm{d}x + \int_c^b f(x)\,\mathrm{d}x.$$

性质 4　如果在区间 $[a,b]$ 上 $f(x) = 1$，则

$$\int_a^b 1\,\mathrm{d}x = \int_a^b \mathrm{d}x = b - a.$$

显然，定积分 $\displaystyle\int_a^b 1\,\mathrm{d}x$ 在几何上表示以 $[a,b]$ 为底，$f(x) = 1$ 为高的矩形的面积.

性质 5　如果在区间 $[a,b]$ 上 $f(x) \geqslant 0$，则

$$\int_a^b f(x)\,\mathrm{d}x \geqslant 0\,(a < b).$$

证　因为 $f(x) \geqslant 0$，所以

$$f(\xi_i) \geqslant 0\ (i = 1,2,\cdots,n).$$

又由于 $\Delta x_i \geqslant 0(i = 1,2,\cdots,n)$，因此

$$\sum_{i=1}^n f(\xi_i)\Delta x_i \geqslant 0,$$

令 $\lambda = \max\{\Delta x_1,\Delta x_2,\cdots,\Delta x_n\} \to 0$，便得到要证明的不等式.

推论 1　如果在区间 $[a,b]$ 上 $f(x) \leqslant g(x)$ 则

$$\int_a^b f(x)\,\mathrm{d}x \leqslant \int_a^b g(x)\,\mathrm{d}x \ (a < b).$$

这是因为 $g(x) - f(x) \geqslant 0$ 从而

$$\int_a^b g(x)\,\mathrm{d}x - \int_a^b f(x)\,\mathrm{d}x = \int_a^b [g(x) - f(x)]\,\mathrm{d}x \geqslant 0,$$

所以

$$\int_a^b f(x)\,\mathrm{d}x \leqslant \int_a^b g(x)\,\mathrm{d}x.$$

推论 2 $\left| \int_a^b f(x)\,\mathrm{d}x \right| \leqslant \int_a^b |f(x)|\,\mathrm{d}x \ (a < b).$

这是因为 $-|f(x)| \leqslant f(x) \leqslant |f(x)|$，所以

$$-\int_a^b |f(x)|\,\mathrm{d}x \leqslant \int_a^b f(x)\,\mathrm{d}x \leqslant \int_a^b |f(x)|\,\mathrm{d}x,$$

即

$$\left| \int_a^b f(x)\,\mathrm{d}x \right| \leqslant \int_a^b |f(x)|\,\mathrm{d}x.$$

性质 6 设 M 及 m 分别是函数 $f(x)$ 在区间 $[a,b]$ 上的最大值及最小值，则

$$m(b-a) \leqslant \int_a^b f(x)\,\mathrm{d}x \leqslant M(b-a) \ (a < b).$$

证 因为 $m \leqslant f(x) \leqslant M$，所以

$$\int_a^b m\,\mathrm{d}x \leqslant \int_a^b f(x)\,\mathrm{d}x \leqslant \int_a^b M\,\mathrm{d}x,$$

从而

$$m(b-a) \leqslant \int_a^b f(x)\,\mathrm{d}x \leqslant M(b-a).$$

性质 7（定积分中值定理） 如果函数 $f(x)$ 在闭区间 $[a,b]$ 上连续，则在积分区间 $[a,b]$ 上至少存在一个点 ξ 使下式成立：

$$\int_a^b f(x)\,\mathrm{d}x = f(\xi)(b-a).$$

这个公式叫作积分中值公式.

证 由性质 6

$$m(b-a) \leqslant \int_a^b f(x)\,\mathrm{d}x \leqslant M(b-a),$$

各项同除以 $b - a$ 得

$$m \leqslant \frac{1}{b-a} \int_a^b f(x)\,\mathrm{d}x \leqslant M,$$

再由连续函数的介值定理，在 $[a,b]$ 上至少存在一点 ξ 使

$$f(\xi) = \frac{1}{b-a} \int_a^b f(x)\,\mathrm{d}x,$$

于是两端乘以 $b - a$ 可得中值公式为

$$\int_a^b f(x)\,\mathrm{d}x = f(\xi)(b-a).$$

不论 $a < b$ 还是 $a > b$，积分中值公式都成立．我们把 $\dfrac{1}{b-a}\displaystyle\int_a^b f(x)\,\mathrm{d}x$ 叫作函数 $f(x)$ 在 $[a, b]$ 上的平均值．

习题 5-1

1.选择题：

（1）定积分定义所表示的和式极限是（　　　）．

A. $\displaystyle\lim_{n\to\infty}\frac{b-a}{n}\sum_{i=1}^n f\Big[\frac{i}{n}(b-a)\Big]$

B. $\displaystyle\lim_{n\to\infty}\frac{b-a}{n}\sum_{i=1}^n f\Big[\frac{i-1}{n}(b-a)\Big]$

C. $\displaystyle\lim_{n\to\infty}\sum_{i=1}^n f(\xi_i)\Delta x_i\,(\xi_i \in [x_{i-1}, x_i])$

D. $\displaystyle\lim_{\lambda\to 0}\sum_{i=1}^n f(\xi_i)\Delta x_i\,(\lambda = \max\{\Delta x_i \mid i = 1, 2, \cdots, n\}, \xi_i \in [x_{i-1}, x_i])$

（2）函数 $f(x)$ 在 $[a, b]$ 上连续是 $f(x)$ 在 $[a, b]$ 上可积的（　　　）．

A.充分条件　　　　　　B.必要条件　　　　　　C.充要条件　　　　　　D.无关条件

（3）积分中值定理 $\displaystyle\int_a^b f(x)\,\mathrm{d}x = f(\xi)(b-a)$，其中（　　　）．

A. ξ 是 $[a, b]$ 内任一点　　　　　　　　　B. ξ 是 $[a, b]$ 内必定存在的某一点

C. ξ 是 $[a, b]$ 内唯一的某一点　　　　　D. ξ 是 $[a, b]$ 的中点

（4）设 $I_1 = \displaystyle\int_e^x \ln t\,\mathrm{d}t, I_2 = \int_e^x \ln^2 t\,\mathrm{d}t\,(x > 0)$，则（　　　）．

A.对一切的 $x \neq e$，有 $I_1 < I_2$　　　　　　B.对一切的 $x \neq e$，有 $I_1 \geqslant I_2$

C.当 $x > e$ 时，有 $I_1 < I_2$　　　　　　　　D.仅当 $x < e$ 时，有 $I_1 < I_2$

2.填空题：

（1）如果积分区间 $[a, b]$ 被点 c 分成 $[a, c]$ 与 $[c, b]$，则定积分的可加性为 $\displaystyle\int_a^b f(x)\,\mathrm{d}x = $ ＿＿＿＿＿＿＿＿＿＿；

（2）判断下列积分的符号：$\displaystyle\int_{\frac{1}{3}}^1 x^2\ln x\,\mathrm{d}x$ 值的符号是 ＿＿＿＿＿＿＿＿＿，$\displaystyle\int_0^{\frac{\pi}{2}}(\sin^4 x - \sin^5 x)\,\mathrm{d}x$ 值的符号是 ＿＿＿＿＿＿＿＿＿；

（3）下列两积分的大小关系是：$\displaystyle\int_0^1 x^2\,\mathrm{d}x$ ＿＿＿＿＿ $\displaystyle\int_0^1 x^3\,\mathrm{d}x$．

3.利用定积分定义计算由抛物线 $y = x^2 + 1$，两直线 $x = a, x = b\,(b > a)$ 及横轴所围成的图形的面积．

4.利用定积分的几何意义,画图说明下列等式:

(1) $\int_0^1 2x\mathrm{d}x = 1$;   (2) $\int_{-\pi}^{\pi} \sin x\mathrm{d}x = 0$.

5.利用积分中值定理证明:$\lim\limits_{n\to\infty}\int_0^{\frac{1}{2}}\dfrac{x^n}{1+x}\mathrm{d}x = 0$.

6.某跑车 36 秒内(0.01h)速度从 0 加速到 228km/h 的数据如下表所示:

t	0.0	0.001	0.002	0.003	0.004	0.005	0.006	0.007	0.008	0.01
v(t)	0	64	100	132	154	174	187	201	212	228

试估算该跑车在 36s 内速度达到 228km/s 时行进的路程.

第二节 微积分的基本公式

一、变速直线运动中位移函数与速度函数之间的联系

有一物体沿直线运动.在这条直线上取定原点、正方向及其长度单位,使它成一数轴.设物体从某定点开始做直线运动,在 t 时刻所在的位移为 $s(t)$,速度为 $v = v(t) = s'(t)$ ($v(t) \geqslant 0$).

一方面,从上一节的知识可知在时间间隔 $[T_1, T_2]$ 内物体所经过的路程 s 可表示为

$$s = \int_{T_1}^{T_2} v(t)\,\mathrm{d}t .$$

从另一方面,这段距离又可以通过位移函数 $s(t)$ 在区间 $[T_1, T_2]$ 上的增量

$$s(T_2) - s(T_1) .$$

来表达. 由此可见,位移函数 $s(t)$ 与速度函数 $v(t)$ 之间有如下关系:

$$\int_{T_1}^{T_2} v(t)\,\mathrm{d}t = s(T_2) - s(T_1) .$$

因为 $s'(t) = v(t)$,位移函数 $s(t)$ 是速度函数 $v(t)$ 的原函数,所以上述关系式表示,速度 $v(t)$ 在区间 $[T_1, T_2]$ 的定积分等于 $v(t)$ 的原函数 $s(t)$ 在区间 $[T_1, T_2]$ 的增量

$$s(T_2) - s(T_1) .$$

上述从变速直线运动的这个特殊问题中得出来的关系是否具有普遍意义呢? 后面将给出肯定的回答.

二、积分上限函数及其导数

设函数 $f(x)$ 在区间 $[a,b]$ 上连续,并且设 x 为 $[a,b]$ 上的一点.我们把函数 $f(x)$ 在部分区间 $[a,x]$ 上的定积分

$$\int_a^x f(x)\,\mathrm{d}x$$

称为积分上限函数.它是区间 $[a,b]$ 上的函数,记为

$$\Phi(x) = \int_a^x f(x)\,\mathrm{d}x, \quad a \leqslant x \leqslant b.$$

这个函数 $\Phi(x)$ 具有下面重要的性质.

定理 1　如果函数 $f(x)$ 在区间 $[a,b]$ 上连续,则函数

$$\Phi(x) = \int_a^x f(t)\,\mathrm{d}t$$

在 $[a,b]$ 上具有导数,并且它的导数为

$$\Phi'(x) = \frac{\mathrm{d}}{\mathrm{d}x}\int_a^x f(t)\,\mathrm{d}t = f(x), a \leqslant x \leqslant b.$$

证　任取 $x \in (a,b)$, Δx 使 $x + \Delta x \in (a,b)$,则

$$\begin{aligned}
\Delta\Phi(x) &= \Phi(x+\Delta x) - \Phi(x)\\
&= \int_a^{x+\Delta x} f(t)\,\mathrm{d}t - \int_a^x f(t)\,\mathrm{d}t\\
&= \int_a^x f(t)\,\mathrm{d}t + \int_x^{x+\Delta x} f(t)\,\mathrm{d}t - \int_a^x f(t)\,\mathrm{d}t\\
&= \int_x^{x+\Delta x} f(t)\,\mathrm{d}t.
\end{aligned}$$

应用积分中值定理,有 $\Delta\Phi(x) = f(\xi)\Delta x$,其中 ξ 在 x 与 $x + \Delta x$ 之间,当 $\Delta x \to 0$ 时, $\xi \to x$.于是

$$\Phi'(x) = \lim_{\Delta x \to 0}\frac{\Delta\Phi}{\Delta x} = \lim_{\Delta x \to 0}f(\xi) = \lim_{\xi \to x}f(\xi) = f(x).$$

若 $x = a$,取 $\Delta x > 0$,则同理可证 $\Phi'_+(x) = f(a)$;若 $x = b$,取 $\Delta x < 0$,则同理可证 $\Phi'_-(x) = f(b)$. 由定理 1 可知,如果函数 $f(x)$ 在区间 $[a,b]$ 上连续,则函数

$$\Phi(x) = \int_a^x f(x)\,\mathrm{d}x$$

就是 $f(x)$ 在 $[a,b]$ 上的一个原函数.

定理 1 的重要意义:一方面肯定了连续函数的原函数存在的,另一方面揭示了积分学中的定积分与微分之间的联系.

例 1　求 $\dfrac{\mathrm{d}}{\mathrm{d}x}\displaystyle\int_0^x \cos^2 t\,\mathrm{d}t$.

解　由定理可知,上限为变数 x 的定积分,其导数就是被积函数,即

$$\frac{\mathrm{d}}{\mathrm{d}x}\int_0^x \cos^2 t\,\mathrm{d}t = \cos^2 x.$$

例 2　求 $\dfrac{\mathrm{d}}{\mathrm{d}x}\displaystyle\int_0^{x^2} \mathrm{e}^t\,\mathrm{d}t$.

解　这里 $\displaystyle\int_0^{x^2} \mathrm{e}^t\,\mathrm{d}t$ 是 x^2 的函数,是 x 的复合函数,因而

$$\frac{\mathrm{d}}{\mathrm{d}x}\int_0^{x^2} \mathrm{e}^t\,\mathrm{d}t = \mathrm{e}^{x^2}(x^2)' = 2x\mathrm{e}^{x^2}.$$

例3　求 $\dfrac{\mathrm{d}}{\mathrm{d}x}\displaystyle\int_x^1 \sin(1+t^2)\mathrm{d}t$.

解　因为 $\displaystyle\int_x^1 \sin(1+t^2)\mathrm{d}t = -\int_1^x \sin(1+t^2)\mathrm{d}t$,

所以

$$\frac{\mathrm{d}}{\mathrm{d}x}\int_x^1 \sin(1+t^2)\mathrm{d}t = \frac{\mathrm{d}}{\mathrm{d}x}\Big[-\int_1^x \sin(1+t^2)\mathrm{d}t\Big]$$

$$= -\sin(1+x^2) .$$

例4　求 $\displaystyle\lim_{x\to 0}\dfrac{\displaystyle\int_{x^2}^0 \sqrt{1+t^2}\,\mathrm{d}t}{x^2}$.

解　这是一个 $\dfrac{0}{0}$ 型未定式,由洛必达法则,

$$\lim_{x\to 0}\frac{\displaystyle\int_{x^2}^0 \sqrt{1+t^2}\,\mathrm{d}t}{x^2} = \lim_{x\to 0}\frac{-2x\sqrt{1+x^4}}{2x} = \lim_{x\to 0}\left(-\sqrt{1+x^4}\right) = -1 .$$

三、牛顿–莱布尼兹公式

定理2　如果函数 $F(x)$ 是连续函数 $f(x)$ 在区间 $[a,b]$ 上的一个原函数,则

$$\int_a^b f(x)\mathrm{d}x = F(b) - F(a) .$$

此公式称为牛顿–莱布尼兹公式,也称为微积分基本公式.

这是因为 $F(x)$ 和 $\varPhi(x) = \displaystyle\int_a^x f(x)\mathrm{d}x$ 都是 $f(x)$ 的原函数,

所以存在常数 C ,使

$$F(x) - \varPhi(x) = C \ (C \text{ 为某一常数}).$$

由 $F(x) - \varPhi(x) = C$ 及 $\varPhi(a) = 0$,得 $F(a) = C$, $F(x) - \varPhi(x) = F(a)$.

由 $F(b) - \varPhi(b) = F(a)$,得 $\varPhi(b) = F(b) - F(a)$,即

$$\int_a^b f(x)\mathrm{d}x = F(b) - F(a) .$$

该定理揭示了定积分与被积函数的原函数或不定积分之间的联系.

例5　计算 $\displaystyle\int_0^1 x\mathrm{d}x$.

解　由于 $\dfrac{1}{2}x^2$ 是 x 的一个原函数,所以

$$\int_0^1 x\mathrm{d}x = \Big[\frac{1}{2}x^2\Big]\Big|_0^1 = \frac{1}{2}\cdot 1^2 - \frac{1}{2}\cdot 0 = \frac{1}{2} .$$

例6　计算 $\displaystyle\int_{-1}^{\frac{\sqrt{3}}{2}} \dfrac{\mathrm{d}x}{\sqrt{1-x^2}}$.

解 由于 $\arcsin x$ 是 $\dfrac{1}{\sqrt{1-x^2}}$ 的一个原函数,所以

$$\int_{-1}^{\frac{\sqrt{3}}{2}} \frac{\mathrm{d}x}{\sqrt{1-x^2}} = \big[\arcsin x\big]\Big|_{-1}^{\frac{\sqrt{3}}{2}} = \arcsin\frac{\sqrt{3}}{2} - \arcsin(-1) = \frac{\pi}{3} - \left(-\frac{\pi}{2}\right) = \frac{5}{6}\pi.$$

例7 计算 $\displaystyle\int_{-2}^{1} 3^x \mathrm{d}x$.

解 由于 $\dfrac{1}{\ln 3}3^x$ 是 3^x 的一个原函数,所以

$$\int_{-2}^{1} 3^x \mathrm{d}x = \left[\frac{1}{\ln 3}3^x\right]\Big|_{-2}^{1} = \frac{1}{\ln 3}(3 - 3^{-2}).$$

例8 计算余弦曲线 $y = \cos x$ 在 $\left[-\dfrac{\pi}{2}, \dfrac{\pi}{2}\right]$ 上与 x 轴所围成的平面图形的面积.

解 该图形是曲边梯形的一个特例.它的面积

$$A = \int_{-\frac{\pi}{2}}^{\frac{\pi}{2}} \cos x \mathrm{d}x = \big[\sin x\big]\Big|_{-\frac{\pi}{2}}^{\frac{\pi}{2}} = 1 - (-1) = 2.$$

例9 汽车以 36km/h 的速度行驶,到某处需要减速停车.设汽车以等加速度 $a = -5\text{m/s}^2$ 刹车.问从开始刹车到停车,汽车走了多少距离?

解 从开始刹车到停车所需的时间为 t.当 $t = 0$ 时,汽车速度

$$v_0 = 36\text{km/h} = \frac{36 \times 1000}{3600}\text{m/s} = 10(\text{m/s}).$$

刹车后 t 时刻汽车的速度为

$$v(t) = v_0 + at = 10 - 5t,$$

当汽车停止时,速度 $v(t) = 0$,从

$$v(t) = 10 - 5t = 0$$

得 $t = 2\text{s}$.于是从开始刹车到停车汽车所走过的距离为

$$s = \int_0^2 v(t)\mathrm{d}t = \int_0^2 (10 - 5t)\mathrm{d}t = 10(\text{m}),$$

即在刹车后,汽车需走过 10 米才能停住.

例10 求曲线 $f(x) = 2 - \displaystyle\int_2^{x^2+1} \frac{9}{1+t}\mathrm{d}t$ 在 $x = 1$ 处的切线方程.

解 由于 $f(1) = 2 - \displaystyle\int_2^2 \frac{9}{1+t}\mathrm{d}t = 2$,则该曲线过点 $(1,2)$,且

$$f'(x) = \left(2 - \int_2^{x^2+1} \frac{9}{1+t}\mathrm{d}t\right)' = -\frac{9(x^2+1)'}{1+(x^2+1)} = -\frac{18x}{x^2+2},$$

则该曲线在点 $(1,2)$ 处的切线的斜率为 $f'(1) = -\dfrac{18}{1^2+2} = -6$,所以该曲线在点 $(1,2)$ 处的切线方程为:$y - 2 = -6(x-1)$,即为

$$y = -6x + 8.$$

习题 5-2

1.选择题:

(1) 设 $f(x)$ 连续,则 $\int_a^x f(t)\,dt$ 是(　　).

A. $f'(x)$ 的一个原函数　　　　　　B. $f'(x)$ 的原函数一般表达式

C. $f(x)$ 的一个原函数　　　　　　D. $f(x)$ 的原函数一般表达式

(2) $\dfrac{d}{dx}\int_a^b \arctan x\,dx =$(　　).

A. $\arctan x$　　　　　　　　　　B. $\dfrac{1}{1+x^2}$

C. $\arctan b - \arctan a$　　　　　　D.0

(3) 设 $y = \int_0^x (t-1)^3(t-2)\,dt$,则 $\dfrac{dy}{dx}\Big|_{x=0} =$(　　).

A.2　　　　　　B. -2　　　　　　C. -5　　　　　　D.5

(4) 已知 $\int_0^a x(2-3x)\,dx = 2$,则 $a =$(　　).

A.1　　　　　　B. -1　　　　　　C.2　　　　　　D.0

2.填空题:

(1) $y = \int_0^x \cos^3 t\,dt$ 在 $x = \pi$ 处的导数值为 _____ ;

(2) 设 $F(x) = \int_x^1 \sqrt{1+t}\,dt$,则 $F'(x) =$ _____ ;

(3) $\int_0^{\frac{1}{2}} \dfrac{x\,dx}{\sqrt{1-x^2}} =$ _____ ;

(4) $\int_0^1 \dfrac{1-x}{1+x}\,dx =$ _____ .

3.设 $y = \int_0^x \sin t\,dt$,求 $y'(0)$,$y'(\dfrac{\pi}{4})$.

4.计算下列各导数:

(1) $\dfrac{d}{dx}\int_0^{x^2} \sqrt{1+t^2}\,dt$;

(2) $\dfrac{d}{dx}\int_{x^2}^{x^3} \dfrac{dt}{\sqrt{1+t^4}}$.

5.计算下列各定积分:

(1) $\int_1^2 \left(x^2 + \dfrac{1}{x^4}\right)\,dx$;

(2) $\int_0^{\sqrt{3}a} \dfrac{dx}{a^2+x^2}$;

(3) $\int_0^{\frac{\pi}{4}} \tan^2\theta\,d\theta$;

(4) $\int_0^{2\pi} |\sin x|\,dx$.

6.求下列极限:

$(1) \lim\limits_{x \to 0} \dfrac{\int_0^x \cos t^2 \mathrm{d}t}{x}$;

$(2) \lim\limits_{x \to 0} \dfrac{\int_{\cos x}^1 \mathrm{e}^{-t^2} \mathrm{d}t}{x^2}$.

7.设 $f(t)$ 在 $0 \leqslant t \leqslant +\infty$ 上连续,若 $\int_0^{x^2} f(t) \mathrm{d}t = x^2(1+x)$,求 $f(2)$.

8.设 $f(x) = \begin{cases} \dfrac{1}{2}\sin x, 0 \leqslant x \leqslant \pi, \\ 0, x < 0, x > \pi, \end{cases}$ 求 $\varphi(x) = \int_0^x f(t) \mathrm{d}t$ 在 $(-\infty, +\infty)$ 内的表达式.

9.求曲线 $f(x) = 3 + \int_1^{x^2} \sec(1-t) \mathrm{d}t$ 在 $x = -1$ 处的切线方程.

第三节 定积分的换元法和分部积分法

一、换元积分法

定理 假设函数 $f(x)$ 在区间 $[a,b]$ 上连续,函数 $x = \varphi(t)$ 满足条件:

(1) $\varphi(\alpha) = a$, $\varphi(\beta) = b$;

(2) $\varphi(t)$ 在 $[\alpha,\beta]$ (或 $[\beta,\alpha]$)上具有连续导数,且其值域不越出 $[a,b]$,

则有

$$\int_a^b f(x) \mathrm{d}x = \int_\alpha^\beta f[\varphi(t)]\varphi'(t) \mathrm{d}t .$$

这个公式叫作定积分的换元公式.

证 由假设知 $f(x)$ 在区间 $[a,b]$ 上连续, $\varphi(t)$ 在 $[\alpha,\beta]$ (或 $[\beta,\alpha]$)上连续可导, $f(\varphi(t))\varphi'(t)$ 在区间 $[\alpha,\beta]$ (或 $[\beta,\alpha]$)上是连续的,因而是可积的.

假设 $F(x)$ 是 $f(x)$ 的一个原函数,则

$$\int_a^b f(x) \mathrm{d}x = F(b) - F(a) .$$

另一方面,因为 $[F(\varphi(t))]' = f(\varphi(t))\varphi'(t)$,所以 $F(\varphi(t))$ 是 $f(\varphi(t))\varphi'(t)$ 的一个原函数,从而

$$\int_\alpha^\beta f[\varphi(t)]\varphi'(t) \mathrm{d}t = F[\varphi(\beta)] - F[\varphi(\alpha)] = F(b) - F(a) .$$

因此

$$\int_a^b f(x) \mathrm{d}x = \int_\alpha^\beta f[\varphi(t)]\varphi'(t) \mathrm{d}t .$$

例1 计算 $\int_0^3 \sqrt{9 - x^2} \mathrm{d}x$.

解 $\int_0^3 \sqrt{9 - x^2} \mathrm{d}x \xlongequal{\text{令} x = 3\sin t} \int_0^{\frac{\pi}{2}} 3\cos t \cdot 3\cos t \mathrm{d}t$

$$= 9 \int_0^{\frac{\pi}{2}} \cos^2 t \mathrm{d}t = \frac{9}{2} \int_0^{\frac{\pi}{2}} (1 + \cos 2t) \mathrm{d}t$$

$$= \frac{9}{2} \left[t + \frac{1}{2} \sin 2t \right] \Big|_0^{\frac{\pi}{2}} = \frac{9}{2} \cdot \frac{\pi}{2} = \frac{9\pi}{4}.$$

提示 $\sqrt{9 - x^2} = \sqrt{3^2 - 3^2 \sin^2 t} = 3\cos t$，$\mathrm{d}x = 3\cos t \mathrm{d}t$．当 $x = 0$ 时 $t = 0$，当 $x = 3$ 时 $t = \frac{\pi}{2}$．

例 2 计算 $\int_0^{16} \dfrac{\sqrt{x}}{1 + \sqrt{x}} \mathrm{d}x$．

解 $\int_0^{16} \dfrac{\sqrt{x}}{1 + \sqrt{x}} \mathrm{d}x \xlongequal{\text{令} \sqrt{x} = t} \int_0^4 \dfrac{t}{1 + t} \cdot 2t \mathrm{d}t = 2 \int_0^4 \dfrac{t^2}{1 + t} \mathrm{d}t$

$$= 2 \int_0^4 (t - 1 + \frac{1}{t + 1}) \mathrm{d}t = 2 \left[\frac{t^2}{2} - t + \ln|1 + t| \right] \Big|_0^4$$

$$= 8 + 2\ln 5.$$

提示 $x = t^2$，$\mathrm{d}x = 2t \mathrm{d}t$；当 $x = 0$ 时 $t = 0$，当 $x = 16$ 时 $t = 4$．

例 3 计算 $\int_0^{\frac{\pi}{2}} \sin^3 x \cos x \mathrm{d}x$．

解 令 $t = \sin x$，则

$$\int_0^{\frac{\pi}{2}} \sin^3 x \cos x \mathrm{d}x = \int_0^{\frac{\pi}{2}} \sin^3 x \mathrm{d}(\sin x)$$

$$\xlongequal{\text{令} \sin x = t} \int_0^1 t^3 \mathrm{d}t = \left[\frac{1}{4} t^4 \right] \Big|_0^1 = \frac{1}{4}.$$

提示 当 $x = 0$ 时 $t = 0$，当 $x = \frac{\pi}{2}$ 时 $t = 1$．

或 $\int_0^{\frac{\pi}{2}} \sin^3 x \cos x \mathrm{d}x = \int_0^{\frac{\pi}{2}} \sin^3 x \mathrm{d}(\sin x)$

$$= \left[\frac{1}{4} \sin^4 x \right] \Big|_0^{\frac{\pi}{2}} = \frac{1}{4} \sin^4 \frac{\pi}{2} - \frac{1}{4} \sin^4 0 = \frac{1}{4}.$$

例 4 证明：若 $f(x)$ 在 $[-a, a]$ 上连续且为偶函数，则 $\int_{-a}^a f(x) \mathrm{d}x = 2 \int_0^a f(x) \mathrm{d}x$．

证 因为 $\int_{-a}^a f(x) \mathrm{d}x = \int_{-a}^0 f(x) \mathrm{d}x + \int_0^a f(x) \mathrm{d}x$，

而 $\int_{-a}^0 f(x) \mathrm{d}x \xlongequal{\text{令} x = -t} - \int_a^0 f(-t) \mathrm{d}t = \int_0^a f(-t) \mathrm{d}t = \int_0^a f(-x) \mathrm{d}x$，所以

$$\int_{-a}^a f(x) \mathrm{d}x = \int_0^a f(-x) \mathrm{d}x + \int_0^a f(x) \mathrm{d}x$$

$$= \int_0^a [f(-x) + f(x)] \mathrm{d}x = \int_0^a 2f(x) \mathrm{d}x = 2 \int_0^a f(x) \mathrm{d}x.$$

讨论 若 $f(x)$ 在 $[-a, a]$ 上连续且为奇函数，问 $\int_{-a}^a f(x) \mathrm{d}x = ?$

提示 若 $f(x)$ 为奇函数,则 $f(-x) + f(x) = 0$,从而

$$\int_{-a}^{a} f(x)\,dx = \int_{0}^{a} [f(-x) + f(x)]\,dx = 0.$$

例5 若 $f(x)$ 在 $[0,1]$ 上连续,证明:

(1) $\int_{0}^{\frac{\pi}{2}} f(\sin x)\,dx = \int_{0}^{\frac{\pi}{2}} f(\cos x)\,dx$;

(2) $\int_{0}^{\pi} x f(\sin x)\,dx = \frac{\pi}{2} \int_{0}^{\pi} f(\sin x)\,dx$.

证 (1) 令 $x = \frac{\pi}{2} - t$,则

$$\int_{0}^{\frac{\pi}{2}} f(\sin x)\,dx = -\int_{\frac{\pi}{2}}^{0} f[\sin(\frac{\pi}{2} - t)]\,dt$$

$$= \int_{0}^{\frac{\pi}{2}} f[\sin(\frac{\pi}{2} - t)]\,dt = \int_{0}^{\frac{\pi}{2}} f(\cos x)\,dx.$$

(2) 令 $x = \pi - t$,则

$$\int_{0}^{\pi} x f(\sin x)\,dx = -\int_{\pi}^{0} (\pi - t) f[\sin(\pi - t)]\,dt$$

$$= \int_{0}^{\pi} (\pi - t) f[\sin(\pi - t)]\,dt$$

$$= \int_{0}^{\pi} (\pi - t) f(\sin t)\,dt$$

$$= \pi \int_{0}^{\pi} f(\sin t)\,dt - \int_{0}^{\pi} t f(\sin t)\,dt$$

$$= \pi \int_{0}^{\pi} f(\sin x)\,dx - \int_{0}^{\pi} x f(\sin x)\,dx,$$

所以

$$\int_{0}^{\pi} x f(\sin x)\,dx = \frac{\pi}{2} \int_{0}^{\pi} f(\sin x)\,dx.$$

例6 计算 $\int_{-\frac{\pi}{2}}^{\frac{\pi}{2}} \sqrt{\cos x - \cos^3 x}\,dx$.

解 $\int_{-\frac{\pi}{2}}^{\frac{\pi}{2}} \sqrt{\cos x - \cos^3 x}\,dx = \int_{-\frac{\pi}{2}}^{\frac{\pi}{2}} \sqrt{\cos x(1 - \cos^2 x)}\,dx$

$$= \int_{-\frac{\pi}{2}}^{\frac{\pi}{2}} \sqrt{\cos x}\,|\sin x|\,dx$$

$$= -\int_{-\frac{\pi}{2}}^{0} \sqrt{\cos x}\,\sin x\,dx + \int_{0}^{\frac{\pi}{2}} \sqrt{\cos x}\,\sin x\,dx$$

$$= \int_{-\frac{\pi}{2}}^{0} \sqrt{\cos x}\,d(\cos x) - \int_{0}^{\frac{\pi}{2}} \sqrt{\cos x}\,d(\cos x)$$

$$= \frac{2}{3} \left[\cos^{\frac{3}{2}} x \right]_{-\frac{\pi}{2}}^{0} - \frac{2}{3} \left[\cos^{\frac{3}{2}} x \right] \Big|_{0}^{\frac{\pi}{2}} = \frac{4}{3} .$$

二、分部积分法

设函数 $u(x)$、$v(x)$ 在区间 $[a,b]$ 上具有连续导数 $u'(x)$、$v'(x)$. 由 $(uv)' = u'v + v'u$ 得 $uv' = (uv)' - u'v$，式两端在区间 $[a,b]$ 上积分得

$$\int_a^b uv' \mathrm{d}x = \left[uv \right] \Big|_a^b - \int_a^b u'v \mathrm{d}x \text{，或} \int_a^b u\mathrm{d}v = \left[uv \right] \Big|_a^b - \int_a^b v\mathrm{d}u .$$

这就是定积分的分部积分公式.

例 7 计算 $\int_0^1 \arctan x \mathrm{d}x$.

解 $\int_0^1 \arctan x \mathrm{d}x = \left[x\arctan x \right] \Big|_0^1 - \int_0^1 x\mathrm{d}(\arctan x)$

$$= \frac{\pi}{4} - \int_0^1 \frac{x}{1 + x^2} \mathrm{d}x$$

$$= \frac{\pi}{4} - \frac{1}{2} \int_0^1 \frac{1}{1 + x^2} \mathrm{d}(1 + x^2)$$

$$= \frac{\pi}{4} - \frac{1}{2} \left[\ln(1 + x^2) \right] \Big|_0^1 = \frac{\pi}{4} - \frac{1}{2} \ln 2 .$$

例 8 计算 $\int_0^4 \ln\sqrt{x} \, \mathrm{d}x$.

解 令 $\sqrt{x} = t$，则

$$\int_0^4 \ln\sqrt{x} \, \mathrm{d}x = 2 \int_0^2 t\ln t \mathrm{d}t$$

$$= \int_0^2 \ln t \mathrm{d}t^2 = \left[t^2 \ln t \right] \Big|_0^2 - \int_0^2 t^2 \frac{1}{t} \mathrm{d}t$$

$$= 4\ln 2 - \int_0^2 t\mathrm{d}t = 4\ln 2 - \frac{1}{2} \left[t^2 \right] \Big|_0^2$$

$$= 4\ln 2 - 2 .$$

例 9 设 $I_n = \int_0^{\frac{\pi}{2}} \sin^n x \mathrm{d}x$，证明：

(1) 当 n 为正偶数时，$I_n = \frac{n-1}{n} \cdot \frac{n-3}{n-2} \cdots \frac{3}{4} \cdot \frac{1}{2} \cdot \frac{\pi}{2}$；

(2) 当 n 为大于 1 的正奇数时，$I_n = \frac{n-1}{n} \cdot \frac{n-3}{n-2} \cdots \frac{4}{5} \cdot \frac{2}{3}$.

证 $$I_n = \int_0^{\frac{\pi}{2}} \sin^n x \mathrm{d}x = - \int_0^{\frac{\pi}{2}} \sin^{n-1} x \mathrm{d}(\cos x)$$

$$= - \left[\cos x \sin^{n-1} x \right] \Big|_0^{\frac{\pi}{2}} + \int_0^{\frac{\pi}{2}} \cos x \mathrm{d}(\sin^{n-1} x)$$

$$= (n - 1) \int_0^{\frac{\pi}{2}} \cos^2 x \, \sin^{n-2} x \mathrm{d}x$$

$$= (n - 1) \int_0^{\frac{\pi}{2}} (\sin^{n-2} x - \sin^n x) \, \mathrm{d}x$$

$$= (n - 1) \int_0^{\frac{\pi}{2}} \sin^{n-2} x \mathrm{d}x - (n - 1) \int_0^{\frac{\pi}{2}} \sin^n x \mathrm{d}x$$

$$= (n - 1) I_{n-2} - (n - 1) I_n,$$

由此得

$$I_n = \frac{n - 1}{n} I_{n-2},$$

$$I_{2m} = \frac{2m - 1}{2m} \cdot \frac{2m - 3}{2m - 2} \cdot \frac{2m - 5}{2m - 4} \cdots \frac{3}{4} \cdot \frac{1}{2} I_0,$$

$$I_{2m+1} = \frac{2m}{2m + 1} \cdot \frac{2m - 2}{2m - 1} \cdot \frac{2m - 4}{2m - 3} \cdots \frac{4}{5} \cdot \frac{2}{3} I_1,$$

而

$$I_0 = \int_0^{\frac{\pi}{2}} \mathrm{d}x = \frac{\pi}{2}, I_1 = \int_0^{\frac{\pi}{2}} \sin x \mathrm{d}x = 1,$$

因此

$$I_{2m} = \frac{2m - 1}{2m} \cdot \frac{2m - 3}{2m - 2} \cdot \frac{2m - 5}{2m - 4} \cdots \frac{3}{4} \cdot \frac{1}{2} \cdot \frac{\pi}{2},$$

$$I_{2m+1} = \frac{2m}{2m + 1} \cdot \frac{2m - 2}{2m - 1} \cdot \frac{2m - 4}{2m - 3} \cdots \frac{4}{5} \cdot \frac{2}{3}.$$

习题 5-3

1.选择题:

(1) 设 $a > 0$, 则 $\int_{-a}^{a} \frac{x \mathrm{d}x}{1 + \cos x} = ($ 　　$)$.

A.1 　　　　　　B.0 　　　　　　C. $2a$ 　　　　　　D. $\frac{3}{4} a$

(2) 下面积分中积分值为零的是(　　).

A. $\int_{-2}^{1} x \mathrm{d}x$ 　　　B. $\int_{-1}^{1} x \sin x \mathrm{d}x$ 　　　C. $\int_{-1}^{1} x \sin^2 x \mathrm{d}x$ 　　　D. $\int_{-1}^{1} x^2 \cos x \mathrm{d}x$

(3) 积分 $\int_{-2}^{2} \mathrm{e}^{-x^2} \mathrm{d}x = ($ 　　$)$.

A. $\int_{-2}^{2} \mathrm{e}^{-u^4} \mathrm{d}u$ 　　B. $\int_{-2}^{2} \mathrm{e}^{-t} \mathrm{d}t$ 　　C. $2 \int_{2}^{0} \mathrm{e}^{-x^2} \mathrm{d}x$ 　　D. $2 \int_{-2}^{0} \mathrm{e}^{-x^2} \mathrm{d}x$

(4) 设 $f(x)$ 在 $[-a,a]$ 上连续,则 $\int_{-a}^{a} f(x)\mathrm{d}x$ 恒等于(　　).

A. $2\int_{0}^{a} f(x)\mathrm{d}x$ 　　　　　　　　　　 B.0

C. $\int_{0}^{a}[f(x)+f(-x)]\mathrm{d}x$ 　　　　　　 D. $\int_{0}^{a}[f(x)-f(-x)]\mathrm{d}x$

2.填空题:

(1) $\int_{1}^{2} \dfrac{\mathrm{e}^{\frac{1}{x}}}{x^2}\mathrm{d}x =$ _____;

(2) $\int_{0}^{\sqrt{2}} \sqrt{2-x^2}\,\mathrm{d}x =$ _____;

(3) $\int_{-\frac{\pi}{2}}^{\frac{\pi}{2}} (x^2\arctan x + \cos^5 x)\mathrm{d}x =$ _____.

3.计算下列定积分:

(1) $\int_{0}^{\frac{\pi}{2}} \sin\varphi\,\cos^3\varphi\,\mathrm{d}\varphi$; 　　　　　　 (2) $\int_{1}^{\sqrt{3}} \dfrac{\mathrm{d}x}{x^2\sqrt{1+x^2}}$;

(3) $\int_{\frac{3}{4}}^{1} \dfrac{\mathrm{d}x}{\sqrt{1-x}-1}$; 　　　　　　 (4) $\int_{0}^{\pi} \sqrt{\sin^3 x - \sin^5 x}\,\mathrm{d}x$.

4.利用函数的奇偶性计算下列积分:

(1) $\int_{-\frac{\pi}{2}}^{\frac{\pi}{2}} 4\cos^4\theta\,\mathrm{d}\theta$; 　　　　　　 (2) $\int_{-5}^{5} \dfrac{x^3\sin^2 x}{x^4+2x^2+1}\mathrm{d}x$.

5.证明: $\int_{0}^{1} x^m(1-x)^n\mathrm{d}x = \int_{0}^{1} x^n(1-x)^m\mathrm{d}x$.

6.证明: $\int_{0}^{\pi} \sin^n x\,\mathrm{d}x = 2\int_{0}^{\frac{\pi}{2}} \sin^n x\,\mathrm{d}x$.

7.计算下列定积分:

(1) $\int_{0}^{1} x\mathrm{e}^{-x}\mathrm{d}x$; 　　　　　　 (2) $\int_{\frac{\pi}{4}}^{\frac{\pi}{3}} \dfrac{x}{\sin^2 x}\mathrm{d}x$;

(3) $\int_{0}^{\frac{\pi}{2}} \mathrm{e}^{2x}\cos x\mathrm{d}x$; 　　　　　　 (4) $\int_{1}^{\mathrm{e}} \sin(\ln x)\mathrm{d}x$.

8.设函数 $f(x) = \begin{cases} x\mathrm{e}^{-x^2}, & x \geqslant 0, \\ \dfrac{1}{1+\cos x}, & -\pi < x < 0. \end{cases}$ 计算 $\int_{1}^{4} f(x-2)\mathrm{d}x$.

第四节　反 常 积 分

一、无穷限的反常积分

定义 1　设函数 $f(x)$ 在区间 $[a, +\infty)$ 上连续,取 $b > a$.如果极限

$$\lim_{b\to+\infty}\int_a^b f(x)\,dx$$

存在,则称此极限为函数 $f(x)$ 在无穷区间 $[a,+\infty)$ 上的反常积分,记作 $\int_a^{+\infty} f(x)\,dx$,即

$$\int_a^{+\infty} f(x)\,dx = \lim_{b\to+\infty}\int_a^b f(x)\,dx,$$

这时也称反常积分 $\int_a^{+\infty} f(x)\,dx$ 收敛.

如果上述极限不存在,函数 $f(x)$ 在无穷区间 $[a,+\infty)$ 上的反常积分 $\int_a^{+\infty} f(x)\,dx$ 就没有意义,此时称反常积分 $\int_a^{+\infty} f(x)\,dx$ 发散.

类似地,设函数 $f(x)$ 在区间 $(-\infty,b]$ 上连续,如果极限

$$\lim_{a\to-\infty}\int_a^b f(x)\,dx (a<b)$$

存在,则称此极限为函数 $f(x)$ 在无穷区间 $(-\infty,b]$ 上的反常积分,记作 $\int_{-\infty}^b f(x)\,dx$,即

$$\int_{-\infty}^b f(x)\,dx = \lim_{a\to-\infty}\int_a^b f(x)\,dx,$$

这时也称反常积分 $\int_{-\infty}^b f(x)\,dx$ 收敛.如果上述极限不存在,则称反常积分 $\int_{-\infty}^b f(x)\,dx$ 发散.

设函数 $f(x)$ 在区间 $(-\infty,+\infty)$ 上连续,如果反常积分

$$\int_{-\infty}^0 f(x)\,dx \text{ 和 } \int_0^{+\infty} f(x)\,dx$$

都收敛,则称上述两个反常积分的和为函数 $f(x)$ 在无穷区间 $(-\infty,+\infty)$ 上的反常积分,记作 $\int_{-\infty}^{+\infty} f(x)\,dx$,即

$$\int_{-\infty}^{+\infty} f(x)\,dx = \int_{-\infty}^0 f(x)\,dx + \int_0^{+\infty} f(x)\,dx$$

$$= \lim_{a\to-\infty}\int_a^0 f(x)\,dx + \lim_{b\to+\infty}\int_0^b f(x)\,dx,$$

这时也称反常积分 $\int_{-\infty}^{+\infty} f(x)\,dx$ 收敛.

如果上式右端有一个反常积分发散,则称反常积分 $\int_{-\infty}^{+\infty} f(x)\,dx$ 发散.

例1 计算反常积分 $\int_{-\infty}^{+\infty}\dfrac{1}{1+x^2}dx$.

解 $\int_{-\infty}^{+\infty}\dfrac{1}{1+x^2}dx = \big[\arctan x\big]\Big|_{-\infty}^{+\infty}$

$$= \lim_{x\to+\infty}\arctan x - \lim_{x\to-\infty}\arctan x$$

$$= \frac{\pi}{2} - \left(-\frac{\pi}{2}\right) = \pi.$$

例2 计算反常积分 $\int_0^{+\infty} te^{-2t}dt$.

解 $\int_0^{+\infty} te^{-2t}dt = -\frac{1}{2}\int_0^{+\infty} t\,d(e^{-2t})$

$$= \left[-\frac{1}{2}te^{-2t} \right]\Big|_0^{+\infty} + \frac{1}{2}\int_0^{+\infty} e^{-2t}dt$$

$$= \left[\lim_{t\to+\infty}\left(-\frac{1}{2}te^{-2t} \right) - 0 \right] + \left[-\frac{1}{4}e^{-2t} \right]\Big|_0^{+\infty}$$

$$= 0 + \lim_{t\to+\infty}\left(-\frac{1}{4}e^{-2t} \right) + \frac{1}{4} = \frac{1}{4} .$$

提示 $\lim\limits_{t\to+\infty} te^{-2t} = \lim\limits_{t\to+\infty}\frac{t}{e^{2t}} = \lim\limits_{t\to+\infty}\frac{1}{2e^{2t}} = 0$.

例3 讨论反常积分 $\int_a^{+\infty}\frac{1}{x^p}dx(a > 0)$ 的敛散性.

解 当 $p = 1$ 时, $\int_a^{+\infty}\frac{1}{x^p}dx = \int_a^{+\infty}\frac{1}{x}dx = \left[\ln x \right]\Big|_a^{+\infty} = +\infty$.

当 $p < 1$ 时, $\int_a^{+\infty}\frac{1}{x^p}dx = \left[\frac{1}{1-p}x^{1-p} \right]\Big|_a^{+\infty} = +\infty$.

当 $p > 1$ 时, $\int_a^{+\infty}\frac{1}{x^p}dx = \left[\frac{1}{1-p}x^{1-p} \right]\Big|_a^{+\infty} = \frac{a^{1-p}}{p-1}$.

因此,当 $p > 1$ 时,此反常积分收敛,其值为 $\frac{a^{1-p}}{p-1}$;当 $p \leqslant 1$ 时,此反常积分发散.

二、无界函数的反常积分

定义2 设函数 $f(x)$ 在区间 $(a,b]$ 上连续,而在点 a 的任意小右邻域内无界.如果极限

$$\lim_{t\to a^+}\int_t^b f(x)\,dx$$

存在,则称此极限为函数 $f(x)$ 在 $(a,b]$ 上的反常积分,仍然记作 $\int_a^b f(x)\,dx$,即

$$\int_a^b f(x)\,dx = \lim_{t\to a^+}\int_t^b f(x)\,dx ,$$

这时也称反常积分 $\int_a^b f(x)\,dx$ 收敛.

如果上述极限不存在,就称反常积分 $\int_a^b f(x)\,dx$ 发散.

类似地,设函数 $f(x)$ 在区间 $[a,b)$ 上连续,而在点 b 的左邻域内无界.如果极限

$$\lim_{t\to b^-}\int_a^t f(x)\,dx$$

存在,则称此极限为函数 $f(x)$ 在 $[a,b)$ 上的反常积分,仍然记作 $\int_a^b f(x)\,dx$,即

$$\int_a^b f(x)\,\mathrm{d}x = \lim_{t \to b^-} \int_a^t f(x)\,\mathrm{d}x \;,$$

这时也称反常积分 $\int_a^b f(x)\,\mathrm{d}x$ 收敛.如果上述极限不存在,就称反常积分 $\int_a^b f(x)\,\mathrm{d}x$ 发散.

设函数 $f(x)$ 在区间 $[a,b]$ 上除点 $c(a < c < b)$ 外连续,而在点 c 的邻域内无界.如果两个反常积分

$$\int_a^c f(x)\,\mathrm{d}x \;\; 与 \;\; \int_c^b f(x)\,\mathrm{d}x$$

都收敛,则定义

$$\int_a^b f(x)\,\mathrm{d}x = \int_a^c f(x)\,\mathrm{d}x + \int_c^b f(x)\,\mathrm{d}x \;,$$

否则就称反常积分 $\int_a^b f(x)\,\mathrm{d}x$ 发散.

例4　计算反常积分 $\int_0^{\sqrt{2}} \dfrac{1}{\sqrt{2 - x^2}}\mathrm{d}x$.

解　因为 $\lim\limits_{x \to \sqrt{2}^-} \dfrac{1}{\sqrt{2 - x^2}} = +\infty$,所以点 $\sqrt{2}$ 为被积函数的瑕点.

$$\int_0^{\sqrt{2}} \frac{1}{\sqrt{2 - x^2}}\mathrm{d}x = \left[\arcsin \frac{x}{\sqrt{2}} \right] \Bigg|_0^{\sqrt{2}} = \arcsin \frac{\sqrt{2}}{\sqrt{2}} - 0 = \frac{\pi}{2} \;.$$

例5　讨论反常积分 $\int_{-1}^1 \dfrac{1}{x}\mathrm{d}x$ 的收敛性.

解　函数 $\dfrac{1}{x}$ 在区间 $[-1,1]$ 上除 $x = 0$ 外连续,且 $\lim\limits_{x \to 0} \dfrac{1}{x} = \infty$.

由于

$$\int_{-1}^0 \frac{1}{x}\mathrm{d}x = \left[\ln|x| \right] \Bigg|_{-1}^0 = \lim_{x \to 0^-} (\ln|x|) - 0 = +\infty,$$

即反常积分 $\int_{-1}^0 \dfrac{1}{x}\mathrm{d}x$ 发散,所以反常积分 $\int_{-1}^1 \dfrac{1}{x}\mathrm{d}x$ 发散.

例6　讨论反常积分 $\int_a^b \dfrac{\mathrm{d}x}{(x - a)^q}$ 的敛散性.

解　当 $q = 1$ 时,$\int_a^b \dfrac{\mathrm{d}x}{(x - a)^q} = \int_a^b \dfrac{\mathrm{d}x}{x - a} = \left[\ln(x - a) \right] \Bigg|_a^b = +\infty$;

当 $q > 1$ 时,$\int_a^b \dfrac{\mathrm{d}x}{(x - a)^q} = \left[\dfrac{1}{1 - q}(x - a)^{1-q} \right] \Bigg|_a^b = +\infty$;

当 $q < 1$ 时,$\int_a^b \dfrac{\mathrm{d}x}{(x - a)^q} = \left[\dfrac{1}{1 - q}(x - a)^{1-q} \right] \Bigg|_a^b = \dfrac{1}{1 - q}(b - a)^{1-q}$.

因此,当 $q < 1$ 时,此反常积分收敛,其值为 $\dfrac{1}{1 - q}(b - a)^{1-q}$;当 $q \geqslant 1$ 时,此反常积分发散.

习题 5-4

1.选择题:

(1) $\int_1^{+\infty} \dfrac{\mathrm{d}x}{x\sqrt{x^2-1}} = ($).

A.0　　　　　　　　B.$\dfrac{\pi}{2}$　　　　　　　　C.$\dfrac{\pi}{4}$　　　　　　　　D.发散

(2) 若反常积分 $\int_{-\infty}^0 \mathrm{e}^{-kx}\mathrm{d}x$ 收敛,则必有( ).

A.$k > 0$　　　　　B.$k \geqslant 0$　　　　　C.$k < 0$　　　　　D.$k \leqslant 0$

(3) 反常积分 $\int_2^{+\infty} \dfrac{\mathrm{d}x}{x^2+x-2} = ($).

A.$\ln 4$　　　　　　B.0　　　　　　C.$\dfrac{1}{3}\ln 4$　　　　　　D.发散

2.填空题:

(1) 若反常积分 $\int_1^{+\infty} \dfrac{\mathrm{d}x}{x^n}$ 收敛,则自然数 n ＿＿＿＿＿＿＿＿；

(2) 若反常积分 $\int_0^1 \dfrac{\mathrm{d}x}{x^p}$ 收敛,则必有 p ＿＿＿＿＿＿＿＿；

(3) 反常积分 $\int_1^{+\infty} x^p\mathrm{d}x$,当＿＿＿＿＿＿＿＿时收敛.

3.判断下列各反常积分的收敛性,如果收敛,计算反常积分的值:

(1) $\int_1^{+\infty} \dfrac{\mathrm{d}x}{\sqrt{x}}$;　　　　　　　　　　(2) $\int_0^{+\infty} \mathrm{e}^{-ax}\mathrm{d}x\,(a > 0)$;

(3) $\int_0^1 \dfrac{x\mathrm{d}x}{\sqrt{1-x^2}}$;　　　　　　　　　(4) $\int_0^2 \dfrac{\mathrm{d}x}{(1-x)^2}$.

4.计算反常积分 $I_n = \int_0^{+\infty} x^n\mathrm{e}^{-x}\mathrm{d}x$ (n 为自然数).

5.计算反常积分 $\int_0^1 \ln x\mathrm{d}x$.

总 习 题 五

1.估计下列各积分的值:

(1) $\int_2^0 \mathrm{e}^{x^2-x}\mathrm{d}x$;　　　　　　　　(2) $\int_0^1 \dfrac{\mathrm{d}x}{\sqrt{4-x^2+x^3}}\mathrm{d}x$.

2.利用定积分中值定理证明: $\lim\limits_{n\to\infty} \int_n^{n+p} \dfrac{\sin x}{x}\mathrm{d}x = 0$.

3.求极限 $\lim\limits_{n \to \infty} \int_n^{n+2} \dfrac{x^2}{e^{x^2}} dx$.

4.求极限 $\lim\limits_{n \to \infty} \sum\limits_{k=1}^{n} \sqrt{\dfrac{(n+k)(n+k+1)}{n^4}}$.

5.证明：$\ln(1+n) < 1 + \dfrac{1}{2} + \dfrac{1}{3} + \cdots + \dfrac{1}{n} < 1 + \ln n$.

6.设函数 $f(x)$ 在 $[a,b]$ 上连续,且 $f(x) > 0$,证明：

$$\ln\left[\dfrac{1}{b-a} \int_a^b f(x) dx \right] \geqslant \dfrac{1}{b-a} \int_a^b \ln f(x) dx .$$

7.设 $f(x)$ 在 $[0,a]$ $(a>0)$ 上有连续导数,且 $f(0)=0$,证明：

$$\left| \int_0^a f(x) dx \right| \leqslant \dfrac{Ma^2}{2} . \text{其中 } M = \max\limits_{0 \leqslant x \leqslant a} |f'(x)| .$$

8.设 $f(x)$ 在 $[0,1]$ 上连续且单调减少,试证:对于任意 $a \in (0,1)$,有

$$\int_0^a f(x) dx \geqslant a \int_0^1 f(x) dx .$$

9.设函数 $y = y(x)$ 由方程 $\int_0^{y^2} e^{-t} dt + \int_x^0 \cos t^2 dt = 0$ 确定,求 $\dfrac{dy}{dx}$.

10.设 $x = \int_1^{t^2} u\ln u\, du$, $y = \int_{t^2}^1 u^2 \ln u\, du (t>1)$,求 $\dfrac{d^2 y}{dx^2}$.

11.求函数 $F(x) = \int_0^x t(t-4) dt$ 在 $[-1,5]$ 上的最大值与最小值.

12.已知 $f(x) = x^2 - x \int_0^2 f(x) dx + 2 \int_0^1 f(x) dx$,求 $f(x)$.

13.设 $f(x)$ 连续,若 $f(x)$ 满足 $\int_0^x tf(2x-t) dt = e^x$,且 $f(1)=1$,求 $\int_1^2 f(x) dx$.

14.用分部积分法计算下列定积分：

(1) $\int_{\frac{1}{e}}^e |\ln x| dx$;　　　　(2) $\int_0^1 x^5 \ln^3 x\, dx$;　　　　(3) $\int_0^1 \dfrac{\ln(1+x)}{(2-x)^2} dx$.

15.利用函数的奇偶性计算下列定积分：

(1) $\int_{-1}^1 (2x + |x| + 1)^2 dx$;　　　　　　(2) $\int_{-\pi}^\pi (\sqrt{1 + \cos 2x} + |x| \sin x) dx$.

16.已知 $f(x) = \tan^2 x$,求 $\int_0^{\frac{\pi}{4}} f'(x) f''(x) dx$.

17.计算广义积分 $\int_1^{+\infty} \dfrac{dx}{e^{x+1} + e^{3-x}}$.

数学家简介[4]

莱布尼兹

莱布尼兹是德国最重要的自然科学家、数学家、物理学家、历史学家和哲学家，和牛顿同为微积分的创建人.

莱布尼兹（Gottfried Wilhelm Leibniz，1646—1716）1646 年出生于德国东部莱比锡的一个书香之家，父亲是莱比锡大学的道德哲学教授，母亲出生在一个教授家庭.莱布尼兹的父亲在他年仅 6 岁时便去世了，给他留下了丰富的藏书.天资聪颖的他也因此博览群书，阅读了许多著名学者的著作.1661 年，15 岁的莱布尼兹进入了莱比锡大学学习法律，17 岁获得学士学位，同年夏天，莱布尼兹进入耶拿大学学习了短时期的数学，在听了魏格儿教授讲授欧几里得的《几何原本》的课程后，开始对数学产生了浓厚的兴趣.1664 年，18 岁的莱布尼兹获得了哲学硕士学位.20 岁时，转入阿尔特道夫大学的莱布尼兹发表了第一篇数学论文《论组合的艺术》.这篇关于数理逻辑的文章的基本思想是想把理论的真理性论证归结于一种计算的结果.

莱布尼兹在阿尔特道夫大学获得博士学位后便投身外交界.1672 年，他以外交官身份出访巴黎，在那里结识了荷兰物理学家、天文学家、数学家克里斯蒂安·惠更斯（Christiaan Huygens）以及其他许多杰出的学者，从而彻底激发了他对数学的兴趣.在惠更斯的指导下，莱布尼兹系统研究了当时一批著名数学家笛卡尔、费马、巴斯加等著作.1673 年出访伦敦期间，莱布尼兹又与英国数学家奥登伯以及物理学家胡克、化学家波义耳等人建立了联系.从此，他以非凡的理解力、洞察力和创造力进入数学及自然科学研究的前沿阵地.莱布尼兹研究领域非常广泛，他在数学、政治学、法学、伦理学、哲学、历史学、语言学等诸多方向都做出了重要的贡献.其中最突出的成就是他独立地创建了微积分，从而使他以伟大的数学家称号而闻名于世.

莱布尼兹被称为"数学史上最伟大的符号学者之一".他认为："要发明就要挑选恰当的符号，要做到这一点，就要用含义简明的少量符号来表达和比较忠实地描绘事物的内在本质，从而最大限度地减少人的思维劳动，"现在所用的微分" $\mathrm{d}x$、$\mathrm{d}y$ "、积分符号" $\int$ "都是由莱布尼兹创造的，除此之外，他创设的符号还有商" a/b "、比" $a:b$ "、相似" $\backsim$ "、全等" $\cong$ "、并" $\cup$ "、交" $\cap$ "以及函数和行列式等符号.莱布尼兹所创造的这些数学符号对微积分的发展起了很大的促进作用，欧洲大陆的数学得以迅速发展，莱布尼兹的巧妙符号功不可没.莱布尼兹在数学方面的成就是巨大的，除了微积分之外，他的研究及成果还渗透到许多领域，如由地形、地貌研究上升到几何分析学科的拓扑学，还发明了间接为数字时代的来临打下坚实框架的二进制等，他的一系列重要数学理论的提出为后来的数学理论奠定了坚实的基础.

对于微积分第一发明人的争议曾一度闹得沸沸扬扬，但莱布尼兹不以为然，且对于这一事件的矛盾方也始终保持着较高的评价，他曾对普鲁士国王腓特烈说道："在从世界开始到牛顿生活的时代的全部数学中，牛顿的工作超过了一半."实际上，牛顿在微积分方面的研究虽早于莱布尼兹,但莱布尼兹成果的发表则早于牛顿.莱布尼兹在 1684 年 10 月发表的《教师学报》上的论文中的表述:"一种求极大极小的奇妙类型的计算"在数学史上被认为是最早发表的微积分文献.不过如今,人们普遍认为牛顿和莱布尼兹研究微积分的方法各异,但殊途同归,各自独立地完成了创建微积分的盛业.牛顿从物理学出发,运用几何方法研究微积分,其应用上更多地结合了运动学,造诣高于莱布尼兹.莱布尼兹则从几何问题出发,运用分析学方法引进微积分概念、得出运算法则,其数学的严密性与系统性是牛顿所不及的.

作为一个举世罕见的科学天才,莱布尼兹一生在多个领域都取得了丰硕成果,对丰富人类的科学知识宝库做出了不可磨灭的贡献.由于胆结石引起的腹绞痛,1716 年 11 月 14 日,莱布尼兹孤寂地离开了人世,终年 70 岁.

第六章　定积分的应用

定积分的概念产生于实践,也服务于实践,在自然科学、工程技术、经济领域等有着广泛的应用.本章将讨论定积分在几何和物理方面的应用,讨论前先介绍运用元素法将一个量表达成为定积分的分析方法.

第一节　定积分的元素法

定积分是具有特定结构和式的极限.如果从实际问题中产生的量(几何量或物理量)在某区间 $[a,b]$ 上确定,当把 $[a,b]$ 分成若干个子区间后,在 $[a,b]$ 上的量 Q 等于各个子区间上所对应的部分量 ΔQ 之和(称量 Q 对区间具有可加性),我们就可以采用"分割、近似求和、取极限"的方法,通过定积分将量 Q 求出.

在区间 $[a,b]$ 上任取一点 x ,当 x 有增量 Δx (等于它的微分 $\mathrm{d}x$)时,相应地,量 $Q = Q(x)$ 就有增量 ΔQ ,它是分布在子区间 $[x,x+\mathrm{d}x]$ 上的部分量.若 ΔQ 的近似表达式为

$$\Delta Q \approx f(x)\mathrm{d}x ,$$

则以 $f(x)\mathrm{d}x$ 为被积表达式求从 a 到 b 的定积分.即得所求量

$$Q = \int_a^b f(x)\mathrm{d}x .$$

这里的 $\mathrm{d}Q = f(x)\mathrm{d}x$ 称为量 Q 的微元或元素,这种方法称为微元法.它虽然不够严密,但具有直观、简单、方便等特点,且结论正确.因此在实际问题的讨论中常常被采用.

当所求量 Q 符合下列条件,就可以用元素法来求:

(1) Q 是与一个变量 x 的变化区间 $[a,b]$ 有关的量;

(2) Q 对于区间 $[a,b]$ 具有可加性:就是说,如果把区间 $[a,b]$ 分成许多部分区间,则 Q 相应地分成许多部分量,而 Q 等于所有部分量之和;

(3) 部分量 ΔQ 的近似值可表示为 $f(x)\mathrm{d}x$ 的形式.

微元法的一般步骤:

(1) 根据问题的具体情况,选取一个变量 x 为积分变量,并确定它的变化区间 $[a,b]$;

(2) 把区间 $[a,b]$ 分成 n 个小区间,取其中任一小区间 $[x,x+\mathrm{d}x]$,求出相应于这小区间的部分量 ΔQ 的近似值 $f(x)\mathrm{d}x$,称为量 Q 的微元,记作

$$\mathrm{d}Q = f(x)\mathrm{d}x ;$$

（3）以 $\mathrm{d}Q = f(x)\mathrm{d}x$ 为被积表达式，在区间 $[a,b]$ 上做定分，$Q = \int_a^b f(x)\mathrm{d}x$ 即为所求量 Q.

第二节　定积分在几何上的应用

一、平面图形的面积

1.直角坐标情形

若平面图形由曲线 $y = f(x)$ 与 $y = g(x)$（$f(x) \geq g(x)$），直线 $x = a$ 与 $y = b$（$a < b$）所围成（如图 6-1(a)），则面积微元为 $\mathrm{d}A = [f(x) - g(x)]\mathrm{d}x$，于是平面图形的面积为

$$A = \int_a^b [f(x) - g(x)]\mathrm{d}x ;$$

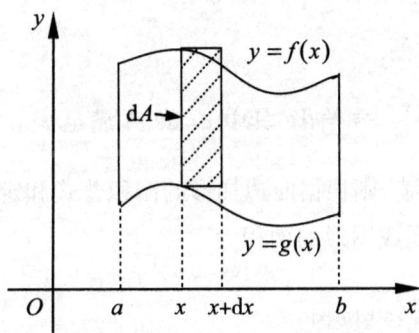

图 6-1(a)

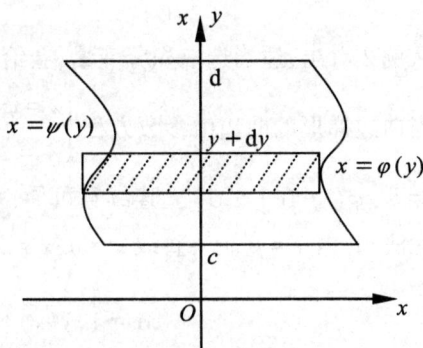

图 6-1(b)

若平面图形由曲线 $x = \varphi(y)$，$x = \psi(y)$（$\varphi(y) \geq \psi(y)$），直线 $y = c$ 与 $y = d$（$c < d$）所围成（如图 6-1(b)），则其面积微元 $\mathrm{d}A = [\varphi(y) - \psi(y)]\mathrm{d}y$，平面图形的面积为

$$A = \int_c^d [\varphi(y) - \psi(y)]\mathrm{d}y .$$

例 1　计算抛物线 $y = x^2$，$y = x$ 所围成的图形（图 6-2）的面积.

解　联立

$$\begin{cases} y = x^2, \\ y = x, \end{cases}$$

解得曲线与直线的交点为 $(0,0)$，$(1,1)$

$$A = \int_0^1 (x - x^2)\mathrm{d}x = \left[\frac{x^2}{2} - \frac{1}{3}x^3 \right] \Big|_0^1 = \frac{1}{6} .$$

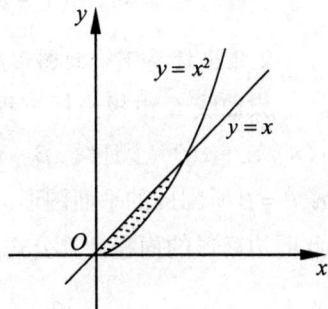

图 6-2

例2 求由抛物线 $x = 1 - 2y^2$ 与直线 $y = x$ 所围图形（如图6-3）的面积.

解 联立

$$\begin{cases} x = 1 - 2y^2, \\ y = x, \end{cases}$$

解得曲线与直线的交点为 $(-1, -1)$ 和 $(\frac{1}{2}, \frac{1}{2})$. 以 y 为积分变量比较方便, 相应的积分区间为 $\left[-1, \frac{1}{2} \right]$, 则所求面积为

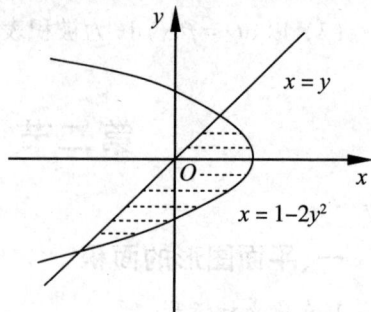

图6-3

$$A = \int_{-1}^{\frac{1}{2}} \left[1 - 2y^2 - y \right] dy = \left[y - \frac{2}{3}y^3 - \frac{y^2}{2} \right] \Big|_{-1}^{\frac{1}{2}} = \frac{9}{8}.$$

从例2看出, 适当选取积分变量, 会给计算带来方便.

当曲边梯形的曲边由参数方程 $\begin{cases} x = \varphi(t), \\ y = \psi(t) \end{cases}$ ($\alpha \leqslant t \leqslant \beta$) 给出, 其中 $x = \varphi(t)$ 满足 $\varphi(\alpha) = a$, $\varphi(\beta) = b$, $\varphi(t)$ 在 $[\alpha, \beta]$ 上连续且可导, $y = \psi(t)$ 连续, 则根据曲边梯形的面积公式和定积分的换元法知, 由 $y = f(x)$, 直线 $x = a, x = b$ 及 x 轴所围成图形的面积为

$$A = \int_a^b |y(x)| dx = \int_{\alpha}^{\beta} |\psi(t)\varphi(t)| dt.$$

例3 求由摆线 $x = a(t - \sin t)$, $y = a(1 - \cos t)$ 的一拱 ($0 \leqslant t \leqslant 2\pi$) 与横轴所围图形（如图6-4）的面积.

解 $\because A = \int_0^{2\pi a} y dx$

$\therefore A = \int_0^{2\pi} a^2 (1 - \cos t)^2 dt$

$= a^2 \int_0^{2\pi} (1 - 2\cos t + \cos^2 t) dt$

$= 4a^2 \int_0^{\frac{\pi}{2}} (1 + \cos^2 t) dt = 3\pi a^2.$

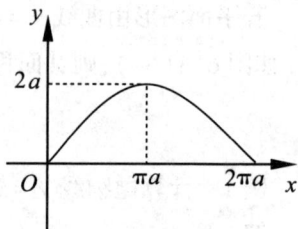

图6-4

2.极坐标系下平面图形的面积

设曲线 C 由极坐标方程 $r = r(\theta)$, $\theta \in [\alpha, \beta]$ 给出, 其中 $r(\theta)$ 在 $[\alpha, \beta]$ 上连续, $\beta - \alpha \leqslant 2\pi$. 由曲线 C 与两条射线 $\theta = \alpha, \theta = \beta$ 所围成的平面图形（如图6-5）, 通常也称为曲边扇形. 此曲边扇形的面积计算公式为

$$A = \frac{1}{2} \int_{\alpha}^{\beta} r^2(\theta) d\theta.$$

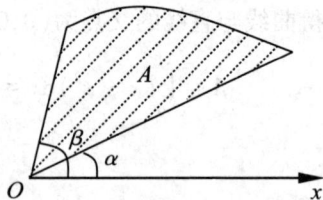

图6-5

采用微元法,取极角 θ 为积分变量,其积分区间为 $[\alpha,\beta]$,任取 $[\alpha,\beta]$ 内小区间 $[\theta,\theta+\mathrm{d}\theta]$,其相应的小曲边扇形的面积用半径为 $r(\theta)$,中心角为 $\mathrm{d}\theta$ 的小圆扇形来近似代替(如图6-6),得面积元素为:$\mathrm{d}A = \frac{1}{2}[r(\theta)]^2\mathrm{d}\theta$.

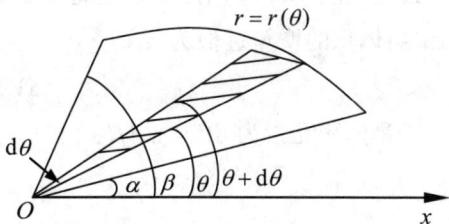

所以,所求曲边扇形的面积为

$$A = \int_\alpha^\beta \mathrm{d}A = \int_\alpha^\beta \frac{1}{2}[r(\theta)]^2\mathrm{d}\theta = \frac{1}{2}\int_\alpha^\beta r^2(\theta)\mathrm{d}\theta.$$

图 6-6

例4　计算阿基米德螺线 $r=a\theta$ $(a>0)$(如图6-7)上相应于 θ 从 0 变到 2π 的一段弧与极轴所围成的图形的面积.

解　在指定的这段螺线上,θ 的变化区间为 $[0,2\pi]$,相应于 $[0,2\pi]$ 上任意小区间 $[\theta,\theta+\mathrm{d}\theta]$ 的窄小曲边扇形的面积近似于半径为 $a\theta$,中心角为 $\mathrm{d}\theta$ 的扇形的面积元素,从而得到面积元素:

$$\mathrm{d}A = \frac{1}{2}(a\theta)^2\mathrm{d}\theta.$$

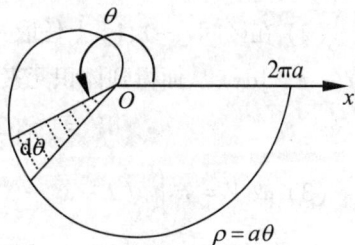

图 6-7

于是所求面积为

$$S = \int_0^{2\pi} \frac{1}{2}(a\theta)^2\mathrm{d}\theta = \frac{1}{2}a^2\left[\frac{1}{3}\theta^3\right]\Big|_0^{2\pi} = \frac{4}{3}a^2\pi^3.$$

例5　计算心形线 $\rho = a(1+\cos\theta)$ $(a>0)$(如图6-8)所围成的图形的面积.

解　$S = 2\int_0^\pi \frac{1}{2}[a(1+\cos\theta)]^2\mathrm{d}\theta = a^2\int_0^\pi(\frac{3}{2}+2\cos\theta+\frac{1}{2}\cos2\theta)\mathrm{d}\theta$

$$= a^2\left[\frac{3}{2}\theta + 2\sin\theta + \frac{1}{4}\sin2\theta\right]\Big|_0^\pi = \frac{3}{2}a^2\pi.$$

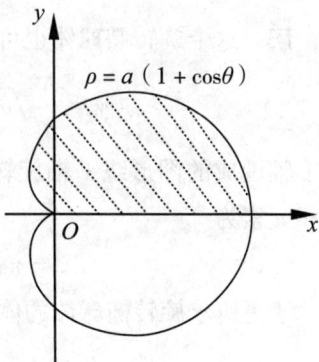

图 6-8

二、体积

1.旋转体的体积

旋转体就是由一个平面图形绕该平面内一条直线旋转一周而成的立体,这条直线叫作旋转轴.常见的旋转体是圆柱、圆锥、圆台、球体.

旋转体都可以看作是由连续曲线 $y=f(x)$、直线 $x=a$、$y=b$ 及 x 轴所围成的曲边梯形(如图6-9)绕 x 轴旋转一周而成的立体.

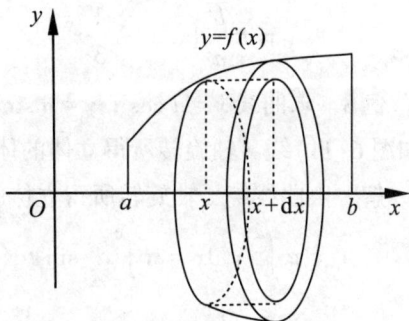

图 6-9

设过区间 $[a,b]$ 内点 x 且垂直于 x 轴的平面左侧的旋转体的体积为 $V(x)$,当平面左右平移 $\mathrm{d}x$ 后体积的增量近似为

$$\Delta V = \pi \left[f(x) \right]^2 \mathrm{d}x.$$

于是体积元素为 $\mathrm{d}V = \pi \left[f(x) \right]^2 \mathrm{d}x$,旋转体的体积为

$$V = \int_a^b \pi \left[f(x) \right]^2 \mathrm{d}x.$$

例 6 求由 $x^2 + y^2 = 2$ 和 $y = x^2$ 所围成的图形(上部分)绕 x 轴旋转而成的旋转体的体积.

解 (1) 取积分变量为 x,为求积分区间,解方程组:$\begin{cases} x^2 + y^2 = 2, \\ y = x^2, \end{cases}$ 得圆与抛物线的两个

交点为 $\begin{cases} x = 1, \\ y = 1, \end{cases} \begin{cases} x = -1, \\ y = 1, \end{cases}$ 所以积分区间为 $[-1,1]$.

(2) 在区间 $[-1,1]$ 上任取一小区间 $[x, x+\mathrm{d}x]$,与它对应的薄片体积近似于 $\Delta V = [\pi(2 - x^2) - \pi x^4]\mathrm{d}x$,从而得到体积元素为

$$\mathrm{d}V = \left[\pi(2 - x^2) - \pi x^4 \right]\mathrm{d}x = \pi(2 - x^2 - x^4)\mathrm{d}x.$$

(3) 故 $V = \pi \int_{-1}^1 (2 - x^2 - x^4)\mathrm{d}x = \dfrac{44}{15}\pi$.

例 7 计算由椭圆 $\dfrac{x^2}{a^2} + \dfrac{y^2}{b^2} = 1$ 所围成的图形绕 x 轴旋转而成的旋转体(旋转椭球体)的体积.

解 这个旋转椭球体也可以看作是由半个椭圆

$$y = \frac{b}{a}\sqrt{a^2 - x^2}$$

及 x 轴围成的图形绕 x 轴旋转而成的立体(如图 6-10),体积元素为

$$\mathrm{d}V = \pi y^2 \mathrm{d}x.$$

于是所求旋转椭球体的体积为

$$V = \int_{-a}^a \pi \frac{b^2}{a^2}(a^2 - x^2)\mathrm{d}x$$

$$= \pi \frac{b^2}{a^2}\left[a^2 x - \frac{1}{3}x^3 \right]\Big|_{-a}^a = \frac{4}{3}\pi a b^2.$$

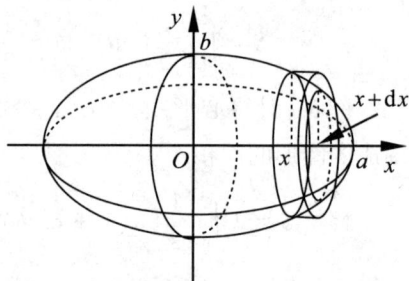

图 6-10

例 8 求曲线 $x = a\cos^3 t, y = a\sin^3 t$ 所围平面图形(如图 6-11)绕 x 轴旋转所得立体的体积.

解 由曲线绕 x 轴旋转所得立体的体积为

$$V = \pi \int_{-a}^a y^2 \mathrm{d}x = \pi \int_\pi^0 a^2 \sin^6 t\, \mathrm{d}(a\cos^3 t)$$

$$= 3\pi a^3 \int_0^\pi \sin^7 t \cos^2 t\, \mathrm{d}t = \frac{32}{105}\pi a^3.$$

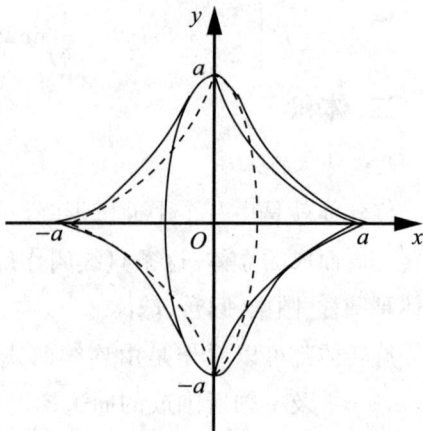

图 6-11

2. 平行截面面积为已知的立体的体积

设立体在 x 轴的投影区间为 $[a,b]$，过点 x 且垂直于 x 轴的平面与立体相截，截面面积为 $A(x)$（如图 6-12），则体积元素为 $A(x)\mathrm{d}x$，立体的体积为

$$V = \int_a^b A(x)\mathrm{d}x.$$

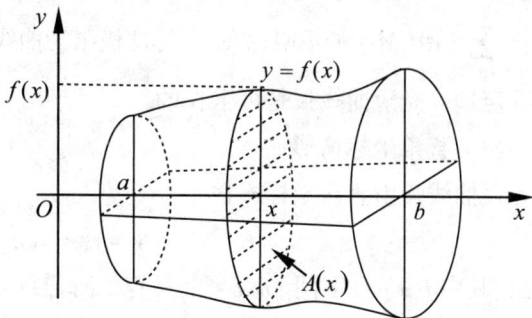

图 6-12

例 9　设有一截锥体，其高为 h，上下底均为椭圆，椭圆的轴长分别为 $2a$，$2b$ 和 $2A$，$2B$，求这截锥体的体积.

解　取截锥体的中心线为 t 轴（如图 6-13），即取 t 为积分变量，其变化区间为 $[0,h]$. 在 $[0,h]$ 上任取一点 t，过 t 且垂直于 t 轴的截面面积记为 πxy. 容易算出

$$x = a + \frac{A-a}{h}t, \qquad y = b + \frac{B-b}{h}t.$$

所以这截锥体的体积为

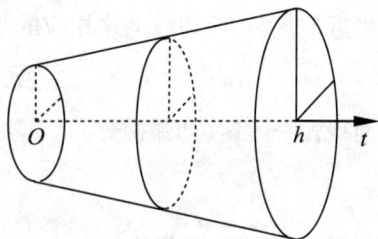

图 6-13

$$V = \int_0^h \pi\left(a + \frac{A-a}{h}t\right)\left(b + \frac{B-b}{h}t\right)\mathrm{d}t$$

$$= \frac{\pi h}{6}\left[aB + Ab + 2(ab + AB)\right].$$

例 10　求以半径为 R 的圆为底、平行且等于底圆直径的线段为顶、高为 h 的正劈锥体的体积.

解　取底圆所在的平面为 xOy 平面（如图 6-14），圆心为原点并使 x 轴与正劈锥的顶平行，底圆的方程为 $x^2 + y^2 = R^2$，过 x 轴上的点 x（$-R < x < R$）作垂直于 x 轴的平面截正劈锥体得等腰三角形，这截面的面积为

$$A(x) = h \cdot y = h\sqrt{R^2 - x^2}.$$

于是所求正劈锥体的体积为

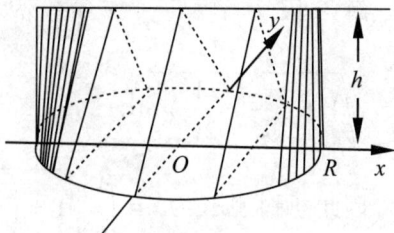

图 6-14

$$V = \int_{-R}^R h\sqrt{R^2 - x^2}\,\mathrm{d}x = 2R^2 h \int_0^{\frac{\pi}{2}} \cos^2\theta\,\mathrm{d}\theta = \frac{1}{2}\pi R^2 h.$$

3. 平面曲线的弧长

设 A,B 是曲线弧上的两个端点（如图 6-15），在弧 AB 上任取分点 $A = M_0, M_1, \cdots M_{i-1}, M_i, \cdots, M_{n-1}, M_n = B$，并依次连接相邻的分点得一内接折线，当分点的数目无限增加且每个小段 $M_{i-1}M_i$ 都缩向一点时，如果此折线

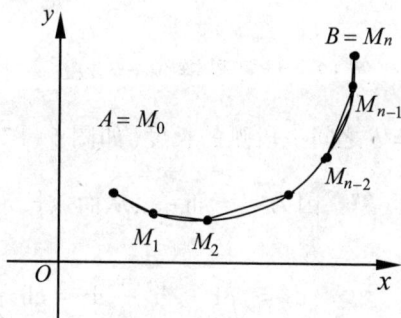

图 6-15

的长 $\sum\limits_{i=1}^{n}|M_{i-1}M_i|$ 的极限存在,则称此极限为曲线弧 AB 的弧长,并称此曲线弧 AB 是可求长的.

定理 光滑曲线弧是可求长的.

(1) 直角坐标情形

设曲线弧由直角坐标方程

$$y = f(x) \ (a \leqslant x \leqslant b)$$

给出,其中 $f(x)$ 在区间 $[a,b]$ 上具有一阶连续导数,现在来计算这曲线弧的长度.

取横坐标 x 为积分变量,它的变化区间为 $[a,b]$,曲线 $y = f(x)$ 上相应于 $[a,b]$ 上任一小区间 $[x, x+\mathrm{d}x]$ 的一段弧的长度可以用该曲线在点 $(x, f(x))$ 处的切线上相应的一小段的长度来近似代替,而切线上这相应的小段的长度为

$$\sqrt{(\mathrm{d}x)^2 + (\mathrm{d}y)^2} = \sqrt{1 + y'^2}\,\mathrm{d}x,$$

从而得弧长元素(即弧微分)

$$\mathrm{d}s = \sqrt{1 + y'^2}\,\mathrm{d}x.$$

以 $\sqrt{1 + y'^2}\,\mathrm{d}x$ 为被积表达式在闭区间 $[a,b]$ 上做定积分便得所求的弧长为

$$s = \int_a^b \sqrt{1 + y'^2}\,\mathrm{d}x.$$

在曲率一节中我们已经知道弧微分的表达式为 $\mathrm{d}s = \sqrt{1 + y'^2}\,\mathrm{d}x$,这也就是弧长元素.

例 11 求曲线 $y = \dfrac{x^3}{6} + \dfrac{1}{2x}$ 在 $x = 1$ 到 $x = 3$ 之间的弧长(如图 6-16).

解 因为 $y' = \dfrac{x^2}{2} - \dfrac{1}{2x^2}$. 从而弧长元素为

$$\mathrm{d}s = \sqrt{1 + \left(\frac{x^2}{2} - \frac{1}{2x^2}\right)^2}\,\mathrm{d}x.$$

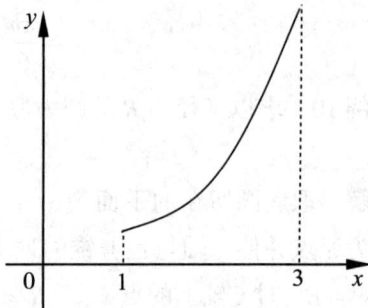

图 6-16

因此,所求弧长为 $s = \displaystyle\int_1^3 \sqrt{1 + \left(\frac{x^2}{2} - \frac{1}{2x^2}\right)^2}\,\mathrm{d}x$

$$= \int_1^3 \frac{x^4 + 1}{2x^2}\,\mathrm{d}x = \left[\frac{x^3}{6} - \frac{1}{2x}\right]_1^3 = \frac{14}{3}.$$

例 12 计算悬链线 $y = c\,\mathrm{ch}\dfrac{x}{c}$ 上介于 $x = -b$ 与 $x = b$ 之间一段弧的长度(如图 6-17).

解 因为 $y' = \mathrm{sh}\dfrac{x}{c}$,从而弧长元素为

$$\mathrm{d}s = \sqrt{1 + \mathrm{sh}^2\frac{x}{c}}\,\mathrm{d}x = \mathrm{ch}\frac{x}{c}\,\mathrm{d}x,$$

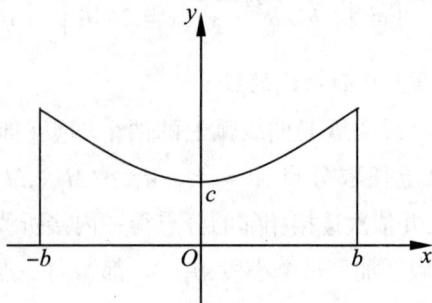

图 6-17

因此所求弧长为

$$s = \int_{-b}^{b} \mathrm{ch}\,\frac{x}{c}\mathrm{d}x = 2\int_{0}^{b} \mathrm{ch}\,\frac{x}{c}\mathrm{d}x = 2c\left[\,\mathrm{sh}\,\frac{x}{c}\right]\bigg|_{0}^{b} = 2c\mathrm{sh}\,\frac{b}{c}.$$

（2）参数方程情形

设曲线弧由参数方程 $\begin{cases} x = \varphi(t), \\ y = \psi(t) \end{cases}$ $(\alpha \leq t \leq \beta)$ 给出，其 $\varphi(t),\psi(t)$ 在 $[\alpha,\beta]$ 上具有连续导数.

因为 $\dfrac{\mathrm{d}y}{\mathrm{d}x} = \dfrac{\psi'(t)}{\varphi'(t)}$，$\mathrm{d}x = \varphi'(t)\mathrm{d}t$，所以弧长元素为

$$\mathrm{d}s = \sqrt{1 + \frac{\psi'^{2}(t)}{\varphi'^{2}(t)}}\varphi'(t)\mathrm{d}t = \sqrt{\varphi'^{2}(t) + \psi'^{2}(t)}\,\mathrm{d}t,$$

所求弧长为

$$s = \int_{\alpha}^{\beta} \sqrt{\varphi'^{2}(t) + \psi'^{2}(t)}\,\mathrm{d}t.$$

例 13　求星形线 $x = a\cos^{3}t, y = a\sin^{3}t$ 的弧长.

解　因为 $x' = 3a\cos^{2}t(-\sin t)$，$y' = 3a\sin^{2}t\cos t$，所以弧长元素为

$$\mathrm{d}s = \sqrt{(-3a\cos^{2}t\sin t)^{2} + (3a\sin^{2}t\cos t)^{2}}\,\mathrm{d}t$$
$$= 3a\sin t\cos t\mathrm{d}t,$$

所求弧长为

$$s = 4\cdot 3a\int_{0}^{\frac{\pi}{2}}\sin t\cos t\mathrm{d}t = 12a\cdot\left[\frac{1}{2}\sin^{2}t\right]\bigg|_{0}^{\frac{\pi}{2}} = 6a.$$

（3）极坐标情形

设曲线弧由极坐标方程

$$r = r(\theta)\quad (\alpha \leq \theta \leq \beta)$$

给出，其中 $r(\theta)$ 在 $[\alpha,\beta]$ 上具有连续导数，由直角坐标与极坐标的关系可得：$x = r(\theta)\cos\theta$，$y = r(\theta)\sin\theta(\alpha \leq \theta \leq \beta)$，

于是得弧长元素为

$$\mathrm{d}s = \sqrt{x'^{2}(\theta) + y'^{2}(\theta)}\,\mathrm{d}\theta = \sqrt{r^{2}(\theta) + r'^{2}(\theta)}\,\mathrm{d}\theta,$$

从而所求弧长为

$$s = \int_{\alpha}^{\beta} \sqrt{r^{2}(\theta) + r'^{2}(\theta)}\,\mathrm{d}\theta.$$

例 14　求心脏线 $r = a(1 + \cos\theta)$ 的全长（如图 6-18）.

解　$r' = a(-\sin\theta)$，弧长元素为

$$\mathrm{d}s = \sqrt{a^{2}(1 + \cos\theta)^{2} + a^{2}(-\sin\theta)^{2}}\,\mathrm{d}\theta,$$

于是所求弧长为

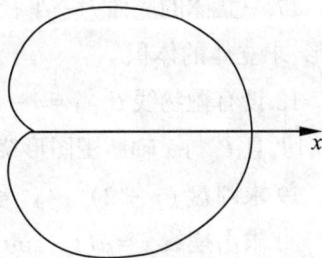

图 6-18

$$s = 2a \int_0^\pi \sqrt{(1 + \cos\theta)^2 + \sin^2\theta}\, \mathrm{d}\theta$$

$$= 4a \int_0^\pi \cos\frac{\theta}{2}\mathrm{d}\theta = 8a\sin\frac{\theta}{2}\bigg|_0^\pi = 8a.$$

习题 6-2

1.求由抛物线 $y = -x^2 + 4x - 3$ 及其在点 $(0, -3)$ 和 $(3, 0)$ 处的切线所围成的图形的面积.

2.求由曲线 $y = (x + 2)^2$ 与 x 轴,直线 $y = 4 - x$ 所围成的平面图形的面积.

3.求函数 $f(x) = \begin{cases} x + 2, & -2 \leqslant x < 0, \\ 2\cos x, & 0 \leqslant x \leqslant \dfrac{\pi}{2} \end{cases}$ 的图像与 x 轴所围成的封闭图形的面积.

4.求由直线 $y = 2x$ 及曲线 $y = 3 - x^2$ 围成的封闭图形的面积.

5.求由两条曲线 $y = -x^2, y = -\dfrac{1}{4}x^2$ 及直线 $y = -1$ 所围成的图形的面积.

6.求在 $[0, 2\pi]$ 上,由 x 轴及正弦曲线 $y = \sin x$ 围成的图形的面积.

7.求曲线 $y = x^2, y = x$ 及 $y = 2x$ 所围成的平面图形的面积.

8.求由抛物线 $y^2 = 8x(y > 0)$ 与直线 $x + y = 6$ 及 $y = 0$ 所围成图形的面积.

9.求由曲线 $y = \sqrt{x}$,直线 $y = x - 2$ 及 y 轴所围成的图形的面积.

10.求由曲线 $y^2 = x$ 与直线 $y = x - 2$ 所围成的封闭图形的面积.

11.设 $f(x) = \begin{cases} x^2, & x \in [0, 1], \\ 2 - x, & x \in (1, 2], \end{cases}$ 求函数图像与 x 轴围成的封闭区域的面积.

12.求函数 $f(x) = \begin{cases} \cos x, & -\dfrac{\pi}{2} < x < 0, \\ -x + 1, & 0 < x < 1 \end{cases}$ 的图像与 x 轴所围成图形的面积.

13.求由 $r = 3\cos\theta$ 及 $r = 1 + \cos\theta$ 所围图形的公共部分的面积.

14.求位于曲线 $y = \mathrm{e}^x$ 下方,该曲线过原点的切线的左方以及 x 轴上方之间的图形的面积.

15.求由抛物线 $y^2 = 4ax$ 与过焦点的弦所围成的图形面积的最小值.

16.设有一半径为 a 的圆柱体,用一与底面交角为 α 的平面去截割,如果平面通过底圆的直径,求截下部分立体的体积.

17.一立体的底面为一半径为 5 的圆,已知垂直于底面的一条固定直径的截面都是等边三角形,求立体的体积.

18.设有抛物线 $C : y = a - bx^2(a > 0, b > 0)$,试确定常数 a , b 的值,使得 C 与直线 $y = x + 1$ 相切,且 C 与 x 轴所围图形绕 y 轴旋转所得旋转体的体积达到最大.

19.求圆盘 $(x - 2)^2 + y^2 \leqslant 1$ 绕 y 轴旋转而成的旋转体的体积.

20.求由摆线 $x = a(t - \sin t), y = a(1 - \cos t)$ 的一拱及 $y = 0$ 所围成的图形绕直线 $y = 2a$ 旋转所产生的旋转体的体积.

21.证明:由平面图形 $0 \leqslant a \leqslant x \leqslant b, 0 \leqslant y \leqslant f(x)$ 绕 y 轴旋转所成的旋转体的体积为

$$V = 2\pi \int_a^b xf(x)\,\mathrm{d}x.$$

22.设星形线方程为 $\begin{cases} x = a\cos^3 t, \\ y = a\sin^3 t, \end{cases} (a > 0)$,求:

(1) 由星形线所围图形的面积;

(2) 星形线的长度.

23.计算曲线 $x = \int_1^t \dfrac{\cos\theta}{\theta}\mathrm{d}\theta$, $y = \int_1^t \dfrac{\sin\theta}{\theta}\mathrm{d}\theta$ 自原点到与具有铅直的切线最近点的弧长.

24.证明:曲线 $y = \sin x$ 的一个周期的弧长等于椭圆 $2x^2 + y^2 = 2$ 的周长.

25.设 S_1 为曲线 $y = x^2$ 、直线 $y = t^2$ (t 为参数)及 y 轴所围图形的面积; S_2 为曲线 $y = x^2$ 、直线 $y = t^2$ 及 $x = 1$ 所围图形的面积.问 t 为何值时, $S = S_1 + S_2$ 取得最大值、最小值.

第三节　定积分在物理上的应用

一、变力沿直线移动物体所做的功

从物理学知道,若物体在做直线运动的过程中一直受与运动方向一致的常力 F 的作用,则当物体有位移 S 时,力 F 所做的功为

$$W = F \cdot S.$$

现在我们来考虑变力沿直线移动物体的做功问题.

设某物体在力 F 的作用下沿 x 轴从 a 移动至 b (如图 6-19),并设力 F 平行于 x 轴且是 x 的连续函数 $F = F(x)$.相应于 $[a,b]$ 的任一子区间 $[x, x + \mathrm{d}x]$,我们可以把 $F(x)$ 看作是物体经过这一子区间时所受的力.因此功元素为

$$\mathrm{d}W = F(x)\,\mathrm{d}x.$$

所以当物体沿 x 轴从 a 移动至 b 时,作用在其上的力 $F = F(x)$ 所做的功为

$$W = \int_a^b F(x)\,\mathrm{d}x.$$

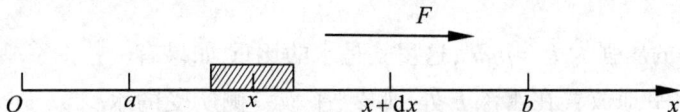

图 6-19

例 1　用铁锤将铁钉击入木板.设木板对铁钉的阻力与铁钉击入木板的深度成正比,在锤击第一次时,将铁钉击入木板 1cm,如果铁锤每次打击铁钉所做的功相等,问锤击第二次时,铁钉又击入木板多少?

解　设铁钉击入木板的深度为 x ,所受阻力为

$$y = kx \ (\ k\ \text{为比例常数}).$$

铁锤第一次将铁钉击入木板 1cm，所做的功为

$$W = \int_0^1 kx\mathrm{d}x = \frac{k}{2}.$$

由于第二次锤击铁钉所做的功与第一次相等，故有

$$\int_1^x kt\mathrm{d}t = \frac{k}{2},$$

其中 $x > 1$ 为两锤共将铁钉击入木板的深度.上式即

$$\frac{k}{2}(x^2 - 1) = \frac{k}{2}.$$

解得 $x = \sqrt{2}$，所以第二锤将铁钉击入木板的深度为 $(\sqrt{2} - 1)$ cm.

例2 有一圆柱形大蓄水池，直径为 20m，高为 30m，池中盛水半满（即水深 15m）.求将水从池口全部抽出所做的功.

解 建立坐标系（如图 6-20）.水深区间为 $[15, 30]$.相应于 $[15, 30]$ 的任一子区间 $[x, x + \mathrm{d}x]$ 的水层，其高度为 $\mathrm{d}x$，水的比重为 980kg/m^3，g 取 9.8N/kg，所以功元素为

$$\mathrm{d}W = 980\pi \cdot 10^2 x \cdot 9.8\mathrm{d}x = 960400\pi x\mathrm{d}x,$$

而所做的功为

$$W = \int_{15}^{30} 960400\pi x\mathrm{d}x = 960400\pi \left[\frac{x^2}{2} \right]\bigg|_{15}^{30} \approx 1\ 017\ 784(\text{KJ}).$$

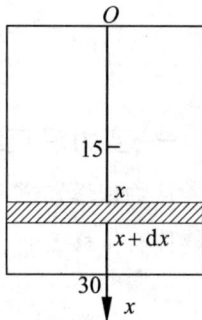

图 6-20

例3 长 10m 的铁索下垂于矿井中，已知铁索每米的质量为 8kg，问将此铁索提出地面需做多少功？

解 建立坐标系（如图 6-21），将一段位于区间 $[x, x + \mathrm{d}x]$ 间的铁索提出地面需做功 $\Delta W \approx \mathrm{d}W = 8 \cdot \mathrm{d}x \cdot g \cdot x$（g 为重力加速度），于是将此铁索提出地面需做功

$$W = \int_0^{10} 8gx\mathrm{d}x = 4 \cdot 10^2 g = 3.92 \times 10^3(\text{J}).$$

二、水压力

在水深为 h 处的压强为 $P = \rho gh$，这里 ρ 是水的比重.如果有一面积为 A 的平板水平地放置在水深 h 处，那么，平板一侧所受的水压力为：

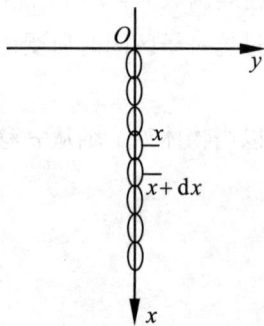

图 6-21

$$F = PA = \rho ghA.$$

若平板铅直地放置在水中，那么由于水深不同之处的压强不相等.此时，平板一侧所受的水压力就必须使用定积分来计算.

例4 设 $y = f(x)$ 在 $[a, b]$ 上连续非负，将由 $y = f(x)$，$x = a$，$x = b$ 及 x 轴围成的曲边梯形垂直放置于水中，使 y 轴与水平面相齐，求水对此曲边梯形的压力.

解　$dS = f(x)dx$，$dF = PdS = g\rho xf(x)dx$，

$$F = g\rho \int_a^b xf(x)dx.$$

例 5　一水闸门的边界线为一抛物线,沿水面的宽度为 48m,最低处在水面下 64m,求水对闸门的压力.

解　如图 6-22,抛物线的方程为 $y = 64 - ax^2$,把点 $(24,0)$ 代入方程

$$0 = 64 - 24^2 a,$$

得 $a = \dfrac{1}{9}$,$x = \pm 3\sqrt{(64 - y)}$. 则水压力为

$$F = 6g\rho \int_0^{64} y\sqrt{64 - y}\,dy.$$

设 $\sqrt{64 - y} = u$,$y = 64 - u^2$,$y = 0$ 时,$u = 8$；$y = 64$ 时,$u = 0$. 得

$$F = 6g\rho \int_0^8 (64 - u^2) u(2u)\,du$$

$$= 12g\rho \left[64 \cdot \frac{u}{3} - \frac{u^5}{5} \right] \Bigg|_0^8 = 52\,428.8g\rho.$$

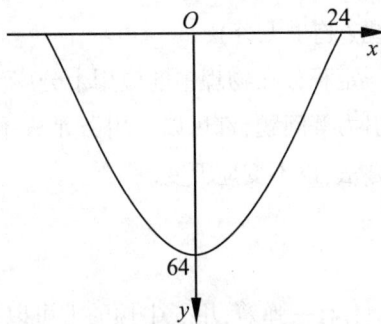

图 6-22

三、引力

从物理学知道质量分别为 m_1、m_2 相距为 r 的两质点间的引力的大小为

$$F = G \frac{m_1 m_2}{r^2},$$

其中 G 为引力系数,引力的方向沿着两质点连线方向.

如果要计算一根细棒对一个质点的引力,那么,由于细棒上各点与该质点的距离是变化的且各点对该质点的引力的方向也是变化的,因此就不能用上述公式来计算.

例 6　设有一长度为 l 线密度为 ρ 的均匀细直棒,在其中垂线上距棒 a 单位处有一质量为 m 的质点 M,试计算该棒对质点 M 的引力.

解　如图 6-23 所示,取坐标系使棒位于 y 轴上,质点 M 位于 x 轴上,棒的中点为原点 O,由对称性知引力在垂直方向上的分量为零,所以只需求引力在水平方向的分量,取 y 为积分变量,它的变化区间为 $\left[-\dfrac{l}{2}, \dfrac{l}{2} \right]$,在 $\left[-\dfrac{l}{2}, \dfrac{l}{2} \right]$ 上 y 点取长为 dy 的一小段,其质量为 ρdy,与 M 相距 $r = \sqrt{a^2 + y^2}$. 于是在水平方向上引力元素为

$$dF_x = G \frac{m\rho dy}{a^2 + y^2} \cdot \frac{-a}{\sqrt{a^2 + y^2}} = -G \frac{am\rho dy}{(a^2 + y^2)^{\frac{3}{2}}},$$

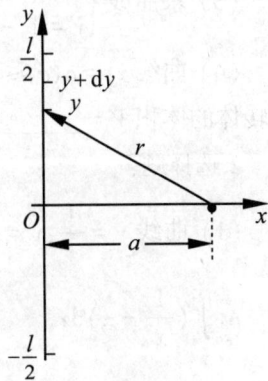

图 6-23

引力在水平方向的分量为

$$F_x = -\int_{-\frac{l}{2}}^{\frac{l}{2}} G \frac{am\rho dy}{(a^2+y^2)^{\frac{3}{2}}} = -\frac{2Gm\rho l}{a} \cdot \frac{1}{\sqrt{4a^2+l^2}}.$$

由对称性知,铅直方向分力为 $F_y = 0$.所以该棒对质点 M 的引力为 $\frac{2Gm\rho}{a}$（当细棒很长时,可视 l 趋于无穷）.

定积分在物理中的应用十分广泛,如在计算物体的质量、静力矩与重心、液体压力、两质点的引力等问题,都可以应用微元法予以分析处理.重要的是通过学习,使我们能熟练地运用这种方法,以不变应万变.

习题 6-3

1.有一弹簧,用 5 牛顿的力可以把它拉长 0.01m,求把弹簧拉长 0.1m 时力所做的功.

2.设有一半径为 10m 的半球形蓄水池,池中蓄满了水,求把水从池口全部抽出所做的功.

3.半径为 r 的球沉入水中,球的上部与水面相切,球的比重与水相同,计算球从水中取出所需做的功.

4.在底面积为 S 的圆柱形容器中盛有一定量的气体,由于气体的膨胀,把容器中的一个面积为 S 的活塞 a 移动到 b 处,求移动过程中气体压力所做的功.

5.一蓄满水的圆柱形水桶高为 5m,底面半径为 3m,计算把桶中的水全部吸出所需做的功.

总习题六

1.填空题:

（1）求曲线 $y = \frac{x^2}{2}, x^2 + y^2 = 8$ 所围图形面积 A（上半平面部分）,则 $A = $ _____;

（2）曲线 $r = 3\cos\theta, r = 1 + \cos\theta$ 所围图形面积 $A = $ _____;

（3）求曲线 $\begin{cases} x = t - \sin t, \\ y = 1 - \cos t, \end{cases}$ 从 $t = 0$ 到 $t = \pi$ 的一段弧长 $s = $ _____;

（4）曲线 $xy = a(a \le 0)$,与直线 $x = a, x = 2a$,及 $y = 0$ 所围成的图形绕 Ox 轴旋转一周所得旋转体的体积 $V = $ _____.

2.选择题:

（1）曲线 $y = \frac{1}{x}, y = x, x = 2$ 所围图形的面积为 A,则 $A = ($ ）.

A. $\int_1^2 (\frac{1}{x} - x)dx$ 　　　　　　　B. $\int_1^2 (x - \frac{1}{x})dx$

C. $\int_1^2 (2 - \frac{1}{y})dy + \int_1^2 (2 - y)dy$ 　　D. $\int_1^2 (2 - \frac{1}{x})dx + \int_1^2 (2 - x)dx$

（2）摆线 $\begin{cases} x = a(t - \sin t), \\ y = a(1 - \cos t), \end{cases} (a > 0)$ 一拱与 x 轴所围成的图形绕 x 轴旋转的旋体体积 $V =$ （　　）.

A. $\int_0^{2\pi} \pi a^2 (1 - \cos t)^2 \mathrm{d}t$ 　　　　B. $\int_0^{2\pi a} \pi a^2 (1 - \cos t)^2 \mathrm{d}[a(t - \sin t)]$

C. $\int_0^{2\pi} \pi a^2 (1 - \cos t)^2 \mathrm{d}[a(t - \sin t)]$ 　　　D. $\int_0^{2\pi a} \pi a^2 (1 - \cos t)^2 \mathrm{d}t$

（3）星形线 $\begin{cases} x = a\cos^3 t, \\ y = a\sin^3 t \end{cases}$ 的全长 $s =$ （　　）.

A. $4\int_0^{\frac{\pi}{2}} \sec t \cdot 3a\cos^2 t(-\sin t)\,\mathrm{d}t$ 　　B. $4\int_{\frac{\pi}{2}}^0 \sec t \cdot 3a\cos^2 t(-\sin t)\,\mathrm{d}t$

C. $2\int_0^{\pi} \sec t \cdot 3a\cos^2 t(-\sin t)\,\mathrm{d}t$ 　　D. $2\int_{\pi}^0 \sec t \cdot 3a\cos^2 t(-\sin t)\,\mathrm{d}t$

（4）半径为 a 的半球形容器，每秒灌水 b，水深 $h(0 < h < a)$，则水面上升速度是（　　）.

A. $\dfrac{\mathrm{d}}{\mathrm{d}h}\int_0^h \pi y^2 \mathrm{d}y$ 　　　　　B. $\dfrac{\mathrm{d}}{\mathrm{d}h}\int_0^h \pi[a^2 - (y - a)^2]\,\mathrm{d}y$

C. $b \Big/ \dfrac{\mathrm{d}}{\mathrm{d}h}\int_0^h \pi y^2 \mathrm{d}y$ 　　　　D. $b \Big/ \dfrac{\mathrm{d}}{\mathrm{d}h}\int_0^h (2ay - y^2)\,\mathrm{d}y$

3.由两条抛物线 $y^2 = x, y = x^2$ 所围成的图形.

（1）计算所围成图形的面积 A；

（2）将此图形绕 x 轴旋转，计算旋转体的体积.

4.由曲线 $y = 3x^2$，直线 $x = 2$ 及 x 轴所围图形记作 D.

（1）求 D 绕 y 轴旋转所得旋转体的体积；

（2）求 D 绕直线 $x = 3$ 旋转所得旋转体的体积；

（3）求以 D 为底且每个与 x 轴垂直的截面均为等边三角形的立体的体积.

5.曲线 $r^2 = 4\cos 2\theta$ 与 x 轴在第一象限内所围图形记作 D，试在曲线 $r^2 = 4\cos 2\theta$ 上求一点 M，使直线 OM 把 D 分成面积相等的两部分.

6.设某潜水艇的观察窗的形状为长、短半轴依次为 a, b 的半椭圆，短轴为其上沿，上沿与水面平行，且位于水下 c 处，试求观察窗所受的水压力.

7.求曲线 $y = x^2 - 2x$，$y = 0$，$x = 1$，$x = 3$ 所围成的平面图形的面积 S，并求该平面图形绕 y 轴旋转一周所得的旋转体的体积.

数学家简介[5]

阿基米德

阿基米德(公元前 287 年—公元前 212 年),伟大的古希腊哲学家、数学家、物理学家、力学家,静态力学和流体静力学的奠基人,享有"力学之父"的美称,阿基米德和高斯、牛顿并列为世界三大数学家.阿基米德曾说过:"给我一个支点,我就能撬起整个地球."

公元前 287 年,阿基米德诞生于希腊西西里岛叙拉古附近的一个小村庄,他出生于贵族,与叙拉古的赫农王(King Hieron)有亲戚关系,家庭十分富有.阿基米德的父亲是天文学家兼数学家,学识渊博,为人谦逊.阿基米德的意思是大思想家,阿基米德受家庭的影响,从小就对数学、天文学特别是古希腊的几何学产生了浓厚的兴趣.

阿基米德刚满十一岁时,被其父亲送到埃及的亚历山大城跟随欧几里得的学生埃拉托塞和卡农学习.亚历山大城位于尼罗河口,是当时世界的知识、文化贸易中心,学者云集,人才荟萃,被世人誉为"智慧之都",文学、数学、天文学、医学的研究都很发达.阿基米德在这里学习和生活了许多年,他兼收并蓄了东方和古希腊的优秀文化遗产,对其后的科学生涯中作出了重大的影响,奠定了阿基米德日后从事科学研究的基础.

阿基米德在数学方面的研究取得了极为光辉灿烂的成就,特别是在几何学方面.阿基米德的数学思想中蕴涵微积分,阿基米德的《方法论》中已经"十分接近现代微积分",这里有对数学上"无穷"的超前研究,贯穿全篇的则是如何将数学模型进行物理上的应用.他所缺的是没有极限概念,但其思想实质却伸展到 17 世纪趋于成熟的无穷小分析领域里去,预告了微积分的诞生.阿基米德将欧几里得提出的趋近观念作了有效的运用.他利用"逼近法"算出球面积、球体积、抛物线、椭圆面积,后世的数学家依据这样的"逼近法"加以发展成近代的"微积分".阿基米德还利用割圆法求得 π 的值介于 3.14163 和 3.14286 之间.另外,他算出球的表面积是其内接最大圆面积的四倍,又导出圆柱内切球体的体积是圆柱体积的三分之二.阿基米德研究出螺旋形曲线的性质,现今的"阿基米德螺线"曲线,就是因为纪念他而命名.另外,他在《数沙者》一书中,创造了一套记大数的方法,简化了记数的方式.阿基米德的几何著作是希腊数学的顶峰.他把欧几里得严格的推理方法与柏拉图鲜艳的丰富想象和谐地结合在一起,达到了至善至美的境界,从而"使得往后由开普勒、卡瓦列利、费马、牛顿、莱布尼兹等人继续培育起来的微积分日趋完美".

公元前 215 年,叙拉古和罗马帝国之间发生战争,罗马军队的最高统帅马塞拉斯率领罗马军队包围了他所居住的城市,还占领了海港.阿基米德眼见国土危急,护国的责任感促使他奋起抗敌,于是阿基米德绞尽脑汁,日以继夜地发明御敌武器.阿基米德利用杠杆原理制造了一种叫作石弩的抛石机,能把大石块投向罗马军队的战舰,或者使用发射机把矛和石块射向罗马士兵,凡是靠近城墙的敌人,都难逃他的飞石或标枪,阿基米德还发明了多种武器,来阻挡罗马军队的前进.根据一些年代较晚的记载,当时他造了巨大的起重机,可以将敌人的战舰吊到半空中,然后重重地摔下使战舰在水面上粉碎.

公元前 212 年,罗马军队侵入叙拉古,一些士兵闯入了阿基米德的住宅,看见一位老人正在自家宅前的地上画图研究几何问题,阿基米德说:"走开,别动我的图!"士兵一听十分生气,于是拔出刀来,残忍地杀害了阿基米德,终年七十五岁.阿基米德的遗体葬在西西里岛,墓碑上刻着一个圆柱内切球的图形,以纪念他在几何学上的卓越贡献.

阿基米德对数学和物理的发展做出了巨大的贡献,为社会进步和人类发展产生了不可磨灭的影响,即使牛顿和爱因斯坦也都曾从他身上汲取过智慧和灵感,他是"理论天才与实验天才合于一人的理想化身",文艺复兴时期的达·芬奇和伽利略等人都拿他来做自己的楷模.

第七章　常微分方程

我们在利用数学工具解决实际问题时,往往需要事先建模,而我们的模型许多是关于未知函数、未知函数的导数的等式,这种等式我们称为微分方程.要能解决这样的实际问题我们就必须熟悉这种模型,掌握如何求解微分方程.

本章我们主要介绍常微分方程的基本概念,一阶微分方程的初等解法,叮降阶的高阶方程及常系数线性方程的求解方法,欧拉方程和差分方程,它们是本课程的重要组成部分.

第一节　微分方程的基本概念

从下面两个例子出发引入微分方程的相关概念.

例 1　求平面上过点 $(1,3)$ 且每点切线斜率为横坐标 2 倍的曲线方程.

解　设所求的曲线方程为 $y = f(x)$,由导数的几何意义,应有

$$f'(x) = 2x.$$

$$f(x) = \int 2x \mathrm{d}x + C = x^2 + C.$$

又由已知条件曲线过 $(1,3)$,即 $f(1) = 3$,于是得 $C = 2$,故所求的曲线方程为:

$$y = x^2 + 2 .$$

例 2　设质量为 m 的质点,只受重力的作用而自由下落,其运动规律记为 $s = s(t)$, $v = \dfrac{\mathrm{d}s}{\mathrm{d}t}$ 为运动速度,且 $s|_{t=0} = s_0, v|_{t=0} = v_0$,求运动规律 $s = s(t)$.

解　由牛顿第二定律,知

$$m \frac{\mathrm{d}^2 s}{\mathrm{d}t^2} = mg,$$

即 $\dfrac{\mathrm{d}^2 s}{\mathrm{d}t^2} = g$, 亦即 $\dfrac{\mathrm{d}v}{\mathrm{d}t} = g$,积分得 $v = gt + C_1$, 即 $\dfrac{\mathrm{d}s}{\mathrm{d}t} = gt + C_1$,

再积分,得

$$s = \frac{1}{2}gt^2 + C_1 t + C_2 .$$

由 $v|_{t=0} = v_0$ 得

$$C_1 = v_0 , 则有 s = \frac{1}{2}gt^2 + v_0 t + C_2 ,$$

再由 $s\big|_{t=0}=s_0$ 条件得,

$$C_2 = s_0 ,\ 于是\ s = \frac{1}{2}gt^2 + v_0 t + s_0 .$$

此即为所求运动方程.

若 $v_0=0,s_0=0$,则 $s = \frac{1}{2}gt^2$.这就是初速度为零,并从 s 轴原点处下落的自由落体运动规律.

定义 1　表示未知函数、未知函数的导数与自变量之间的关系的方程,叫微分方程.只含一个自变量的方程称为**常微分方程**,自变量多于一个的称为**偏微分方程**.微分方程中所出现的未知函数的导数的最高阶数称为**微分方程的阶**.

于是 n 阶常微分方程的一般形式是

$$F(x,y,y',\cdots,y^{(n)}) = 0 , \tag{1}$$

其中 F 是 $n+2$ 个变元的已知函数,且 $y^{(n)}$ 一定出现. (注意,这里我们仅引用了多元函数的记号,它是一元函数记号在形式上的推广).

本章只介绍常微分方程,并简称为微分方程或方程.

定义 2　如果方程(1)的左边函数 F 对未知函数 y 和它的各阶导数 $y',\cdots y^{(n)}$ 的全体而言是一次的,则称它为**线性微分方程**,否则称它为**非线性微分方程**.

n 阶线性微分方程的一般形式是:

$$y^{(n)} + a_1(x)y^{(n-1)} + \cdots + a_{n-1}(x)y' + a_n(x)y = f(x). \tag{2}$$

其中 $a_i(x)$ $(i=1,2,\cdots n)$ 和 $f(x)$ 都是 x 的已知函数.

例如,下面的方程都是常微分方程:

$$y' = -\frac{x}{y} , \tag{3}$$

$$y' = 1 + y^2 , \tag{4}$$

$$y'' + \omega^2 y = 0 \quad (\omega > 0 \ 是常数). \tag{5}$$

它们的阶数分别为 1,1,2.方程(5)是线性的,而方程(3)和(4)是非线性的.

定义 3　设函数 $y = \varphi(x)$ 在区间 I 上连续,且有直到 n 阶的导数,若把 $y = \varphi(x)$ 及其相应的各阶导数代入方程(1),得到关于 x 的恒等式,即在 I 上

$$F(x,\varphi(x),\varphi'(x),\cdots,\varphi^{(n)}(x)) \equiv 0 ,$$

则称 $y = \varphi(x)$ 为方程(1)在区间 I 上的解,若由关系式 $\varphi(x,y)=0$ 所确定的隐函数是方程(1)的解,则称 $\varphi(x,y)=0$ 为方程(1)的**隐式解**.

例如,从定义 3 可以直接验证:

(1) 函数 $y = \sqrt{1-x^2}$ 和 $y = -\sqrt{1-x^2}$ 都是方程(3)在区间 $(-1,1)$ 上的解,而 $x^2 + y^2 = 1$ 是它的隐式解.

(2) 函数 $y = \tan x$ 是方程(4)在区间 $\left(-\frac{\pi}{2},\frac{\pi}{2}\right)$ 上的一个解,而 $y = \tan(x-C)$ 是方程(4)

在区间 $(C - \dfrac{\pi}{2}, C + \dfrac{\pi}{2})$ 上的解,其中 C 为任意常数.

(3) 函数 $y = 3\cos\omega x$,$y = 4\sin\omega x$ 都是方程(5)在区间 $(-\infty, +\infty)$ 上的解,而且对任意常数 C_1 和 C_2,

$$y = C_1\cos\omega x + C_2\sin\omega x$$

也是方程(5)在区间 $(-\infty, +\infty)$ 上的解.

今后对解与隐式解不加区别,统称它们为解.一般情况下,也不再指明解的定义区间.

从上面的讨论可知,微分方程的解可以包含一个或几个任意常数(与方程的阶数有关),而有的解不含任意常数.为了加以区别,我们给出如下定义:

定义 4 如果微分方程的解中含有任意常数,且任意独立常数的个数与微分方程的阶数相同,这样的解叫作**微分方程的通解**.不含任意常数的解称为它的**特解**.

这里说 n 个任意常数是独立的,其含义是指它们不能合并而使得任意常数的个数减少.例如,对于两个任意常数的情形,设函数 $\varphi(x)$,$\psi(x)$ 在区间 I 上连续,若在 I 上 $\dfrac{\varphi(x)}{\psi(x)} \neq$ 常数或 $\dfrac{\psi(x)}{\varphi(x)} \neq$ 常数,则称函数 $\varphi(x)$,$\psi(x)$ 在 I 上线性无关,这时易知表达式

$$y = C_1\varphi(x) + C_2\psi(x)$$

中的两个任意常数 C_1, C_2 是独立的.

例 3 验证函数 $y = C_1\cos\omega x + C_2\sin\omega x$ 是方程(5)的通解,其中 C_1, C_2 为任意常数.

解 $y' = -C_1\omega\sin\omega x + C_2\omega\cos\omega x$,$y'' = -C_1\omega^2\cos\omega x - C_2\omega^2\sin\omega x$,将 y, y'' 的表达式代入方程(5)有

$$y'' + \omega^2 y = -C_1\omega^2\cos\omega x - C_2\omega^2\sin\omega x + \omega^2(C_1\cos\omega x + C_2\sin\omega x) \equiv 0,$$

其中 $x \in (-\infty, +\infty)$.

所以对任意常数 C_1, C_2,$y = C_1\cos\omega x + C_2\sin\omega x$ 都是方程(5)的解,又由于

$$\frac{\cos\omega x}{\sin\omega x} \neq 常数 \ (x \neq k\pi, k \in Z),$$

即 C_1, C_2 是两个独立的任意常数,因此 $y = C_1\cos\omega x + C_2\sin\omega x$ 是方程(5)的通解.

类似可验证 $y = A\sin(\omega x + B)$(A, B 为任意常数)也是方程(5)的通解.而 $y = 3\cos\omega x$ 和 $y = 4\sin\omega x$ 则是方程(5)的两个特解.

定义 5 为了确定方程(1)的特解而给出的附加条件称为**定解条件**,求方程(1)的满足定解条件的特解的问题称为**定解问题**.方程(1)的一种常用的定解条件是**初始条件**,它的一般提法是

$$y(x_0) = y_0, y'(x_0) = y_0^{(1)}, \cdots, y^{(n-1)}(x_0) = y_0^{(n-1)}, \tag{6}$$

其中 $x_0, y_0, y_0^{(1)}, \cdots, y_0^{(n-1)}$ 是 $\forall n + 1$ 个常数.

求方程(1)满足初始条件(6)的解的问题称为初值问题或柯西(Cauchy)问题.

例如,$y = 3\cos\omega x$ 是初值问题

$$\begin{cases} y'' + \omega^2 y = 0, \\ y(0) = 3, y'(0) = 0 \end{cases}$$

的解, 而 $y = 4\sin\omega x$ 是初值问题

$$\begin{cases} y'' + \omega^2 y = 0, \\ y(0) = 0, y'(0) = 4\omega \end{cases}$$

的解. 它们都是在求得方程的通解以后, 再利用初始条件定出通解中的任意常数而得出. 这种做法是具有一般性的. 可以证明: 对于在一定范围内给出的 $n + 1$ 个常数: $x_0, y_0, y_0^{(1)}, \cdots, y_0^{(n-1)}$, 利用通解表达式及初始条件便可确定通解中的 n 个任意常数 $C_1, C_2, \cdots, C_n$, 从而得到相应的初值问题的解.

考虑一阶微分方程

$$y' = f(x, y) \tag{7}$$

其中 $f(x, y)$ 是平面区域 D 内给定的连续函数.

方程 (7) 的解 $y = \varphi(x)$ $(x \in I)$ 在平面上的图形是一条光滑曲线, 称它为方程 (7) 的一条积分曲线, 记作 Γ. 任取一点 $P_0(x_0, y_0) \in \Gamma$, 即 $x_0 \in I$, $y_0 = \varphi(x_0)$. 由于 $y = \varphi(x)$ 满足方程 (7), 故按导数的几何意义可知, 曲线 Γ 在点 P_0 的切线斜率为

$$\varphi'(x_0) = f(x_0, \varphi(x_0)) = f(x_0, y_0).$$

这说明曲线 Γ 上任一点处的切线斜率恰好等于方程右边函数 $f(x, y)$ 在该点的函数值.

习题 7-1

1. 判断下列方程是几阶微分方程:

(1) $\left(\dfrac{\mathrm{d}y}{\mathrm{d}t}\right)^2 = y\tan t + 3t^3\sin t + 1$;

(2) $(7x - 6y)\mathrm{d}x + (x + y)\mathrm{d}y = 0$;

(3) $x(y''')^2 - 2yy' + x = 0$;

(4) $xy''' + 2(y'')^4 + x^2 y = 0$;

(5) $x^2 y''' + xy' + y = 0$;

(6) $(7x - 6y)\mathrm{d}x + (2x + 3y)\mathrm{d}y = 0$.

2. 指出下列各题中的函数是否为所给微分方程的解:

(1) $(x + y)\mathrm{d}x + x\mathrm{d}y = 0$, $y = \dfrac{C - x^2}{2x}$ (C 为任意常数);

(2) $\dfrac{\mathrm{d}^2 y}{\mathrm{d}x^2} + a^2 y = 0$, $y = C_1\sin ax + C_2\cos ax$ (C_1, C_2 为任意常数);

(3) $y'' - 2y' + y = 0$, $y = x^2 \mathrm{e}^x$;

(4) $(xy - x)y'' + x(y')^2 + yy' - 2y' = 0$, $y = \ln(xy)$.

3.确定下列各函数关系式中所含的参数,使函数满足所给的初始条件.

(1) $x^2 - y^2 = C$, $y|_{x=0} = 5$;

(2) $y = (C_1 + C_2 x) e^{2x}$, $y|_{x=0} = 0$, $y'|_{x=0} = 1$.

4.能否适当地选取常数 λ ,使函数 $y = e^{\lambda x}$ 成为方程 $y'' - 9y = 0$ 的解?

5.验证函数 $x = C_1 \cos kt + C_2 \sin kt$ 是微分方程 $\dfrac{d^2 x}{dt^2} + k^2 x = 0$ 的解.

第二节　可分离变量的微分方程

如果一个一阶微分方程能写成

$$g(y)dy = f(x)dx \text{（或写成 } y' = \varphi(x)\psi(y)\text{）}$$

的形式,就是说,能把微分方程写成一端只含 y 的函数和 dy ,另一端只含 x 的函数和 dx ,那么这样的方程就称为可分离变量的微分方程.

可分离变量的微分方程的解法:

第一步 分离变量,将方程写成 $g(y)dy = f(x)dx$ 的形式;

第二步 两端积分 $\displaystyle\int g(y)dy = \int f(x)dx$,设积分后得 $G(y) = F(x) + C$;

第三步 求出由 $G(y) = F(x) + C$ 所确定的隐函数 $y = \Phi(x)$ 或 $x = \psi(y)$,函数 $G(y) = F(x) + C$, $y = \Phi(x)$ 或 $x = \psi(y)$ 都是方程的通解,其中 $G(y) = F(x) + C$ 称为隐式(通)解.

例1 求微分方程 $\dfrac{dy}{dx} = y^2 \cos x$ 的通解.

解 若 $y \neq 0$,则 $\dfrac{dy}{y^2} = \cos x dx$,两边积分得到: $y = -\dfrac{1}{\sin x + C}$ (C 为任意常数).易知 $y = 0$ 也是方程的解,此解并未包含在 $y = -\dfrac{1}{\sin x + C}$ 中,所以,所求方程的通解为

$$y = -\frac{1}{\sin x + C} \text{（ } C \text{ 为任意常数）及 } y = 0 .$$

例2 求解微分方程 $(x^2 + 1)(y^2 - 1)dx + xydy = 0$.

解 当因子 $x(y^2 - 1) \neq 0$ 时,用它除以方程的两端即得到等价的方程

$$\frac{x^2 + 1}{x}dx + \frac{y}{y^2 - 1}dy = 0 .$$

再积分上式,得到 $x^2 + \ln x^2 + \ln|y^2 - 1| = C_1$,推出 $x^2 e^{x^2} |y^2 - 1| = e^{C_1}$,亦即

$$y^2 = 1 + C \frac{e^{-x^2}}{x^2} \text{,其中 } C = \pm e^{C_1} \neq 0 .$$

当因子 $x(y^2 - 1) = 0$ 时,得 $x = 0$ 和 $y = \pm 1$ 是方程的两个特解,当 $C = 0$ 时, $y = \pm 1$ 包含在通解之中,但 $x = 0$ 未包含其中,所以方程的通解为 $y^2 = 1 + C \dfrac{e^{-x^2}}{x^2}$,其中 C 为任意常数,以及方程

的特解为 $x = 0$.

例 3 铀的衰变速度与当时未衰变的原子的含量 M 成正比. 已知 $t = 0$ 时铀的含量为 M_0, 求在衰变过程中铀含量 $M(t)$ 随时间 t 变化的规律.

解 铀的衰变速度就是 $M(t)$ 对时间 t 的导数 $\dfrac{\mathrm{d}M}{\mathrm{d}t}$, 由于铀的衰变速度与其含量成正比, 故得微分方程

$$\frac{\mathrm{d}M}{\mathrm{d}t} = -\lambda M ,$$

其中 $\lambda(\lambda > 0)$ 是常数, λ 前的负号表示当 t 增加时 M 单调减少, 即 $\dfrac{\mathrm{d}M}{\mathrm{d}t} < 0$.

由题意知, 初始条件为

$$M \mid_{t=0} = M_0.$$

将方程分离变量得

$$\frac{\mathrm{d}M}{M} = -\lambda \mathrm{d}t ,$$

两边积分, 得 $\displaystyle\int \frac{\mathrm{d}M}{M} = \int (-\lambda) \mathrm{d}t$, 即 $\ln M = -\lambda t + \ln C$, 也即 $M = C\mathrm{e}^{-\lambda t}$.

由初始条件, 得 $M_0 = C\mathrm{e}^0 = C$, 所以铀含量 $M(t)$ 随时间 t 变化的规律 $M = M_0 \mathrm{e}^{-\lambda t}$.

例 4 设雪球在融化时体积的变化率与表面积成比例, 且融化过程中它始终为球体, 该雪球在开始时的半径为 6cm, 经过 2 小时后, 其半径缩小为 3cm. 求雪球的体积随时间变化的关系.

解 设 t 时刻雪球的体积为 $V(t)$, 表面积为 $S(t)$, 由题得 $\dfrac{\mathrm{d}V(t)}{\mathrm{d}t} = -kS(t)$, 又因为 $V(t) = \dfrac{4}{3}\pi R^3(t)$, $S(t) = 4\pi R^2(t)$, 于是得球的体积与表面积的关系为

$$S(t) = (4\pi)^{\frac{1}{3}} 3^{\frac{2}{3}} V^{\frac{2}{3}}(t) .$$

$$\frac{\mathrm{d}V}{\mathrm{d}t} = -kS(t) = -k(4\pi)^{\frac{1}{3}} 3^{\frac{2}{3}} V^{\frac{2}{3}}(t) ,$$

$$3V^{\frac{1}{3}}(t) = -(36\pi)^{\frac{1}{3}} kt + C ,$$

因为

$$V(0) = 288\pi , \quad V(2) = 36\pi ,$$

所以

$$V(t) = \frac{9\pi}{2}(4 - t)^3 .$$

习题 7-2

1.求下列微分方程的通解：

（1）$\cos x \sin y \mathrm{d}x + \sin x \cos y \mathrm{d}y = 0$；

（2）$y' - xy' = 2(y^2 + y')$；

（3）$x(1 + y)\mathrm{d}x + (y - xy)\mathrm{d}y = 0$；

（4）$\dfrac{\mathrm{d}y}{\mathrm{d}x} = \dfrac{1 + y^2}{xy + x^3 y}$；

（5）$(1 + y)^2 \dfrac{\mathrm{d}y}{\mathrm{d}x} + x^3 = 0$；

2.求下列微分方程满足所给初值条件的特解：

（1）$yy' = 3xy^2 - x$，$y\big|_{x=0} = 1$；

（2）$2x \sin y \mathrm{d}x + (x^2 + 3)\cos y \mathrm{d}y = 0$，$y\big|_{x=1} = \dfrac{\pi}{6}$；

（3）$(xy^2 + x)\mathrm{d}x + (x^2 y - y)\mathrm{d}y = 0$，当 $x = 0$ 时，$y = 1$；

（4）$\cos x \sin y = \cos y \sin x \dfrac{\mathrm{d}x}{\mathrm{d}y}$，$y\big|_{x=0} = \dfrac{\pi}{4}$；

（5）若连续函数 $f(x)$ 满足关系式 $f(x) = \displaystyle\int_0^{2x} f\left(\dfrac{t}{2}\right)\mathrm{d}t + \ln 2$，求 $f(x)$.

3.一粒质量为 20 克的子弹以速度 $v_0 = 200(\mathrm{m/s})$ 打进一块厚度为 10 厘米的木板，然后穿过木板以速度 $v_1 = 80(\mathrm{m/s})$ 离开木板.若该木板对子弹的阻力与运动速度的平方成正比（比例系数为 k），问子弹穿过木板的时间.

4.一个半球体状的雪堆，其体积融化的速率与半球面面积 S 成正比，比例常数 $k > 0$.假设在融化过程中雪堆始终保持半球体状，已知半径为 r_0 的雪堆在开始融化的 3 小时内，融化了其体积的 $\dfrac{7}{8}$，问雪堆全部融化需要多少小时？

5.在某一人群中推广新技术是通过其中已掌握新技术的人进行的，设该人群的总人数为 N，在 $t = 0$ 时刻已掌握新技术的人数为 x_0，在任意时刻 t 已掌握新技术的人数为 $x(t)$（将 $x(t)$ 视为连续可微变量），其变化率与已掌握新技术人数和未掌握新技术人数之积成正比，比例系数 $k > 0$，求 $x(t)$.

第三节　齐次微分方程

一、齐次方程

若一阶微分方程的右端 $f(x, y)$ 可写成 $\varphi\left(\dfrac{y}{x}\right)$，即

$$\frac{\mathrm{d}y}{\mathrm{d}x} = \varphi\left(\frac{y}{x}\right) \tag{1}$$

的形式,那么就称该方程为**齐次微分方程**,简称为**齐次方程**,例如

$$xy' - y - \sqrt{y^2 - x^2} = 0$$

是齐次方程,因为它可化成 $\dfrac{dy}{dx} = \dfrac{y}{x} + \sqrt{\left(\dfrac{y}{x}\right)^2 - 1}$. 又如 $(x^2 + y^2)dx - xydy = 0$ 是齐次方程,因

为它可化成 $\dfrac{dy}{dx} = \dfrac{x}{y} + \dfrac{y}{x}$.

对于齐次方程,可以引入新的未知函数 $u = \dfrac{y}{x}$,将它化为可分离变量的方程.因为有 $y = ux$,

$\dfrac{dy}{dx} = u + x\dfrac{du}{dx}$ 代入方程(1),得

$$u + x\frac{du}{dx} = \varphi(u),$$

即

$$x\frac{du}{dx} = \varphi(u) - u,$$

分离变量,得

$$\frac{du}{\varphi(u) - u} = \frac{dx}{x},$$

两端积分,得

$$\int \frac{du}{\varphi(u) - u} = \int \frac{dx}{x}.$$

求出积分后,再用 $\dfrac{y}{x}$ 代替 u ,便得所给齐次方程的通解.

例1　解方程 $\dfrac{dy}{dx} = 2\sqrt{\dfrac{y}{x}} + \dfrac{y}{x}$.

解　令 $y = ux$,代入方程得

$$x\frac{du}{dx} + u = 2\sqrt{u} + u,$$

或

$$x\frac{du}{dx} = 2\sqrt{u},$$

分离变量并积分,便得所给方程的通解

$$\sqrt{u} = \ln|x| + C.$$

此外 $u = 0$ 也是所给方程的解,代回原变量得原方程的通解

$$\sqrt{\frac{y}{x}} = \ln|x| + C$$

及特解

$$y = 0 \ (x \neq 0).$$

例 2 解方程

$$y' = -\frac{x}{y} + \sqrt{1 + \left(\frac{x}{y}\right)^2}.$$

解 令 $\frac{x}{y} = v$，或 $x = vy$，则 $\frac{dx}{dy} = y\frac{dv}{dy} + v$．代入方程得

$$y\frac{dv}{dy} + v = \frac{1}{-v + \sqrt{1 + v^2}},$$

即

$$y\frac{dv}{dy} = \sqrt{1 + v^2},$$

分离变量并积分，有

$$\ln(v + \sqrt{1 + v^2}) + \ln C_1 = \ln|y| \ (C_1 > 0).$$

从而推出

$$y = C(v + \sqrt{1 + v^2}) \ (C = \pm C_1 \neq 0),$$

或

$$y^2 - 2Cvy = C^2,$$

代回原变量得

$$y^2 = 2C\left(x + \frac{C}{2}\right),$$

其中 $C \neq 0$ 为任意常数．

*二、可化为齐次的方程

形如

$$\frac{dy}{dx} = f\left(\frac{a_1 x + b_1 y + c_1}{a_2 x + b_2 y + c_2}\right)$$

的方程可化为齐次方程或变量分离方程，其中 f 是连续函数，a_i，b_i，c_i（$i = 1,2$）都是常数，且 $a_1^2 + a_2^2 \neq 0$，$b_1^2 + b_2^2 \neq 0$，$c_1^2 + c_2^2 \neq 0$．

分两种情形讨论．

（1）$\begin{vmatrix} a_1 & b_1 \\ a_2 & b_2 \end{vmatrix} = 0$．

若 $a_2 \neq 0$，则 $b_2 \neq 0$，因为如果 $b_2 = 0$，由于 $\begin{vmatrix} a_1 & b_1 \\ a_2 & b_2 \end{vmatrix} = -a_2 b_1 = 0$，推出 $b_1 = 0$ 与假设 b_1，b_2 不同时为零相矛盾，从而有

$$\frac{a_1}{a_2} = \frac{b_1}{b_2} = k \ (常数).$$

令 $a_2 x + b_2 y = u$，得

$$\frac{\mathrm{d}u}{\mathrm{d}x} = a_2 + b_2 f\left(\frac{ku + c_1}{u + c_2}\right),$$

这是变量分离方程.

若 $a_2 = 0$，则 $a_1 \neq 0$，由 $\begin{vmatrix} a_1 & b_1 \\ a_2 & b_2 \end{vmatrix} = a_1 b_2 = 0$，推出 $b_2 = 0$. 从而 $b_1 \neq 0$. 令 $a_1 x + b_1 y = u$，得

$$\frac{\mathrm{d}u}{\mathrm{d}x} = a_1 + b_1 f\left(\frac{u + c_1}{c_2}\right).$$

亦化为变量分离方程.

(2) $\begin{vmatrix} a_1 & b_1 \\ a_2 & b_2 \end{vmatrix} \neq 0.$

这时方程组 $\begin{cases} a_1 x + b_1 y + c_1 = 0, \\ a_2 x + b_2 y + c_2 = 0 \end{cases}$ 有唯一解 $x = \alpha$，$y = \beta$.

做平移代换 $X = x - \alpha$，$Y = y - \beta$，代入方程，得

$$\frac{\mathrm{d}Y}{\mathrm{d}X} = f\left(\frac{a_1 X + b_1 Y}{a_2 X + b_2 Y}\right),$$

这是齐次方程.

例 3 解方程

$$\frac{\mathrm{d}y}{\mathrm{d}x} = \frac{x - y + 5}{x - y - 2}.$$

解　令 $x - y = u$，则

$$\frac{\mathrm{d}u}{\mathrm{d}x} = 1 - \frac{u + 5}{u - 2},$$

即

$$\frac{\mathrm{d}u}{\mathrm{d}x} = \frac{-7}{u - 2}.$$

分离变量并积分，得

$$\frac{u^2}{2} - 2u = -7x + \frac{C}{2}，或$$

$$u^2 - 4u + 14x = C.$$

代回原变量得通解

$$x^2 + y^2 - 2xy + 10x + 4y = C.$$

例4 解方程.

$$\frac{\mathrm{d}y}{\mathrm{d}x} = \frac{2x + 3y + 1}{3x + 2y - 1}.$$

解 联立

$$\begin{cases} 2x + 3y + 1 = 0, \\ 3x + 2y - 1 = 0, \end{cases}$$

解得 $x = 1$, $y = -1$.

令 $X = x - 1$, $Y = y + 1$, 得齐次方程

$$\frac{\mathrm{d}Y}{\mathrm{d}X} = \frac{2X + 3Y}{3X + 2Y},$$

又令 $\dfrac{Y}{X} = u$, 得

$$u + X \frac{\mathrm{d}u}{\mathrm{d}X} = \frac{2 + 3u}{3 + 2u}.$$

或

$$X \frac{\mathrm{d}u}{\mathrm{d}X} = \frac{2(1 - u^2)}{3 + 2u},$$

分离变量得

$$\frac{2}{X}\mathrm{d}X + \frac{2u + 3}{u^2 - 1}\mathrm{d}u = 0,$$

由此积分得

$$\ln X^2 + \ln|u^2 - 1| + \frac{3}{2}\ln\left|\frac{u - 1}{u + 1}\right| = \frac{\ln C}{2} \quad (C_1 > 0),$$

从而推出

$$X^4 (u^2 - 1)^2 \left(\frac{u - 1}{u + 1}\right)^3 = C \, (C = \pm C_1 \neq 0),$$

或

$$X^4 (u - 1)^5 = C(u + 1).$$

代回原变量, 得原方程的通解 $(u^2 - 1 \neq 0)$,

$$(y - x + 2)^5 = C(y + x),$$

其中 C 为任意常数.

此外, 由 $u^2 - 1 = 0$ 得到方程的两个特解 $u = \pm 1$, 其中 $u = 1$ 代回原变量得到原方程的一个特解 $y = x - 2$, 而由 $u = -1$ 代回原变量得到原方程的一个特解 $y = -x$.

1.求下列齐次微分方程的通解：

（1）$y^2 + x^2 \dfrac{dy}{dx} = xy \dfrac{dy}{dx}$ ；

（2）$\dfrac{dy}{dx} = \dfrac{x - y}{x + y}$ ；

（3）$\dfrac{dy}{dx} = \dfrac{y^2}{xy + x^2}$ ；

（4）$y' = \dfrac{1}{2} \tan^2(x + 2y)$ ；

（5）$\dfrac{dy}{dx} = \dfrac{y}{x} + \tan \dfrac{y}{x}$ ；

（6）$\dfrac{dx}{x^2 - xy + y^2} = \dfrac{dy}{2y^2 - xy}$.

2.求下列微分方程满足所给初始条件的特解：

（1）$\dfrac{dy}{dx} = \dfrac{y}{x} + \tan \dfrac{y}{x}$ ，$y(1) = \dfrac{\pi}{6}$ ；

（2）$\dfrac{dx}{x^2 - xy + y^2} = \dfrac{dy}{2y^2 - xy}$ ，$y(0) = 1$.

第四节　一阶线性微分方程

一、线性方程

一阶线性方程的一般形式为

$$\frac{dy}{dx} + P(x)y = Q(x) , \tag{1}$$

其中 P 、Q 为连续函数.当 $Q(x) \equiv 0$ 时,(1)成为

$$\frac{dy}{dx} + P(x)y = 0 , \tag{2}$$

称它为齐次线性方程,当 $Q(x) \neq 0$ 时,(1)称为非齐次线性方程.

方程(2)为可分离变量的微分方程,其通解为

$$y = Ce^{-\int P(x)dx} . \tag{3}$$

现在对(3)作变换

$$y = ue^{-\int P(x)dx} , \tag{4}$$

代入(1)化简得

$$\frac{du}{dx} = Q(x)e^{\int P(x)dx} ,$$

由此积分,有

$$u = \int Q(x)e^{\int P(x)dx}dx + C ,$$

将它代回到(4)即得方程(1)的通解

$$y = \mathrm{e}^{-\int P(x)\mathrm{d}x}\left(\int Q(x)\mathrm{e}^{\int P(x)\mathrm{d}x}\mathrm{d}x + C\right). \tag{5}$$

上述求解方法通常称为常数变易法(把(3)中 C 变易为 x 的函数 $u = u(x)$),具体求解可按上述常数变易法的过程进行,也可直接代入公式(5).

例 1 解方程

$$\frac{\mathrm{d}y}{\mathrm{d}x} = \frac{y}{2x - y^2}.$$

解 将方程改写为

$$\frac{\mathrm{d}x}{\mathrm{d}y} = \frac{2}{y}x - y,$$

这是以 x 为未知量的一阶线性方程.通解为

$$x = \mathrm{e}^{\int \frac{2}{y}\mathrm{d}y}\left(-\int y\mathrm{e}^{-\int \frac{2}{y}\mathrm{d}y}\mathrm{d}y + C\right) = y^2(C - \ln|y|).$$

此外,$y = 0$ 是原方程的一个特解.

例 2 求方程 $\dfrac{\mathrm{d}y}{\mathrm{d}x} - \dfrac{2y}{x+1} = (x+1)^{\frac{5}{2}}$ 的通解.

解一 这是一个非齐次线性方程.

先求对应的齐次线性方程 $\dfrac{\mathrm{d}y}{\mathrm{d}x} - \dfrac{2y}{x+1} = 0$ 的通解.

分离变量得

$$\frac{\mathrm{d}y}{y} = \frac{2\mathrm{d}x}{x+1},$$

两边积分得

$$\ln y = 2\ln(x+1) + C,$$

齐次线性方程的通解为

$$y = C(x+1)^2.$$

用常数变易法.把 C 换成 u,即令 $y = u(x+1)^2$,代入所给非齐次线性方程得

$$u'(x+1)^2 + 2u(x+1) - \frac{2}{x+1}u(x+1)^2 = (x+1)^{\frac{5}{2}},$$

$$u' = (x+1)^{\frac{1}{2}},$$

两边积分,得

$$u = \frac{2}{3}(x+1)^{\frac{3}{2}} + C,$$

再把上式代入 $y = u(x+1)^2$ 中,即得所求方程的通解为

$$y = (x+1)^2\left[\frac{2}{3}(x+1)^{\frac{3}{2}} + C\right].$$

解二 这里 $P(x) = -\dfrac{2}{x+1}$,$Q(x) = (x+1)^{\frac{5}{2}}$.

因为

$$\int P(x)\,\mathrm{d}x = \int(-\frac{2}{x+1})\,\mathrm{d}x = -2\ln(x+1)\,,$$

$$\mathrm{e}^{-\int P(x)\,\mathrm{d}x} = \mathrm{e}^{2\ln(x+1)} = (x+1)^2\,,$$

$$\int Q(x)\mathrm{e}^{\int P(x)\,\mathrm{d}x}\,\mathrm{d}x = \int(x+1)^{\frac{5}{2}}(x+1)^{-2}\,\mathrm{d}x = \int(x+1)^{\frac{1}{2}}\,\mathrm{d}x = \frac{2}{3}(x+1)^{\frac{3}{2}}\,,$$

所以通解为

$$y = \mathrm{e}^{-\int P(x)\,\mathrm{d}x}\left[\int Q(x)\mathrm{e}^{\int P(x)\,\mathrm{d}x}\,\mathrm{d}x + C\right] = (x+1)^2\left[\frac{2}{3}(x+1)^{\frac{3}{2}} + C\right].$$

二、伯努利方程

形如

$$\frac{\mathrm{d}y}{\mathrm{d}x} + P(x)y = Q(x)y^n \quad (n \neq 0,1)$$

的方程叫作伯努利方程.

伯努利方程的解法:以 y^n 除方程的两边,得

$$y^{-n}\frac{\mathrm{d}y}{\mathrm{d}x} + P(x)y^{1-n} = Q(x)\,,$$

令 $z = y^{1-n}$,得线性方程

$$\frac{\mathrm{d}z}{\mathrm{d}x} + (1-n)P(x)z = (1-n)Q(x)\,.$$

例3　求方程 $\dfrac{\mathrm{d}y}{\mathrm{d}x} + \dfrac{y}{x} = a(\ln x)y^2$ 的通解.

解　以 y^2 除方程的两端,得

$$y^{-2}\frac{\mathrm{d}y}{\mathrm{d}x} + \frac{1}{x}y^{-1} = a\ln x\,,$$

即

$$-\frac{\mathrm{d}(y^{-1})}{\mathrm{d}x} + \frac{1}{x}y^{-1} = a\ln x\,.$$

令 $z = y^{-1}$,则上述方程成为

$$\frac{\mathrm{d}z}{\mathrm{d}x} - \frac{1}{x}z = -a\ln x\,.$$

这是一个线性方程,它的通解为

$$z = x\left[C - \frac{a}{2}(\ln x)^2\right].$$

以 y^{-1} 代 z ,得所求方程的通解为

$$yx\left[C - \frac{a}{2}(\ln x)^2\right] = 1\,.$$

经过变量代换,某些方程可以化为变量可分离的方程,或化为已知其求解方法的方程.

例4 $\dfrac{\mathrm{d}y}{\mathrm{d}x} = \dfrac{1}{xy + x^3y^3}$.

解 原方程变形为 $\dfrac{\mathrm{d}x}{\mathrm{d}y} = yx + y^3x^3$,

这是 $n = 3$ 时的伯努利方程.两边同除以 x^3,得 $\dfrac{1}{x^3}\dfrac{\mathrm{d}x}{\mathrm{d}y} = \dfrac{y}{x^2} + y^3$,

令 $z = x^{-2}$ 则上述方程为

$$\frac{\mathrm{d}z}{\mathrm{d}y} = -2x^{-3}\frac{\mathrm{d}x}{\mathrm{d}y},$$

$$\frac{\mathrm{d}z}{\mathrm{d}y} = -\frac{2y}{x^2} - 2y^3 = -2yz - 2y^3,$$

$$P(y) = 2y, Q(y) = -2y^3.$$

由一阶线性方程的求解公式得

$$z = \mathrm{e}^{-\int 2y\mathrm{d}y}\left(\int -2y^3\mathrm{e}^{\int 2y\mathrm{d}y}\mathrm{d}y + C\right)$$

$$= \mathrm{e}^{-y^2}\left(-\int 2y^3\mathrm{e}^{y^2}\mathrm{d}y + C\right)$$

$$= -y^2 + 1 + C\mathrm{e}^{-y^2}.$$

所以原方程的通解为

$$x^2(-y^2 + 1 + C\mathrm{e}^{-y^2}) = 1.$$

上述几种特殊的方程类型,产生于微分方程发展的早期.从中我们可以体会到求解微分方程的一种思想方法:对于所给微分方程,总是设法通过变形或适当的变量代换将它转化为变量分离方程或一阶线性方程(当作两种基本类型)来求解,以此扩充可求解方程的范围.

例5 求解下列微分方程:

(1) $\dfrac{\mathrm{d}y}{\mathrm{d}x} = \dfrac{y^2}{y - \mathrm{e}^x}$;

(2) $x\dfrac{\mathrm{d}y}{\mathrm{d}x} - y = 2x^2y(y^2 - x^2)$;

(3) $\dfrac{\mathrm{d}y}{\mathrm{d}x} = \cos(y - x)$;

(4) $y'\mathrm{e}^{-x} + y^2 - 2y\mathrm{e}^x = 1 - \mathrm{e}^{2x}$.

解 (1) 将方程改写为

$$\frac{\mathrm{d}x}{\mathrm{d}y} = \frac{1}{y} - \frac{1}{y^2}\mathrm{e}^x.$$

上式两边同乘以 e^{-x},得

$$\mathrm{e}^{-x}\frac{\mathrm{d}x}{\mathrm{d}y} = \frac{1}{y}\mathrm{e}^{-x} - \frac{1}{y^2},$$

或

$$\frac{\mathrm{d}(\mathrm{e}^{-x})}{\mathrm{d}y} + \frac{1}{y}\mathrm{e}^{-x} = \frac{1}{y^2}.$$

所以

$$e^{-x} = e^{-\int \frac{1}{y} dy} \left(\int \frac{1}{y^2} e^{\int \frac{1}{y} dy} dy + C \right)$$

$$= \frac{1}{y} (\ln|y| + C).$$

方程的通解为

$$y = (\ln|y| + C) e^x.$$

此外, $y = 0$ 是方程的一个特解.

(2) 原方程即

$$\frac{dy}{dx} = \left(\frac{1}{x} - 2x^3 \right) y + 2xy^3.$$

上式两边同乘以 y^{-3}, 得

$$y^{-3} \frac{dy}{dx} = \left(\frac{1}{x} - 2x^3 \right) y^{-2} + 2x,$$

或

$$\frac{d(y^{-2})}{dx} = \left(4x^3 - \frac{2}{x} \right) y^{-2} - 4x.$$

所以

$$y^{-2} = \frac{e^{x^4}}{x^2} \left(- \int 4x \cdot x^2 e^{-x^4} dx + C \right) = \frac{e^{x^4}}{x^2} (e^{-x^4} + C).$$

方程的通解为

$$x^2 - y^2 = Cy^2 e^{x^4}.$$

此外, $y = 0$ 是方程的一个特解.

(3) 令 $y - x = u$, 将方程化为

$$\frac{du}{dx} = \cos u - 1,$$

分离变量并积分, 得

$$\cot \frac{u}{2} = x + C,$$

代回原变量得方程的通解

$$\cot \frac{y - x}{2} = x + C.$$

此外, 方程有常数解

$$y = x + 2k\pi \ (k \in Z).$$

(4) 原方程可改写为

$$(y - e^x)' = - e^x (y - e^x)^2.$$

易知 $y = e^x$ 是它的一个特解. 令 $z = y - e^x$, 得

$$z' = -e^x z^2 .$$

分离变量并积分,得

$$\frac{1}{z} = e^x + C ,$$

或

$$z = \frac{1}{e^x + C} .$$

所以原方程的通解为

$$y = e^x + \frac{1}{e^x + C} .$$

此外,方程有特解 $y = e^x$.

*三、全微分方程

一阶微分方程也常以微分形式出现,即写成

$$P(x,y)\,dx + Q(x,y)\,dy = 0 \qquad\qquad (6)$$

如果存在二元可微函数 $u(x,y)$,使得

$$du(x,y) = P(x,y)\,dx + Q(x,y)\,dy ,$$

则称方程(6)为全微分方程.这时(6)成为

$$du(x,y) = 0 .$$

从而

$$u(x,y) = C$$

就是它的通解.

这里需要用到二元函数微分学的知识,但我们可以利用一元可微函数关于微分形式不变性来理解它.

例如,在微分方程

$$2xy^3\,dx + 3x^2 y^2\,dy = 0 .$$

中,视 y 为 x 的函数,它的左边恰好写成 $d(x^2 y^3)$,所以求得通解为

$$x^2 y^3 = C .$$

例 6 求下列微分方程的通解:

(1) $(x^2 + y)\,dx + (x - 2y)\,dy = 0$;

(2) $2xy\,dx + (x^2 + 1)\,dy = 0$;

(3) $(\cos x + \frac{1}{y})\,dx + (\frac{1}{y} - \frac{x}{y^2})\,dy = 0$.

解 (1) 分项组合,得

$$x^2\,dx - 2y\,dy + (y\,dx + x\,dy) = 0 ,$$

或

$$d(\frac{x^3}{3} - y^2 + xy) = 0,$$

所以方程的通解为

$$\frac{x^3}{3} - y^2 + xy = C.$$

(2) 分项组合,得

$$(2xy\mathrm{d}x + x^2\mathrm{d}y) + \mathrm{d}y = 0,$$

或

$$d(x^2 y + y) = 0,$$

所以通解为

$$x^2 y + y = C.$$

(3) 分项组合,得

$$\cos x\mathrm{d}x + \frac{1}{y}\mathrm{d}y + \frac{y\mathrm{d}x - x\mathrm{d}y}{y^2} = 0,$$

或

$$d(\sin x + \ln|y| + \frac{x}{y}) = 0,$$

所以通解为

$$\sin x + \ln|y| + \frac{x}{y} = C.$$

如果方程(6)不是全微分的形式,我们还可以通过对方程本身变形,结合运用微分运算的法则和技巧,有时还辅以适当的变量代换,将它转化为全微分方程来求解.为此需要掌握一些常见的微分表达式,如

$$ydx + xdy = d(xy), \qquad xdx + ydy = d(\frac{x^2 + y^2}{2}),$$

$$\frac{xdy - ydx}{x^2} = d(\frac{y}{x}), \qquad \frac{ydx - xdy}{y^2} = d(\frac{x}{y}),$$

$$\frac{xdy - ydx}{xy} = d(\ln\left|\frac{y}{x}\right|), \qquad \frac{xdy - ydx}{x^2 + y^2} = d(\arctan\frac{y}{x}) \ 等.$$

例7 求解下列微分方程:

(1) $ydx + (y - x)dy = 0$;

(2) $(x - y)dx + (x + y)dy = 0$;

(3) $x^2(xdx + ydy) + y(xdy - ydx) = 0$;

(4) $(x + y^3)dx + (x^3 + y)dy = 0.$

解 (1) 原方程即

$$ydx - xdy + ydy = 0.$$

上式两边同乘以 $\dfrac{1}{y^2}$，得

$$\frac{y\mathrm{d}x - x\mathrm{d}y}{y^2} + \frac{\mathrm{d}y}{y} = 0 \ ,$$

或

$$\mathrm{d}\left(\frac{x}{y} + \ln|y|\right) = 0 \ ,$$

所以通解为

$$\frac{x}{y} + \ln|y| = C \ .$$

(2) 分项组合

$$x\mathrm{d}x + y\mathrm{d}y + x\mathrm{d}y - y\mathrm{d}x = 0 \ ,$$

或

$$\frac{1}{2}\mathrm{d}(x^2 + y^2) + x\mathrm{d}y - y\mathrm{d}x = 0 \ .$$

以 $\dfrac{1}{x^2 + y^2}$ 乘上式，得

$$\frac{\mathrm{d}(x^2 + y^2)}{2(x^2 + y^2)} + \frac{x\mathrm{d}y - y\mathrm{d}x}{x^2 + y^2} = 0 \ ,$$

由此积分，得

$$\frac{1}{2}\ln(x^2 + y^2) + \arctan\frac{y}{x} = C \ .$$

(3) 以 $\dfrac{1}{x^2}$ 乘方程，得

$$x\mathrm{d}x + y\mathrm{d}y + y\,\frac{x\mathrm{d}y - y\mathrm{d}x}{x^2} = 0 \ ,$$

或

$$\frac{1}{2}\mathrm{d}(x^2 + y^2) + y\mathrm{d}\left(\frac{y}{x}\right) = 0 \ .$$

应用极坐标 $x = r\cos\theta$，$y = r\sin\theta$，上式变为

$$\frac{1}{2}\mathrm{d}(r^2) + r\sin\theta\mathrm{d}(\tan\theta) = 0 \ ,$$

化简得

$$\mathrm{d}r + \frac{\sin\theta}{\cos^2\theta}\mathrm{d}\theta = 0,$$

由此积分，得

$$r + \frac{1}{\cos\theta} = C_1 \ ,$$

代回原变量,得方程的通解

$$\sqrt{x^2 + y^2} + \frac{\sqrt{x^2 + y^2}}{x} = C_1 ,$$

或

$$(x^2 + y^2)(1 + x)^2 = Cx^2 , \text{其中} C = C_1^2 \text{为任意常数}.$$

（4）分项组合

$$(x dx + y dy) + x^3 y^3 \left(\frac{dx}{x^3} + \frac{dy}{y^3} \right) = 0 ,$$

运用微分运算法则,得

$$\frac{1}{2} d(x^2 + y^2) - \frac{1}{2} x^3 y^3 d\left(\frac{1}{x^2} + \frac{1}{y^2} \right) = 0 ,$$

或

$$d(x^2 + y^2) = (xy)^3 d \frac{x^2 + y^2}{(xy)^2} .$$

令 $u = x^2 + y^2$, $v = xy$,上式变为

$$du = v^3 d\left(\frac{u}{v^2} \right) ,$$

或

$$du = v du - 2u dv .$$

移项合并

$$2u dv = (v - 1) du ,$$

分离变量并积分,得

$$(v - 1)^2 = Cu .$$

通解为

$$(xy - 1)^2 = C(x^2 + y^2) .$$

习题 7-4

1.求下列微分方程的通解：

（1）$y' + y \sin x = e^{\cos x}$;

（2）$2y' - y = e^x$;

（3）$xy' = (x - 1)y + e^{2x}$;

（4）$y^2 dx + (x - 2xy - y^2) dy = 0$;

（5）$(x - e^y)y' = 1$;

（6）$y' = \dfrac{y}{2(x - 1)} + \dfrac{3(x - 1)}{2y}$.

2.求解下列初值问题：

（1）$(y - 2xy) dx + x^2 dy = 0$, $y|_{x=1} = e$;

（2）$xy' + y = \sin x$, $y(\pi) = 1$;

(3) $y' = \dfrac{y}{x - y^2}$，$y(2) = 1$；

(4) $y' - y = xy^5$，$y(0) = 1$.

3. 设可导函数 $\varphi(x)$ 满足方程 $\varphi(x)\cos x + 2\displaystyle\int_0^x \varphi(t)\sin t \mathrm{d}t = x + 1$，求 $\varphi(x)$.

4. 设有一个由电阻 $R = 10\Omega$，电感 $L = 2\mathrm{H}$，电流电压 $E = 20\sin 5t\mathrm{V}$ 串联组成之电路，合上开关，求电路中电流 i 和时间 t 之关系.

5. 求下列伯努利方程的通解：

(1) $y' + \dfrac{y}{x} = x^2 y^6$；

(2) $y' = y^4\cos x + y\tan x$；

(3) $y\dfrac{\mathrm{d}x}{\mathrm{d}y} + x - x^2\ln y = 0$；

(4) $y' = \dfrac{xy}{x^2 - 1} + xy^{\frac{1}{2}}$.

6. 求下列微分方程的通解：

(1) $(x^3 - 3xy^2)\mathrm{d}x + (y^3 - 3x^2 y)\mathrm{d}y = 0$；

(2) $(3xy + y^2)\mathrm{d}x + (x^2 + xy)\mathrm{d}y = 0$；

(3) $[x + (x^2 + y^2)x^2]\mathrm{d}x + y\mathrm{d}y = 0$.

第五节　可降阶的高阶微分方程

二阶及二阶以上的微分方程统称为高阶微分方程. 求解高阶微分方程的一种常用的方法就是设法降低方程的阶数. 如果能把它降低为一阶方程，我们就有可能运用一阶方程求解的方法. 本节介绍几种可降阶的方程类型.

一、$y^{(n)} = f(x)$ 型的微分方程

解法： 积分 n 次

$$y^{(n-1)} = \int f(x)\mathrm{d}x + C_1，\quad y^{(n-2)} = \int \Big[\int f(x)\mathrm{d}x + C_1\Big]\mathrm{d}x + C_2.$$

例 1　求微分方程 $y''' = \sin x - \cos x$ 的通解.

解　对于原方程的两端依次积分，得

$$y'' = -\cos x - \sin x + C_1，$$
$$y' = -\sin x + \cos x + C_1 x + C_2，$$

将上式两端再积分，得原方程通解为

$$y = \cos x + \sin x + \dfrac{C_1}{2}x^2 + C_2 x + C_3.$$

二、不显含未知函数 y 的方程

$$F(x, y^{(k)}, y^{(k+1)}, \cdots, y^{(n)}) = 0 \ (k \geqslant 1). \tag{1}$$

令 $y^{(k)} = z$，得关于 z 的 $n - k$ 阶方程

$$F(x,z,z',\cdots,z^{(n-k)}) = 0,$$

从而使方程(1)降低了 k 阶.

例2 解方程

$$y^{(5)} - \frac{1}{x}y^{(4)} = 0.$$

解 令 $y^{(4)} = z$,得

$$z' - \frac{1}{x}z = 0.$$

所以

$$z = Cx,$$

即

$$y^{(4)} = Cx.$$

对 x 积分 4 次,即得方程的通解

$$y = C_1x^5 + C_2x^3 + C_3x^2 + C_4x + C_5.$$

三、不显含自变量 x 的二阶方程

$$F(y,y',y'') = 0. \tag{2}$$

令 $y' = z$,并以 y 为新方程的自变量,z 为新未知函数,则

$$y'' = \frac{\mathrm{d}z}{\mathrm{d}x} = \frac{\mathrm{d}z}{\mathrm{d}y}\frac{\mathrm{d}y}{\mathrm{d}x} = z\frac{\mathrm{d}z}{\mathrm{d}y}.$$

将 $y' = z$,$y'' = z\dfrac{\mathrm{d}z}{\mathrm{d}y}$ 代入方程(2),即化为未知函数 z 的一阶方程.

例3 解方程

$$yy'' + y'^2 = 0.$$

解 令 $y' = z$,则 $y'' = z\dfrac{\mathrm{d}z}{\mathrm{d}y}$,代入方程得

$$yz\frac{\mathrm{d}z}{\mathrm{d}y} + z^2 = 0,$$

或

$$y\frac{\mathrm{d}z}{\mathrm{d}y} + z = 0.$$

(注意 $z=0$ 仍是方程的解)解得

$$z = \frac{C}{y},$$

即

$$y' = \frac{C}{y}.$$

分离变量并积分得

$$y^2 = C_1 x + C_2 \ (C_1 = 2C).$$

例4 一条长度为 a 的均匀链条放置在一水平而无摩擦的桌面上,使链条在桌边悬挂下来的长为 $b\,(0 < b < a)$,问链条全部滑离桌面需要多长时间?

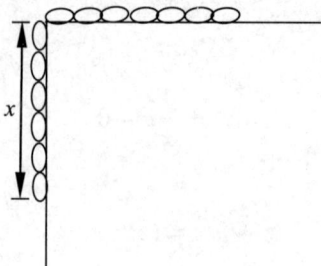

图 7-1

解 如图 7-1 所示,设在时刻 t,链条在桌边悬挂下来的长 $x = x(t)$,以 ρ 表示链条密度(即单位长的质量),按牛顿第二定律,可得

$$\rho a \frac{\mathrm{d}^2 x}{\mathrm{d}(t^2)} = (\rho x)g \ (\ g \ \text{为重力加速度}),$$

或

$$\frac{\mathrm{d}^2 x}{\mathrm{d}(t^2)} = \frac{g}{a}x.$$

令 $v = \dfrac{\mathrm{d}x}{\mathrm{d}t}$,$\dfrac{\mathrm{d}^2 x}{\mathrm{d}(t^2)} = v\dfrac{\mathrm{d}v}{\mathrm{d}x}$ 代入上式得

$$v\frac{\mathrm{d}v}{\mathrm{d}x} = \frac{g}{a}x,$$

$$v^2 = \frac{g}{a}x^2 + C. \tag{3}$$

由假设知

$$v\Big|_{x=b} = 0. \tag{4}$$

解初值问题(3)(4),得

$$v = \sqrt{\frac{g}{a}}\sqrt{x^2 - b^2},$$

即

$$\frac{\mathrm{d}x}{\mathrm{d}t} = \sqrt{\frac{g}{a}}\sqrt{x^2 - b^2},$$

$$\ln\left| x + \sqrt{x^2 - b^2} \right| = \sqrt{\frac{g}{a}}\,t + C, \tag{5}$$

并且

$$x(0) = b, \tag{6}$$

从(5)(6)解得

$$t = \sqrt{\frac{a}{g}} \ln \left(\frac{x + \sqrt{x^2 - b^2}}{b} \right).$$

所求时间为

$$T = \sqrt{\frac{a}{g}} \ln \left(\frac{a + \sqrt{a^2 - b^2}}{b} \right).$$

习题 7-5

1.求下列微分方程的通解：

（1）$y'' = \sin x - 2x$；

（2）$y''' = e^{2x} - \cos x$；

（3）$xy'' - 2y' = 0$；

（4）$xy'' + y' = 4x$；

（5）$y'' = 2(y')^2$；

（6）$y^3 y'' = 1$.

2.求解下列初值问题：

（1）$y''' = 12x + \cos x$，$y(0) = -1, y'(0) = y''(0) = 1$；

（2）$x^2 y'' + xy' = 1$，$y|_{x=1} = 0$，$y'|_{x=1} = 1$；

（3）$yy'' = (y')^2$，$y(0) = y'(0) = 1$；

（4）$(1 + x^2)y'' = 2xy'$，$y|_{x=0} = 1$，$y'|_{x=0} = 3$.

3.已知平面曲线 $y = f(x)$ 的曲率为 $\dfrac{y''}{(1 + y')^{\frac{3}{2}}}$，求具有常曲率 $K(K > 0)$ 的曲线方程.

第六节　高阶线性微分方程

虽然我们已会求解一阶或高阶的几类特殊类型的方程.但是我们应该知道,即使是一阶方程,例如,形式上很简单的黎卡提(Riccati)方程 $\dfrac{\mathrm{d}y}{\mathrm{d}x} = x^2 + y^2$,我们也不可能用初等积分法求解,这是法国数学家刘维尔(Liouville)于 1838 年所证明的事实.对于高阶方程,求解的难度会更大.正因为这样,从微分方程本身出发,讨论其解的性质就显得非常必要.

一、二阶线性微分方程举例

例 1　一质量为 m 的质点由静止开始沉入液体,当下沉时,液体的反作用力与下沉速度成正比,求此质点的运动规律.

解　设质点的运动规律为 $x = x(t)$.由题意,有

$$\begin{cases} m \dfrac{\mathrm{d}^2 x}{\mathrm{d}(t^2)} = mg - k \dfrac{\mathrm{d}x}{\mathrm{d}t}, & \\ x|_{t=0} = 0, \dfrac{\mathrm{d}x}{\mathrm{d}t}\Big|_{t=0} = 0, & \end{cases}$$
（g 为重力加速度,$k{>}0$ 为比例系数）,

方程变为

$$\frac{d^2x}{d(t^2)} + \frac{k}{m}\frac{dx}{dt} = g. \tag{1}$$

例 2 如图 7-2 所示,设有一个电阻 R,自感 L,电容 C 和电源 E 串联组成的电路,其中 R,L,C 为常数,电源电压 $E = E_m\sin\omega t$,求电容器两极板间电压 u_c 所满足的微分方程.

解 设电路中电流为 $i(t)$,极板上的电量为 $q(t)$,自感电动势为 E_L,由电学知

$$i = \frac{dq}{dt}, u_c = \frac{q}{C}, E_L = -L\frac{di}{dt},$$

根据回路电压定律:在闭合回路中,所有支路上的电压降为 0,有

$$E - L\frac{di}{dt} - \frac{q}{C} - Ri = 0,$$

即

图 7-2

$$LC\frac{d^2u_c}{d(t^2)} + RC\frac{du_c}{dt} + u_c = E_m\sin\omega t,$$

令 $\beta = \frac{R}{2L}$,$\omega_0 = \frac{1}{\sqrt{LC}}$,串联电路的振荡方程为

$$\frac{d^2u_c}{d(t^2)} + 2\beta\frac{du_c}{dt} + \omega_0^2 u_c = \frac{E_m}{LC}\sin\omega t, \tag{2}$$

如果电容器充电后撤去电源($E = 0$),则得

$$\frac{d^2u_c}{d(t^2)} + 2\beta\frac{du_c}{dt} + \omega_0^2 u_c = 0. \tag{3}$$

例 1 和例 2 虽然是两个不同的实际问题,但是观察所得出的方程(1)和(2)就会发现它们可以归结为同一个形式

$$\frac{d^2y}{d(x^2)} + P(x)\frac{dy}{dx} + Q(x)y = f(x), \tag{4}$$

而方程(3)是方程(4)的特殊情形:$f(x) = 0$.这种类型的微分方程在工程技术的其他许多问题中也会遇到.

方程(4)叫作二阶线性微分方程.而当方程右端 $f(x) = 0$ 时,方程叫作**齐次**的;当 $f(x) \neq 0$ 时,叫作**非齐次**的.

二、线性微分方程的解的结构

先讨论二阶线性齐次微分方程

$$\frac{d^2y}{d(x^2)} + P(x)\frac{dy}{dx} + Q(x)y = 0. \tag{5}$$

定理 1 若 $y_1(x)$,$y_2(x)$ 是(5)的解,则 $y = C_1y_1(x) + C_2y_2(x)$ 也是(5)的解,其中 C_1,C_2 为任意常数.

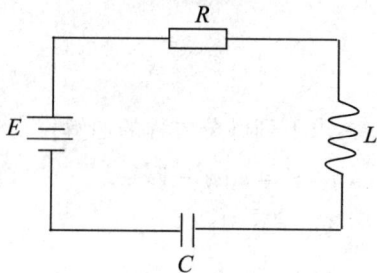

但此解未必是通解,若 $y_1(x) = 3y_2(x)$,则 $y = (C_2 + 3C_1)y_2(x)$,那么 $C_1y_1(x) + C_2y_2(x)$ 何时成为通解?

线性相关 设 $y_1,y_2,\cdots,y_n$ 是定义在区间 I 内的函数,若存在不全为零的数 $k_1,k_2,\cdots,k_n$,使得 $k_1y_1 + k_2y_2 + \cdots + k_ny_n = 0$ 恒成立,则称 $y_1,y_2,\cdots,y_n$ 线性相关,否则称线性无关.

例如:$1,\cos^2x,\sin^2x$ 线性相关;$1,x,x^2$ 线性无关.

对两个函数,当它们的比值为常数时,这两个函数线性相关,若它们的比值是函数时,则线性无关.

定理2 若 $y_1(x),y_2(x)$ 是(5)的两个线性无关的特解,那么
$$y = C_1y_1(x) + C_2y_2(x) \quad (C_1,C_2 \text{ 为任意常数})$$
是方程(5)的通解.

例如,方程 $y'' + y = 0$ 是二阶齐次线性方程(这里 $P(x) \equiv 0,Q(x) \equiv 1$),容易验证,$y_1(x) = \cos x$ 与 $y_2(x) = \sin x$ 是所给方程的两个解,且 $\dfrac{y_2}{y_1} = \dfrac{\sin x}{\cos x} = \tan x \neq$ 常数,即它们是线性无关的.因此方程 $y'' + y = 0$ 的通解为
$$y = C_1\cos x + C_2\sin x.$$

又如方程 $(x - 1)y'' - xy' + y = 0$ 也是二阶齐次线性方程(这里 $P(x) = -\dfrac{x}{x - 1}$,$Q(x) = \dfrac{1}{x - 1}$),容易验证 $y_1 = x$,$y_2 = e^x$ 是所给方程的两个解,且 $\dfrac{y_2}{y_1} = \dfrac{e^x}{x} \neq$ 常数,即它们是线性无关的.因此方程的通解为
$$y = C_1x + C_2e^x.$$

推论 若 $y_1,y_2,\cdots,y_n$ 是 n 阶齐次方程
$$y^{(n)} + a_1(x)y^{(n-1)} + \cdots + a_{n-1}(x)y' + a_n(x)y = 0$$
的 n 个线性无关解,则方程的通解为
$$y = C_1y_1 + \cdots + C_ny_n(C_1,\cdots,C_n \text{ 为任意常数}).$$

下面讨论二阶非齐次线性微分方程(4).我们把方程(5)叫作与非齐次方程(4)对应的齐次方程.

在第四节中我们已经看到,一阶非齐次线性微分方程的通解由两部分构成:一部分是对应的齐次方程的通解;另一部分是非齐次方程本身的一个特解.实际上,不仅一阶非齐次线性微分方程的通解具有这样的结构,而且二阶及更高阶的非齐次线性微分方程的通解也具有同样的结构.

定理3 设 y^* 是(4)的特解,Y 是(5)的通解,则
$$y = Y + y^* \tag{6}$$
是二阶非齐次线性微分方程(4)的通解.

证 把(6)式代入方程(4)的左端,得

$$(Y'' + y^{*}{}'') + P(x)(Y' + y^{*}{}') + Q(x)(Y + y^{*})$$
$$= [Y'' + P(x)Y' + Q(x)Y] + [y^{*}{}'' + P(x)y^{*}{}' + Q(x)y^{*}],$$

由于 Y 是方程(5)的解, y^{*} 是(4)的解,可知第一个括号内的表达式恒等于零,第二个恒等于 $f(x)$,这样, $y = Y + y^{*}$ 使(4)的两端恒等,即(6)式是方程(4)的解.

由于对应的齐次方程(5)的通解 $Y = C_1 y_1 + C_2 y_2$ 中含有两个任意常数,所以 $y = Y + y^{*}$ 中也含有两个任意常数,从而它就是二阶非齐次线性微分方程(4)的通解.

例如:对于方程 $y'' + y = x^2$,因为 $y = C_1 \cos x + C_2 \sin x$ 为 $y'' + y = 0$ 的通解,又因为 $y^{*} = x^2 - 2$ 是特解,所以 $y = C_1 \cos x + C_2 \sin x + x^2 - 2$ 是 $y'' + y = x^2$ 的通解.

定理 4 设(4)式中 $f(x) = f_1(x) + f_2(x)$,若 y_1^{*}, y_2^{*} 分别是

$$\frac{d^2 y}{d(x^2)} + P(x)\frac{dy}{dx} + Q(x)y = f_1(x),$$

$$\frac{d^2 y}{d(x^2)} + P(x)\frac{dy}{dx} + Q(x)y = f_2(x)$$

的特解,则 $y_1^{*} + y_2^{*}$ 为原方程的特解.

证 将 $y = y_1^{*} + y_2^{*}$ 代入方程(4)的左端,得

$$(y_1^{*} + y_2^{*})'' + P(x)(y_1^{*} + y_2^{*})' + Q(x)(y_1^{*} + y_2^{*})$$
$$= [y_1^{*}{}'' + P(x)y_1^{*}{}' + Q(x)y_1^{*}] + [y_2^{*}{}'' + P(x)y_2^{*}{}' + Q(x)y_2^{*}]$$
$$= f_1(x) + f_2(x),$$

因此 $y_1^{*} + y_2^{*}$ 是方程(4)的一个特解.

这一定理通常称为非齐次线性微分方程的解的叠加原理.

习题 7-6

1.下列函数组中,在定义的区间内,哪些是线性无关的?

(1) e^x, e^{-x};　　　　　　　　(2) $3\sin^2 x$, $1 - \cos^2 x$;

(3) $\cos 2x$, $\sin 2x$;　　　　　　(4) $x\ln x$, $\ln x$.

2.验证 $y_1 = \cos\omega x$ 及 $y_2 = \sin\omega x$ 都是方程 $y'' + \omega^2 y = 0$ 的解,并写出该方程的通解.

3.验证 $y_1 = e^{x^2}$ 及 $y_2 = xe^{x^2}$ 都是微分方程 $y'' - 4xy' + (4x^2 - 2)y = 0$ 的解,并写出该方程的通解.

4.若 $y_1 = 3$, $y_2 = 3 + x^2$, $y_3 = 3 + x^2 + e^x$ 都是方程 $y'' + P(x)y' + Q(x)y = f(x)$ $(f(x) \neq 0)$ 的特解,当 $P(x), Q(x), f(x)$ 都是连续函数时,求此方程的通解.

5.已知 $y_1(x), y_2(x)$ 是二阶线性微分方程 $y'' + p(x)y' + q(x)y = f(x)$ 的解,试证 $y_1(x) - y_2(x)$ 是 $y'' + p(x)y' + q(x)y = 0$ 的解.

6.已知二阶线性微分方程 $y'' + p(x)y' + q(x)y = f(x)$ 的三个特解, $y_1 = x, y_2 = x^2, y_3 = e^{3x}$,试求此方程满足 $y(0) = 0, y'(0) = 3$ 的特解.

7.验证 $y_1 = x + 1, y_2 = e^x + 1$ 是微分方程 $(x - 1)y'' - xy' + y = 1$ 的解,并求其通解.

第七节　二阶常系数线性微分方程

一、二阶常系数齐次线性方程

一般形式为

$$y'' + a_1 y' + a_2 y = 0,\tag{1}$$

其中 a_1, a_2 为实数.称为二阶常系数齐次线性微分方程.

明显看出 $y = 0(-\infty < x < +\infty)$ 是方程(1)的解(称为零解或平凡解).根据方程(1)的特点及指数函数 $e^{\lambda x}$ 的特性,我们试求(1)如下形式的特解

$$y = e^{\lambda x}.$$

其中 λ 是待定的(实或复)常数.将 $y = e^{\lambda x}$ 代入(1),可得

$$e^{\lambda x}(\lambda^2 + a_1\lambda + a_2) = 0.$$

因为 $e^{\lambda x} \neq 0$,所以

$$\lambda^2 + a_1\lambda + a_2 = 0.\tag{2}$$

这样,对于二次代数方程(2)的每一个根 λ,$e^{\lambda x}$ 就是方程(1)的一个解.(2)称为方程(1)的**特征方程**,它的根称为(1)的特征根.按照特征根的不同性质,我们分三种情形讨论.

1.两个相异实根 λ_1 和 λ_2

这时 $e^{\lambda_1 x}$ 和 $e^{\lambda_2 x}$ 是(1)的两个特解.由于

$$\frac{e^{\lambda_1 x}}{e^{\lambda_2 x}} \neq 常数,$$

所以它们是线性无关的,从而

$$y = C_1 e^{\lambda_1 x} + C_2 e^{\lambda_2 x}\tag{3}$$

就是(1)的通解,其中 C_1, C_2 为任意常数.

2.两个相等的实根 $\lambda_1 = \lambda_2 = -\dfrac{a_1}{2}$.

这时我们只能得到(1)的一个特解 $y_1 = e^{\lambda_1 x}$,为求与其线性无关的另一个特解 y_2,应要求 $\dfrac{y_2}{y_1} = h$,这里 $h = h(x)$ 为待定函数(不是常数).将 $y_2 = hy_1 = he^{\lambda_1 x}$ 代入(1),整理得

$$(y_1'' + a_1 y_1' + a_2 y_1)h + (2y_1' + a_1 y_1)h' + y_1 h'' = 0.\tag{4}$$

由于 y_1 是(1)的解,有 $y_1'' + a_1 y_1' + a_2 y_1 = 0$,且

$$2y_1' + a_1 y_1 = (2\lambda_1 + a_1)e^{\lambda_1 x} = 0.$$

所以(4)变为 $h'' = 0$,

由此经两次积分,得

$$h = C_1 x + C_2.$$

特别取 $C_1 = 1, C_2 = 0$,有 $h = x$,于是得 $y_2 = xe^{\lambda_1 x}$.

所以方程(1)的通解为

$$y = e^{\lambda x}(C_1 + C_2 x),\qquad(5)$$

其中 $\lambda = \lambda_1 = \lambda_2 = -\dfrac{a_1}{2}$.

3.一对共轭复根 $\lambda_1 = \alpha + i\beta$，$\lambda_2 = \alpha - i\beta$

这里

$$y_1 = e^{(\alpha+i\beta)x}, \qquad y_2 = e^{(\alpha-i\beta)x}$$

是方程(1)的两个特解.由齐次方程解的性质可知,对任意(实或复)常数 C_1，C_2，$C_1 y_1 + C_2 y_2$ 是 (1)的解,于是

$$\frac{1}{2}(y_1 + y_2) = e^{\alpha x}\cos\beta x \ \text{与}\ \frac{1}{2i}(y_1 - y_2) = e^{\alpha x}\sin\beta x$$

是(1)的两个特解,且

$$\frac{e^{\alpha x}\cos\beta x}{e^{\alpha x}\sin\beta x} = \cot\beta x \neq \text{常数},$$

所以它们还是线性无关的.从而得到(1)的通解

$$y = e^{\alpha x}(C_1\cos\beta x + C_2\sin\beta x).\qquad(6)$$

求解二阶常系数齐次线性微分方程一般分为如下三步:

第一步 写出方程 $y'' + a_1 y' + a_2 y = 0$ 的特征方程 $\lambda^2 + a_1\lambda + a_2 = 0$,

第二步 求出特征方程的两个特征根 λ_1，λ_2,

第三步 根据下表给出的三种特征根的不同情形,写出 $y'' + a_1 y' + a_2 y = 0$ 的通解(见表7-1).

表 7-1

有两个不同特征实根	$\lambda_1 \neq \lambda_2$	$y = C_1 e^{\lambda_1 x} + C_2 e^{\lambda_2 x}$
有两个相同特征实根	$\lambda_1 = \lambda_2 = \lambda$	$y = (C_1 + C_2 x)e^{\lambda x}$
有一对共轭复根	$\lambda_{1,2} = \alpha \pm i\beta$	$y = (C_1\cos\beta x + C_2\sin\beta x)e^{\alpha x}$

例 1 求解下列微分方程:

(1) $y'' - 5y' + 6y = 0$;　　　　　　(2) $y'' + 4y' + 4y = 0$;

(3) $y'' + y' + y = 0$.

解 (1) 特征方程

$$\lambda^2 - 5\lambda + 6 = 0$$

有两个相异实根 $\lambda_1 = 2$，$\lambda_2 = 3$.方程的通解为

$$y = C_1 e^{2x} + C_2 e^{3x}.$$

(2) 特征方程

$$\lambda^2 + 4\lambda + 4 = 0$$

有两个相等实根 $\lambda_1 = \lambda_2 = -2$. 方程的通解为

$$y = e^{-2x}(C_1 + C_2 x).$$

（3）特征方程

$$\lambda^2 + \lambda + 1 = 0$$

有一对共轭复根 $\lambda_{1,2} = \dfrac{1}{2} \pm i\dfrac{\sqrt{3}}{2}$. 方程的通解为

$$y = e^{\frac{x}{2}}\left(C_1\cos\frac{\sqrt{3}}{2}x + C_2\sin\frac{\sqrt{3}}{2}x\right).$$

上述结果可直接推广到 $n(n > 2)$ 阶常系数齐次线性方程的情形. 例如, 方程

$$y^{(4)} - y = 0$$

的特征根有两个实根 $\lambda_1 = 1$, $\lambda_2 = -1$ 及一对共轭复根 $\lambda_{3,4} = \pm i$, 所以通解为

$$y = C_1 e^x + C_2 e^{-x} + C_3\cos x + C_4\sin x.$$

二、二阶常系数非齐次线性方程

一般形式为

$$y'' + a_1 y' + a_2 y = f(x), \tag{7}$$

其中 a_1, a_2 为实数, $f(x)$ 为连续函数.

由前面解的结构, 我们知道要求二阶常系数非齐次线性微分方程的通解, 在求得齐次方程通解的情况下, 我们只要求得非齐次线性微分方程的一个特解就够了, 但对非齐次线性微分方程的右端项 $f(x)$ 为一般函数时, 特解的计算比较复杂, 这里我们仅就一些特殊的右端项 $f(x)$ 给出特解的形式, 然后用待定系数法求出具体特解.

（1）$f(x) = P_m(x)e^{\lambda x}$

这里 $P_m(x)$ 表示 x 的 m 次多项式, λ 是常数.

当 λ 不是(1)的特征根时, 可设特解

$$\bar{y} = Q_m(x)e^{\lambda x};$$

当 λ 是(1)的 k 重特征根时, 则特解应设为

$$\bar{y} = x^k Q_m(x)e^{\lambda x},$$

其中 $Q_m(x)$ 也是 x 的 m 次多项式, 系数待定.

（2）$f(x) = [A_n(x)\cos\beta x + B_l(x)\sin\beta x]e^{\alpha x}$

这里 $A_n(x)$, $B_l(x)$ 分别是 x 的 n 次和 l 次的实系数多项式, α,β 都是实数 $(\beta \neq 0)$.

当 $\alpha \pm i\beta$ 不是(1)的特征根时, 可设

$$\bar{y} = [C_m(x)\cos\beta x + D_m(x)\sin\beta x]e^{\alpha x};$$

当 $\alpha \pm i\beta$ 是(1)的特征根时, 则特解应设为

$$\bar{y} = x[C_m(x)\cos\beta x + D_m(x)\sin\beta x]e^{\alpha x},$$

其中 $m = \max\{n,l\}$, 而 m 次多项式 $C_m(x)$ 和 $D_m(x)$ 的系数待定.

所述结果也可以直接推广到 $n(n > 2)$ 阶常系数非齐次线性方程的情形.

求解二阶常系数非齐次线性微分方程,一般分为如下三步:

第一步　先求出非齐次线性微分方程 $y'' + a_1 y' + a_2 y = f(x)$ 所对应的齐次线性微分方程 $y'' + a_1 y' + a_2 y = 0$ 的通解 y_c;

第二步　根据下表设出非齐次线性微分方程 $y'' + a_1 y' + a_2 y = f(x)$ 的含待定常数的特解 y_p,并将 y_p 代入非齐次线性微分方程 $y'' + a_1 y' + a_2 y = f(x)$ 解出待定常数,进而确定非齐次方程 $y'' + a_1 y' + a_2 y = f(x)$ 的一个特解 y_p;

第三步　写出非齐次线性微分方程 $y'' + a_1 y' + a_2 y = f(x)$ 的通解 $y = y_c + y_p$.

方程 $y'' + a_1 y' + a_2 y = f(x)$ 的特解 y_p 的形式表(见表 7-2):

表 7-2

自由项 $f(x)$ 的形式	特解的形式的设法	
$f(x) = P_m(x)\mathrm{e}^{\lambda x}$	λ 不是特征根	$y_p = Q_m(x)\mathrm{e}^{\lambda x}$
	λ 是特征单根	$y_p = x Q_m(x)\mathrm{e}^{\lambda x}$
	λ 是二重特征根	$y_p = x^2 Q_m(x)\mathrm{e}^{\lambda x}$
$f_1(x) = P_m(x)\mathrm{e}^{\alpha x}\cos\beta$ 或 $f_2(x) = P_m(x)\mathrm{e}^{\alpha x}\sin\beta$	①令 $\lambda = \alpha + i\beta$,构造辅助方程 $y'' + a_1 y' + a_2 y = P_m(x)\mathrm{e}^{\lambda x}$ ②求出辅助方程的特解 $y_p = y_1 + i y_2$ ③则 y_1 是方程 $y'' + a_1 y' + a_2 y = f_1(x)$ 的特解, y_2 是方程 $y'' + a_1 y' + a_2 y = f_2(x)$ 的特解	

注:表中的 $P_m(x)$ 为已知的 m 次多项式, $Q_m(x)$ 为待定的 m 次多项式,如 $Q_2(x) = Ax^2 + Bx + C$ (A, B, C 为待定常数).

例 2　求方程 $y'' - 2y' - 3y = 3x + 1$ 的通解.

解　对应齐次线性方程的特征方程 $\lambda^2 - 2\lambda - 3 = 0$ 有两个单根 $\lambda_1 = 3$, $\lambda_2 = -1$.两个线性无关的特解为 e^{3x}, e^{-x}.于是与所给方程对应的齐次方程的通解为

$$Y = C_1 \mathrm{e}^{3x} + C_2 \mathrm{e}^{-x}.$$

由于 $\lambda = 0$ 不是特征根,故可设特解为 $\bar{y} = Ax + B$.将它代入原方程,得

$$-2A - 3B - 3Ax = 3x + 1,$$

由此定出 $A = -1$, $B = \dfrac{1}{3}$.所以原方程的通解为

$$y = C_1 \mathrm{e}^{3x} + C_2 \mathrm{e}^{-x} - x + \frac{1}{3}.$$

例 3　求方程 $y'' - 2y' - 3y = \mathrm{e}^{-x}$ 通解.

解　由上例知,与所给方程对应的齐次方程的通解为

$$Y = C_1 \mathrm{e}^{3x} + C_2 \mathrm{e}^{-x}.$$

由于 $\lambda = -1$ 是特征根,故应设特解为 $\bar{y} = Ax\mathrm{e}^{-x}$.

将它代入原方程得

$$A = -\frac{1}{4},$$

所以原方程的通解为

$$y = C_1 e^{3x} + C_2 e^{-x} - \frac{1}{4} x e^{-x}.$$

例 4 求方程 $y'' + 4y' + 4y = \cos 2x$ 的通解.

解 由例 1(2)知对应齐次线性方程的两个线性无关解为 e^{-2x}, xe^{-2x}. 由于 $\pm 2i$ 不是特征根,可设特解为

$$\bar{y} = A\cos 2x + B\sin 2x.$$

将它代入方程并化简得

$$-8A\sin x + 8B\cos 2x = \cos 2x,$$

由此定出 $A = 0, B = \frac{1}{8}$.

所以方程的通解为

$$y = e^{-2x}(C_1 + C_2 x) + \frac{1}{8}\sin 2x.$$

习题 7-7

1.求下列微分方程的通解:

(1) $y'' - 10y' + 34y = 0$；

(2) $y'' - 3y' - 10y = 0$；

(3) $9y'' + 6y' + y = 0$；

(4) $y'' + y = 0$；

(5) $y'' - 6y' + 25y = 0$；

(6) $y'' - 2y' + 5y = 0$.

2.求下列微分方程的特解:

$2y'' + 3y = 2\sqrt{6}y'$, 当 $x = 0$ 时, $y = 0$, $y' = 1$.

3.求下列微分方程的特解 y^* 的形式(不必求出待定系数).

(1) $y'' - 3y = 3x^2 + 1$；

(2) $y'' + y' = x$；

(3) $y'' - 2y' + y = e^x$；

(4) $y'' - 2y' - 3y = e^{-x}$；

(5) $y'' - 3y' + 2y = xe^x$；

(6) $y'' - 2y' = (x^2 + x - 3)e^x$；

(7) $y'' + 7y' + 6y = e^{2x}\sin x$；

(8) $y'' - 4y' + 5y = e^{2x}\sin x$；

(9) $y'' - 2y' + 2y = 2xe^{2x}\cos x$；

(10) $y'' - 2y' + 2y = xe^x\sin x$.

4.已知函数 $y = f(x)$ 所确定的曲线与 x 轴相切于原点,且满足 $f(x) = 2 + \sin x - f''(x)$,试求 $f(x)$.

第八节* 欧 拉 方 程

变系数的线性常微分方程,一般来说都是不容易求解的.但是有些特殊的变系数线性常微

分方程,则可以通过变量代换化为常系数线性微分方程,因而容易求解,欧拉方程就是其中的一种.

形状为

$$x^n \frac{d^n y}{d(x^n)} + a_1 x^{n-1} \frac{d^{n-1} y}{d(x^{n-1})} + \cdots + a_{n-1} x \frac{dy}{dx} + a_n y = 0 \tag{1}$$

的方程称为齐次欧拉方程,这里 $a_1, a_2, \cdots, a_n$ 为常数.

引进自变量的变换 $x = e^t$, $t = \ln x$,将自变量 x 换成 t ,直接计算得到

$$\frac{dy}{dx} = \frac{dy}{dt} \cdot \frac{dt}{dx} = e^{-t} \frac{dy}{dt},$$

$$\frac{d^2 y}{d(x^2)} = e^{-t} \frac{d}{dt}(e^{-t} \frac{dy}{dt}) = e^{-2t}\left[\frac{d^2 y}{d(t^2)} - \frac{dy}{dt}\right],$$

用数学归纳法不难证明:对一切自然数 k 均有关系式

$$\frac{d^k y}{d(x^k)} = e^{-kt}\left[\frac{d^k y}{d(t^k)} + \beta_1 \frac{d^{k-1} y}{d(t^{k-1})} + \cdots + \beta_{k-1} \frac{dy}{dt}\right],$$

其中 $\beta_1, \beta_2, \cdots, \beta_{k-1}$ 都是常数.于是

$$x^k \frac{d^k y}{d(x^k)} = \frac{d^k y}{d(t^k)} + \beta_1 \frac{d^{k-1} y}{d(t^{k-1})} + \cdots + \beta_{k-1} \frac{dy}{dt},$$

将上述关系式代入方程(1),就得到常系数齐次线性方程

$$\frac{d^n y}{d(t^n)} + b_1 \frac{d^{n-1} y}{d(t^{n-1})} + \cdots + b_{n-1} \frac{dy}{dt} + b_n y = 0 ; \tag{2}$$

其中 $b_1, b_2, \cdots, b_n$ 是常数,因而可用上述讨论的方法求出(2)的通解,再代回原来的变量(注意:$t = \ln|x|$)就可求得方程(1)的通解.

由上述推演过程,我们知道方程(2)有形如 $y = e^{\lambda t}$ 的解,从而方程(1)有形如 $y = x^\lambda$ 的解,因此可以直接求欧拉方程的形如 $y = x^K$ 的解.以 $y = x^K$ 代入(1)并约去因子 x^K ,就能得到确定 K 的代数方程

$$K(K-1)\cdots(K-n+1) + a_1 K(K-1)\cdots(K-n-2) + \cdots + a_n = 0. \tag{3}$$

可以证明这正是(1)的特征方程.因此,方程(3)的 m 重实根 $K = K_0$,对应于方程(1)的 m 个解

$$x^{K_0}, x^{K_0}\ln|x|, x^{K_0}\ln^2|x|, \cdots, x^{K_0}\ln^{m-1}|x|,$$

而方程(3)的 m 重复根 $K = \alpha + i\beta$,对应于方程(1)的 $2m$ 个实值解

$$x^\alpha \cos(\beta\ln|x|), x^\alpha \ln|x|\cos(\beta\ln|x|), \cdots, x^\alpha \ln^{m-1}|x|\cos(\beta\ln|x|),$$

$$x^\alpha \sin(\beta\ln|x|), x^\alpha \ln|x|\sin(\beta\ln|x|), \cdots, x^\alpha \ln^{m-1}|x|\sin(\beta\ln|x|).$$

方程(1)通解中的每一项都与特征方程(3)的一个根所对应,对应情况如下表(见表7-3):

表 7-3

方程(3)的根	方程(1)通解中的对应项
单实根：K	给出一项：Cx^K
一对单共轭复根：$K_{1,2} = \alpha \pm i\beta$	给出两项：$C_1 x^\alpha \cos(\beta \ln x) + C_2 x^\alpha \sin(\beta \ln x)$
k 重实根：K	给出 k 项：$x^K [C_1 + C_2 \ln x + \cdots + C_k (\ln x)^{k-1}]$
一对 k 重共轭复根：$K_{1,2} = \alpha \pm i\beta$	给出 $2k$ 项：$\begin{aligned} &x^\alpha [C_1 + C_2 \ln x + \cdots + C_k(\ln x)^{k-1}] \cos(\beta \ln x) + \\ &x^\alpha [D_1 + D_2 \ln x + \cdots + D_k(\ln x)^{k-1}] \sin(\beta \ln x) \end{aligned}$

例 1 求解方程 $x^2 \dfrac{d^2 y}{d(x^2)} - x \dfrac{dy}{dx} + y = 0$.

解 方程的形式解为 $y = x^K$，得到确定 K 的方程 $K(K-1) - K + 1 = 0$，或 $(K-1)^2 = 0$，$K_1 = K_2 = 1$. 因此，方程的通解为

$$y = (C_1 + C_2 \ln |x|) x.$$

其中 C_1，C_2 是任意常数.

例 2 求解方程 $x^2 \dfrac{d^2 y}{d(x^2)} + 3x \dfrac{dy}{dx} + 5y = 0$.

解 设 $y = x^K$，得到 K 应满足的方程 $K(K-1) + 3K + 5 = 0$ 或 $K^2 + 2K + 5 = 0$，因此，$K_{1,2} = -1 \pm 2i$，而方程的通解为

$$y = \frac{1}{x} [C_1 \cos(2\ln |x|) + C_2 \sin(2\ln |x|)],$$ 其中 C_1，C_2 是任意常数.

例 3 求方程 $x^4 y^{(4)} + 6x^3 y^{(3)} + 7x^2 y'' + xy' + y = 0$ 的通解.

解 该欧拉方程的特征方程为

$$K(K-1)(K-2)(K-3) + 6K(K-1)(K-2) + 7K(K-1) + K + 1 = 0,$$

整理，得

$$K^4 + 1 = 0,$$

其根为

$$K_{1,2} = -i, \quad K_{3,4} = i \text{（即一对二重共轭复根）},$$

所以原方程的通解为

$$y = C_1 \cos(\ln x) + C_2 \sin(\ln x) + C_3 \ln x \cos(\ln x) + C_4 \ln x \sin(\ln x),$$ 其中 C_1，C_2，C_3，C_4 为任意常数.

例 4 求欧拉方程 $x^3 y''' + x^2 y'' - 4xy' = 3x^2$ 的通解.

解 令 $x = e^t$，则化为 $K(K-1)(K-2)y + K(K-1)y - 4Ky = 3e^{2t}$，

即

$$K^3 y - 2K^2 y - 3Ky = 3e^{2t} ,$$

即

$$\frac{d^3 y}{d(t^3)} - 2\frac{d^2 y}{d(t^2)} - 3\frac{dy}{dt} = 3e^{2t} .$$

此为三阶常系数非齐次线性微分方程.

$$\lambda^3 - 2\lambda^2 - 3\lambda = 0 \Rightarrow \lambda_1 = 0, \lambda_2 = 3, \lambda_3 = -1 ,$$

得齐次的通解

$$Y = C_1 + C_2 e^{3x} + C_3 e^{-x} ,$$

因 $\lambda = 2$ 不是特征方程的解，故 $k = 0$，所以特解的形式为 $y* = ae^{2t} = ax^2$，代回原式 $x^2 \cdot 2a - 4xa \cdot 2x = 3x^2$，$-6a = 3 \Rightarrow a = -\frac{1}{2}$，故 $y* = -\frac{1}{2}x^2$.

于是，所给欧拉方程的通解为 $y = C_1 + \dfrac{C_2}{x} + C_3 x^3 - \dfrac{1}{2}x^2$.

习题 7–8

求下列欧拉方程的通解：

1. $x^2 y'' - xy' + y = 0$;

2. $x^2 y'' - xy' - 8y = 0$;

3. $x^2 y'' + 3xy' + 5y = 0$;

4. $x^2 y'' - 3xy' + 4y = x^2 \ln x + x^2$;

5. $x^2 y'' - 2xy' + 2y = x^3 e^x$;

6. $x^3 y''' - 3x^2 y'' + 6xy' - 6y = x$.

第 九 节* 差 分 方 程

微分方程是自变量连续取值的问题，但在很多实际问题中，有些变量不是连续取值的.例如，经济变量收入、储蓄等都是时间序列，自变量 t 取值为 $0, 1, 2, \cdots$，数学上把这种变量称为离散型变量.通常用差商来描述因变量对自变量的变化速度.

一、差分的概念

定义 1 设函数 $y = f(x)$，记为 y_x，则差

$$y_{x+1} - y_x$$

称为函数 y_x 的一阶差分，记为 Δy_x，即 $\Delta y_x = y_{x+1} - y_x$.

性质 设有时间序列 y_x，z_x，c 为常数，则

(1) $\Delta c = 0$;

(2) $\Delta(cy_x) = c\Delta y_x$;

(3) $\Delta(ay_x + bz_x) = a\Delta y_x + b\Delta z_x$;

(4) $\Delta y_x z_x = z_{x+1}\Delta y_x + y_x\Delta z_x = y_{x+1}\Delta z_x + z_x\Delta y_x$;

(5) $\Delta\left(\dfrac{y_x}{z_x}\right) = \dfrac{z_x\Delta y_x - y_x\Delta z_x}{z_x z_{x+1}} = \dfrac{z_{x+1}\Delta y_x - y_{x+1}\Delta z_x}{z_x z_{x+1}}$.

注意到一阶差分仍然是 x 的函数,可以对这个差分再进行差分运算,即有

$$\Delta(\Delta y_x) = \Delta y_{x+1} - \Delta y_x.$$

称这个差分为原函数 y_x 的二阶差分,记为 $\Delta^2 y_x$.类似地,可以定义函数 y_x 的三阶差分、四阶差分等.

$$\Delta^3 y_x = \Delta(\Delta^2 y_x),\ \Delta^4 y_x = \Delta(\Delta^3 y_x),\ \cdots.$$

二阶以上的差分都称为高阶差分.高阶差分可以用原函数列表示.例如,

$$\begin{aligned}
\Delta^2 y_x &= \Delta y_{x+1} - \Delta y_x \\
&= (y_{x+2} - y_{x+1}) - (y_{x+1} - y_x) \\
&= y_{x+2} - 2y_{x+1} + y_x, \\
\Delta^3 y_x &= \Delta^2 y_{x+1} - \Delta^2 y_x \\
&= (y_{x+3} - 2y_{x+2} + y_{x+1}) - (y_{x+2} - 2y_{x+1} + y_x) \\
&= y_{x+3} - 3y_{x+2} + 3y_{x+1} - y_x.
\end{aligned}$$

例 1　求 $\Delta(x^3)$,$\Delta^2(x^3)$,$\Delta^3(x^3)$,$\Delta^4(x^3)$.

解　$\Delta(x^3) = (x+1)^3 - x^3 = 3x^2 + 3x + 1,$

$$\begin{aligned}
\Delta^2(x^3) &= \Delta(3x^2 + 3x + 1) \\
&= 3(x+1)^2 + 3(x+1) + 1 - (3x^2 + 3x + 1) \\
&= 6x + 6,
\end{aligned}$$

$\Delta^3(x^3) = \Delta(6x+6) = 6(x+1) + 6 - (6x+6) = 6,$

$\Delta^4(x^3) = \Delta(6) - 6 = 0.$

二、差分方程的概念

定义 2　含有自变量 x、未知函数 y_x 以及未知函数差分的方程,称为差分方程.它的一般形式是

$$F(x,\ y_x,\ \Delta y_x,\ \cdots,\ \Delta^n y_x) = 0.$$

由于 y_x 的高阶差分可以用 y_x 的相邻值表示,这样,可以得到差分方程的另一种形式的定义:

定义 3　含有未知函数 y_x 的相邻值的等式称为差分方程.它的一般形式是

$$F(x,\ y_x,\ y_{x+1},\ \cdots,\ y_{x+n}) = 0.$$

定义 4　差分方程所含的未知函数 y_x 的差分的最高阶数,或者差分方程中未知函数下标的最大差数称为该差分方程的阶数.

如方程 $y_{t+2} - y_{t+1} - y_t = 0$ 是一个二阶差分方程.

定义 5　设有 n 阶差分方程

$$F(t, y_t, \cdots, y_{t+n}) = 0,$$

若有函数 u_t,使得

$$F(t, u_t, \cdots, u_{t+n}) \equiv 0.$$

则称 u_t 是这个差分方程的解;若这个解含有 n 个独立的任意常数,则称它是该差分方程的通解,否则称为特解.

与微分方程类似,为了确定通解中任意常数的具体值,需要知道一些附加条件.对于 n 阶差分方程,常见确定任意常数的条件是

$$y_0 = u_0^*, y_1 = u_1^*, \cdots, y_{n-1} = u_{n-1}^*,$$

其中, $u_i^* (i = 0, 1, \cdots, n - 1)$ 是已知常数.这种形式的确定常数的条件称为**初始条件**.求满足给定初始条件的差分方程解的问题称为差分方程的**初值问题**.

三、常系数线性齐次差分方程的解

n 阶常系数线性齐次差分方程的一般形式如下:

$$a_0 y_{t+n} + a_1 y_{t+n-1} + \cdots + a_n y_t = 0. \tag{1}$$

定理 1 设 u_t^1, u_t^2 是方程 $a_0 y_{t+n} + a_1 y_{t+n-1} + \cdots + a_n y_t = 0$ 的解, k_1, k_2 是任意常数,则 $k_1 u_t^1 + k_2 u_t^2$ 也是它的解.

证 由条件知,有

$$a_0 u_{t+n}^1 + a_1 u_{t+n-1}^1 + \cdots + a_n u_t^1 \equiv 0,$$
$$a_0 u_{t+n}^2 + a_1 u_{t+n-1}^2 + \cdots + a_n u_t^2 \equiv 0.$$

将 $k_1 u_t^1 + k_2 u_t^2$ 代入方程,有

$$a_0 (u_{t+n}^1 + u_{t+n}^2) + a_1 (u_{t+n-1}^1 + u_{t+n-1}^2) + \cdots + a_n (u_t^1 + u_t^2)$$
$$= (a_0 u_{t+n}^1 + a_1 u_{t+n-1}^1 + \cdots + a_n u_t^1) + (a_0 u_{t+n}^2 + a_1 u_{t+n-1}^2 + \cdots + a_n u_t^2)$$
$$\equiv 0 + 0.$$

与常系数线性齐次微分方程类似,由此可以立即得到常系数线性齐次差分方程通解结构:

定理 2 设 $u_t^1, u_t^2, \cdots, u_t^n$ 是 $a_0 y_{t+n} + a_1 y_{t+n-1} + \cdots + a_n y_t = 0$ 的 n 个线性无关的解,则它的通解可以表示为

$$C_1 u_t^1 + C_2 u_t^2 + \cdots + C_n u_t^n,$$

其中, $C_1, C_2, \cdots, C_n$ 是任意常数.

例 2 求下列一阶常系数线性齐次差分方程满足初始条件 $y_0 = C$ 的特解.

$$y_{t+1} - 2y_t = 0.$$

解 将方程变形为

$$y_{t+1} = 2y_t,$$

由于 $y_0 = C$,于是

$$y_1 = 2y_0 = 2C,$$
$$y_2 = 2y_1 = 2 \cdot 2C = 2^2 C,$$
$$y_3 = 2y_2 = 2 \cdot 2^2 C = 2^3 C,$$
$$\cdots\cdots$$
$$y_t = C2^t.$$

一般地,一阶常系数线性齐次差分方程

$$y_{t+1} - a y_t = 0$$

的通解是

$$y_t = Ca^t,$$

其满足初始条件 $y_t \mid_{t=0} = y_0$ 的特解是

$$y_t = y_0 a^t.$$

由此可以得到求 n 阶常系数线性齐次差分方程特解的方法：受一阶常系数线性齐次差分方程特解的启发，我们假设 n 阶常系数线性齐次差分方程(1)有形如 $y_t = \lambda^t$ 的特解.然后,将上式代入差分方程,利用待定系数法确定常数 λ ,即可求出其解.

将函数 $y_t = \lambda^t$ 代入原差分方程,有

$$a_0\lambda^{t+n} + a_1\lambda^{t+n-1} + \cdots + a_n\lambda^t \equiv 0,$$

$$\lambda^t(a_0\lambda^n + a_1\lambda^{n-1} + \cdots + a_n) \equiv 0.$$

因为 λ^t 不恒等于 0.于是, $y_t = \lambda^t$ 是原方程的解,当且仅当 λ 是下列方程的根：

$$a_0\lambda^n + a_1\lambda^{n-1} + \cdots + a_n = 0. \tag{2}$$

因此,求 n 阶常系数线性齐次差分方程通解的关键是设法根据上述代数方程的根,去构造它的 n 个独立的解.

定义 6　称代数方程(2)为 n 阶常系数线性齐次差分方程的特征方程.它的根称为 n 阶常系数线性齐次差分方程的特征根.

n 阶常系数线性齐次差分方程的特征方程是 n 次代数方程,在复数范围内有 n 个根.下面不加证明地给出如何根据这些根的不同情况,来构造 n 阶常系数线性齐次差分方程的 n 个独立的特解.

(1)设 λ 是 n 阶常系数线性齐次差分方程的实特征单根.则该差分方程有一个特解是 $y_t = \lambda^t$.

(2) 设 λ 是 n 阶常系数线性齐次差分方程的 m 重实特征根.容易验证,

$$y_t = t^i\lambda^t \qquad i = 0,1,\cdots,m-1$$

是该差分方程的 m 个独立的特解.

(2)设 $\lambda_1 = \alpha + i\beta$ 是特征方程的复特征单根.此时, λ_1 的共轭复数 $\lambda_2 = \alpha - i\beta$ 也是特征方程的复特征单根.当然, $(\alpha + i\beta)^t$ 和 $(\alpha - i\beta)^t$ 是 n 阶常系数线性齐次差分方程独立的特解.然而,它们包含有复数.为此,可以利用欧拉公式,求出只含实数的解.

令

$$\rho = \sqrt{\alpha^2 + \beta^2} , \quad \varphi = \arctan \frac{\beta}{\alpha}$$

则根据欧拉公式,复特征根 $\lambda_1 = \alpha + i\beta$ 和 $\lambda_2 = \alpha - i\beta$ 可以改写为指数式

$$\lambda_1 = \rho(\cos\varphi + i\sin\varphi) = \rho e^{\varphi i}, \quad \lambda_2 = \rho(\cos\varphi - i\sin\varphi) = \rho e^{-\varphi i},$$

于是, n 阶常系数线性齐次差分方程的解 $(\alpha + i\beta)^t$ 和 $(\alpha - i\beta)^t$ 可以改写为

$$(\alpha + i\beta)^t = \rho^t(\cos t\varphi + i\sin t\varphi),$$

$$(\alpha - i\beta)^t = \rho^t(\cos t\varphi - i\sin t\varphi).$$

令

$$y_t^1 = \frac{\rho^t(\cos t\varphi + i\sin t\varphi) + \rho^t(\cos t\varphi - i\sin t\varphi)}{2} = \rho^t\cos t\varphi,$$

$$y_t^2 = \frac{\rho^t(\cos t\varphi + i\sin t\varphi) - \rho^t(\cos t\varphi - i\sin t\varphi)}{2i} = \rho^t\sin t\varphi.$$

根据解的结构定理，y_t^1，y_t^2 也是其解，且它们不含复数；

设 $\lambda_1 = \alpha + i\beta$ 是特征方程的 m 重复特征根.同样，λ_1 的共轭复数 $\lambda_2 = \alpha - i\beta$ 也是特征方程的 m 重复特征根.容易验证，

$$y_t^1 = t^i\rho^t\cos t\varphi, \qquad i = 0,1,\cdots,m-1,$$
$$y_t^2 = t^i\rho^t\sin t\varphi, \qquad i = 0,1,\cdots,m-1$$

是 n 阶常系数线性齐次差分方程不含复数的 $2m$ 个独立特解.

最后，不难看出，互异特征根对应的特解一定是独立的.这样，可以得到求 n 阶常系数线性齐次差分方程通解的方法：

（1）求 n 阶常系数线性齐次差分方程的特征根；

（2）针对它的每个互异特征根，依照这些根是单实根、重实根、单复根和重复根，按上述讨论，构造对应的特解，共可构造 n 个独立的解 $u_t^1, u_t^2, \cdots, u_t^n$；

（3）构造这些特解的任意线性组合，得到 n 阶常系数线性齐次差分方程的通解 $C_1 u_t^1 + C_2 u_t^2 + \cdots + C_n u_t^n$，其中 $C_1, C_2, \cdots, C_n$ 是任意常数.

例 3 求差分方程 $y_{t+3} + y_t = 0$ 的通解.

解 该差分方程的特征方程是

$$\lambda^3 + 1 = (\lambda + 1)(\lambda^2 - \lambda + 1) = 0,$$

因此，特征根是 $\lambda_1 = -1, \lambda_2 = \frac{1}{2}(1 + i\sqrt{3}), \lambda_3 = \frac{1}{2}(1 - i\sqrt{3})$，

该差分方程对应于 $\lambda_1 = -1$ 的解是

$$u_t^1 = \lambda_1^t = (-1)^t,$$

对于 $\lambda_2 = \frac{1}{2}(1 + i\sqrt{3})$ 和 $\lambda_3 = \frac{1}{2}(1 - i\sqrt{3})$，注意到

$$\rho = \sqrt{\frac{1}{4} + \frac{3}{4}} = 1, \; \varphi = \arctan\frac{\frac{\sqrt{3}}{2}}{\frac{1}{2}} = \arctan\sqrt{3} = \frac{\pi}{3},$$

于是，该差分方程对应于 $\lambda_2 = \frac{1}{2}(1 + i\sqrt{3})$ 和 $\lambda_3 = \frac{1}{2}(1 - i\sqrt{3})$ 的解是

$$u_t^2 = \cos t\frac{\pi}{3}, \; u_t^3 = \sin t\frac{\pi}{3}.$$

这样，该差分方程的通解是

$$u_t = C_1 (-1)^t + C_2 \cos t \frac{\pi}{3} + C_3 \sin t \frac{\pi}{3}.$$

例 4　求差分方程 $y_{t+3} - 6y_{t+2} + 12y_{t+1} - 8y_t = 0$ 的通解.

解　该差分方程的特征方程是

$$\lambda^3 - 6\lambda^2 + 12\lambda - 8 = (\lambda - 2)^3 = 0,$$

特征根是 $\lambda_1 = \lambda_2 = \lambda_3 = 2$ 是三重根.因此,该差分方程的通解是

$$u_t = C_1 2^t + C_2 t 2^t + C_3 t^2 2^t.$$

四、非齐次方程解的结构

非齐次线性差分方程的一般形式

$$a_0 y_{t+n} + a_1 y_{t+n-1} + \cdots + a_n y_t = f(t), \tag{3}$$

(其中 $f(t)$ 是已知的函数),称 n 阶常系数线性非齐次差分方程

$$a_0 y_{t+n} + a_1 y_{t+n-1} + \cdots + a_n y_t = 0$$

是非齐次差分方程对应的齐次差分方程.通常,对应齐次差分方程和特征方程的特征根也称为非齐次差分方程的特征方程和特征根.

定理 3　设 u_t^1 是非齐次差分方程的解,u_t^0 是对应齐次差分方程的解.则 $u_t^1 + u_t^0$ 是非齐次差分方程的解.

证　根据条件,有

$$a_0 u_{t+n}^1 + a_1 u_{t+n-1}^1 + \cdots + a_n u_t^1 \equiv v_t,$$
$$a_0 u_{t+n}^0 + a_1 u_{t+n-1}^0 + \cdots + a_n u_t^0 \equiv 0,$$

将 $u_t^1 + u_t^0$ 代入非齐次差分方程,有

$$a_0(u_{t+n}^1 + u_{t+n}^0) + a_1(u_{t+n-1}^1 + u_{t+n-1}^0) + \cdots + a_n(u_t^1 + u_t^0)$$
$$= (a_0 u_{t+n}^1 + a_1 u_{t+n-1}^1 + \cdots + a_n u_t^1) + (a_0 u_{t+n}^0 + a_1 u_{t+n-1}^0 + \cdots + a_n u_t^0)$$
$$\equiv v_t + 0 = v_t.$$

定理 4　设 u_t^1, u_t^2 是非齐次差分方程的解,则 $u_t^1 - u_t^2$ 是对应齐次差分方程的解.

证　根据条件,有

$$a_0 u_{t+n}^1 + a_1 u_{t+n-1}^1 + \cdots + a_n u_t^1 \equiv v_t,$$
$$a_0 u_{t+n}^2 + a_1 u_{t+n-1}^2 + \cdots + a_n u_t^2 \equiv v_t,$$

将 $u_t^1 - u_t^2$ 代入对应齐次差分方程,有

$$a_0(u_{t+n}^1 - u_{t+n}^2) + a_1(u_{t+n-1}^1 - u_{t+n-1}^2) + \cdots + a_n(u_t^1 - u_t^2)$$
$$= (a_0 u_{t+n}^1 + a_1 u_{t+n-1}^1 + \cdots + a_n u_t^1) - (a_0 u_{t+n}^2 + a_1 u_{t+n-1}^2 + \cdots + a_n u_t^2)$$
$$\equiv v_t - v_t = 0.$$

定理 5　设 u_t^0 是非齐次差分方程的一个特解,u_t^* 是对应齐次差分方程的通解.则 $u_t^0 + u_t^*$ 是非齐次差分方程的通解.

该定理常称为常系数线性非齐次差分方程解的结构定理.

下面利用待定系数法可求出 $f(t)$ 的几种常见形式的非齐次差分方程(3)的特解.

当 $f(t) \neq 0$,同一阶相似,只要求其一个特解即可.

(i) 如果 $f(t) = P_n(t)$ (n 次多项式),注意到 $y_{t+2} + py_{t+1} + qy_t = f(t)$ 可以写成

$$\Delta^2 y_t + (p + 2)\Delta y_t + (1 + p + q)y_t = f(t) .$$

若 $1 + p + q \neq 0$,令特解为 $y_t = b_0 + b_1 t + b_2 t^2 + \cdots + b_n t^n$.

若 $1 + p + q = 0, 2 + p \neq 0$,令特解为 $y_t = t(b_0 + b_1 t + b_2 t^2 + \cdots + b_n t^n)$.

若 $1 + p + q = 0, 2 + p = 0$,令特解为 $y_t = t^2(b_0 + b_1 t + b_2 t^2 + \cdots + b_n t^n)$.

将特解代入原方程,再比较系数确定 $b_0, b_1, b_2, \cdots, b_n$ 便得到一个特解.

(ii) 如果 $f(t) = \lambda^t P_n(t)$ ($P_n(t)$ 是 n 次多项式, λ 是常数),则非齐次方程为

$$y_{t+2} + py_{t+1} + qy_t = \lambda^t P_n(t) .$$

可以直接设其特解为 $y_t = \lambda^t t^s(b_0 + b_1 t + b_2 t^2 + \cdots + b_n t^n)$,其中当 λ 不是其特征方程的根时, $s = 0$;当 λ 是其特征方程的单根时, $s = 1$;当 λ 是其特征方程的重根时, $s = 2$(见表7-4).

表7-4

$f(x)$ 的形式	确定待定特解的条件	待定特解的形式	
$\rho^t P_m(t)(\rho > 0)$ $P_m(t)$ 是 m 次多项式	ρ 不是特征根	$\rho^t Q_m(t)$	$Q_m(t)$ 是 m 次多项式
	ρ 是特征单根	$\rho^t t Q_m(t)$	
	ρ 是特征重根	$\rho^t t^2 Q_m(t)$	
$\rho^t(a\cos\theta t + b\sin\theta t)$ $(\rho > 0)$	$\delta = \rho(\cos\theta t + i\sin\theta t)$	δ 不是特征根	$\rho^t(A\cos\theta t + B\sin\theta t)$
		δ 是特征单根	$\rho^t t(A\cos\theta t + B\sin\theta t)$
		δ 是特征重根	$\rho^t t^2(A\cos\theta t + B\sin\theta t)$

例5 求差分方程 $y_{t+2} - y_{t+1} - 6y_t = 3^t(2t + 1)$ 的通解.

解 特征根为 $\lambda_1 = -2, \lambda_2 = 3, f(t) = 3^t(2t + 1) = \rho^t P_m(t)$,其中 $m = 1, \rho = 3$.因为 $\rho = 3$ 是单根,故设特解为

$$y^*(t) = 3^t t(B_0 + B_1 t) ,$$

将其代入差分方程得

$3^{t+2}(t + 2)[B_0 + B_1(t + 2)] - 3^{t+1}(t + 1)[B_0 + B_1(t + 1)] - 6 \cdot 3^t t(B_0 + B_1 t) = 3^t(2t + 1)$

即 $(30B_1 t + 15B_0 + 33B_1) \cdot 3^t = 3^t(2t + 1)$,

解得 $B_0 = -\dfrac{2}{25}, B_1 = \dfrac{1}{15}$,因此特解为 $y^*(t) = 3^t t(\dfrac{1}{15}t - \dfrac{2}{25})$,所求通解为

$$y(t) = C_1(-2)^t + C_2 3^t + 3^t t(\frac{1}{15}t - \frac{2}{25}) .$$

例6 求差分方程 $y_{t+2} - 6y_{t+1} + 9y_t = 3^t$ 的通解.

解 特征根 $\lambda_1 = \lambda_2 = 3, f(t) = 3^t = \rho^t P_m(t)$,其中 $m = 0, \rho = 3$,

因 $\rho = 3$ 为二重根, 应设特解为

$$y^*(t) = Bt^2 3^t,$$

将其代入差分方程得 $B(t+2)^2 3^{t+2} - 6B(t+1)^2 3^{t+1} + 9Bt^2 3^t = 3^t$, 解得 $B = \dfrac{1}{18}$.

特解为 $y^*(t) = \dfrac{1}{18}t^2 3^t$, 通解为 $y_t = (C_1 + C_2 t)3^t + \dfrac{1}{18}t^2 3^t$ (C_1, C_2 为任意常数).

例7 求差分方程 $y_{x+1} - 3y_x = 7 \cdot 2^x$ 的通解.

解 显然其齐次方程的通解为 $y_x = C \cdot 3^x$ (C 为任意常数).

设其特解为 $y_x = b \cdot 2^x$, 所以有 $b \cdot 2^{x+1} - 3b \cdot 2^x = 7 \cdot 2^x$, 从而得 $b = -7$.

因此, 原方程的通解为 $y_x = C \cdot 3^x - 7 \cdot 2^x$

习题 7-9

1.求下列函数的一阶和二阶差分:

(1) $y_t = 3t^2 - t^3$;

(2) $y_t = e^{2t}$;

(3) $y_t = \ln t$;

(4) $y_t = t^2 \cdot 3^t$.

2.判断下列差分方程的阶数:

(1) $y_{n+1} = 1.2y_n + 30$;

(2) $y_{n+1} = 5 - y_n^2$;

(3) $y_{n+1} = 4y_n + y_{n-1}$;

(4) $y_{n+1} = 3y_n + 7$;

(5) $y_x = xy_{x-1} - y_{x-2}$;

(6) $y_x = y_x y_{x-1}$;

(7) $y_x = 2y_{x-1}^2 + xy_{x-3}$.

3.求下列一阶常系数线性差分方程的通解:

(1) $y_{t+1} - 2y_t = 0$; (2) $y_{t+1} + 3y_t = 0$; (3) $3y_{t+1} - 2y_t = 0$.

4.求下列差分方程在给定初始条件下的特解:

(1) $y_{t+1} - 3y_t = 0$, 且 $y_0 = 3$;

(2) $y_{t+1} + y_t = 0$, 且 $y_0 = -2$;

(3) $y_{t+1} - y_t = 10$, 且 $y_0 = 3$;

(4) $y_{t+1} - 2y_t = 2^t$, 且 $y_0 = 2$.

5.求下列二阶常系数线性差分方程通解或在给定初始条件下的特解:

(1) $y_{t+2} - y_{t+1} - 6y_t = 0$;

(2) $y_{t+2} + 6y_{t+1} + 9y_t = 0$;

(3) $y_{t+2} + 13y_{t+1} + 12y_t = 0$; $y_0 = 1, y_1 = 6$.

6.求下列二阶常系数线性非齐次差分方程通解:

(1) $y_{t+2} - 3y_{t+1} + 2y_t = 2^x$;

(2) $y_{t+2} - y_{t+1} - 6y_t = 6$;

(3) $y_{t+2} + 6y_{t+1} + 9y_t = 8$.

总习题七

1.选择题：

（1）微分方程 $y' = 2xy$ 的通解为（　　）.

A. $y = e^{x^2} + C$　　　　　　　　　　　B. $y = Ce^{x^2}$

C. $y = e^{Cx^2}$　　　　　　　　　　　　D. $y = Ce^x$

（2）函数 $y = c_1 e^{2x+e^2}$ 是微分方程 $y'' - y' - 2y = 0$ 的（　　）.

A.通解　　　　　　　　　　　　　　B.特解

C.不是解　　　　　　　　　　　　　D.是解，但既不是通解，也不是特解

（3）设线性无关的函数 y_1, y_2, y_3 都是二阶非齐次线性微分方程 $y'' + p(x)y' + q(x)y = f(x)$ 的解，C_1, C_2 是任意常数，则该方程的通解是（　　）.

A. $C_1 y_1 + C_2 y_2 + y_3$　　　　　　　　B. $C_1 y_1 + C_2 y_2 - (C_1 + C_2)y_3$

C. $C_1 y_1 + C_2 y_2 - (1 - C_1 - C_2)y_3$　　D. $C_1 y_1 + C_2 y_2 + (1 - C_1 - C_2)y_3$

（4）微分方程 $xy' + y = \sqrt{x^2 + y^2}$ 是（　　）.

A.可分离变量的微分方程　　　　　　B.齐次微分方程

C.一阶线性齐次微分方程　　　　　　D.一阶线性非齐次微分方程

2.填空题：

（1）微分方程 $xy' = y\ln y$ 的通解是_____；

（2）方程 $y' = y^2 \sin x$ 的奇解为_____；

（3）微分方程 $3x^2 + 5x - 5y' = 0$ 的通解是_____；

（4）微分方程 $4\dfrac{d^2 s}{d(t^2)} - 20\dfrac{ds}{dt} + 25s = 0$ 的通解为_____.

3.求微分方程 $\dfrac{dy}{dx} = 2xy$ 的通解.

4.求下列一阶微分方程满足所给初始条件的特解：

（1）$\dfrac{dy}{dx} + \dfrac{y}{x} = \dfrac{\sin x}{x}$，$y(\pi) = 1$；

（2）$y' - 2y = e^x - x$，$y(0) = \dfrac{5}{4}$.

5.解方程：$y''' = e^{2x} - \cos x$.

6.求方程 $\dfrac{dy}{dx} + 3y = 8$ 满足初始条件 $y|_{x=0} = 2$ 的特解.

7.求微分方程 $y'' - 4y = e^{2x}$ 的通解.

8.求微分方程 $y'' - 5y' + 6y = xe^{2x}$ 的通解.

9.设函数 $y = (1 + x)^2 u(x)$ 是方程 $y' - \dfrac{2y}{x + 1} = (x + 1)^3$ 的通解,求 $u(x)$.

10.求下列伯努利方程的通解:

(1) $2x^2 y + xy + x^4 y^3 = 0$;　　　　　　(2) $y' - \dfrac{y}{1 + x} + y^2 = 0$.

11.求齐次方程 $(y^2 - 2xy)\mathrm{d}x = (x^2 - 2xy)\mathrm{d}y$ 的通解.

12.求解下列初值问题: $y'' + (y')^2 = 1, y(0) = 0, y'(0) = 0$.

13.求微分方程 $x^2 y'' + xy' = 1$ 的通解.

14.求下列方程的通解:

(1) $y'' - 4y' - 5y = 0$;　　　　　　(2) $y'' - 4y' - 5 = 0$;

(3) $y'' - 4y' + 4y = x^2 \mathrm{e}^{2x}$;　　　　　(4) $y'' + y' - 2y = 8\sin 2x$.

15.求下列欧拉方程的通解:

(1) $x^3 y''' - 4x^2 y'' + 13xy' - 13y = x$;　　　(2) $x^4 y^{(4)} + 8x^3 y^{(3)} + 15x^2 y'' + 5xy' = 0$;

(3) $x^4 y^{(4)} + 6x^3 y^{(3)} + 7x^2 y'' + xy' + y = 0$.

微分方程发展概况

微分方程和积分方程的产生,很难分出先后,纳皮尔(John Napier,1550—1617)发现对数时,实质上已解出了微分方程 $\dfrac{\mathrm{d}(a-y)}{\mathrm{d}t}=y$.牛顿几乎在建立微积分的同时,使用无穷级数解一阶微分方程.1676年伯努利(Bernoulli)致牛顿的信中第一次提出微分方程的概念.但直到18世纪中期,微分方程才成为一门独立的学科.在此前一些数学家都作了大量的工作,如莱布尼兹和伯努利兄弟,他们在1696—1697年解决了雅各·伯努利提出的"伯努利方程":

$$\frac{\mathrm{d}y}{\mathrm{d}t}+P(x)y=Q(x)y''.$$

并指出经线性代换后化为线性方程.

他们成功地将大量的方程化为可解的.

积分因子源于欧拉、克雷罗等人的工作.克雷罗(ALexis CLaude CLairaut,1713—1765,法国人)1734年提出了以他的名字命名的方程:

$$y=xy'+f(y').$$

从1728年起欧拉开始讨论二阶方程的解.表示振动弦的形状是最早受到注意的二阶偏微分方程.1746—1748年达朗贝尔与欧拉讨论了这类方程.拉格朗日完成了它的解,并在1772—1785年间的一系列论文中讨论一阶偏微分方程.

丹尼尔.伯努利(1695—1726,约翰.伯努利的儿子)最早的论著(1724年)是解决黎卡提所提出的"黎卡提方程"(1724年):

$$\frac{\mathrm{d}y}{\mathrm{d}t}=A+By+Cy^2(A、B、C 是 x 的函数).$$

丹尼尔.伯努利25岁时就成为彼得堡科学院的数学教授,他在概率论、偏微分方程、物理、流体动力学等方面都有很大贡献,曾10次荣获法国科学院奖金.

1764年法国科学院提出月球天平动问题,悬赏用万有引力解释月球何以自转,并永远以同一面对着地球,且有二均差,拉格朗日用微分方程解决了这个问题.这一成功鼓舞了法国科学院提出更难的木星四卫星理论,一个比克雷罗、达朗贝尔、欧拉研究过的三体问题复杂得多的六体问题(木星及其四卫星加上太阳一共是六个天体互相吸引),拉格朗日大量使用了微分方程理论,并用近似解法克服了困难,于1766年再次获奖.

参 考 答 案

习题 1-1

1.(1) **R**;   (2) $x > 1$;   (3) $(-2,1) \cup (1,2)$;

   (4) $(-\frac{1}{3}, 1]$;   (5) $[0, +\infty)$.

2.(1) $y = \begin{cases} 2, & x = 0, \\ 1, & x \neq 0; \end{cases}$ (2) $y = \begin{cases} x+1, & x > 0, \\ x-1, & x < 0. \end{cases}$

3.(1); (8).

4.(1)

5. $f(x)$ 的定义域为 $[-1,3]$，$f(0) = 2$，$f(1) = 0$.

6. $f(x) = \frac{1}{x} + \sqrt{1 + \frac{1}{x^2}}$.

7. 略.

8.(1) 偶函数;   (2) 非奇又非偶;   (3) 偶函数;

   (4) 奇函数;   (5) 非奇又非偶;   (6) 偶函数.

9.(1) 周期函数,周期为 2;   (2) 周期函数,周期为 π;

   (3) 非周期函数;   (4) 周期函数,周期为 1;

   (5) 周期函数,周期为 π;   (6) 周期函数,周期为 12π.

10.(1) $y = 1 + \lg(x+2)$;   (2) $y = \ln x - 1$;

   (3) $\log_2 \frac{x}{1-x}$;   (4) $y = \dfrac{1 + \arcsin \frac{x-1}{2}}{1 - \arcsin \frac{x-1}{2}}$.

11. $f[f(x)] = \frac{x-1}{x}$，$f\{f[f(x)]\} = x$.

12. 略.

13. 15.

14. $x^2 + 1$.

15. $f[g(x)] = \begin{cases} 10x, & x < 0, \\ -6x, & x \geqslant 0. \end{cases}$

16. $f[g(x)] = \begin{cases} 1, & |g(x)| < 1, \\ 0, & |g(x)| = 1, \\ -1, & |g(x)| > 1, \end{cases} = \begin{cases} 1, & x < 0, \\ 0, & x = 0, \\ -1, & x > 0. \end{cases}$ $g[f(x)] = e^{f(x)} = \begin{cases} e, & |x| < 1, \\ 1, & |x| = 1, \\ e^{-1}, & |x| > 1. \end{cases}$

17.（1）$y = \arcsin u, u = \sqrt{v}, v = \sin x$ ；　　（2）$y = u^3, u = \log_2 v, v = \cos x$ ；

（3）$y = \sin u, u = \tan v, v = x^2 + 1$ ；　　（4）$y = 2^u, u = v^3, v = \sin w, w = \dfrac{1}{x}$.

习题 1-2

1.（1）B；　　　　　　　　　　　（2）B.

2.（1）收敛数列,极限为 0；　　　　（2）收敛数列,极限为 1；

（3）收敛数列,极限为 0；　　　　　（4）发散数列；

（5）发散数列；　　　　　　　　　　（6）收敛数列,极限为 2.

3.（1）不对；　　（2）不对；　　（3）不对；　　（4）对；　　（5）对.

4.（1）证　　$\forall \varepsilon > 0$,取 $N = \left[\dfrac{5}{\varepsilon}\right]$,则当 $n > N$ 时,恒有 $\left|\dfrac{3n+1}{2n-1} - \dfrac{3}{2}\right| < \varepsilon$.

（2）证　　$\forall \varepsilon > 0$,取 $N = \left[\dfrac{1}{(2\varepsilon)^2}\right]$,则当 $n > N$ 时,恒有 $\left|\sqrt{n+1} - \sqrt{n}\right| < \varepsilon$.

（3）证　　$\forall \varepsilon > 0$,取 $N = \left[\lg \dfrac{1}{\varepsilon}\right]$,则当 $n > N$ 时,恒有 $|\underbrace{0.99\cdots 9}_{n\uparrow} - 1| < \varepsilon$.

（4）证　　$\forall \varepsilon > 0$,取 $N = \left[\dfrac{1}{\varepsilon}\right]$,当 $n > N$ 时,恒有 $\left|\dfrac{\sqrt{n^2+n}}{n} - 1\right| < \varepsilon$.

5.（1）必要条件；　　　　（2）是；　　　　　　（3）不一定.

6.略.

7.略.

8.略.

习题 1-3

1.（1）C；　　　　　　　　　（2）C；　　　　　　　　　（3）D.

2.（1）0；　　　　　　　　　（2）-1；　　　　　　　　（3）不存在.

3.（1）0；　　　　　　　　　（2）不存在；　　　　　　　（3）1.

4. $\lim\limits_{x\to 0^-} f(x) = \lim\limits_{x\to 0^+} f(x) = \lim\limits_{x\to 0} f(x)$, $\lim\limits_{x\to 0^-} g(x) = -1, \lim\limits_{x\to 0^+} g(x) = 1, \lim\limits_{x\to 0} g(x)$ 不存在.

5. $\lim\limits_{x\to 0} f(x) = 0, \lim\limits_{x\to 1} f(x) = 3$.

6.存在且 $\lim\limits_{x\to 1} f(x) = 1$.

7.（1）$\forall \varepsilon > 0$,取 $\delta = \varepsilon$,当 $|x| < \delta$ 时,有 $\left|x\sin\dfrac{1}{x}\right| < \varepsilon$ ；

（2）$\forall \varepsilon > 0$,取 $X = \dfrac{1}{\sqrt{3\varepsilon}}$,当 $|x| > X$ 时,有 $\left|\dfrac{1+2x^2}{3x^2} - 1\right| < \varepsilon$ ；

（3）$\forall \varepsilon > 0$,取 $X = \dfrac{1}{2\varepsilon}$,当 $|x| > X$ 时,有 $\left|\dfrac{\arctan x}{x}\right| < \varepsilon$ ；

(4) $\forall \varepsilon > 0$, 取 $\delta = \varepsilon^2$, 当 $2 < x < 2 + \delta$ 时, 有 $\left| \sqrt{x} - 2 \right| < \varepsilon$.

8. (1) 2;　　　　(2) 2;　　　　(3) $\dfrac{1}{2}$;　　　　(4) 2;

　(5) 6;　　　　(6) $-\dfrac{\sqrt{2}}{2}$;　　　　(7) 2;　　　　(8) 1;

　(9) $\dfrac{4}{3}$;　　　　(10) $\dfrac{2^{20} \cdot 3^{30}}{5^{50}}$;　　　　(11) $\dfrac{3}{2}$;　　　　(12) $\dfrac{1}{2}$;

　(13) 1;　　　　(14) $\dfrac{1}{2}$;　　　　(15) $\dfrac{n}{m}$;　　　　(16) –1.

9. 若 $\lim\limits_{x \to x_0^+} f(x) = a > 0$, 则存在 $\delta > 0$, 当 $x_0 < x < x_0 + \delta$, 有 $f(x) > 0$.

10. 证　不妨设 $x'_n = \dfrac{2\pi}{2n\pi + \dfrac{\pi}{2}}, x''_n = \dfrac{2\pi}{2n\pi + \dfrac{\pi}{2}}$,

$$\sin \dfrac{2\pi}{x'_n} = \sin \dfrac{2\pi}{\dfrac{2\pi}{2k\pi + \dfrac{\pi}{2}}} = \sin\left(2k\pi + \dfrac{\pi}{2}\right) = 1,$$

$$f(x) = \sin \dfrac{2\pi}{x''_n} = \sin \dfrac{2\pi}{\dfrac{2\pi}{2k\pi + \dfrac{3\pi}{2}}} = \sin\left(2k\pi + \dfrac{3\pi}{2}\right) = -1,$$

故 $f(x) = \sin \dfrac{2\pi}{x}$, 当 $x \to 0^+$ 时, 极限不存在, 同理可证: $f(x) = \sin \dfrac{2\pi}{x}$, 当 $x \to 0^-$ 时的极限不存在.

习题 1-4

1. 略.

2. (1) 1;　　　(2) 0;　　　(3) 1;　　　(4) 1;　　　(5) 1;　　　(6) 1.

3. (1) 1;　　　(2) x;　　　(3) $\dfrac{1}{3}$;　　　(4) $\dfrac{1}{2}$;　　　(5) 2;　　　(6) 2;

　(7) –1;　　　(8) 1;　　　(9) $\sin 2a$;　　　(10) 1.

4. $\lim\limits_{x \to 0} f(x) = 1$.

5. (1) 用归纳法证明 $0 < x_n \leq 2, n = 1, 2, \cdots$ 再证 $\{x_n\}$ 单增, $\lim\limits_{n \to \infty} x_n = 2$;

　(2) 用归纳法证明 $0 < x_n \leq 2, n = 1, 2, \cdots$ 再证 $\{x_n\}$ 单增, $\lim\limits_{n \to \infty} x_n = 2$;

　(3) $1 \leq x_n \leq 2, x_{n+1} - x_n = \dfrac{x_n - x_{n-1}}{(1 + x_{n-1})(1 + x_n)}$, $n = 1, 2, \cdots$.

6. (1) e^{-1};　　　(2) e;　　　(3) e;　　　(4) e;　　　(5) 1;

(6) e^2;   (7) e^2;   (8) e^{-k};   (9) e^{-2}.

习题 1-5

1.(1) C;   (2) C;   (3) C;   (4) D;   (5) A;

   (6) B;   (7) B;   (8) A;   (9) D;   (10) B.

2.(1) 0;   (2) 0;   (3) 0;   (4) 0.

3.2.

4.(1) $\dfrac{1}{2}$;   (2) $\dfrac{4}{3}$;   (3) 0;   (4) $\dfrac{1}{2}$;

   (5) -2;   (6) $e^{\frac{1}{2}}$;   (7) $\dfrac{1}{2}$;   (8) 0.

5.(1);(2);(4);(6).

6.(1) ∞;   (2) ∞;   (3) ∞;   (4) ∞.

7. $a=1, b=1$.

8.(1) $x=0, y=0$;   (2) $y=\pm\dfrac{\pi}{2}$;   (3) $x=0, x=2, y=3x+6$.

习题 1-6

1.(1) C;   (2) B;   (3) B;   (4) C;   (5) D;   (6) C.

2.(1) 定义域为 $[0,+\infty)$;

   (2) 当 $x=\dfrac{1}{2}, x=2$ 时,$f(x)$ 连续,而当 $x=1$ 时,$f(x)$ 不连续;

   (3) $f(x)$ 的连续区间 $[0,1),(1,+\infty)$.

3. $(-\infty,-1),(-1,1),(1,+\infty)$.

4.(1) $x=-1$ 为第二类间断点;   (2) $x=\pm\sqrt{2}$ 均为第二类间断点;

   (3) $x=0$ 为第一类断点;   (4) $x=0,\pm1,\pm2,\cdots,$ 均为第一类间断点.

5. $f(x)$ 在 $[0,+\infty)$ 处处连续.

习题 1-7

1.(1) C;   (2) D;   (3) C.

2.(1) $f[g(x)]$ 处处连续,$x=0$ 为 $g[f(x)]$ 的可去间断点;

   (2) $x=-1,0,1$ 为 $f[g(x)]$ 的跳跃间断点,$g[f(x)]$ 处处连续.

3. $F(x)=\dfrac{f(x)+g(x)+|f(x)-g(x)|}{2}, G(x)=\dfrac{f(x)+g(x)-|f(x)-g(x)|}{2}$.

4.(1) 0;   (2) 0;   (3) $\dfrac{1}{2}\ln3$;   (4) $\dfrac{1}{2}$;   (5) 1;

(6) $-\dfrac{1}{3}$;　　　(7) $e^{\frac{1}{2}}$;　　　(8) e^3;　　　(9) e^2;　　　(10) $e^{\frac{1}{2}}$;

(11) $\sqrt{2}$;　　　(12) e^2;　　　(13) e;　　　(14) 0.

5.证　令 $m = \min\{f(x_1), f(x_2), \cdots, f(x_n)\}$，$M = \max\{f(x_1), \cdots, f(x_n)\}$，则 $x_1, \cdots, x_n$ 中至少有一个 x_i 使 $f(x_i) = m$，至少有一个 x_j，使 $f(x_j) = M$，

$$m = f(x_i) \leqslant \frac{1}{n}\sum_{k=1}^{n} f(x_k) \leqslant f(x_j) = M. \qquad\qquad (\mathrm{I})$$

当(Ⅰ)式中两个"$\leqslant$"中有一个取等号时，则对应的 x_i（或 x_j）即为 ξ，当(Ⅰ)式中的两个"$\leqslant$"号都不能取等号时，由于 $f(x)$ 在闭区间 $[x_i, x_j]$（或 $[x_j, x_i]$）上连续，由介值定理知存在一点 $\xi \in (x_i, x_j)$ 或 (x_j, x_i)，使 $f(\xi) = \dfrac{1}{n}\sum_{k=1}^{n} f(x_k)$，以上两种情况下得到的 ξ 显然都在 $[x_1, x_n]$ 上.

6.证　令 $m = \min\limits_{x \in [0,2]} f(x)$，$M = \max\limits_{x \in [0,2]} f(x)$，则

$$m \leqslant \frac{f(0) + 2f(1) + 3f(2)}{6} \leqslant M.$$

由推论 2 知，存在 $\xi \in [0,2]$，使得 $f(\xi) = 1$.

7.证　设 $f(x) = x^5 - 3x - 1$，易知 $f(x)$ 在 $[1,2]$ 上连续，且 $f(1) = -3 < 0$，$f(2) = 25 > 0$，故 $f(1) = -3 < 0$，故 $\exists \xi \in (1,2)$，使 $f(\xi) = 0$.

8.证　设 $f(x) = x2^x - 1$，易知 $f(x)$ 在 $[0,1]$ 上连续，且 $f(0) = -1 < 0$，$f(1) = 1 > 0$，因此 $\exists \xi \in (0,1)$，使 $f(\xi) = 0$.

9.证　令 $\varphi(x) = f(x) - f(x + a)$，而 $\varphi(x)$ 在 $[0,a]$ 上连续，由于条件 $\varphi(0) = f(0) - f(a) = f(2a) - f(a)$，若 $\varphi(0) = 0$，则显然结果成立，若 $\varphi(0) \neq 0$，$\varphi(a) = f(a) - f(2a) = f(a) - f(0)$，则显然 $\varphi(0)\varphi(a) < 0$，故 $\exists \xi \in (0,a)$，使 $f(\xi) = f(\xi + a)$，综上，$\exists \xi \in [0,a]$ 使 $f(\xi) = f(\xi + a)$.

总习题一

1.(1) $x^2 - x$;　　　(2) $y = e^x$;　　　(3) 2;　　　(4) 0;

(5) 3;　　　(6) -1;　　　(7) $y = -3, x = -1$;　　　(8) $-1, -2$;

(9) $2a = b$;　　　(10) $\dfrac{1}{1 - 2a}$;　　　(11) 2;　　　(12) 0.

2.(1) A;　　　(2) A;　　　(3) C;　　　(4) C;　　　(5) D;

(6) C;　　　(7) D;　　　(8) A;　　　(9) C.

3.4.

4.$\dfrac{1}{2}$.

5.$-\dfrac{1}{2}$.

6.1.

7.0.

8.证 由不等式 $a + b \geqslant 2\sqrt{ab}$ 知：

$$x_n \geqslant \sqrt{a} \ , \quad x_{n+1} - x_n = \frac{a - x_n^2}{2x_n} \leqslant 0 \ .$$

所以 $\{x_n\}$ 为单调递减的有界数列，故 $\{x_n\}$ 的极限存在.

习题 2-1

1.(1) B；　　　　　(2) D；　　　　　(3) D；　　　　　(4) B；　　　　　(5) A.

2. $T'(t)$.

3.3.

4.(1) $5x^4$；　　　　(2) $\frac{2}{3}x^{-\frac{1}{3}}$；　　　(3) $\frac{1}{2}x^{-\frac{3}{2}}$；　　　(4) $-2x^{-3}$.

5.切线方程 $y = -\frac{1}{2}x + \frac{\pi}{3} + \frac{\sqrt{3}}{2}$；法线方程 $y = 2x - \frac{4\pi}{3} + \frac{\sqrt{3}}{2}$.

6.(1) $-f'(a)$；　　(2) $-2f'(a)$；　　(3) $3f'(a)$；　　(4) $3f'(a)$.

7. e^2 .

8.2.

9. $\frac{1}{e}$.

10. $-\frac{1}{\ln 2}\frac{1}{x}$.

11.(1) 连续且可导；　　　　　　　(2) 连续且可导.

12. $a = 1, b = 1$.

习题 2-2

1.(1) $\frac{\sqrt{3}}{2} - \frac{1}{2}$，0；　　　　　　(2) $\frac{4}{3}$.

2.(1) $15x^4 + 18x^2 + 4x - 4$；　　　　(2) $\cos 2x$；

(3) $\ln 10 \ 10^x + 10x^9$；　　　　　(4) $2x + \arctan x + \frac{x}{1 + x^2}$；

(5) $3\ln a \ a^x \cos x - a^x \sin x$；　　(6) $x^{-2} - \frac{\ln x}{x^2} - 2x\cos x + x^2 \sin x$；

(7) $e^x x^2 + 2xe^x + 2x\ln x + x$；　　(8) $2x\cos x \ln x - x^2 \sin x \ln x + x\cos x$.

3.(1) $6(2x + 5)^2$；　　　　　　(2) $-3\sin(3x + 4)$；

(3) $-e^x \sin e^x$；　　　　　　(4) $5\cos 5x - 3\csc^2 3x$；

(5) $2\arcsin x \dfrac{1}{\sqrt{1-x^2}}$;

(6) $\dfrac{2x}{1+x^4}$;

(7) $\dfrac{-x}{\sqrt{1-x^2}}$;

(8) $n\sin^{n-1}x\cos x\cos nx - n\sin^n x\sin nx$;

(9) $\dfrac{6}{6x+5}$;

(10) $\dfrac{1}{\sqrt{1+x^2}}$;

(11) $\dfrac{2x}{\tan x^2}\sec^2 x^2$;

(12) $\dfrac{1}{\ln\ln x}\dfrac{1}{\ln x}\dfrac{1}{x}$;

(13) $\dfrac{1}{2}e^{\arctan\sqrt{x}}\dfrac{1}{1+x}\dfrac{1}{\sqrt{x}}$.

4. $\dfrac{-1}{(1+x)^2}$.

5.切线方程 $y=2x$;法线方程 $y=-\dfrac{1}{2}x$.

6. $y=x-1$.

7. $(0,1)$.

8.略.

9. $-2.8\mathrm{m/s}$.

习题 2-3

1.(1) $\begin{cases} y^2-2xy+9=0, \\ y'=\dfrac{y}{y-x}; \end{cases}$

(2) $\begin{cases} y=x+\ln y, \\ y'=\dfrac{y}{y-1}; \end{cases}$

(3) $\begin{cases} xy=e^{x+y}, \\ y'=\dfrac{e^{x+y}-y}{x-e^{x+y}}; \end{cases}$

(4) $\begin{cases} \cos(xy)-\ln(x+y)=0, \\ y'=\dfrac{y(x+y)\sin xy-1}{1-x(x+y)\sin xy}; \end{cases}$

(5) $\begin{cases} x=y+x\arctan y, \\ y'=\dfrac{(1-\arctan y)(1+y^2)}{1+y^2+x}; \end{cases}$

(6) $\begin{cases} y=\tan(2x+y), \\ y'=-2\sec^2(2x+y)\cot^2(2x+y). \end{cases}$

2.(1) $x^{\sin x}\left(\cos x\ln x+\dfrac{\sin x}{x}\right)$;

(2) $\left(\dfrac{x}{1+x}\right)^x\left[\ln\dfrac{x}{1+x}+\dfrac{1}{1+x}\right]$;

(3) $\dfrac{\sqrt{x+3}\sqrt{x+2}\sqrt{x-1}}{(x+1)^4}\left(\dfrac{1}{2(x+3)}+\dfrac{1}{2(x+2)}+\dfrac{1}{2(x-1)}-\dfrac{4}{x+1}\right)$.

3.(1) $-\dfrac{b}{a}\cot t$;

(2) $\dfrac{\sin t+t\cos t}{1-\cos t+t\sin t}$;

(3) $\dfrac{1 + e^t}{2e^{2t}}$ ；

(4) $\dfrac{\cos t - \sin t}{\sin t + \cos t}$ ．

4.切线方程 $y = -3x + 4$ 和法线方程 $y = \dfrac{1}{3}x + \dfrac{2}{3}$ ．

5. $\dfrac{1}{2}$ ．

6. $\begin{cases} xy = e^y, \\ y' = \dfrac{y}{e^y - x}. \end{cases}$

习题 2-4

1.(1) $30x^4 + 12x$ ；

(2) $2\cos x - x\sin x$ ；

(3) $\dfrac{-2 - 2x^2}{(x^2 - 1)^2}$ ；

(4) $2\sec^2 x\tan x$ ．

2.(1) $v(t) = 20 - 10t, a(t) = -10$ ；

(2) $v(t) = \dfrac{\pi A}{3}\cos\dfrac{\pi t}{3}, a(t) = -\dfrac{\pi^2 A}{9}\sin\dfrac{\pi t}{3}$ ．

3.(1) $\begin{cases} x^2 - y^2 = 1, \\ y'' = -\dfrac{1}{y^3}; \end{cases}$

(2) $\begin{cases} y = 1 + xe^y, \\ y'' = \dfrac{e^{2y}(2 - xe^y)}{(1 - xe^y)^3}. \end{cases}$

4. $-2\cos 2x + \dfrac{1 - x^2}{\sqrt{(1 + x^2)^3}}$ ．

5.0.

6.3.

7.(1) $(-1)^n n!\, x^{-(n+1)}$ ；

(2) $\cos\left(x + \dfrac{n\pi}{2}\right)x + n\cos\left(x + \dfrac{(n - 1)\pi}{2}\right)$ ；

(3) $(-1)^{n-1}(n - 1)!\, x^{-n}$ ；

(4) $2^n\sin\left(2x + 1 + \dfrac{n\pi}{2}\right)$ ；

(5) $n!$ ．

习题 2-5

1.(1) 0.04 ；
(2) -0.02 ．

2.(1) x^2 ；
(2) $2\sqrt{x}$ ；
(3) $\ln|x|$ ；
(4) $\cos x$ ；

(5) $\arctan x$ ；
(6) $\sec x$ ．

3.(1) $\dfrac{2x}{1 + x^2}dx$ ；

(2) $\left[\dfrac{1}{1 + x} - \dfrac{1}{\sqrt{x}}\right]dx$ ；

(3) $\dfrac{e^{2x}(2x - 1)}{x^2}dx$ ；

(4) $\dfrac{1 - x^2}{(1 + x^2)^2}dx$ ；

(5) $-\dfrac{1}{|x|}\dfrac{x}{\sqrt{1-x^2}}\mathrm{d}x$;　　　　　　　　(6) $-\mathrm{e}^{-x}\big[\sin(3-x)+\cos(3-x)\big]\mathrm{d}x$.

4.(1) $\dfrac{\sqrt{3}}{2}+\dfrac{1}{360}$;　　　　　　　　(2) 8.0625.

5. 0.4π .

总习题二

1.(1) 1, 2, -1, 2 ;　　(2) $C, x, \dfrac{1}{2}x^2$;　　(3) $\dfrac{3}{x}$, $\ln x+1$;　　(4) 0 ;

(5) 2 ;　　　　(6) $y=\dfrac{\sqrt{3}}{6}x-\dfrac{\sqrt{3}}{12}$;　　(7) $y=\dfrac{1}{2}x-\dfrac{3}{2}$;　　(8) 1 ;

(9) $y=-2x+2$;　　(10) $\dfrac{-48}{(2x+3)^4}$;　　(11) $\dfrac{f'(\ln x)}{x}\mathrm{d}x$.

2.(1) B ;　　(2) D ;　　(3) C ;　　(4) B ;　　(5) D ;　　(6) A.

3.(1) $\left(2\sqrt{x^3}+\dfrac{3}{2}\sqrt{x}+6\right)\mathrm{e}^{2x}$;　　　　　　　(2) $\dfrac{2x\ln x-x}{\ln^2 x}$;

(3) $\dfrac{-\sin x}{\sqrt{1-\cos^2 x}}$;　　　　　　　(4) $x^{\frac{1}{x}}\dfrac{1-\ln x}{x^2}$.

4.(1) $-4x^3\cos 2x-12x^2\sin 2x+6x\cos 2x$;　　　　(2) $\mathrm{e}^x\dfrac{x^2+1}{(1+x)^3}$;

(3) $-3x\left(1-x^2\right)^{-\frac{1}{2}}-x^3\left(1-x^2\right)^{-\frac{3}{2}}$.

5.-3.

6.$\dfrac{4}{\mathrm{e}^2}$.

7.$\sqrt{2}$.

8.1.005.

习题 3-1

略.

习题 3-2

1.(1) $-\dfrac{1}{8}$;　　(2) 2 ;　　(3) $\dfrac{3}{5}$;

(4) $\dfrac{m}{n}a^{m-n}$;　　(5) $\dfrac{1}{2}$;　　(6) $-\dfrac{1}{3}$.

2.(1) 1 ;　　(2) ∞ ;　　(3) $\dfrac{1}{2}$;　　(4) 0 ;

(5) 1;　　　　　　(6) $\dfrac{1}{3}$;　　　　　　(7) e;　　　　　　(8) 1.

3.略.

4.略.

5. $a = \dfrac{1}{2}$, $b = 1$.

习题 3-3

1. $f(x) = x + x^2 + \dfrac{1}{2}x^3 + \cdots + \dfrac{1}{(n-1)!}x^n + o(x^n)$.

2. $2 - x + (x-1)^2 - (x-1)^3 + \cdots + (-1)^n (x-1)^n + o((x-1)^n)$.

3. $-22 - 27(x-2) - 5(x-2)^2 + 3(x-2)^3 + (x-2)^4$.

4. $(x-1) + \dfrac{5}{2}(x-1)^2 + \dfrac{11}{6}(x-1)^3 + \dfrac{1}{4}(x-1)^4 - \dfrac{1}{20\xi^2}(x-1)^5$, ξ 介于 1 与 x 之间.

5.1.6425.

6.近似值为 0.22267,误差范围为 0.0004.

7.(1) $\dfrac{1}{6}$;　　　　　　(2) $\dfrac{1}{2}$.

习题 3-4

1.(1) 单调递增区间 $\left(-\infty, -\dfrac{2}{3}\right]$, $[2, +\infty)$ 和单调递减区间 $\left[-\dfrac{2}{3}, 2\right]$;

(2) 单调递增区间 $\left[\dfrac{1}{2}, +\infty\right)$ 和单调递减区间 $\left(0, \dfrac{1}{2}\right]$;

(3) 单调递增区间 $[-1, +\infty)$ 和单调递减区间 $(-\infty, -1]$;

(4) 单调递增区间 $(-\infty, 0]$ 和单调递减区间 $(0, 1]$.

2.(1) $-1, 3$;　　　　(2) 0;　　　　(3) $\dfrac{3}{4}$;　　　　(4) $\dfrac{2}{5}$.

3.略.

4.(1). $-14, 11$;　　　(2) $-\sqrt{2}, \sqrt{2}$;　　　(3) $-5 + \sqrt{6}, \dfrac{5}{4}$;　　　(4) 27.

5. $a = 2$ 时, $f(x)$ 在 $x = \dfrac{\pi}{3}$ 处取得极大值.

6. $a = -\dfrac{15}{2}, b = 18$.

7.正方形边长为 $\dfrac{a}{6}$,体积为 $\dfrac{2a^3}{27}$.

8. $BD = 15\text{km}$.

9.(1) $Q = 3$;　　　　　　(2) 边际成本 $C'(Q) = 15 - 12Q + 3Q^2$.

10. $v = 30\text{km/h}$.

习题 3-5

1.(1) 凹;　　　　　(2) 凹;　　　　　(3) 凸;　　　　　(4) 凹.

2.(1) 凹区间 $\left[\dfrac{1}{2}, +\infty\right)$,凸区间 $\left(-\infty, \dfrac{1}{2}\right]$,拐点 $\left(\dfrac{1}{2}, 2\right)$;

　　(2) 凹区间 $(-\infty, -1]$, $(0,1)$,凸区间 $[1, +\infty)$, $(-1,0)$,拐点 $(0,0)$;

　　(3) 凹区间 $[-1,1]$,凸区间 $(-\infty, -1]$, $[1, +\infty)$,拐点 $(\pm 1, \ln 2)$;

　　(4) 凹区间 $(0, +\infty)$,凸区间 $(-\infty, 0]$,拐点 $(0,0)$.

3.(1) $x = -1, x = 3, y = 1$;　　　　　　(2) $x = \dfrac{1}{2}, y = \dfrac{1}{2}x + \dfrac{1}{4}$.

4.略.

5.略.

6. $a = -\dfrac{3}{2}, b = \dfrac{9}{2}$.

7. $a = 2$.

习题 3-6

1.(1) $\dfrac{2}{x\sqrt{(x^4 + 1)^3}}$;　　(2) $\dfrac{p^2}{\sqrt{(2px + p^2)^3}}$;　　(3) $\dfrac{1}{2a\sqrt{2(1 - \cos t)}}$.

2.3.

3. $\left(\dfrac{\sqrt{2}}{2}, -\dfrac{\ln 2}{2}\right)$ 处曲率半径有最小值 $\dfrac{3\sqrt{3}}{2}$.

总习题三

1.(1) 单调增加区间是 $[-1,0]$, $[4,5]$,单调减少区间是 $[-5,-1]$, $[0,4]$;极大值点是 $x = 0$,极小值点是 $x = -1,4$;凸区间是 $\left[1-\dfrac{\sqrt{21}}{3}, 1+\dfrac{\sqrt{21}}{3}\right]$,凹区间是 $\left[-5, 1-\dfrac{\sqrt{21}}{3}\right]$, $\left[1+\dfrac{\sqrt{21}}{3}, 5\right]$;最大值是 $f(-5) = 997$,最小值是 $f(4) = -56$;

　　(2) 水平渐近线 $y = 1$,垂直渐近线 $x = 0$;　　　　(3) $a = 1$, $b = -1$;

　　(4) $\dfrac{1}{2}$;　　　　　(5) $2\sqrt{a} f'(a)$;　　　　　(6) $f(x) = g(x) + C, C$ 为某常数.

2.(1) 错;   (2) 对;   (3) 错;   (4) 错;   (5) 错;   (6) 对.

3.(1) $\dfrac{1}{e}$;   (2) 1;   (3) 0;   (4) 1.

4. $x = 0$ 为极小值点,极小值为 $f(0) = 0$; $x = 2$ 为极大值点,极大值为 $f(2) = 4$.

5. $a = 2$ 和 $b = -1$.

6. $a = -\dfrac{2}{3}, b = -\dfrac{1}{6}$.

7.略.

8.略.

9.略.

10.边长为 $\dfrac{l}{2}$.

11.从 A 沿着地平面掘 500 米费用最省,此时费用为 5880 元.

12.略.

习题 4-1

1.(1) D;   (2) D;   (3) C.

2.(1) $5^x \sin x$;   (2) $\arctan x + C$;   (3) $-x^2 + C$;   (4) $\dfrac{1}{\cos^2 x} + C$;

     (5) $x e^x + C$;   (6) $\dfrac{2}{x^3}$;   (7) $f(x) = \dfrac{1}{4}x^4 + 1$;   (8) $x - \dfrac{1}{2}x^2$.

3.(1) $-\dfrac{2}{3}x^{-\frac{3}{2}} + C$;   (2) $\dfrac{2^x}{\ln 2} + \dfrac{1}{3}x^3 + C$;   (3) $\dfrac{2}{5}x^{\frac{5}{2}} - 2x^{\frac{3}{2}} + C$;

     (4) $x^3 + \arctan x + C$;   (5) $x - \arctan x + C$;   (6) $\dfrac{8}{15}x^{\frac{15}{8}} + C$;

     (7) $-\dfrac{1}{x} - \arctan x + C$;   (8) $\dfrac{3^x e^x}{1 + \ln 3} + C$;   (9) $-\cot x - x + C$;

     (10) $\dfrac{x + \sin x}{2} + C$;   (11) $\dfrac{1}{2}\tan x + C$;   (12) $\dfrac{1}{2}\tan x + \dfrac{1}{2}x + C$.

4. $f(x) = \dfrac{-1}{x\sqrt{1 - x^2}}$.

5. $C_1 x - \sin x + C_2$.

6. $y = \ln|x| + 1$.

7.(1) 16m;   (2) 100s.

8.不相等.

习题 4-2

1.(1) C;   (2) A;   (3) B;   (4) C;   (5) B.

2.(1) $\dfrac{1}{8}$;　　　　(2) $\dfrac{1}{2}$;　　　　(3) $\dfrac{1}{4}$;　　　　(4) $\dfrac{2}{3}$;

　(5) $\dfrac{1}{10}$;　　　　(6) $\dfrac{1}{4}$;　　　　(7) -1 ;　　　　(8) 2.

3.(1) $\dfrac{1}{3}e^{3t} + C$;　　　　　　(2) $-\dfrac{1}{20}(3 - 5x)^4 + C$;　　　(3) $-\dfrac{1}{2}(5 - 3x)^{\frac{2}{3}} + C$;

　(4) $-\dfrac{1}{a}\cos ax - be^{\frac{x}{b}} + C$;　(5) $\ln|\ln\ln x| + C$;　　　　　　(6) $\ln|\tan x| + C$;

　(7) $-\dfrac{1}{3}\sqrt{2 - 3x^2} + C$;　　(8) $-\dfrac{3}{4}\ln|1 - x^4| + C$;　　　(9) $\dfrac{1}{2}\sec^2 x + C$;

　(10) $\dfrac{1}{10}\arcsin(\dfrac{x^{10}}{\sqrt{2}}) + C$;　　　　　　　(11) $\dfrac{1}{2\sqrt{2}}\ln\left|\dfrac{\sqrt{2}x - 1}{\sqrt{2}x + 1}\right| + C$;

　(12) $\dfrac{1}{25}\ln|4 - 5x| + \dfrac{4}{25(4 - 5x)} + C$;　　(13) $\dfrac{1}{8}\ln\left|\dfrac{x^2 - 1}{x^2 + 1}\right| - \dfrac{1}{4}\arctan x^2 + C$;

　(14) $\sin x - \dfrac{\sin^3 x}{3} + C$;　　　　　　(15) $\dfrac{1}{2}\cos x - \dfrac{1}{10}\cos 5x + C$;

　(16) $\dfrac{1}{4}\sin 2x - \dfrac{1}{24}\sin 12x + C$.

4. $f(x) = 2\sqrt{1 + x} - 1$.

5. $f(x) = (x - 1)(x^2 - 2x + 3)$.

习题 4-3

1.(1) D;　　　　(2) C;　　　　(3) B;　　　　(4) C;　　　　(5) A.

2.(1) $\ln x$, $\dfrac{1}{6}x^6$;　　(2) $x(\ln x - 1) + C$;　　　　(3) $x\arcsin x + \sqrt{1 - x^2} + C$.

3.(1) $x^2 e^x - 2xe^x + 2e^x + C$;　　　　(2) $x\ln(x^2 + 1) - 2x + 2\arctan x + C$;

　(3) $-\dfrac{2}{17}e^{-2x}\cos\dfrac{x}{2} - \dfrac{8}{17}e^{-2x}\sin\dfrac{x}{2} + C$;　(4) $\dfrac{1}{3}x^3\arctan x - \dfrac{1}{6}x^2 + \dfrac{1}{6}\ln(1 + x^2) + C$;

　(5) $-\dfrac{1}{2}x^2 + x\tan x + \ln|\cos x| + C$;　　(6) $x\ln^2 x - 2x\ln x + 2x + C$;

　(7) $-\dfrac{1}{x}(\ln x + 1) + C$;　　　　　　(8) $\dfrac{x}{2}(\cos(\ln x) + \sin(\ln x)) + C$;

　(9) $\dfrac{1}{n + 1}x^{n+1}(\ln x - \dfrac{1}{n + 1}) + C$;　　(10) $-(x^2 + 2x + 2)e^{-x} + C$;

　(11) $(\ln\ln x - 1)\ln x + C$;　　　　　(12) $-\dfrac{1}{4}x\cos 2x + \dfrac{1}{8}\sin 2x + C$;

　(13) $-\dfrac{1}{2}(x^2 - \dfrac{3}{2})\cos 2x + \dfrac{x}{2}\sin 2x + C$;(14) $3e^{\sqrt[3]{x}}(\sqrt[3]{x^2} - 2\sqrt[3]{x} + 2) + C$.

4. $\cos x - \dfrac{2\sin x}{x} + C$.

5. $\left(1 - \dfrac{2}{x}\right)e^x + C$.

6. 略.

7. $x f^{-1}(x) - F\big(f^{-1}(x)\big) + C$.

习题 4-4

1.(1) B；　　　　(2) D；　　　　(3) A；　　　　(4) C.

2.(1) $\ln|x^2 + 2x + 2| + \arctan(1 + x) + C$；

(2) $-2\sqrt{\dfrac{1+x}{x}} + \ln\left|\dfrac{\sqrt{1+x} + \sqrt{x}}{\sqrt{1+x} - \sqrt{x}}\right| + C$；

(3) $2\sqrt{x} - 4\sqrt[4]{x} + 4\ln(1 + \sqrt[4]{x}) + C$.

3.(1) $\dfrac{1}{3}x^3 - \dfrac{3}{2}x^2 + 9x - 27\ln|x + 3| + C$；

(2) $\dfrac{1}{3}x^3 + \dfrac{1}{2}x^2 + x + 8\ln|x| - 3\ln|x - 1| - 4\ln|x + 1| + C$；

(3) $-\dfrac{1}{x - 1} - \dfrac{1}{(x - 1)^2} + C$；　　　(4) $2\ln\left|\dfrac{x}{1 + x}\right| + \dfrac{3 + 4x}{2(1 + x)^2} + C$；

(5) $\ln\dfrac{|x - 1|}{\sqrt{x^2 + x + 1}} + \sqrt{3}\arctan\dfrac{2x + 1}{\sqrt{3}} + C$；

(6) $\dfrac{2x + 1}{2(x^2 + 1)} + C$；　　　　　(7) $\dfrac{1}{2}\ln|x^2 - 1| + \dfrac{1}{1 + x} + C$；

(8) $\ln|x| - \dfrac{1}{2}\ln(1 + x^2) + C$；

(9) $\dfrac{\sqrt{2}}{4}\arctan\dfrac{x^2 - 1}{\sqrt{2}\,x} - \dfrac{\sqrt{2}}{8}\ln\dfrac{x^2 - \sqrt{2}\,x + 1}{x^2 + \sqrt{2}\,x + 1} + C$；

(10) $-\dfrac{4}{\sqrt{3}}\arctan\dfrac{2x + 1}{\sqrt{3}} - \dfrac{1 + x}{x^2 + x + 1} + C$；

(11) $\dfrac{1}{2\sqrt{3}}\arctan\dfrac{2\tan x}{\sqrt{3}} + C$；　　　(12) $\dfrac{1}{\sqrt{2}}\arctan\dfrac{\tan\dfrac{x}{2}}{\sqrt{2}} + C$；

(13) $\dfrac{1}{2}\left[\ln|1 + \tan x| + x - \dfrac{1}{2}\ln(1 + \tan^2 x)\right] + C$；

(14) $-\dfrac{4}{9}\ln|5 + 4\sin x| + \dfrac{1}{2}\ln|1 + \sin x| - \dfrac{1}{18}\ln|1 - \sin x| + C$；

（15）$\dfrac{1}{2}\ln\left|\tan\dfrac{x}{2}\right| + \tan\dfrac{x}{2} + \dfrac{1}{4}\tan^2\left(\dfrac{x}{2}\right) + C$.

习题 4-5

1. $\dfrac{1}{2}\ln\left|2x + \sqrt{4x^2 - 9}\right| + C$.

2. $\dfrac{1}{2}\arctan\dfrac{x+1}{2} + C$.

3. $\ln\left[(x - 2) + \sqrt{5 - 4x + x^2}\right] + C$.

4. $\dfrac{x}{2}\sqrt{2x^2 + 9} + \dfrac{9\sqrt{2}}{4}\ln(\sqrt{2}x + \sqrt{2x^2 + 9}) + C$.

5. $\dfrac{x}{2}\sqrt{3x^2 - 2} - \dfrac{\sqrt{3}}{3}\ln\left|\sqrt{3}x + \sqrt{3x^2 - 2}\right| + C$.

6. $\dfrac{e^{2x}}{5}(\sin x + 2\cos x) + C$.

7. $\left(\dfrac{x^2}{2} - 1\right)\arcsin\dfrac{x}{2} + \dfrac{x}{4}\sqrt{4 - x^2} + C$.

8. $\dfrac{x}{18(9 + x^2)} + \dfrac{1}{54}\arctan\dfrac{x}{3} + C$.

9. $-\dfrac{1}{2}\dfrac{\cos x}{\sin^2 x} + \dfrac{1}{2}\ln\left|\tan\dfrac{x}{2}\right| + C$.

10. $-\dfrac{e^{-2x}}{13}(2\sin 3x + 3\cos 3x) + C$.

11. $-\dfrac{\sin 8x}{16} + \dfrac{\sin 2x}{4} + C$.

12. $x\ln^3 x - 3x\ln^2 x + 6x\ln x - 6x + C$.

13. $-\dfrac{1}{x} - \ln\left|\dfrac{1-x}{x}\right| + C$.

14. $2\sqrt{x-1} - 2\arctan\sqrt{x-1} + C$.

15. $\dfrac{x}{2(1 + x^2)} + \dfrac{1}{2}\arctan x + C$.

16. $\arccos\dfrac{1}{|x|} + C$.

17. $\dfrac{1}{9}\left(\ln|2 + 3x| + \dfrac{2}{2 + 3x}\right) + C$.

18. $\dfrac{\cos^5 x\sin x}{6} + \dfrac{5\cos^3 x\sin x}{24} + \dfrac{5}{32}(2x + \sin 2x) + C$.

19. $\dfrac{x(x^2-1)\sqrt{x^2-2}}{4}-\dfrac{1}{2}\ln|x+\sqrt{x^2-2}|+C$.

20. $\dfrac{1}{\sqrt{21}}\ln\left|\dfrac{\sqrt{3}\tan\frac{x}{2}+\sqrt{7}}{\sqrt{3}\tan\frac{x}{2}-\sqrt{7}}\right|+C$.

21. $\dfrac{\sqrt{2x-1}}{x}+2\arctan\sqrt{2x-1}+C$.

22. $\arcsin x+\sqrt{1-x^2}+C$.

23. $\dfrac{1}{2}\ln|x^2-2x-1|+\dfrac{3}{\sqrt{2}}\ln\left|\dfrac{x-1-\sqrt{2}}{x-1+\sqrt{2}}\right|+C$.

24. $-\sqrt{1+x-x^2}+\dfrac{1}{2}\arcsin\dfrac{2x-1}{\sqrt{5}}+C$.

总习题四

1.（1）B；　　（2）D；　　（3）D；　　（4）C；　　（5）D；　　（6）C.

2.（1）$\dfrac{1}{2}\sin x+\dfrac{1}{2}x+C$；　　（2）$\dfrac{1}{4}x^4+C$；　　（3）$e^{-\tan^2 x}+C$；

（4）$-2x^{-\frac{1}{2}}+3$；　　（5）$\dfrac{1}{a}F(ax+b)+C$；　　（6）$-e^{2x}+C$；

（7）$-\dfrac{1}{3}(1-x^2)^{\frac{3}{2}}+C$；　　（8）$e^x+x+C$；　　（9）$\cos x$.

3.（1）$\dfrac{1}{4}\ln|x|-\dfrac{1}{4}\ln|x-2|-\dfrac{1}{2(x-2)}+C$；

（2）$\dfrac{\sqrt{4x^2-1}}{x}+C$；　　（3）$2(\sqrt{x}\sin\sqrt{x}+\cos\sqrt{x})+C$；

（4）$\dfrac{\sqrt{2}}{2}\ln\left|\sqrt{2}\sec x+\sqrt{2\sec^2 x-1}\right|+C$；

（5）$2\ln|1+x|+3\ln|x-2|+C$；　　（6）$-\dfrac{1}{2}\ln|2\sin^2 x-1|+C$；

（7）$-\dfrac{1}{x^2\ln x}+C$；　　（8）$\dfrac{4}{3}(\tan x)^{\frac{3}{4}}+C$；

（9）$-\dfrac{1}{x}\arcsin x+\ln\left|\dfrac{1-\sqrt{1-x^2}}{x}\right|+C$；

（10）$\arctan(\sin x)+\dfrac{1}{2\sqrt{2}}\ln(\dfrac{\sqrt{2}+\cos x}{\sqrt{2}-\cos x})+C$；

(11) $\dfrac{1}{2}(\sin x - \cos x) - \dfrac{1}{2\sqrt{2}}\ln\left|\sec\left(x - \dfrac{\pi}{4}\right) + \tan\left(x - \dfrac{\pi}{4}\right)\right| + C$;

(12) $\dfrac{1}{2}\left(x - \dfrac{1}{2}\sin 2x\right) - \dfrac{1}{3}\sin^3 x + C$;

(13) $\dfrac{1}{2}\left[\tan x + \dfrac{1}{\sqrt{2}}\arctan(\sqrt{2}\tan x)\right] + C$;

(14) $\dfrac{\ln x}{1 - x} - \ln x + \ln|1 - x| + C$;

(15) $2[-\sqrt{1 - x}\arcsin\sqrt{x} + \sqrt{x}] + C$;

(16) $\dfrac{1}{2}\arctan\dfrac{e^x}{2} - \dfrac{1}{4}x + \dfrac{1}{8}\ln(e^{2x} + 4) + C$;

(17) $2\sqrt{1 + x}\arctan\sqrt{x} - 2\ln\sqrt{x} + \sqrt{1 + x} + C$;

(18) $\dfrac{\sqrt{2}}{2}\arctan(\sqrt{2}\tan x) + \arctan(\sin x) + \dfrac{1}{2\sqrt{2}}\ln\left|\dfrac{\cos x - \sqrt{2}}{\cos x + \sqrt{2}}\right| + C$;

(19) $x\arctan x - \dfrac{1}{2}\ln(1 + x^2) - \dfrac{1}{2}(\arctan x)^2 + C$;

(20) $\dfrac{1}{4}\ln^2(1 + x^2) + C$;

(21) $\dfrac{1}{2}\tan^2 x + \ln|\cos x| + C$;

(22) $\ln\left|\sqrt{1 + e^{2x}} - e^{-x}\right| + C$;

(23) $-x\cot x + \ln|\sin x| + \dfrac{x}{\sin x} - \ln|\csc x - \cot x| + C$;

(24) $e^{2x}\tan x + C$;

(25) $-\dfrac{\arctan x}{x} - \dfrac{1}{2}(\arctan x)^2 + \dfrac{1}{2}\ln\dfrac{x^2}{1 + x^2} + C$;

(26) $-\dfrac{1}{2}e^{-2x}\arctan x - \dfrac{1}{2}e^{-x} - \dfrac{1}{2}\arctan e^x + C$.

4. $2[-\sqrt{1 - x}\arcsin\sqrt{x} + \sqrt{x}] + C$.

5. $2\ln x - \ln^2 x + C$.

6. $I_n = x^n e^x - nI_{n-1}$, $I_1 = xe^x - e^x + C$.

7. $-\ln(1 - x) - x^2 + C, (0 < x < 1)$.

8. $\dfrac{1}{2}\ln|(x - y)^2 - 1| + C$.

9. $\dfrac{1}{4}\tan^4 x - \dfrac{1}{2}\tan^2 x - \ln|\cos x| + C$.

习题 5-1

1. (1) D;　　　　(2) A;　　　　(3) B;　　　　(4) C.

2. (1) $\int_a^c f(x)\,\mathrm{d}x + \int_c^b f(x)\,\mathrm{d}x$;　　(2) 负号,正号;　　(3) >.

3. $\dfrac{1}{3}(b^3 - a^3) + b - a$.

4. 略.

5. 略.

6. 1.444km ; 1.672km .

习题 5-2

1. (1) C;　　　　(2) D;　　　　(3) A;　　　　(4) B.

2. (1) -1 ;　　(2) $-\sqrt{1 + x}$;　　(3) $1 - \dfrac{\sqrt{3}}{2}$;　　(4) $2\ln 2 - 1$.

3. $0; \dfrac{\sqrt{2}}{2}$.

4. (1) $2x\sqrt{1 + x^4}$;　　　　　(2) $\dfrac{3x^2}{\sqrt{1 + x^{12}}} - \dfrac{2x}{\sqrt{1 + x^8}}$.

5. (1) $\dfrac{21}{8}$;　　(2) $\dfrac{\pi}{3a}$;　　(3) $1 - \dfrac{\pi}{4}$;　　(4) 4.

6. (1) 1;　　　　　　(2) $\dfrac{1}{2\mathrm{e}}$.

7. $1 + \dfrac{3}{2}\sqrt{2}$.

8. $\varphi(x) = \begin{cases} 0, & x < 0, \\ \sin^2 \dfrac{x}{2}, & 0 \leq x \leq \pi, \\ 1, & x > \pi. \end{cases}$

9. $L(x) = -2x + 1$.

习题 5-3

1. (1) B;　　　　(2) C;　　　　(3) D;　　　　(4) C.

2. (1) $\mathrm{e} - \mathrm{e}^{\frac{1}{2}}$;　　(2) $\dfrac{\pi}{2}$;　　(3) $\dfrac{16}{15}$.

3. (1) $\dfrac{1}{4}$;　　(2) $\sqrt{2} - \dfrac{2\sqrt{3}}{3}$;　　(3) $1 - 2\ln 2$;　　(4) $\dfrac{4}{5}$.

4.(1) $\dfrac{3\pi}{2}$;   (2) 0.

5.略.

6.略.

7.(1) $1 - \dfrac{2}{e}$;   (2) $(\dfrac{1}{4} - \dfrac{\sqrt{3}}{9})\pi + \dfrac{1}{2}\ln\dfrac{3}{2}$;

  (3) $\dfrac{1}{5}(e^{\pi} - 2)$;   (4) $\dfrac{1}{2}(e\sin 1 - e\cos 1 + 1)$.

8. $\tan\dfrac{1}{2} - \dfrac{1}{2}e^{-4} + \dfrac{1}{2}$.

习题 5-4

1.(1) B;   (2) C;   (3) C.

2.(1) > 1 ;   (2) $\in (0,1)$;   (3) $p < -1$.

3.(1) 发散;   (2) $\dfrac{1}{a}$;   (3) 1;   (4) 发散.

4. $n!$.

5.-1.

总习题五

1.(1) $-2e^{2} \leqslant \int e^{x^{2}-x}dx \leqslant -2e^{-\frac{1}{4}}$;   (2) $\dfrac{1}{2} \leqslant \int_{0}^{1} \dfrac{dx}{\sqrt{4 - x^{2} + x^{3}}} \leqslant \dfrac{\pi}{6}$.

2.略.

3.0.

4. $\dfrac{3}{2}$.

5.略.

6.略.

7.略.

8.略.

9. $\dfrac{e^{y^{2}}\cos x^{2}}{2y}(y \neq 0)$.

10. $-\dfrac{1}{2t^{2}\ln t}$.

11.0; $-\dfrac{32}{3}$.

12. $x^{2} - \dfrac{4}{3}x + \dfrac{2}{3}$.

13. $\dfrac{1+e}{2}$.

14. (1) $2-\dfrac{2}{e}$;　　　　(2) $-\dfrac{1}{216}$;　　　　(3) $\dfrac{1}{3}\ln 2$.

15. (1) $\dfrac{22}{3}$;　　　　(2) $4\sqrt{2}$.

16. 8.

17. $\dfrac{\pi}{4}e^{-2}$.

习题 6-2

1. $\dfrac{9}{4}$.

2. $\dfrac{32}{3}$.

3. 4.

4. $\dfrac{32}{3}$.

5. $\dfrac{4}{3}$.

6. 4.

7. $\dfrac{7}{6}$.

8. $\dfrac{40}{3}$.

9. $\dfrac{16}{3}$.

10. $\dfrac{9}{2}$.

11. $\dfrac{5}{6}$.

12. $\dfrac{3}{2}$.

13. $\dfrac{4}{5}\pi$.

14. $\dfrac{e}{2}$.

15. $\dfrac{8}{3}a^2$.

16. $\dfrac{2}{3}a^3\tan\alpha$

17. $\dfrac{500\sqrt{3}}{3}$.

18. $a=\dfrac{2}{3}, b=\dfrac{3}{4}$.

19. $4\pi^2$.

20. $7\pi^2 a^3$.

21. 略

22. $\dfrac{3\pi}{8}a^2$, $6a$.

23. $\ln\dfrac{\pi}{2}$.

24. 略.

25. $1, \dfrac{1}{2}$.

习题 6-3

1. 2.5 焦.

2. $2500\pi\gamma g$.

3. $\dfrac{4}{3}\pi g r^4$.

4. $k\ln\dfrac{b}{a}$.

5. 3462(千焦).

总习题六

1. (1) $2\pi+\dfrac{4}{3}$;　　(2) $\dfrac{5}{4}\pi$;　　(3) 4;　　(4) $-\dfrac{\pi a}{2}(a<0)$.

2. (1) B;　　(2) B;　　(3) B;　　(4) A.

3. (1) $\dfrac{1}{3}$;　　(2) $\dfrac{3\pi}{10}$.

4. (1) 24π;　　(2) 24π;　　(3) $\dfrac{72\sqrt{3}}{5}$.

5. $\left(\sqrt{2\sqrt{3}}, \dfrac{\pi}{12}\right)$.

6. $2\rho gab\left(\dfrac{\pi}{4}c + \dfrac{a}{3}\right)$.

7. 9π .

习题 7-1

1.(1) 二阶；　(2) 一阶；　(3) 三阶；　(4) 三阶；　(5) 三阶；　(6) 一阶.

2.(1) 否；　(2) 是；　(3) 否；　(4) 是.

3.(1) $C = -25$；　(2) $C_1 = 0, C_2 = 1$.

4. $\lambda = \pm 3$.

习题 7-2

1.(1) $\sin y \cdot \sin x = C$ ；

(2) $y = \dfrac{1}{2\ln(x+1) + C}$ ；

(3) $e^{y-x} = C(1+y)(x-1)$ ；

(4) $(1 + y^2)(1 + x^2) = Cx^2, Cx^2 \neq 0$；

(5) $3x^4 + 4(y+1)^3 = C$.

2.(1) $3y^2 - 1 = 2e^{3x^2}$ ；

(2) $y = \arcsin \dfrac{2}{x^2 + 3}$ ；

(3) $(x^2 - 1)(y^2 + 1) = -2$；

(4) $|\cos y| = \dfrac{\sqrt{2}}{2}|\cos x|$ ；

(5) $f(x) = e^{2x}\ln 2$.

3. $T = 0.0008(秒)$.

4. $t = 6(小时)$.

5. $x(t) = \dfrac{Nx_0 e^{Nkt}}{N - x_0 - x_0 e^{Nkt}}$.

习题 7-3

1.(1) $\dfrac{y}{x} - \ln\dfrac{y}{x} = x + C$ ；

(2) $\ln\left|1 - \dfrac{2y}{x} - \dfrac{y^2}{x^2}\right| + x + C = 0$；

(3) $\dfrac{y}{x} + \ln\left|\dfrac{y}{x}\right| + x - C = 0$；

(4) $4y - 2x + \sin(2x + 4y) - 4C = 0$；

(5) $\sin\dfrac{y}{x} = Ce^x$；

(6) $\left|\dfrac{2y + \sqrt{5}x}{2y - \sqrt{5}x}\right| = C|x|^{\sqrt{5}}$.

2.(1) $\sin\dfrac{y}{x} = \dfrac{x}{2}$ ；

(2) $y = 2x, x = 0$.

习题 7-4

1.(1) $y = Ce^{\cos x} + xe^{\cos x}$;

(2) $y = Ce^{\frac{x}{2}} + \frac{x}{4}$;

(3) $y = C\dfrac{e^x}{x} + \dfrac{e^{2x}}{x}$;

(4) $x = Cy^2 e^{\frac{1}{y}} + y^2$;

(5) $x = \dfrac{1}{2}e^{-y} + Ce^y$;

(6) $\dfrac{y^2}{(x-1)^2} - 3 = \dfrac{C}{x}$.

2.(1) $y = x^2 e^{\frac{1}{x}}$;

(2) $y = \dfrac{\pi - 1 - \cos x}{x}$;

(3) $x = 3y - y^2$;

(4) $y = z^4 = \left(-x + \dfrac{1}{4} + \dfrac{3}{4}e^{-4x}\right)^4$.

3. $\varphi(x) = \sin x + \cos x$.

4. $i = \sin 5t - \cos 5t + e^{-5t}$.

5.(1) $y^{-5} = \dfrac{5}{2}x^3 + Cx^5$;

(2) $y^{-3} = \cos^3 x(-3\tan x + C)$;

(3) $x(\ln y + 1 + Cy) = 1$;

(4) $y^{\frac{1}{2}} = \dfrac{1}{3}(x^2 - 1) + C(x^2 - 1)^{\frac{1}{4}}$.

6.(1) $\dfrac{x^4}{4} - \dfrac{3}{2}x^2 y^2 + \dfrac{y^4}{4} = C$;

(2) $x^3 y + \dfrac{1}{2}(xy)^2 = C$;

(3) $\dfrac{1}{2}\ln(x^2 + y^2) + \dfrac{1}{3}x^3 = C$.

习题 7-5

1.(1) $y = -\sin x - \dfrac{1}{3}x^3 + C_1 x + C_2$;

(2) $y = \dfrac{1}{8}e^{2x} + \sin x + \dfrac{1}{2}C_1 x^2 + C_2 x + C_3$;

(3) $y = \dfrac{1}{3}C_1 x^2 + C_2$;

(4) $y = x^2 + C_1 \ln x + C_2$;

(5) $e^{-2y} = C_1 x + C_2$;

(6) $C_1 y^2 - 1 = (C_1 x + C_2)^2$;

2.(1) $y = \dfrac{1}{2}x^4 - \sin x + \dfrac{1}{2}x^2 + 2x - 1$;

(2) $y = \ln|x| + \dfrac{1}{2}(\ln|x|)^2$;

(3) $y = e^x$;

(4) $y = x^3 + 3x + 1$.

3. $-\dfrac{1}{2\sqrt{1+p}} = Kx + C_1$.

习题 7-6

1.(1) e^x , e^{-x} 是线性无关的;

(2) $3\sin^2 x$, $1 - \cos^2 x$ 是线性相关的;

（3）$\cos 2x$，$\sin 2x$ 是线性无关的； （4）$x\ln x$，$\ln x$ 是线性无关的.

2.略.

3.略.

4. $y = C_1 x^2 + C_2 e^x + 3$.

5.略.

6. $y = 3x - 2x^2$.

7.略.

习题 7-7

1.（1）$y = e^{5x}(C_1\cos 3x + C_2\sin 3x)$； （2）$y = C_1 e^{5x} + C_2 e^{-2x}$；

（3）$y = (C_1 + C_2 x)e^{-\frac{1}{3}x}$； （4）$y = C_1\cos x + C_2\sin x$；

（5）$y = e^{3x}(C_1\cos 4x + C_2\sin 4x)$； （6）$y = e^x(C_1\cos 2x + C_2\sin 2x)$.

2.（1）$y = xe^{\frac{\sqrt{6}}{2}x}$.

3.（1）$y^* = Ax^2 + Bx + C$； （2）$y^* = Ax^2 + Bx$； （3）$y^* = Ax^2 e^x$；

（4）$y^* = Axe^{-x}$； （5）$y^* = x(Ax + B)e^x = (Ax^2 + Bx)e^x$；

（6）$y^* = (Ax^2 + Bx + C)e^x$； （7）$y^* = e^{2x}(A\cos x + B\sin x)$；

（8）$y^* = xe^{2x}[A\cos x + B\sin x)]$；

（9）$y^* = e^{2x}[(Ax + B)\cos x + (Cx + D)\sin x)]$；

（10）$y^* = xe^x[(Ax + B)\cos x + (Cx + D)\sin x)]$.

4. $y = -2\cos x + \dfrac{1}{2}\sin x + 2 - \dfrac{1}{2}x\cos x$.

习题 7-8

1. $y = (C_1 + C_2\ln x)x$（C_1，C_2 为任意常数）.

2. $y = \dfrac{C_1}{x^2} + C_2 x^4$（$C_1$，$C_2$ 为任意常数）.

3. $y = \dfrac{1}{x}[C_1\cos(2\ln x) + C_2\sin(2\ln x)]$（$C_1$，$C_2$ 为任意常数）.

4. $y = C_1 x^2\ln x + C_2 x^2 + x^2[\dfrac{1}{6}(\ln x)^3 + \dfrac{1}{2}(\ln x)^2]$（$C_1$，$C_2$ 为任意常数）.

5. $y = C_1 x^2 + C_2 x + xe^x$（$C_1$，$C_2$ 为任意常数）.

6. $y = x\displaystyle\int[x\int x^{-3}dx - \int x^{-2}dx]dx = \dfrac{1}{2}x\ln x + \dfrac{1}{2}C_1 x^3 + C_2 x^2 + C_3 x$

（C_1，C_2，C_3 为任意常数）.

10.（1）$\dfrac{1}{y^2} = e^{\int \frac{dx}{x}} \left[\int x^2 e^{-\int \frac{dx}{x}} dx + C \right] = Cx + \dfrac{1}{2}x^3$；

（2）$\dfrac{1}{y} = \left[C + \int e^{\int \frac{dx}{1+x}} dx \right] e^{-\int \frac{dx}{1+x}} = \dfrac{C}{1+x} + \dfrac{1+x}{2}$．

11.$y \left(\dfrac{3y}{x} - 2 \right)^{\frac{1}{3}} = \dfrac{1}{Cx}$．

12.$y = -\ln2 - x + \ln(1 + e^{2x}) = \ln\mathrm{Ch}x$．

13.$y = \displaystyle\int \dfrac{1}{x}(\ln x + C_1)\,dx = \dfrac{1}{2}\ln^2 x + C_1\ln x + C_2$．

14.（1）$y = C_1 e^{-x} + C_2 e^{5x}$；   （2）$y = C_1 + C_2 e^{4x} - \dfrac{5}{4}x$；

（3）$y = (C_1 + C_2 x)e^{2x} + \dfrac{1}{12}x^4 e^{2x}$；   （4）$y = C_1 e^x + C_2 e^{-2x} - \dfrac{2}{5}\cos 2x - \dfrac{6}{5}\sin 2x$．

15.（1）$y = \dfrac{1}{8}x\ln x + \dfrac{1}{16}\left[C_2\sin(2\ln x) - C_1\cos(2\ln x) \right] + C_3 x$；

（2）$y = C_1 + C_2\ln x + \dfrac{C_3}{x}\cos(\ln x) + \dfrac{C_4}{x}\sin(\ln x)$（$C_1, C_2, C_3, C_4$ 为任意常数）；

（3）$y = C_1\cos(\ln x) + C_2\sin(\ln x) + C_3\ln x\cos(\ln x) + C_4\ln x\sin(\ln x)$（$C_1, C_2, C_3, C_4$为任意常数）．

习题 7-9

1.(1) $y_t = C\left(-\dfrac{2}{3}\right)^t$, $\Delta^2 y_t = -6t$;

(2) $\Delta y_t = e^{2t}(e^2 - 1)$, $\Delta^2 y_t = e^{2t}(e^2 - 1)^2$;

(3) $\Delta y_t = \ln(t+1) - \ln t$, $\Delta^2 y_t = \ln(t+2) - 2\ln(t+1) + \ln t$;

(4) $\Delta y_t = 3^t(2t^2 + 6t + 3)$, $\Delta^2 y_t = 3^t(4t^2 + 24t + 30)$.

2.(1) 1;   (2) 1;   (3) 2;   (4) 1;   (5) 2;   (6) 2;   (7) 3.

3.(1) $y_t = C2^t$;   (2) $y_t = C(-3)^t$;   (3) $y_t = C\left(-\dfrac{2}{3}\right)^t$.

4.(1) $y_t = 3^{t+1}$;   (2) $y_t = -2(-1)^t$;

(3) $y_t = 3 + 10t$;   (4) $y_t = 2^{t+1} + t2^{t-1}$.

5.(1) $y_t = C_1 3^t + C_2(-2)^t$;   (2) $y_t = (C_1 + C_2 t)(-3)^t$;

(3) $y_t = -\dfrac{7}{11}(-12)^t + \dfrac{8}{11}(-1)^t$.

6.(1) $y_x = C_1 + C_2 \cdot 2^t + x \cdot 2^{x-1}$;   (2) $y_t = C_1 3^t + C_2(-2)^t - 1$;

(3) $y_t = (C_1 + C_2 t)(-3)^t + \dfrac{1}{2}$.

总习题七

1.(1) B;   (2) D;   (3) D;   (4) B.

2.(1) $y = e^{Cx}$;   (2) $y = 0$;

(3) $y = \dfrac{1}{5}x^3 + \dfrac{1}{2}x^2 + C$;   (4) $s = (C_1 + C_2 t)e^{\frac{5}{2}t}$.

3. $y = Ce^{x^2}$, 其中 C 为任意常数.

4.(1) $y = \dfrac{1}{x}(-\cos x + \pi - 1)$;   (2) $y = 2e^{2x} - e^x + \dfrac{1}{2}x + \dfrac{1}{4}$.

5. $y = \dfrac{1}{8}e^{2x} + \sin x + C_1 x^2 + C_2 x + C_3 \left(C_1 = \dfrac{C}{2}\right)$.

6. $y = -\dfrac{2}{3}e^{-3x} + \dfrac{8}{3}$.

7. $y = \gamma + y* = C_1 e^{-2x} + C_2 e^{2x} + \dfrac{1}{4}xe^{2x}$.

8. $y = \gamma + y* = C_1 e^{2x} + C_2 e^{3x} - \left(\dfrac{x^2}{2} + x\right)e^{2x}$.

9. $u(x) = \dfrac{1}{2}(1 + x)^2 + C$.

习题 7-4

1.(1) $y = Ce^{\cos x} + xe^{\cos x}$;

(2) $y = Ce^{\frac{x}{2}} + \frac{x}{4}$;

(3) $y = C\dfrac{e^x}{x} + \dfrac{e^{2x}}{x}$;

(4) $x = Cy^2e^{\frac{1}{y}} + y^2$;

(5) $x = \dfrac{1}{2}e^{-y} + Ce^y$;

(6) $\dfrac{y^2}{(x-1)^2} - 3 = \dfrac{C}{x}$.

2.(1) $y = x^2e^{\frac{1}{x}}$;

(2) $y = \dfrac{\pi - 1 - \cos x}{x}$;

(3) $x = 3y - y^2$;

(4) $y = z^4 = \left(-x + \dfrac{1}{4} + \dfrac{3}{4}e^{-4x}\right)^4$.

3. $\varphi(x) = \sin x + \cos x$.

4. $i = \sin 5t - \cos 5t + e^{-5t}$.

5.(1) $y^{-5} = \dfrac{5}{2}x^3 + Cx^5$;

(2) $y^{-3} = \cos^3 x(-3\tan x + C)$;

(3) $x(\ln y + 1 + Cy) = 1$;

(4) $y^{\frac{1}{2}} = \dfrac{1}{3}(x^2 - 1) + C(x^2 - 1)^{\frac{1}{4}}$.

6.(1) $\dfrac{x^4}{4} - \dfrac{3}{2}x^2y^2 + \dfrac{y^4}{4} = C$;

(2) $x^3y + \dfrac{1}{2}(xy)^2 = C$;

(3) $\dfrac{1}{2}\ln(x^2 + y^2) + \dfrac{1}{3}x^3 = C$.

习题 7-5

1.(1) $y = -\sin x - \dfrac{1}{3}x^3 + C_1x + C_2$;

(2) $y = \dfrac{1}{8}e^{2x} + \sin x + \dfrac{1}{2}C_1x^2 + C_2x + C_3$;

(3) $y = \dfrac{1}{3}C_1x^2 + C_2$;

(4) $y = x^2 + C_1\ln x + C_2$;

(5) $e^{-2y} = C_1x + C_2$;

(6) $C_1y^2 - 1 = (C_1x + C_2)^2$;

2.(1) $y = \dfrac{1}{2}x^4 - \sin x + \dfrac{1}{2}x^2 + 2x - 1$;

(2) $y = \ln|x| + \dfrac{1}{2}(\ln|x|)^2$;

(3) $y = e^x$;

(4) $y = x^3 + 3x + 1$.

3. $-\dfrac{1}{2\sqrt{1+p}} = Kx + C_1$.

习题 7-6

1.(1) e^x , e^{-x} 是线性无关的;

(2) $3\sin^2 x$, $1 - \cos^2 x$ 是线性相关的;

（3）$\cos2x$，$\sin2x$ 是线性无关的；　　　　（4）$x\ln x$，$\ln x$ 是线性无关的.

2.略.

3.略.

4.$y = C_1x^2 + C_2e^x + 3$.

5.略.

6.$y = 3x - 2x^2$.

7.略.

习题 7-7

1.（1）$y = e^{5x}(C_1\cos3x + C_2\sin3x)$；　　　　（2）$y = C_1e^{5x} + C_2e^{-2x}$；

　（3）$y = (C_1 + C_2x)e^{-\frac{1}{3}x}$；　　　　（4）$y = C_1\cos x + C_2\sin x$；

　（5）$y = e^{3x}(C_1\cos4x + C_2\sin4x)$；　　　　（6）$y = e^x(C_1\cos2x + C_2\sin2x)$.

2.（1）$y = xe^{\frac{\sqrt{6}}{2}x}$.

3.（1）$y^* = Ax^2 + Bx + C$；　　（2）$y^* = Ax^2 + Bx$；　　（3）$y^* = Ax^2e^x$；

　（4）$y^* = Axe^{-x}$；　　　　（5）$y^* = x(Ax + B)e^x = (Ax^2 + Bx)e^x$；

　（6）$y^* = (Ax^2 + Bx + C)e^x$；　　（7）$y^* = e^{2x}(A\cos x + B\sin x)$；

　（8）$y^* = xe^{2x}[A\cos x + B\sin x)]$；

　（9）$y^* = e^{2x}[(Ax + B)\cos x + (Cx + D)\sin x)]$；

　（10）$y^* = xe^x[(Ax + B)\cos x + (Cx + D)\sin x)]$.

4.$y = -2\cos x + \dfrac{1}{2}\sin x + 2 - \dfrac{1}{2}x\cos x$.

习题 7-8

1.$y = (C_1 + C_2\ln x)x$（C_1，C_2 为任意常数）.

2.$y = \dfrac{C_1}{x^2} + C_2x^4$（$C_1$，$C_2$ 为任意常数）.

3.$y = \dfrac{1}{x}[C_1\cos(2\ln x) + C_2\sin(2\ln x)]$（$C_1$，$C_2$ 为任意常数）.

4.$y = C_1x^2\ln x + C_2x^2 + x^2[\dfrac{1}{6}(\ln x)^3 + \dfrac{1}{2}(\ln x)^2]$（$C_1$，$C_2$ 为任意常数）.

5.$y = C_1x^2 + C_2x + xe^x$（C_1，C_2 为任意常数）.

6.$y = x\displaystyle\int[x\int x^{-3}dx - \int x^{-2}dx]dx = \dfrac{1}{2}x\ln x + \dfrac{1}{2}C_1x^3 + C_2x^2 + C_3x$

（C_1，C_2，C_3 为任意常数）.